果树 》》》 常用农药 100种

何永梅　王迪轩　王雅琴　主编

化学工业出版社

·北京·

内容简介

本书精选了100个目前果树上常用的农药品种，包括杀虫（螨）剂、杀菌剂、除草剂、植物生长调节剂等，对每种农药从通用名称、英文名称、结构式、分子式、分子量、其他名称、主要剂型、毒性、作用机理、产品特点、鉴别要点、在果树生产上的使用方法、注意事项等方面进行了详细的介绍，并对部分农药品种常用复配制剂在果树生产上的应用进行了简要介绍。

本书适合广大农业科技人员、果农阅读，可作为果树基地、果树专业化合作组织的培训用书，也可供农业院校果树、植保等相关专业师生参考。

图书在版编目（CIP）数据

果树常用农药 100 种 / 何永梅，王迪轩，王雅琴主编. —北京：化学工业出版社，2024.6
ISBN 978-7-122-45378-5

Ⅰ. ①果… Ⅱ. ①何… ②王… ③王… Ⅲ. ①果树-农药-介绍 Ⅳ. ①TQ45

中国国家版本馆 CIP 数据核字（2024）第 070144 号

责任编辑：冉海滢　刘　军　　　　　　文字编辑：李娇娇
责任校对：李雨晴　　　　　　　　　　装帧设计：关　飞

出版发行：化学工业出版社（北京市东城区青年湖南街 13 号　邮政编码 100011）
印　　刷：北京云浩印刷有限责任公司
装　　订：三河市振勇印装有限公司
880mm×1230mm　1/32　印张 12¼　字数 363 千字
2024 年 8 月北京第 1 版第 1 次印刷

购书咨询：010-64518888　　　　　　售后服务：010-64518899
网　　址：http://www.cip.com.cn
凡购买本书，如有缺损质量问题，本社销售中心负责调换。

定　　价：49.80 元　　　　　　　　　　版权所有　违者必究

本书编写人员名单

主　　编：何永梅　　王迪轩　　王雅琴

副 主 编：孙达治　谭　丽　郭　健　魏　辉　李惠芳

编写人员：（按姓名汉语拼音排序）

蔡国旺　高丽仙　郭　健　何永梅　贺丽江

黄朝霞　李光波　李惠芳　李慕雯　龙惠丽

彭卫锋　孙达治　谭　丽　汪端华　王　灿

王迪轩　王雅琴　魏　辉　吴　琴　夏　妹

姚　旦　曾娟华　周刻习

　　近几年，在农药管理和生产应用方面，国家陆续发布了《农药管理条例》（2017 年修订版）、《农药剂型名称及代码》（GB/T 19378—2017）、《食品安全国家标准　食品中农药最大残留限量》（GB 2763—2021）等条例和标准，以及新的禁限用农药品种名单。随着农药新品种的不断涌现，以及国家对农产品质量的要求更加严格，"药肥双减"行动的推进，果树常用农药发生了较大的变化。有些农药退出了历史舞台，有些农药被禁用或限用，允许使用的农药要有一定的安全间隔期。另外，对农药的使用范围等进行了规范，如《农药管理条例》第三十四条明确规定，"农药使用者应当严格按照农药的标签标注的使用范围、使用方法和剂量、使用技术要求和注意事项使用农药，不得扩大使用范围、加大用药剂量或者改变使用方法"。因此，果农在使用药剂时，要认真查看农药包装上的使用说明，并在安全间隔期后采收果品上市。

　　据编者对农资店、从事果树生产的新型经营主体以及散户等的调查，在果树上，一些常用的如石硫合剂、溴氰菊酯、高效氯氰菊酯、高效氯氟氰菊酯、吡虫啉、阿维菌素、甲氨基阿维菌素苯甲酸盐等广谱性杀虫剂，百菌清、代森锌、福美双、甲基硫菌灵、代森锰锌、多菌灵、丙环唑、嘧菌酯、代森联、苯醚甲环唑、戊唑醇等广谱性杀菌剂，或含有这些杀虫杀菌成分的复配剂应用较多。

　　一些生物农药也在果树生产上得到了应用，如枯草芽孢杆菌、苏云金杆菌、多黏类芽孢杆菌、苦参碱、多杀霉素、中生菌素、宁南霉素、春雷霉素、四霉素、乙蒜素、木霉菌等。

　　一些果农新手，或在农资经营商的推荐下，采用"套餐"比较多，这些

"套餐"针对果树的不同时期，把杀菌剂、杀虫剂、生长调节剂和叶面肥等进行合理组合，可预防病虫害的发生，对田间生产有一定的指导作用。

根据国家"药肥双减"的目标，要更加有针对性地精准用药，在做好农业防治、物理防治、生物防治的基础上，要达到少用或不用化学农药的目的，就必须对农药的特性和使用方法有较为详细的了解，以期做到精准施药，特别是针对"套餐"，应根据当地果树多年的病虫害情况对症下药。

针对这些用药特点，本书通过大量的走访调研，精选了果树生产上常用的 100 种农药单剂，较为详细地介绍了其使用技术，此外，在单剂的基础上补充了少量常用复配制剂的使用技术。不同企业的产品其含量及组分比例多不相同，具体使用时还应以该产品的说明书为主要参考。

本书在编写过程中，得到了湖南省益阳市赫山区科技专家服务团专家及益阳市农村科技特派员所服务的益阳市谢林港镇云寨村经济合作社、沅江市爱钦优质水稻种养专业合作社等农业新型经营主体的支持。徐燕云、刘世良、徐勇、田易彪等一些新型经营主体负责人、农资经销商也提供了一些帮助，在此一并致谢！

由于编者水平有限，难免存在疏漏之处，敬请专家同行和广大读者批评指正。

编　者
2024 年 1 月

<<< 目 录

第二章　果树常用杀菌剂　　　102

第三章　果树常用除草剂　　331

第四章　果树常用植物生长调节剂　　342

第一章 >>>
果树常用杀虫（螨）剂

石硫合剂（lime sulfur）

$$CaS_x$$

* **其他名称** 石灰硫黄合剂、圃彩、可隆、多硫化钙、固体石硫合剂、石硫合剂晶体、果园清、园百土、宇农、达克快宁、菌恨、基得、双吉、爱园、优园、双乐、天水、万利、清园宝、必佳索。

* **主要剂型** 45%晶体，30%、45%固体，29%水剂，20%膏剂，石硫合剂原液。

* **毒性** 低毒。

* **作用机理** 石硫合剂属矿物源、无机硫类、广谱、低毒的杀菌杀虫剂，以杀虫、杀螨作用为主，兼有杀菌效果。石硫合剂除了工业化生产的石硫合剂商品，还可以自己熬制，节省用药成本。石硫合剂喷施在植株表面，遇空气发生一系列化学反应，形成微细的单体硫并释放出少量硫化氢，发挥杀虫、杀螨及杀菌作用。同时，因其为碱性，有侵蚀昆虫表皮蜡质层的作用，对体表具有较厚蜡质层的介壳虫和一些螨卵有很好的杀灭效果。

● **鉴别要点**

（1）物理鉴别（感官鉴别） 45%石硫合剂结晶为淡黄色晶体，溶于水。45%石硫合剂固体为黄绿色固体。29%石硫合剂水剂为橙红色水溶液。20%石硫合剂膏剂为黄绿色膏状物。以上制剂均有强烈的臭鸡蛋气味。

（2）化学鉴别 取试样 0.5 克，加水 5 毫升稀释，先用 pH 试纸检查其酸碱性呈强碱性，再加入 5%硫酸铜溶液几滴，即能产生大量棕黑色硫化铜沉淀。试样的稀释液里加入稀盐酸几滴，能产生大量硫化钙白色沉淀，在管口处有臭鸡蛋味的硫化氢放出（注意：硫化氢有毒）。如以上反应变化均存在则该药为石硫合剂，没有以上颜色变化则不是石硫合剂。

（3）生物鉴别 选取两片感染白粉病病菌的蔬菜叶片，将其中一片用稀释成 0.5 波美度的石硫合剂药液直接喷雾，数小时后在显微镜下观察喷药叶片上病菌孢子情况并对照观察未喷药叶片上病菌孢子的变化情况。若喷药叶片上病菌孢子活动明显受阻且有致死孢子，则该药品质量合格，否则为不合格。

● **自配熬制方法** 石硫合剂可以自配，即用石灰、硫黄和水为原料熬制成红褐色透明液体，有臭鸡蛋气味，呈强碱性，遇酸易分解，遇空气易被氧化，对皮肤有腐蚀作用。

按生石灰、硫黄、水的比例为 1∶2∶15 的配量称取。如生石灰 50克，硫黄 100 克，水 750～800 克，先用少许热水将硫黄粉调成糊状，将生石灰放在热水锅内使其化开调成石灰乳，然后放入事先调成糊状的硫黄粉，边加边搅，使之与石灰乳充分混合，约经 40～60 分钟，药液呈红褐色，锅底的石灰渣呈黄绿色，液面起一层薄膜，有刺鼻臭气，即算熬成，立即停火，使其冷却。取其冷却后的上部澄清液（又称原液），放入200 毫升的量筒中，用波美比重表测量一般以 20～30 波美度（波美比重）较好，稀释到 0.2～0.3 波美度应用。

● **应用**

（1）单剂应用 石硫合剂原液在使用前，先用波美比重计测定原液的波美度，再按下式计算加水倍数：原液波美度/需稀释的波美度−1，例如：原液 20 波美度，欲稀释为 0.5 波美度的药液，需加水多少？则加水倍数=20/0.5−1=39。

防治柑橘白粉病和红蜘蛛，于早春用 45%晶体石硫合剂 180～300 倍液喷雾，或于晚秋用 45%晶体石硫合剂 300～500 倍液喷雾。防治柑橘白粉病，还可在发病前或发病初期，用29%石硫合剂水剂35倍液喷雾。

防治柑橘膏药病，用1波美度石硫合剂涂病部。

防治苹果、梨、桃、杏等落叶果树的叶螨类越冬害虫，春季萌芽期，用45%石硫合剂固体60～80倍液，或29%石硫合剂水剂40～50倍液喷雾树体。

防治苹果轮纹病、锈病，兼治山楂叶螨、苹果全爪螨等害螨，可于苹果生长季节，特别是于麦收后，用0.3～0.5波美度石硫合剂喷雾2～3次。

防治苹果树白粉病，用45%晶体石硫合剂200～300倍液，在苹果开花前和落花后10天喷雾，或用29%石硫合剂水剂50～70倍液喷雾，每隔10天喷1次，连喷3次，安全间隔期14天。

防治苹果花腐病，苹果树发芽后，用45%晶体石硫合剂 150～200 倍液喷雾。

防治苹果腐烂病，苹果树休眠期，用45%晶体石硫合剂30倍液喷雾。

防治苹果腐烂病、白粉病、炭疽病、锈病，以及苹果全爪螨的越冬卵及山楂叶螨的出蛰虫螨，在苹果树休眠期和发芽前，用3～5波美度石硫合剂喷雾清园。

防治桃流胶病、缩叶病和疮痂病，在桃树发芽前，用45%晶体石硫合剂100倍液喷雾。

防治桃缩叶病、穿孔病、褐腐病、疮痂病及桑白蚧等，在桃树发芽前，用4～5波美度石硫合剂喷雾1次。桃缩叶病的最佳防治时期是桃树芽膨大、芽顶露红时，用2～3波美度石硫合剂喷雾，桑白蚧虫口较大的年份，可于花后20天左右再喷1次0.3波美度石硫合剂。

防治核桃白粉病，发病前或发病初期，用29%石硫合剂水剂35倍液喷雾。

防治葡萄白粉病，发病前或发病初期，用29%石硫合剂水剂7～12倍液喷雾，每隔10天左右喷1次，连喷2次，安全间隔期15天，每季最多施用2次。

防治葡萄白粉病、黑痘病及东方盔蚧越冬若虫等，于发芽前，用5波美度石硫合剂，或45%晶体石硫合剂100倍液喷雾1次。

防治柿子白粉病，在春季（4～5 月），用 45%晶体石硫合剂 300 倍液喷雾。

防治柿子炭疽病、柿树绵蚧和草履蚧等，在柿树休眠期，用 3～5 波美度石硫合剂喷雾清园。

防治山楂白粉病，在花蕾期用 0.5 波美度石硫合剂喷雾，在落花后和幼果期用 0.3 波美度石硫合剂分别喷雾 1 次。

防治山楂花腐病，于山楂休眠期和发芽前，用 3～5 波美度石硫合剂喷雾。

防治芒果白粉病，春、秋季可用 0.4～0.5 波美度石硫合剂药液，夏季用 0.2～0.3 波美度石硫合剂药液，冬季清园用 0.8～2 波美度药液喷雾。

防治枇杷灰斑病，在采果后至孕蕾前，用 0.3～0.5 波美度石硫合剂药液喷雾。

防治果树根腐病，以树干为中心，挖 3～5 条宽 35～40 厘米、深 25～30 厘米的放射状条沟，内浅外深，长度以达到树冠外围为准，用 1 波美度石硫合剂灌根，然后覆土，每年早春和夏末各施 1 次，可有效防治果树根腐病。

（2）复配剂应用　如石硫·矿物油，由石硫合剂与矿物油混配的一种无内吸及熏蒸作用的杀虫剂，对虫卵具有杀伤力，用于防治柑橘介壳虫、梨树梨木虱，在害虫低龄期，按 30%石硫·矿物油微乳剂 200 克兑水 30 千克喷雾。

● **注意事项**

（1）自配药剂时，生石灰要选洁白块状物，硫黄选用金黄色的，越细越好，水要选用河水或塘水，不要用井水或含铁锈的水。用猛火不用文火，若不是一次加足水量熬制的，应不断补足蒸发散失的水量（加热水）。当药液呈赤褐色，起药膜时，立即停止加温。如熬制过久便呈绿褐色，失去有效成分。熬制时，用旧铁锅，不用新铁锅或铜制、铝制容器等。

（2）贮藏时，尽量用小口容器存放，在液面上滴加少许柴油或植物油，可隔绝空气，避光，存放在冷凉处。

（3）在果实采收期，不能使用本剂，在番茄、马铃薯、豆类、葱、姜、甜瓜、黄瓜（尤其是温室黄瓜）等作物上慎用，严格掌握使用浓度和喷药时期，以防药害。

梨、葡萄、杏等果树对石硫合剂比较敏感，生长期不能使用，必要时降低使用浓度或减少喷药次数。

防治苹果树白粉病，应在发生初期开始施药，避免在作物的嫩芽、嫩梢期用药。

（4）使用浓度依植物生长期的早晚、品种、病虫种类的差别，以及使用目的和时期不同而异。一般植物休眠期使用浓度宜高，生长期宜低，早春较浓，夏季较稀，生长期易受药害的植物可用 0.2 波美度药剂。

（5）施用时间最好是无风的晴天早晨，天气潮湿的情况下不宜喷用。高温（大于 32℃）、低温（小于 4℃）易生药害，不宜使用。

喷过波尔多液和机油乳剂后，15～20 天才能喷石硫合剂和晶体石硫合剂，以免发生药害。

（6）稀释用水温度不能超过 30℃。

（7）有机磷农药及其他忌碱农药不宜与石硫合剂混合使用。也不可把石硫合剂与硫酸铜、氢氧化铜、甲霜铜等铜制剂农药混用。石硫合剂与波尔多液连续使用时，两种药剂使用的间隔期最少为两周。

（8）本剂系强碱性，能腐蚀皮肤，配药、打药时要小心，须戴口罩、皮套等。盛过药的器具及喷雾器，应选用醋水洗涤，然后再用清水洗净收存，否则会损坏喷雾器。药渣可作涂伤剂和涂白剂。稀释液应随配随用，不能长期存放，夏季不超过 3 天，冬季不超过 7 天。不要长期使用石硫合剂，应与其他农药交替使用。

松脂酸钠（sodium rosinate）

$C_{20}H_{29}NaO_2$，324.43283

● **主要剂型** 10%水剂，30%水乳剂，20%、30%、40%、45%可溶粉剂。

● **毒性**　低毒。

● **作用机理**　松脂酸钠溶解和渗透虫体，使介壳虫慢慢死去。用药 10 天左右，挤压虫体仍会有体液，发现虫体可能有死亡前兆；用药 30 天后，会发现有大量虫体死亡，虫体变干瘪或脱落；用药 60 天后，仍有虫体相继死亡，即松脂酸钠的持效期长。但对其他害虫如螨类、蚜类具有速效性，见效快。

● **产品特点**　松脂酸钠是由松香与氢氧化钠一起熬制成的脂肪酸钠，是一种强碱性杀虫、杀螨、杀菌剂，有很好的脂溶性、成膜性和良好的乳化性能。具有强烈的触杀作用，对病菌、红蜘蛛、害虫体壁具有很强的腐蚀、触杀和渗透作用，尤其对介壳虫体表的蜡质层有很好的腐蚀作用。活性比石硫合剂成品高 10 倍，持效期长达 4～5 个月，可替代石硫合剂作为清园剂，一般在果树整个休眠期只需使用一次，大大降低了投资成本。

（1）防治范围广　松脂酸钠是一种强碱性杀虫、杀螨、杀菌剂，具有很强的腐蚀、黏着性能，对病、虫有很强的腐蚀性，可有效防治介壳虫、蚜虫、粉虱、红蜘蛛等，还可兼治溃疡病、腐烂病、白粉病、轮纹病等病害。

（2）防治彻底　松脂酸钠对害虫的成虫、若虫、虫卵等各个虫态都有很强的腐蚀性，渗透性更强，对害虫蜡质层体壁具有很强的渗透和腐蚀作用。防治效果远远超过石硫合剂，克服了石硫合剂的缺点，杀虫更彻底。

（3）毒性低　松脂酸钠由天然的松脂加氢氧化钠熬制而成，脂溶性和腐蚀性强，但毒性很低。按我国农药毒性分级标准，30%松脂酸钠属于低毒杀虫杀螨剂。

（4）持效期长　松脂酸钠是一种脂类物质，稳定性特强。喷雾持效期可达 4 个月。涂刷药剂的浓度高，可保 4～6 个月或更长。布包药剂的可保 1 年。

（5）速效性好　松脂酸钠施药后当天就可杀灭树干、树枝上的绿霉菌和白霉菌。蜘蛛接触药剂后全部软脚，短时间即可溶解。

● **应用**

（1）单剂应用　防治柑橘树介壳虫，在介壳虫发生初期，用30%松脂酸钠水乳剂 150～200 倍液，或 20%松脂酸钠可溶粉剂 100～150 倍液喷雾，或每亩（1 亩≈667 平方米）用 45%松脂酸钠可溶粉剂 667～833 克兑水 30～50 千克喷雾。

防治杨梅树介壳虫，在介壳虫发生初期，用 20%松脂酸钠可溶粉剂 200～300 倍液喷雾。

防治苹果树黄蚜，在蚜虫发生初期，用 30%松脂酸钠乳油 100～300 倍液喷雾。

涂干清园，在苹果、梨、枣树、柑橘等果树进入越冬期后，可用 30%松脂酸钠水乳剂 50 倍液涂抹树干，可杀灭躲藏在缝隙中的各种害虫的成虫、若虫和卵，持效期最长可达 6 个月。

（2）复配剂应用

① 松脂酸钠+苄氨基嘌呤。45%松脂酸钠可溶粉剂 800 克+2%苄氨基嘌呤可溶液剂 100 克，兑水 100～150 千克，用于采果后的清园、清理青苔，防除粉介壳虫、矢尖蚧等，对矢尖蚧具腐蚀、触杀和渗透作用，对矢尖蚧高龄幼虫有较好防效，具有促进植株光合作用、延缓衰老、提高坐果率等作用。注意，花期嫩梢期禁用。

② 松脂酸钠+松精油。为果树清园剂，松脂酸钠加入松精油，可更深度清园，油膜封闭持续时间长、杀虫除菌更彻底，清园 1 次抵 2 次。

防除柑橘树矢尖蚧，可在冬季、春季清园时使用，也可在生长期使用，按 45%松脂酸钠可溶粉剂 800 克+松精油 100 毫升的组合，稀释 80～100 倍，在下午 4 时后喷雾。

防治杨梅树粉介壳虫，按 45%松脂酸钠可溶粉剂 800 克+松精油 100 毫升的组合，稀释 100～160 倍喷雾。

③ 松脂酸钠+矿物油。用 45%松脂酸钠可溶粉剂 800 克+99%矿物油乳油 1000 克，兑水 300 千克，可用于柑橘等果树清园，替代石硫合剂。

● **注意事项**

（1）使用本剂前，应先摇匀，再加水稀释。

（2）在降雨前后、空气中湿度大时，或在炎热中午、气温高于 30℃时，均不能施药，以避免药害。

（3）假如果树长势较弱，要适当降低药液的浓度。

（4）为偏碱性植物源生物农药，不能和遇碱分解的农药混用，不可与有机合成的农药混用，也不可与含钙的波尔多液、石硫合剂等农药混用。喷施波尔多液后要隔 20 天才能喷松脂酸钠，使用松脂酸钠后 20 天内不可再施石硫合剂，否则易产生药害。

（5）与其他农药混用前，应先进行稳定性和药效试验，并且随配随用。

（6）花期禁止使用。

矿物油（mineral oil）

● **其他名称** 法夏乐、喷得绿、颖护、欧星、安同、法道、绿颖、脱颖、品鲜、溶敌、索打、美果有、金三角。
● **主要剂型** 38%微乳剂，94%、95%、96.5%、97%、99%乳油。
● **毒性** 低毒。
● **作用机理** 矿物油封闭害虫的呼吸系统，使其窒息死亡。
● **产品特点** 矿物油是从石油中乳化精制而成的一种矿物源农药，具有毒性低、无抗性、防治广谱、环境友好的特点。用于防治柑橘树介壳虫、锈壁虱、蚜虫、杨梅树、枇杷树介壳虫，柑橘红蜘蛛等。

（1）清洗污垢功能 产品具有极强的润湿、展着和抗污垢再沉积能力，使枝叶洁净、亮丽。在清洗过程中，清洗剂、污垢、植物枝叶表面三者之间发生一系列复杂的物化作用，如润湿、渗透、乳化、吸附、分散等，促使枝叶表面与污垢分离，并借助风雨作用，使污垢从枝叶上脱落下来。其原理是清洗剂首先润湿污垢与枝叶表面，削弱污垢在枝上的附着力，然后促使污垢分散。关系到去污强度，所以本产品选用特定的表面活性剂结构以提高清洗力，如碳氢长度适当偏长、使用正态结构等，使清洗植物污垢效果十分理想。

（2）清洗有害生物功能 产品稀释液接触有害生物后，即以"纳米态水"形式迅速渗透、扩散到有害生物体内，破坏细胞组织，导致死亡。产品系矿物油及多组分的表面活性剂精制而成，而且由于粒子及整个虫体除"骨化"的鞘翅外，均可穿透。既能顺利通过气门等孔道，又能通过节间膜、触角以及未经骨化的翅，也能穿过躯干外骨骼。

（3）促进生长功能 产品能促使植物的根系发达，增强光合作用，使叶片增厚、增亮，枝叶茂盛，花朵清新亮丽，充满活力。清洗剂中的表面活性物质，在适当浓度下，具有促进生长作用。

（4）防冻抗旱功能　产品能调节植物的自然适应力，有利于体内营养成分积累与转移，保持代谢稳定，从而提高防冻抗旱能力。矿物油作用在恶劣天气下，促进淀粉、脂肪、蛋白质的转化传导，加大休眠深度；又能调整束缚水和自由水的比例，减少水分和热量的散逸，从而增强防冻抗旱能力。

● **应用**

（1）单剂应用　防治柑橘树红蜘蛛，在红蜘蛛发生危害初期，可选用95%矿物油100~200倍液，或97%矿物油乳油100~150倍液喷雾，每季最多施用2次，安全间隔期15天，或用99%矿物油乳油150~300倍液喷雾，每季最多施用2次，安全间隔期20天。

防治柑橘树介壳虫，在介壳虫低龄若虫期，可选用94%矿物油乳油50~60倍液，或95%矿物油乳油100~150倍液，或97%矿物油乳油100~150倍液喷雾，每季最多施用2次，安全间隔期15天。

防治柑橘树锈壁虱，在锈壁虱低龄若虫期，可选用94%矿物油乳油50~60倍液，或95%矿物油乳油100~200倍液喷雾。

防治柑橘树蚜虫，在蚜虫低龄若虫期，可选用94%矿物油乳油50~60倍液，或95%矿物油乳油100~200倍液，或97%矿物油乳油100~150倍液喷雾。

防治柑橘树矢尖蚧，在矢尖蚧初孵化若虫关键期，用95%矿物油乳油50~100倍液喷雾。

防治苹果树红蜘蛛，在红蜘蛛发生始盛期，可选用97%矿物油乳油100~150倍液或99%矿物油100~200倍液喷雾。

防治苹果树蚜虫，在蚜虫低龄若虫期，用97%矿物油乳油100~150倍液喷雾。

防治梨树红蜘蛛，在红蜘蛛发生始盛期，用97%矿物油乳油100~150倍液喷雾。

防治杨梅树、枇杷树介壳虫，在介壳虫低龄若虫期，用94%矿物油乳油50~60倍液，或95%矿物油乳油50~60倍液喷雾。

（2）复配剂应用　可与阿维菌素、辛硫磷、炔螨特、哒螨灵、吡虫啉、甲氰菊酯、氯氰菊酯、敌敌畏、石硫合剂、吡虫啉等复配。如24.5%阿维·矿物油乳油、40%辛硫·矿物油乳油、73%炔螨·矿物油乳油、40%哒螨·矿物油乳油、25%吡虫·矿物油乳油、65%甲氰·矿物油乳油、32%氯氰·矿物油乳油、80%敌畏·矿物油乳油、30%石硫·矿物油微乳剂、25%吡虫·矿物油乳油等。

● **注意事项**

（1）要提早用药或按方案用药。严寒时喷药，要保证傍晚能干，否则易导致冻害；避免在气温高于35℃或土壤和作物严重缺水时使用，因油类物质像放大镜一样会聚焦阳光，而造成日灼药害。避免植株花期使用，在花芽分化及花蕾期施用要慎重，以防发生药害，特别是橙树在开花前半个月最好不要使用矿物油，以免出现畸形花。矿物油在果实转色期使用，会影响柑橘转色和可溶性固形物增加。

（2）药液要搅拌均匀，且每隔10~15分钟搅拌1次。与其他药剂混用时，要将其他药剂先兑水拌匀后（大容量水池用药要配置自动或人工专门搅拌），最后加矿物油。

（3）喷施要周到。喷施矿物油要对叶片正反面、枝干各处喷施周到。

（4）周年应用矿物油效果才好，要取得最大效益关键在于全年应用，并通过连年使用后才可形成好的生态效应。以柑橘为例，全年使用方案为冬季采果后或萌芽前清园时，喷施150倍液；落花约2/3，喷淋矿物油200倍液+代森锰锌；幼果期，喷淋矿物油200倍液+阿维菌素+代森锰锌；秋梢期，喷淋矿物油200倍液+阿维菌素+代森锰锌，还可混配叶面肥以提升营养。

（5）矿物油不可与百菌清、含硫化合物（石硫合剂）、甲萘威、克菌丹、灭菌丹、福美锌、多菌灵、铜制剂（波尔多液、硫酸铜、硫酸铜钙）、嘧菌酯、炔螨特、啶氧菌酯、丙森锌（幼果嫩梢期）、成分不详高度离子化的微肥及本身容易产生药害的药剂等物质混用。

（6）先小范围试验后推广。矿物油用得好可以增加、延长药效，用得不好会加剧药害或导致灼果。因此，使用前最好是在局部进行小规模的试验，确认效果好、安全后再大规模推广应用。只要按照合适的方法施用，矿物油就可以通过物理作用起到防治病虫害和提高复配药剂的功效。

苏云金杆菌（*Bacillus thuringiensis*）

$C_{22}H_{32}N_5O_{16}P$，653.6

◈ **其他名称** 联除、点杀、康雀、锐星、科敌、千胜、农林丰、绿得利、BT、敌宝、杀虫菌 1 号、快来顺、果菜净、康多惠、包杀敌、菌杀敌、都来施、力宝、灭蛾灵、苏得利、苏力精、苏力菌、先得力、先力、杀虫菌一号、强敌 313、青虫灵、虫卵克等。

◈ **主要剂型** Bt 乳剂（100 亿个孢子/毫升），菌粉（100 亿个孢子/克），100 亿活孢子/毫升、6000IU/毫克、8000IU/毫克、16000IU/毫克、32000IU/毫克可湿性粉剂，2000IU/微升、4000IU/微升、6000IU/微升、7300IU/毫升、8000IU/微升、100 亿活孢子/毫升悬浮剂，4000IU/毫克、8000IU/毫克、16000IU/毫克粉剂，8000IU/微升油悬浮剂，2000IU/毫克颗粒剂，15000IU/毫克、16000IU/毫克、32000IU/毫克、64000IU/毫克水分散粒剂，4000IU/毫克悬浮种衣剂，100 亿活芽孢/克、150 亿活芽孢/克可湿性粉剂，100 亿活芽孢/克悬浮剂。

◈ **毒性** 低毒（对家蚕毒性高）。

◈ **作用机理** 苏云金杆菌进入昆虫消化道后，可产生两大类毒素：内毒素（即伴孢晶体）和外毒素（α-外毒素、β-外毒素和 γ-外毒素）。伴孢晶体是主要的毒素，它被昆虫碱性肠液破坏成较小单位的 δ-内毒素，使中肠停止蠕动、瘫痪，中肠上皮细胞解离，停食，芽孢则在中肠中萌发，经被破坏的肠壁进入血腔，大量繁殖，使虫得败血症而死。外毒素作用缓慢，而在蜕皮和变态时作用明显，这两个时期正是 RNA（核糖核酸）合成的高峰，外毒素能抑制依赖于 DNA（脱氧核糖核酸）的 RNA 聚合酶。

产品特点

（1）苏云金杆菌制剂的速效性较差，害虫取食后 2 天左右才能见效，不像化学农药作用那么快，但染病后的害虫，上吐下泻，不吃不动，不再为害作物。持效期约 1 天，因此使用时应比常规化学药剂提前 2～3 天，且在害虫低龄期使用效果较好。

（2）苏云金杆菌是目前产量最大、使用最广的生物杀虫剂之一，它的主要活性成分是一种或数种杀虫晶体蛋白，又称δ内毒素，对鳞翅目、鞘翅目、双翅目、膜翅目、同翅目等昆虫，以及动植物线虫、蜱螨等节肢动物都有特异的毒杀活性，而对非目标生物安全。因此，苏云金杆菌杀虫剂具有专一、高效和对人畜安全等优点，对作物无药害，不伤害蜜蜂和其他昆虫。对蚕有毒。

（3）连续使用，会形成害虫的疫病流行区，达到自然控制虫口密度的目的。

（4）选择性强，不伤害天敌。苏云金杆菌的蛋白质毒素在人、家畜、家禽的胃肠中不起作用，只感染一定种类的昆虫，对天敌起到保护作用。

（5）商品苏云金杆菌制剂在生产防治中也显示出某些局限性，如速效性差、对高龄幼虫不敏感、田间持效期短以及重组工程菌株遗传性不稳定等，都已成为影响苏云金杆菌进一步成功推广使用的制约因素。

（6）鉴别要点：原药为黄褐色固体。32000IU/毫克、16000IU/毫克、8000IU/毫克可湿性粉剂为灰白至棕褐色疏松粉末，不应有团块。8000IU/毫克、4000IU/毫克、2000IU/毫克悬浮剂为棕黄色至棕色悬浮液体。

用户在选购苏云金杆菌制剂及复配产品时应注意：确认产品通用名称、含量及规格；查看农药"三证"，可湿性粉剂和悬浮剂应取得生产许可证（XK），苏云金杆菌制剂应取得农药生产批准证书（HNP）；查看标签上产品有效期和生产日期，确认产品在 2 年有效期内。

生物鉴别：于菜青虫（2～3 龄）幼虫发生期，摘取带虫叶片若干个，将 8000IU/毫克悬浮剂稀释 2000 倍直接喷洒在有害虫的叶片上，待后观察。若菜青虫被击倒，则该药品为合格品，反之为不合格品。

● 应用

（1）单剂应用　防治柑橘树的柑橘凤蝶、玉带凤蝶、褐带长卷叶蛾等，在幼虫孵化盛期至低龄幼虫期，可选用 4000IU/微升苏云金杆菌悬浮剂 100～150 倍液，或 6000IU/毫克苏云金杆菌可湿性粉剂 150～200 倍液，或 8000IU/毫克苏云金杆菌悬浮剂或 8000IU/微升苏云金杆菌悬浮剂或 8000IU/克苏云金杆菌可湿性粉剂 200～300 倍液，或 15000IU/毫克苏云金杆菌水分散粒剂或 16000IU/毫克苏云金杆菌悬浮剂或 16000IU/毫克苏云金杆菌可湿性粉剂或 16000IU/毫克苏云金杆菌粉剂 400～500 倍液，或 32000IU/毫克苏云金杆菌可湿性粉剂或 32000IU/毫克苏云金杆菌水分散粒剂 800～1000 倍液，或 64000IU/毫克苏云金杆菌水分散粒剂 1500～2000 倍液，或 100 亿 IU/微升苏云金杆菌悬浮剂或 100 亿活芽孢/毫升苏云金杆菌悬浮剂或 100 亿活芽孢/克苏云金杆菌可湿性粉剂 200～300 倍液喷雾。

此外，还可防治苹果树的苹果巢蛾、食心虫、卷叶蛾、大造桥虫、美国白蛾、天幕毛虫、棉铃虫、刺蛾类、毒蛾类，梨树的天幕毛虫、梨星毛虫、尺蠖、食心虫，桃树的卷叶蛾、尺蠖、食心虫，枣树的尺蠖、食心虫、棉铃虫，在幼虫孵化盛期至低龄幼虫期或钻蛀前喷药，药剂喷施倍数同柑橘树上的用药。

（2）复配剂应用　苏云金杆菌可与阿维菌素、杀虫单、甜菜夜蛾核型多角体病毒、棉铃虫核型多角体病毒、苜蓿银纹夜蛾核型多角体病毒、菜青虫颗粒体病毒、黏虫颗粒体病毒、松毛虫质型多角体病毒、茶尺蠖核型多角体病毒、虫酰肼、氟铃脲、吡虫啉、高效氯氰菊酯、甲氨基阿维菌素苯甲酸盐等杀虫剂成分混配，用于生产复配杀虫剂。

● 注意事项

（1）苏云金杆菌制剂杀虫的速效性较差，使用时一般以害虫在一龄、二龄时防治效果好，取食量大的老熟幼虫往往比取食量较小的幼虫作用更好，甚至老熟幼虫化蛹前摄食菌剂后可使蛹畸形，或在化蛹后死亡。所以当田间虫口密度较小或害虫发育进度不一致，世代重叠或虫龄较小时，可推迟施菌日期以便减少施菌次数，节约投资。对生活隐蔽又没有转株危害特点的害虫，必须在害虫蛀孔、卷叶隐蔽前施用菌剂。

（2）施用时要注意气候条件。因苏云金杆菌对紫外线敏感，故最好在阴天或晴天下午 4～5 时后喷施。需在气温 18℃以上使用，气温在 30℃左右时，防治效果最好，害虫死亡速度较快。18℃以下或 30℃以上使用都无效。在有雾的早上喷药或喷药 30 分钟前给作物淋水则效果较好。

（3）加黏着剂和肥皂可增强效果。如果不下雨（下雨 15～20 毫米则要及时补施），喷施 1 次，有效期为 5～7 天，5～7 天后再喷施，连续几次即可。

（4）只能防治鳞翅目害虫，如有其他种类害虫发生需要与其他杀虫剂一起喷施。喷施苏云金杆菌后，再喷施菊酯类杀虫剂能增强杀虫效果。不能与有机磷杀虫剂或者杀细菌的药剂（如多菌灵、甲基硫菌灵等）一起喷施。喷过杀菌剂的喷雾器也要冲洗干净，否则杀菌剂会把部分苏云金杆菌杀死，从而影响杀虫效果。

（5）购买苏云金杆菌制剂时，要看质量是否过关，可采用"嗅"的方法来检验，正常的苏云金杆菌产品中都有一定的含菌量，开盖时应没有臭味，有时还会有香味（培养料发出的），而过期或假的产品则常产生异味或没有气味。要特别注意产品的有效期，最好购买刚生产不久的新产品，否则影响效果。

（6）对蜜蜂和家蚕有毒，施药期间应避免对周围蜂群的影响，避开蜜源作物花期，蚕室和桑园附近禁用。

（7）对鱼类等水生生物有毒，应远离水产养殖区施药，禁止在河塘等水体中清洗施药器具。

（8）应保存在低于 25℃的干燥阴凉仓库中，防止曝晒和潮湿，以免变质，有效期 2 年。由于苏云金杆菌的质量好坏以其毒力大小为依据，存放时间太长或方式不合适则会降低其毒力，因此，应对产品做必要的生物测定。

阿维菌素（abamectin）

(i) R = —CH₂CH₃ (avermectin B₁a)
(ii) R = —CH₃ (avermectin B₁b)

avermectin B$_{1a}$: C$_{48}$H$_{72}$O$_{14}$，873.09 ；avermectin B$_{1b}$：C$_{47}$H$_{70}$O$_{14}$，859.06

● **其他名称** 爱福丁、虫螨克星、绿维虫清、害极灭、齐螨素、爱螨力克、阿巴丁、除虫菌素、杀虫菌素、阿维虫清、揭阳霉素、灭虫丁、赛福丁、灭虫灵、7051杀虫素、爱立螨克、爱比菌素、爱力螨克、螨虫素、杀虫丁、阿巴菌素、阿弗菌素、阿维兰素、虫克星、虫螨克、虫螨光、虫螨齐克、农家乐、农哈哈、齐墩螨素、齐墩霉素、灭虫清、强棒、易福、菜福多、菜宝、捕快、科葆、百福、害通杀、爱诺虫清1号、爱诺虫清2号、爱诺虫清3号、爱诺虫清4号、海正灭虫灵等。

● **主要剂型** 3%、5%、10%悬浮剂，0.2%、0.3%、0.5%、0.6%、0.9%、1%、1.8%、2%、2.8%、3%、3.2%、4%、5%乳油，0.2%、0.22%、0.5%、1%、1.8%、3%、5%可湿性粉剂，0.5%、1.8%、2%、3%、3.2%、4%、5%、5.4%、6%微乳剂，0.5%、2%、6%、10%水分散粒剂，1%、5%可溶液剂，0.5%、0.9%、1%、1.8%、2%、2.2%、3%、3.2%、5%、18克/升水乳剂，1%、2%、3%、5%微囊悬浮剂，0.5%颗粒剂，0.12%高渗可湿性粉剂，0.10%饵剂。

● **毒性** 低毒(对蜜蜂、家蚕、鱼类高毒)。

● **作用机理** 阿维菌素是一种由链霉菌产生的新型大环内酯双糖类化合物，其作用机制是干扰害虫神经生理活动，刺激释放γ-氨基丁酸，而γ-氨基丁酸对节肢动物的神经传导有抑制作用，螨类成螨、若螨、幼虫与药剂接触后即出现麻痹症状，不活动，不取食。因不引起昆虫迅速脱水，所以它的致死作用较慢。

● **产品特点**

（1）高效、广谱。阿维菌素属农用抗生素类、广谱、杀虫杀螨剂，一次用药可防治多种害虫，能防治鳞翅目、双翅目、同翅目、鞘翅目的害虫以及叶螨、锈螨等，有时被称作"万能杀虫剂"。对害虫、害螨有触杀和胃毒作用，对作物有渗透作用，但无杀卵作用。一般防治食叶害虫每亩用有效成分 0.2～0.4 克，对鳞翅目的蛾类害虫用 0.6～0.8 克；防治钻蛀性害虫，每亩用有效成分 0.7～1.5 克。

（2）杀虫速度较慢，对害虫以胃毒作用为主，兼有触杀作用。药剂进入虫体后，能促进 γ-氨基丁酸从神经末梢释放，阻碍害虫运动神经信号的传递，使虫体麻痹，不活动，不取食，2～4 天后死亡。因不引起虫体迅速脱水，所以杀虫速度较慢。

（3）持效期长。一般对鳞翅目害虫的有效期为 10～15 天，对害螨为 30～45 天。阿维菌素是一种细菌代谢分泌物，在土壤中降解快、光解迅速，环境兼容性较好。

（4）对天敌安全。施药后，未渗入植物体内而停留在植物体表面，药剂可很快分解，对天敌损伤很小。易降解，无残留，对人畜和环境很安全。

（5）对作物安全，不易产生药害。即使施用量大于治虫量的 10 倍，对大多数作物仍很安全。阿维菌素制剂对人畜毒性低，可以在一般无公害食品和 A 级绿色食品生产中使用，只在 AA 级绿色食品中限用。

（6）鉴别要点：纯品为白色或黄白色结晶粉。1.8%阿维菌素乳油等乳油制剂为棕色透明液体，无明显的悬浮物和沉淀物。

在选购阿维菌素单剂及复配产品时应注意：确认产品通用名称及含量；查看农药"三证"，阿维菌素乳油的单剂品种应取得生产许可证（XK），其他复配制剂应取得农药生产批准证书（HNP）；查看产品是否在 2 年有效期内。

生物鉴别：于菜青虫（2～3 龄）幼虫发生期，摘取带虫叶片若干个，将 1.8%阿维菌素乳油 4000 倍液喷洒在有害虫的叶片上，待后观察。若菜青虫被击倒致死，则该药品为合格品，反之为不合格品。

· **应用**

（1）单剂应用 主要用于防治螨类、斜纹夜蛾、黏虫、卷叶蛾等害虫。

防治瓜绢螟，在种群主体处在 1～3 龄时，用 1.8%阿维菌素乳油 1500 倍液喷雾。

防治西瓜根结线虫，于根结线虫发生初期，每亩用 3%阿维菌素微囊悬浮剂 500～700 毫升，兑水 50 千克后灌根，灌根后覆土，安全间隔期 10 天，每季最多施用 1 次。

防治西瓜、甜瓜灰地种蝇，出苗后用 1.8%阿维菌素乳油 2000 倍液灌根。

防治草莓根结线虫病，在花芽分化前 7 天或定植前用药防治，对压低虫口具有重要作用，可用 1.8%阿维菌素乳油 1500 倍液，每平方米用 20～27 克处理土壤。

防治果树红蜘蛛、黄蜘蛛、锈壁虱、鳞翅目食叶害虫，每亩用 10%阿维菌素悬浮剂 0.7～1.1 克，兑水 30～45 千克均匀喷雾。

防治柑橘树红蜘蛛，在红蜘蛛发生初期，用 1.8%阿维菌素乳油 2000～4000 倍液喷雾，安全间隔期 14 天，每季最多施用 1 次；或选用 10%阿维菌素水分散粒剂 10000～20000 倍液，或 1.8%阿维菌素水乳剂 1800～2400 倍液，或 1.8%阿维菌素水乳剂 2000～4000 倍液，或 5%阿维菌素悬浮剂 4000～5000 倍液喷雾，安全间隔期 21 天，每季最多施用 2 次；或用 10%阿维菌素微囊悬浮剂 8000～10000 倍液喷雾，安全间隔期 21 天，每季最多施用 1 次。

防治柑橘树潜叶蛾，在卵孵盛期或低龄幼虫期，用 1.8%阿维菌素乳油 2000～3000 倍液喷雾，安全间隔期 14 天，每季最多施用 2 次；或用 1.8%阿维菌素水剂 1500～2500 倍液喷雾，安全间隔期 21 天，每季最多施用 2 次。

防治柑橘树锈壁虱，发生初期，用 1.8%阿维菌素乳油 3000～4000 倍液喷雾，安全间隔期 14 天，每季最多施用 2 次；或用 1.8%阿维菌素水乳剂 2000～4000 倍液喷雾，安全间隔期 21 天，每季最多施用 2 次。

防治柑橘树橘大实蝇、小实蝇，每亩用 0.1%阿维菌素浓饵剂 180～270 毫升，稀释 2～3 倍后装入诱罐，每罐装稀释液 54 毫升，挂于果树的背阴面 1.5 米左右高处，每隔 7 天换 1 次诱罐内的药液，每亩用 10 个诱罐。

防治苹果树红蜘蛛，发生初期，用 1.8%阿维菌素可湿性粉剂 4500～5500 倍液喷雾，安全间隔期 14 天，每季最多施用 3 次；或用 1.8%阿维菌素乳油 3000～6000 倍液喷雾，安全间隔期 14 天，每季最多施用 2 次；或用 1%阿维菌素微囊悬浮剂 2000～4000 倍液喷雾，安全间隔期 15 天，每季最多施用 3 次。

防治苹果树二斑叶螨，发生初期，用 1.8%阿维菌素乳油 3000～4000 倍液喷雾，安全间隔期 14 天，每季最多施用 3 次；或用 1.8%阿维菌素微囊悬浮剂 3000～4000 倍液喷雾，安全间隔期 21 天，每季最多施用 3 次。

防治苹果树山楂叶螨，发生初期，用 1.8%阿维菌素乳油 3000～6000 倍液喷雾，安全间隔期 14 天，每季最多施用 2 次。

防治苹果树桃小食心虫，卵孵盛期或低龄幼虫期，用 1.8%阿维菌素乳油 2000～4000 倍液喷雾，安全间隔期 14 天，每季最多施用 3 次；或用 3%阿维菌素微乳剂 3300～6700 倍液喷雾，安全间隔期 21 天，每季最多施用 3 次。

防治苹果树蚜虫，在发生期，用 1.8%阿维菌素乳油 3000～4000 倍液喷雾，安全间隔期 14 天，每季最多施用 2 次。

防治苹果金纹细蛾、卷叶蛾、食叶毛虫，从害虫发生初期（低龄幼虫期）开始喷药防治，每代喷药 1 次即可。用 2%阿维菌素乳油 3500～4500 倍液，或 1.8%阿维菌素乳油 3000～4000 倍液，或 1%阿维菌素乳油 1700～2200 倍液均匀喷雾。

防治梨树梨木虱，发生初期，可选用 1.8%阿维菌素乳油 1500～3000 倍液，或 1.8%阿维菌素水乳剂 1500～1800 倍液喷雾，安全间隔期 21 天，每季最多施用 2 次；或用 2%阿维菌素微囊悬浮剂 4000～5000 倍液喷雾，安全间隔期 14 天，每季最多施用 3 次；或用 1.8%阿维菌素微乳剂 1500～3000 倍液喷雾，安全间隔期 21 天，每季最多施用 3 次。

防治杨梅树果蝇，每亩用 0.1%阿维菌素浓饵剂 180～270 毫升，稀释 2～3 倍后装入诱罐，挂于果树的背阴面 1.5 米左右高处，每隔 7 天换 1 次诱罐内的药液，每亩用 20 个诱罐。

防治冬枣红蜘蛛，发生初期，用 5%阿维菌素水乳剂 8000～10000

倍液喷雾，安全间隔期 28 天，每季最多施用 1 次。

（2）复配剂应用　近些年，阿维菌素在农作物上应用较为频繁，以致在单一使用时由于蓟马、飞虱、菜青虫等害虫易产生严重抗性，单一使用治虫效果差。因此，防治菜青虫等鳞翅目害虫，需用阿维菌素搭配虫螨腈、氯虫苯甲酰胺等；防治蓟马、粉虱、蚜虫等，需与噻虫胺、乙基多杀菌素等进行复配。此外，阿维菌素还常与苏云金杆菌、吡虫啉、啶虫脒、氯氰菊酯、高效氯氰菊酯、高效氯氟氰菊酯、甲氰菊酯、联苯菊酯、辛硫磷、敌敌畏、灭幼脲、除虫脲、虫酰肼、氟虫脲、炔螨特、噻螨酮、哒螨灵、乙螨唑、四螨嗪等杀虫（螨）剂成分混配，生产制造复配杀虫（螨）剂。

① 阿维·啶虫脒。由阿维菌素与啶虫脒混配的一种高效广谱低毒复合杀虫剂，以触杀和胃毒作用为主，兼有一定的内吸、渗透作用，耐雨水冲刷，专用于防控刺吸式口器害虫。

防治苹果树绣线菊蚜，在嫩梢上蚜虫数量较多时，或嫩梢蚜虫开始向幼果转移扩散时用药。可选用 1.5%阿维·啶虫脒微乳剂 600～800 倍液，或 4%阿维·啶虫脒乳油或 4%阿维·啶虫脒微乳剂 1500～2000 倍液，或 6%阿维·啶虫脒水乳剂 1000～2000 倍液，或 8.8%阿维·啶虫脒乳油或 10%阿维·啶虫脒水分散粒剂 5000～6000 倍液，或 12.5%阿维·啶虫脒微乳剂 6000～8000 倍液喷雾。安全间隔期 14 天，每季最多施用 2 次。

防治柑橘树黑刺粉虱、介壳虫、蚜虫。防治介壳虫类害虫时，在卵孵化高峰期和低龄若虫始盛期用药；防治蚜虫时，在各季新梢（春梢、夏梢、秋梢）嫩叶上蚜虫数量较多时用药；防治黑刺粉虱时，在卵孵化盛期至低龄若虫期用药。可选用 1.8%阿维·啶虫脒微乳剂 600～800 倍液，或 6%阿维·啶虫脒水乳剂 1000～2000 倍液，或 10%阿维·啶虫脒水分散粒剂 3000～4000 倍液，或 30%阿维·啶虫脒水分散粒剂 8000～10000 倍液喷雾。安全间隔期 21 天，每季最多施用 2 次。

防治梨树梨木虱，用于防治若虫，在害虫卵孵化盛期至若虫被黏液全部覆盖前喷药，每代喷 1 次。可选用 1.8%阿维·啶虫脒微乳剂 800～1000 倍液，或 4%阿维·啶虫脒乳油或 4%阿维·啶虫脒微乳剂 1500～2000 倍液，或 5%阿维·啶虫脒微乳剂 2000～2500 倍液，或 10%阿维·

啶虫脒水分散粒剂 4000～5000 倍液，或 12.5%阿维·啶虫脒微乳剂 5000～6000 倍液喷雾。

此外，还可防治葡萄绿盲蝽、枣树绿盲蝽等，药剂喷施倍数同梨树梨木虱。

防治香蕉冠网蝽，发生初期，可选用 1.8%阿维·啶虫脒微乳剂 500～700 倍液，或 6%阿维·啶虫脒水乳剂 1500～2000 倍液，或 8.8% 阿维·啶虫脒乳油 3500 倍液，或 10%阿维·啶虫脒水分散粒剂 3000～ 4000 倍液，或 12.5%阿维·啶虫脒微乳剂 4000～5000 倍液，或 30%阿维·啶虫脒水分散粒剂 8000～10000 倍液喷雾。

② 阿维·高氯。由阿维菌素与高效氯氰菊酯混配的一种高效广谱杀虫剂，低毒至中毒，以触杀和胃毒作用为主，渗透性较强，药效较迅速。

防治苹果树、梨树、桃树及枣树的卷叶蛾、鳞翅目食叶类害虫。防治卷叶蛾，在幼虫卷叶前或卷叶初期用药；防治鳞翅目食叶类害虫，在卵孵化盛期至低龄幼虫期用药。可选用 1%阿维·高氯乳油 500～600 倍液，或 1.1%阿维·高氯乳油或 1.1%阿维·高氯微乳剂 400～500 倍液，或 1.8%阿维·高氯乳油或 1.8%阿维·高氯水乳剂 800～1000 倍液，或 2%阿维·高氯乳油或 2%阿维·高氯微乳剂 800～1000 倍液，或 3% 阿维·高氯乳油或 3%阿维·高氯可湿性粉剂 1000～1500 倍液，或 5% 阿维·高氯乳油或 5.2%阿维·高氯乳油 2000～2500 倍液，或 7%阿维·高氯微乳剂 2500～3000 倍液喷雾。

防治苹果树二斑叶螨、红蜘蛛、黄蚜、梨木虱，用 1%阿维·高氯乳油 1500～2000 倍液喷雾。

防治梨树梨木虱，防治成虫时，在成虫发生初期用药；防治若虫时，在各代卵孵化盛期至低龄若虫期（若虫虫体被黏液全部覆盖前）用药。可选用 1.5%阿维·高氯乳油 600～700 倍液，或 1.8%阿维·高氯微乳剂 1000～1200 倍液，或 2.8%阿维·高氯乳油 1200～1500 倍液，或 5%阿维·高氯乳油 1800～2000 倍液，或 6%阿维·高氯乳油 2000～2500 倍液，或 9%阿维·高氯乳油 3000～4000 倍液喷雾。

防治核桃缀叶螟，在害虫卵孵化盛期至低龄幼虫期用药。药剂喷施倍数同苹果树卷叶蛾。

防治柑橘树潜叶蛾、柑橘木虱、柑橘凤蝶、玉带凤蝶。防治潜叶蛾时，在各季新梢（春梢、夏梢、秋梢）生长期内，嫩叶上初见虫道时用药；防治柑橘木虱，在各季新梢生长期内，嫩梢上初见木虱为害时用药；防治凤蝶，在卵孵化盛期至低龄幼虫期用药。可选用 1.5%阿维·高氯乳油 600～800 倍液，或 2%阿维·高氯乳油或 2%阿维·高氯微乳剂 800～1000 倍液，或 2.4%阿维·高氯乳油 1000～1200 倍液，或 3%阿维·高氯微乳剂 1200～1500 倍液，或 5%阿维·高氯乳油 1800～2000 倍液，或 6%阿维·高氯乳油 2000～2500 倍液，或 9%阿维·高氯乳油 3000～4000 倍液喷雾。

防治荔枝树椿象，为害初期用药，药剂喷施倍数同柑橘树潜叶蛾。

③ 阿维·吡虫啉。由阿维菌素与吡虫啉混配的一种高效广谱低毒复合杀虫剂，以触杀和胃毒作用为主，兼有一定的内吸、渗透作用，耐雨水冲刷。

防治梨树梨木虱、梨瘿蚊。防治梨木虱时，主要用于防治若虫，在害虫卵孵化盛期至若虫被黏液全部覆盖前用药，每代喷 1 次；防治梨瘿蚊时，在嫩叶上初显受害状（叶缘卷曲）时及时用药。可选用 1%阿维·吡虫啉乳油 400～600 倍液，或 1.8%阿维·吡虫啉可湿性粉剂 600～800 倍液，或 2%阿维·吡虫啉乳油 800～1000 倍液，或 5%阿维·吡虫啉乳油或 5%阿维·吡虫啉悬浮剂 1800～2000 倍液，或 29%阿维·吡虫啉悬浮剂 5000～6000 倍液喷雾。安全间隔期 30 天，每季最多使用 2 次。

防治柑橘树潜叶蛾、蚜虫、柑橘木虱。防治潜叶蛾时，在各季新梢（春梢、夏梢、秋梢）生长期内，嫩叶上初见虫道时用药；防治蚜虫时，在各季新梢嫩叶上蚜虫数量较多时用药；防治柑橘木虱时，在各季新梢生长期内，初见木虱为害时用药。可选用 1.45%阿维·吡虫啉可湿性粉剂 600～800 倍液，或 2.2%阿维·吡虫啉乳油 1000～1200 倍液，或 3%阿维·吡虫啉乳油 1200～1500 倍液，或 8%阿维·吡虫啉悬浮剂 1500～2000 倍液，或 27%阿维·吡虫啉可湿性粉剂 4000～5000 倍液喷雾。

防治桃线潜叶蛾。从叶片上初见虫道时开始，每隔 1 个月左右喷 1 次，连喷 3～4 次，药剂喷施倍数同梨树梨木虱。

④ 阿维·氟铃脲。由阿维菌素与氟铃脲混配的一种低毒复合杀虫剂，具有胃毒和触杀作用。

防治苹果树、梨树、桃树及枣树的食心虫类、卷叶蛾类、鳞翅目食叶类害虫。防治食心虫时，在卵孵化盛期至钻蛀前用药；防治卷叶蛾类害虫，在幼虫卷叶前或卷叶初期用药；防治鳞翅目害虫，在卵孵化盛期至低龄幼虫期用药。可选用 1.8%阿维·氟铃脲乳油 500～600 倍液，或 2.5%阿维·氟铃脲乳油 600～800 倍液，或 3%阿维·氟铃脲乳油或 3%阿维·氟铃脲悬浮剂或 3%阿维·氟铃脲可湿性粉剂 1000～1200 倍液，或 5%阿维·氟铃脲乳油 2000～2500 倍液，或 11%阿维·氟铃脲水分散粒剂 2000～2500 倍液喷雾，每代喷药 1 次。

防治柑橘树潜叶蛾、柑橘凤蝶、玉带凤蝶。防治潜叶蛾时，在各季新梢（春梢、夏梢、秋梢）生长期内，嫩叶上初见虫道时喷药；防治凤蝶类，在卵孵化盛期至低龄幼虫期用药。药剂喷施倍数同苹果树食心虫类。

防治核桃缀叶螟。在害虫卵孵化盛期至低龄幼虫期用药，药剂喷施倍数同苹果树食心虫类。

⑤ 阿维·哒螨灵。由阿维菌素与哒螨灵混配的一种广谱复合杀螨剂，低毒至中毒，以触杀和胃毒作用为主，兼有微弱的熏蒸作用，对成螨、若螨、幼螨及卵均有较好的防治效果。

防治苹果树、梨树及桃树的红蜘蛛、白蜘蛛。在害螨为害初期（开花前或落花后），或螨卵孵化盛期至若螨及幼螨盛发初期，或树体内膛叶片上螨量开始较快增多时用药。可选用 5%阿维·哒螨灵乳油 500～600 倍液，或 6%阿维·哒螨灵乳油或 6%阿维·哒螨灵微乳剂 600～700 倍液，或 6.78%阿维·哒螨灵乳油或 6.8%阿维·哒螨灵乳油 700～800 倍液，或 8%阿维·哒螨灵乳油 800～1000 倍液，或 10%阿维·哒螨灵乳油或 10%阿维·哒螨灵微乳剂或 10.2%阿维·哒螨灵乳油 1000～1200 倍液，或 10.5%阿维·哒螨灵乳油或 10.5%阿维·哒螨灵微乳剂或 10.5%阿维·哒螨灵可湿性粉剂 2500～3500 倍液，或 16%阿维·哒螨灵乳油 1200～1500 倍液喷雾。安全间隔期 14 天，每季最多施用 1 次。

防治柑橘树红蜘蛛，用 10.5%阿维·哒螨灵乳油 1000～1500 倍液喷雾，安全间隔期 20 天，每季最多施用 2 次。

此外，还可防治枣树红蜘蛛、黄蜘蛛、锈蜘蛛，柑橘树红蜘蛛、黄蜘蛛、锈蜘蛛，板栗树红蜘蛛。药剂喷施倍数同苹果树红蜘蛛。

⑥ 阿维·四螨嗪。由阿维菌素与四螨嗪混配的一种广谱低毒复合杀

螨剂,以触杀和胃毒作用为主,兼有微弱的熏蒸作用,具有杀卵、幼螨、若螨和成螨的作用,对叶片渗透性较强,致死作用较慢,持效期较长。

防治苹果树红蜘蛛、白蜘蛛。在害螨为害初期(开花前或落花后),或螨卵孵化盛期至若螨及幼螨盛发初期,或树体内膛叶片上螨量开始较快增多时,可选用10%阿维·四螨嗪悬浮剂1200~1500倍液,或20.8%阿维·四螨嗪悬浮剂1500~2000倍液,或21%阿维·四螨嗪水分散粒剂1700~2000倍液,或5.1%阿维·四螨嗪可湿性粉剂400~500倍液喷雾,树体内膛一定要喷洒药剂。安全间隔期30天,每季最多施用2次。

此外,还可用于防治枣树红蜘蛛、白蜘蛛,柑橘树红蜘蛛、黄蜘蛛,板栗树红蜘蛛。其药剂喷施倍数同苹果树红蜘蛛。

⑦ 阿维·炔螨特。由阿维菌素与炔螨特混配的一种广谱高效复合杀螨剂,低毒至中毒,以触杀和胃毒作用为主,兼有微弱的熏蒸作用,对幼螨、若螨和成螨防效较好,对螨卵防效较差,对作物叶片有渗透性,持效期较长。

防治苹果树红蜘蛛、白蜘蛛。在害螨发生为害初期(开花前或落花后),或螨卵孵化盛期至若螨及幼螨盛发初期,或树体内膛叶片上螨量开始较快增多时用药,可选用30%阿维·炔螨特水乳剂800~1000倍液,或40%阿维·炔螨特水乳剂或40%阿维·炔螨特乳油或40.6%阿维·炔螨特微乳剂1200~1500倍液,或56%阿维·炔螨特乳油或56%阿维·炔螨特微乳剂2000~4000倍液喷雾。安全间隔期30天,每季最多施用2次。

此外,还可用于防治柑橘树红蜘蛛、黄蜘蛛、锈蜘蛛,葡萄瘿螨等,药剂喷施倍数同苹果树红蜘蛛。

⑧ 阿维·唑螨酯。由阿维菌素与唑螨酯混配的一种广谱高效低毒复合杀螨剂,具有击倒、触杀、胃毒和熏蒸作用,对幼螨、若螨、成螨和螨卵均有较好的防效,叶片渗透性较强,持效期较长。

防治柑橘树红蜘蛛、黄蜘蛛时,在害螨发生初期(春梢萌动前),或叶片上害螨数量开始较快增多时用药;防治锈蜘蛛时,在果实膨大期(约7月份)或果实上螨量开始增加时用药。可选用4%阿维·唑螨酯水乳剂1500~2000倍液,或5%阿维·唑螨酯悬浮剂1500~2000倍液,或10%阿维·唑螨酯悬浮剂3000~4000倍液喷雾。尽量喷到叶片正反面湿透为止，安全间隔期30天，每季最多施用1次。

防治苹果树、梨树及桃树红蜘蛛、白蜘蛛，在害螨发生初期（开花前或落花后），或螨卵孵化盛期至幼螨及若螨盛发初期，或树冠内膛叶片上螨量开始较快增多时（平均每叶有螨3～4头时），可选用4%阿维·唑螨酯水乳剂1200～1500倍液，或5%阿维·唑螨酯悬浮剂1500～2000倍液，或10%阿维·唑螨酯悬浮剂3000～4000倍液喷雾。

此外，还可用于防治葡萄瘿螨，药剂喷施倍数同苹果树红蜘蛛。

⑨ 阿维·螺螨酯。由阿维菌素与螺螨酯混配的一种高效广谱低毒复合杀螨剂，具有触杀、胃毒和熏蒸作用，及一定的渗透作用，可杀灭成螨、若螨、幼螨和夏卵，黏附性好，持效期长。

防治柑橘树红蜘蛛、黄蜘蛛、锈蜘蛛。防治红蜘蛛、黄蜘蛛，在害螨发生初期（春梢萌发前），或叶片上害螨数量开始较快增多时用药；防治锈蜘蛛时，在果实膨大期（约7月份）或果实上螨量开始增加时用药。可选用13%阿维·螺螨酯水乳剂1500～2000倍液，或18%阿维·螺螨酯悬浮剂3000～4000倍液，或20%阿维·螺螨酯悬浮剂3000～3500倍液，或21%阿维·螺螨酯悬浮剂3000～3500倍液，或22%阿维·螺螨酯悬浮剂3500～4000倍液，或27%阿维·螺螨酯悬浮剂4500～5000倍液，或28%阿维·螺螨酯悬浮剂5000～6000倍液，或30%阿维·螺螨酯悬浮剂5000～6000倍液，或33%阿维·螺螨酯悬浮剂5000～6000倍液，或35%阿维·螺螨酯悬浮剂6000～7000倍液喷雾。安全间隔期30天，每季最多施用1次。

此外，还可用于防治苹果树、梨树及桃树的红蜘蛛、白蜘蛛，枣树红蜘蛛、白蜘蛛，板栗树红蜘蛛等，药剂喷施倍数同柑橘树红蜘蛛。

⑩ 阿维·噻螨酮。由阿维菌素与噻螨酮复配而成。

防治柑橘树红蜘蛛、锈壁虱，在红蜘蛛发生为害初期（春、秋季平均每叶有虫2～3头，夏季3～4头时）或锈壁虱发生初期（多为7月份），及时喷1次，做到叶背、叶面至湿润欲滴为好。可选用6.8%阿维·噻螨酮乳油2000～3000倍液，或10%阿维·噻螨酮乳油3000～4000倍液喷雾。

防治苹果红蜘蛛、白蜘蛛，从害螨发生初期（多为落花后半月左右）开始，可选用6.8%阿维·噻螨酮乳油2000～3000倍液，或10%阿维·

噻螨酮乳油 3000～4000 倍液喷雾，1.5～2 个月后再喷 1 次。

⑪ 阿维·螺虫酯。由阿维菌素与螺虫乙酯混配，复配后可达到强渗透强内吸的效果，在介壳虫若虫发生盛期，一遍就能将成虫和若虫彻底杀死，掌握在介壳虫若虫孵化高峰期（每年的 5 月中旬至 6 月中旬），可选用 20%阿维·螺虫酯悬浮剂 3000～3500 倍液，或 28%阿维·螺虫酯悬浮剂 5000～7000 倍液，对全株茎叶喷雾，可兼治红蜘蛛、叶蝉、食心虫等。

⑫ 阿维·丁醚脲。由阿维菌素与丁醚脲复配而成。

防治柑橘树红蜘蛛，从害螨发生初期开始，可选用 20%阿维·丁醚脲乳油 1500～2000 倍液，或 15.6%阿维·丁醚脲乳油 1200～1500 倍液喷雾，每隔 15～20 天喷 1 次，连喷 2 次。

防治苹果树红蜘蛛，在害螨发生初盛期开始，可选用 20%阿维·丁醚脲乳油 2000～2500 倍液，或 15.6%阿维·丁醚脲乳油 1500～2000 倍液喷雾，根据害螨发生情况，1 个月后再喷施 1 次。

⑬ 阿维·乙螨唑。对红白蜘蛛的成虫、若虫及卵兼杀，阿维菌素主攻成虫和若虫，乙螨唑主攻杀卵，同时抑制若虫蜕皮。该复配剂成本低，效果好。而且阿维菌素还可防治菜青虫、蚜虫、蓟马等。一般用作预防，在发生初期使用效果好，若在高发期使用，必须配合联苯肼酯或乙唑螨腈等。

防治柑橘红蜘蛛，在春季螨虫始盛期，平均每叶有螨 2～4 头时，可选用 12%阿维·乙螨唑悬浮剂 1500～2000 倍液，20%阿维·乙螨唑悬浮剂 8000～12000 倍液，或 23%阿维·乙螨唑悬浮剂 8000～10000 倍液，或 25%阿维·乙螨唑悬浮剂 6000～10000 倍液喷雾，安全间隔期 30 天，每季最多施用 1 次。注意不能经常用，以防产生抗药性，需与阿维·螺螨酯等其他配方轮换使用。

此外，还可用于防治苹果树、梨树、桃树及杏树红蜘蛛、白蜘蛛，板栗树红蜘蛛，草莓红蜘蛛，药剂喷施倍数同柑橘红蜘蛛。

⑭ 阿维·灭幼脲。由阿维菌素与灭幼脲复配而成，对三大类杀虫剂已产生抗性的害虫，改用本混剂防治仍有效。

防治苹果树金纹细蛾，在金纹细蛾幼虫发生高峰期或为害虫斑出现高峰期开始，每代喷 1 次即可，可选用 25%阿维·灭幼脲悬浮剂或 26%

阿维·灭幼脲悬浮剂 1500～2000 倍液，或 30%阿维·灭幼脲悬浮剂 1800～2000 倍液，或 20%阿维·灭幼脲可湿性粉剂 1200～1500 倍液喷雾。

此外，还可防治桃树、杏树的桃线潜叶蛾，苹果树、桃树、枣树等落叶果树的卷叶蛾类、鳞翅目食叶害虫类，葡萄虎蛾，核桃缀叶螟等，药剂喷施倍数同苹果树金纹细蛾。

⑮ 阿维·矿物油。由阿维菌素与矿物油混配的广谱低毒复合杀虫（螨）剂，以触杀和胃毒作用为主，兼有微弱的熏蒸作用，无内吸性，对叶片有较强的渗透作用，持效期较长，化学杀虫（螨）与物理杀虫（螨）相结合，害虫（螨）不易产生抗药性。防治苹果树、梨树、枣树、桃树等落叶果树的红蜘蛛、白蜘蛛，在害螨发生为害初期（开花前或落花后），或螨卵孵化盛期至幼螨及若螨盛发初期，或树冠内膛叶片上螨量开始较快增多时，可选用 18%阿维·矿物油乳油或 18.3%阿维·矿物油乳油或 20%阿维·矿物油乳油或 24.5%阿维·矿物油乳油或 25%阿维·矿物油乳油或 30%阿维·矿物油乳油或 40%阿维·矿物油乳油或 58%阿维·矿物油乳油 1000～1500 倍液喷雾，安全间隔期 14 天，每季最多施用 2 次。

⑯ 阿维·噻虫胺。由阿维菌素与噻虫胺混配。防治梨树梨木虱，发生初期，用 24%阿维·噻虫胺悬浮剂 3000～5000 倍液喷雾，安全间隔期 21 天，每季最多施用 1 次。

⑰ 阿维·氯苯酰。由阿维菌素与氯虫苯甲酰胺混配的广谱低毒复合杀虫剂，具胃毒和触杀作用，叶片渗透性好，耐雨水冲刷，持效期较长。

防治苹果树金纹细蛾，在每代卵孵化盛期或初见新鲜虫斑时，用 6%阿维·氯苯酰悬浮剂 2000～3000 倍液喷雾，第 1、2 代每代喷 1 次，第 3 代及其以后各代每代喷 1～2 次。

防治桃树、杏树的桃线潜叶蛾，发生初期或叶片上初见虫道时开始，用 6%阿维·氯苯酰悬浮剂 2000～2500 倍液喷雾，1 个月左右喷 1 次，与不同类型药剂轮换。

防治苹果树、梨树、桃树、枣树等落叶果树的食心虫类，根据虫情，在害虫卵孵盛期至初孵幼虫钻蛀前，用 6%阿维·氯苯酰悬浮剂 2000～2500 倍液喷雾，每隔 7～10 天喷 1 次，每代喷 1～2 次。

防治苹果树、梨树、桃树、枣树等落叶果树的卷叶蛾尖、鳞翅目食叶害虫，用6%阿维·氯苯酰悬浮剂2000～3000倍液喷雾，防治卷叶蛾类，在幼虫为害初期或初见卷叶时开始，每代喷1～2次，防治鳞翅目其他食叶类害虫，在害虫卵孵化盛期至低龄幼虫期，每代喷1～2次。

⑱ 阿维菌素·唑虫酰胺。由阿维菌素与唑虫酰胺混配而成的杀螨剂，具速效性和持效性。

防治柑橘树锈壁虱。锈壁虱主要为害果实，在其发生关键期（6～11月），观察背光果面，当果面灰暗像有一层灰时（或用20倍手持放大镜随时观察果面背光一面，在柑橘树锈壁虱发生初期，平均每叶3～5头锈壁虱时），用18%阿维菌素·唑虫酰胺悬浮剂1000～1500倍液喷雾，安全间隔期21天，每季最多施用1次。

此外，还可用于防治柑橘树上的蚜虫、木虱、尺蠖、潜叶蛾，以及芒果树蓟马、叶瘿蚊、切叶象甲，葡萄上的蓟马、绿盲蝽等，药剂喷施倍数同柑橘树锈壁虱。

⑲ 阿维·联苯肼。由阿维菌素与联苯肼酯混配的广谱低毒复合杀螨剂，具有胃毒、触杀和熏蒸作用，可杀灭成螨、若螨、幼螨和卵。

防治柑橘树红蜘蛛，发生初期，用20%阿维·联苯肼悬浮剂1500～2000倍液喷雾，安全间隔期30天，每季最多施用1次。

防治苹果树、梨树及桃树的红蜘蛛、白蜘蛛，在害虫发生初期（开花前或落花后），或螨卵孵化盛期至幼螨及若螨盛发初期，或树冠内膛叶片上螨量开始较快增多时（平均叶有螨3～4头时），可选用20%阿维·联苯肼悬浮剂 1200～1500 倍液，或 33%阿维·联苯肼悬浮剂 3000～3500 倍液喷雾。

此外，还可防治枣树红蜘蛛、白蜘蛛，草莓红蜘蛛等，药剂喷施倍数同苹果树红蜘蛛。

⑳ 阿维·烟。由阿维菌素与烟碱混配的生物杀虫剂。对害虫具有触杀、胃毒作用。防治柑橘红蜘蛛，发生始盛期，用 10%阿维·烟乳油 500～1000 倍液喷雾。

* **注意事项**

（1）阿维菌素杀虫、杀螨的速度较慢，在施药后3天才出现死虫高峰，但在施药当天害虫、害蛾即停止取食为害。

（2）该药无内吸作用，喷药时应注意喷洒均匀、细致周密。

（3）应选择阴天或傍晚用药，避免在阳光下喷施，施药时采取戴口罩等防护措施。

（4）合理混配用药。在使用阿维菌素类药剂前，应注意所用药剂的种类、有效成分的含量、施药面积和防治对象等，严格按照要求，正确选择施药面积上所需喷洒的药液量，并准确配制使用浓度，以提高防治效果，不能随意增加或减少用量。

（5）施药后防治效果不理想，可能与所用药剂质量较差、用药量不足、虫龄过大及施药方法不当等有关。部分剂型的阿维菌素在储存过程中容易光解，会造成药物损失。阿维菌素在叶片表面很容易见光分解，进入叶片后则可以保持较长的持效期。施药时用水量过少，施药后药滴很快在叶面变干，药物不能渗透进入叶片，容易光解失效。虫龄过大时，不容易将虫及时杀灭，特别是用药量偏少时，保叶效果会较差。同类药甲氨基阿维菌素苯甲酸盐也有类似情况。

（6）不可与碱性农药混合使用。施药后 24 小时内，禁止家畜进入施药区。

（7）对鱼高毒，使用时禁止污染水塘、河流，蜜蜂采蜜期禁止施药。

甲氨基阿维菌素苯甲酸盐（emamectin benzoate）

B_{1a}　R=—CH$_2$CH$_3$
B_{1b}　R=—CH$_3$

C$_{56}$H$_{81}$NO$_{15}$(B$_{1a}$)，C$_{55}$H$_{79}$NO$_{15}$(B$_{1b}$)；1008.24(B$_{1a}$)，994.23(B$_{1b}$)

● **其他名称**　甲维盐、威克达、剁虫、绿卡一、力虫晶、奥翔、劲翔、劲闪、埃玛菌素、抗蛾斯、京博泰利、红烈、万庆。

● **主要剂型** 0.2%高渗微乳剂，0.5%、0.57%、1%、2%、2.2%、3%、3.4%、5%微乳剂，0.2%、0.5%、0.55%、0.57%、1.0%、1.1%、1.13%、1.14%、1.5%、1.9%、2%、2.15%、2.8%、2.3%、5%乳油，0.2%高渗乳油，0.2%高渗可溶粉剂，2%、3%、5%、5.7%、8%水分散粒剂，0.9%、2%、3%、5%、5.7%悬浮剂，0.5%、1%、2%、2.5%、3%、5%水乳剂，0.9%、2%、5%、5.7%微囊悬浮剂，0.5%、1%、5%可湿性粉剂，1%超低容量液剂，3%可分散油悬浮剂，1%、1.5%、3%泡腾片剂，2%、5%可溶粒剂，2%可溶液剂。

● **毒性** 微毒或低毒。

● **作用机理** 甲氨基阿维菌素苯甲酸盐作用机理是γ-氨基丁酸受体激活剂使氯离子大量进入突触后膜，产生超级化，从而阻断运动神经信息的传递过程，使害虫中央神经系统的信号不能被运动神经元接受。作用机理独特，不易使害虫产生抗药性，对于其他农药已产生抗性的害虫仍有高效；害虫在几个小时内迅速麻痹、拒食，直至慢慢死亡；药剂可渗透到目标作物的表皮，形成一个有效成分的贮存层，持效期长。

● **产品特点**

（1）甲氨基阿维菌素苯甲酸盐的防治对象、杀虫机理与阿维菌素相同，但比阿维菌素活性更高，并降低了对人畜的毒性。

（2）甲氨基阿维菌素苯甲酸盐是从发酵产品阿维菌素 B_1 开始合成的一种新型高效半合成抗生素类杀虫、杀螨剂。原药为白色或类白色结晶粉末。具有超高效、低毒（制剂近无毒）、低残留、无公害等特性。

（3）对害虫主要具有胃毒作用，并兼有一定的触杀作用，不具有杀卵功能，对鳞翅目昆虫的幼虫和其他许多害虫及螨类的活性极高，与阿维菌素比较，其杀虫活性提高了1～3个数量级。

（4）与其他杀虫剂无交互抗性问题，可防治对有机磷类、拟除虫菊酯类和氨基甲酸酯类等杀虫剂产生抗药性的害虫，对天敌安全。

（5）选择性很强，对鳞翅目害虫杀虫活性极高，对蓟马类害虫同样有较高活性，但对其他害虫的杀虫活性相对较低。是一种防治甜菜夜蛾、斜纹夜蛾、棉铃虫、瓜绢螟等的特效药剂，对以上害虫防治快、狠，低毒、低残留。

（6）对鳞翅目昆虫的幼虫和其他许多害虫、害螨的活性高，既有胃毒作用又有触杀作用，杀虫谱广，对节肢动物没有伤害，对人畜低毒。

（7）甲维盐的活性随着温度升高而升高，达到25℃时，杀虫活性甚至可提高1000倍。

（8）甲维盐对作物无内吸性能，但能渗入表皮组织，会增加药物的残效期。所以在10天以上又会出现第二个杀虫致死高峰。

（9）质量鉴别：0.2%、2.2%微乳剂及0.5%、0.8%、1%、1.5%、2%乳油为黄褐色均相液体，稍有氨气味，可与水直接混合成乳白色液体，乳液稳定不分层。0.2%可溶粉剂外观为灰白色疏松粉末，在水中快速溶解。

● 应用

（1）单剂应用　防治草莓斜纹夜蛾，在斜纹夜蛾低龄幼虫盛发期，每亩用5%甲氨基阿维菌素苯甲酸盐水分散粒剂3～4克兑水30～50千克均匀喷雾，安全间隔期7天，每季最多施用2次。

防治苹果金纹细蛾，从果园内初见虫斑时，可选用0.5%甲氨基阿维菌素苯甲酸盐乳油800～1000倍液，或1%甲氨基阿维菌素苯甲酸盐乳油或1%甲氨基阿维菌素苯甲酸盐微乳剂1500～2000倍液喷雾，每代喷药1次即可。

防治苹果、桃、枣、梨等果树的卷叶蛾，果树发芽后开花前或落花后，可选用0.5%甲氨基阿维菌素苯甲酸盐乳油800～1000倍液，或1%甲氨基阿维菌素苯甲酸盐乳油或1%甲氨基阿维菌素苯甲酸盐微乳剂1500～2000倍液喷雾，在果园内初见卷叶为害时再次喷药。

防治苹果、桃、枣、梨等果树的食心虫，在害虫卵孵化盛期至幼虫蛀果为害前，可选用0.5%甲氨基阿维菌素苯甲酸盐乳油800～1000倍液，或1%甲氨基阿维菌素苯甲酸盐乳油或1%甲氨基阿维菌素苯甲酸盐微乳剂1500～2000倍液喷雾，每代喷药1次。

防治苹果、桃、枣、梨等果树的美国白蛾、天幕毛虫、棉铃虫、刺蛾类，在害虫发生为害初期，或害虫卵孵盛期至低龄幼虫期，可选用0.5%甲氨基阿维菌素苯甲酸盐乳油800～1000倍液，或1%甲氨基阿维菌素苯甲酸盐乳油或1%甲氨基阿维菌素苯甲酸盐微乳剂1500～2000倍液喷雾，每代喷药2～4次。

防治柑橘潜叶蛾，在柑橘嫩梢叶片上初见虫道时及时进行喷药，春梢生长期、夏梢生长期、秋梢生长期各喷药 1 次，可选用 0.5%甲氨基阿维菌素苯甲酸盐乳油 800~1000 倍液，或 1%甲氨基阿维菌素苯甲酸盐乳油或 1%甲氨基阿维菌素苯甲酸盐微乳剂 1500~2000 倍液喷雾，若秋梢抽生不整齐，10~15 天后需增加喷药 1 次。

防治桃线潜叶蛾，从桃树叶上初见虫斑时，可选用 0.5%甲氨基阿维菌素苯甲酸盐乳油 800~1000 倍液，或 1%甲氨基阿维菌素苯甲酸盐乳油或 1%甲氨基阿维菌素苯甲酸盐微乳剂 1500~2000 倍液等喷雾，1 个月左右 1 次，连喷 2~4 次。

防治冬枣枣尺蠖，在枣尺蠖低龄幼虫发生期，用 0.5%甲氨基阿维菌素苯甲酸盐微乳剂 1000~1500 倍液喷雾，每季最多施用 1 次，安全间隔期 28 天。

防治枇杷树毛虫，在毛虫卵孵化盛期或低龄幼虫期，用 0.5%甲氨基阿维菌素苯甲酸盐微乳剂 1500~2000 倍液喷雾。

防治杨梅树卷叶蛾，在卷叶蛾卵孵化盛期或低龄幼虫期，用 5%甲氨基阿维菌素苯甲酸盐乳油 4000~6000 倍液喷雾，每季最多施用 2 次，安全间隔期 7 天。

（2）复配剂应用　甲氨基阿维菌素苯甲酸盐与其他杀虫剂混配生产的复配杀虫剂较多。

① 甲维·虫螨腈。由甲氨基阿维菌素苯甲酸盐与虫螨腈混配，虫螨双杀，主要是通过胃毒和触杀作用来杀死害虫。通过混配或复配不仅能够降低药剂的使用量，还能够延缓害虫抗性的产生。对钻蛀、刺吸和咀嚼式害虫及螨类都有优良防效，可防治甜菜夜蛾、小菜蛾、斜纹夜蛾、斑潜蝇、菜青虫、蓟马、粉虱等害虫。杀虫效果比氯氰菊酯和高效氯氟氰菊酯高 5 倍以上，持效期更长。

② 甲维·茚虫威。由甲氨基阿维菌素苯甲酸盐与茚虫威混配，充分发挥了甲维盐和茚虫威的杀虫优势，速效性相对更好，持效期也变得相对长了，并且具有强烈的渗透性和较好的耐雨水冲刷性能。杀虫谱广，能杀几十种抗性害虫，尤其对棉铃虫、甜菜夜蛾、斜纹夜蛾、小菜蛾等抗性较强的害虫效果好，害虫接触药剂后马上中毒、停止取食，在 1~2 天内即可死亡。

③ 甲维·氟铃脲。由甲氨基阿维菌素苯甲酸盐与氟铃脲混配而成，

杀虫又杀卵，迅速、彻底、持久。杀虫的种类多了，并且杀卵又杀虫，具有迅速、干净、彻底、持久等优良特点。该配方对已经产生顽固性和高抗性的害虫有超强杀灭能力。比如菜青虫、斜纹夜蛾、甜菜夜蛾、棉铃虫等害虫。

④ 甲维·灭幼脲。由甲氨基阿维菌素苯甲酸盐和灭幼脲混配而成，速杀幼虫，抑制卵孵化。复配后，药剂能够抑制害虫卵的孵化，并能迅速杀死幼虫。通过甲维盐与灭幼脲混用兼具速杀与长效两种功能，防治效果相对比较理想。对食心虫等害虫有很好的防治效果。具有触杀、胃毒以及微弱的熏蒸作用，杀虫谱广泛，见效快。一般选择在幼虫 2 龄前使用，效果最好，喷洒药物后，3～5 天开始见效，一周左右的时间害虫会出现大面积的死亡。

⑤ 甲维·虫酰肼。由甲氨基阿维菌素苯甲酸盐与虫酰肼混配而成，杀虫活性能够大大提高。复配或者混配后，药剂胃毒作用相对增强了，不容易产生抗性，持效期变长，对作物也比较安全。

防治苹果树、梨树、桃树、枣树等落叶果树的卷叶蛾类、鳞翅目其他食叶类害虫，用 8.2%甲维·虫酰肼乳油或 8.8%甲维·虫酰肼乳油 800～1000 倍液，或 10.5%甲维·虫酰肼乳油 1000～1200 倍，或 15%甲维·虫酰肼悬浮剂或 20%甲维·虫酰肼悬浮剂或 21%甲维·虫酰肼悬浮剂 1500～2000 倍液，或 25%甲维·虫酰肼悬浮剂 2000～2500 倍液，或 34%甲维·虫酰肼可湿性粉剂 3000～3500 倍液喷雾，防治卷叶蛾类，在发生初期，或害虫卵孵化盛期至卷叶为害前，或初现卷叶时及时喷药，每代防治 1～2 次，每隔 10 天左右喷 1 次；防治鳞翅目其他食叶类害虫，发生初期，或卵孵化盛期至低龄幼虫期，每代喷 1～2 次，每隔 10 天左右喷 1 次。

此外，还可以防治苹果棉铃虫、斜纹夜蛾，核桃缀叶螟等。

⑥ 甲维·除虫脲。由甲氨基阿维菌素苯甲酸盐与除虫脲混配的广谱低毒复合杀虫剂，以胃毒作用为主，兼有触杀作用，专用于防治鳞翅目害虫。

防治苹果树金纹细蛾，在各代幼虫初发期或初见新鲜虫斑时，用20%甲维·除虫脲悬浮剂 1000～1500 倍液喷雾，每代喷 1 次，或在苹果落花后、落花后 40 天左右及以后每隔 35 天左右各喷 1 次，连喷 3～5 次。

防治苹果棉铃虫、斜纹夜蛾，在害虫卵孵化盛期至初孵幼虫蛀果为害前或初现低龄幼虫蛀果为害时，或害虫发生为害初期，用 20%甲维·除虫脲悬浮剂 1000~1200 倍液喷雾，每代喷 1~2 次，每隔 7~10 天喷 1 次。

防治桃树、杏树的桃线潜叶蛾，从果园内叶片上初见害虫为害虫道时开始，用 20%甲维·除虫脲悬浮剂 1000~1500 倍液喷雾，每隔 1 个月左右喷 1 次，连喷 3~5 次。

防治苹果树、梨树、桃树、枣树等落叶果树的卷叶蛾类、鳞翅目其他食叶类害虫，用 20%甲维·除虫脲悬浮剂 1000~1500 倍液喷雾，防治卷叶蛾类时，在害虫发生为害初期，或害虫卵孵化盛期至卷叶为害前，或初现卷叶时及时喷药，每代喷 1~2 次，每隔 7~10 天喷 1 次；防治鳞翅目其他食叶类害虫，在发生初期，或卵孵化盛期至低龄幼虫期喷药，每代喷 1~2 次，每隔 7~10 天喷 1 次。

防治葡萄虎蛾、葡萄天蛾，发生初期，或卵孵化盛期至低龄幼虫期，用 20%甲维·除虫脲悬浮剂 1000~1500 倍液喷雾，每代喷 1~2 次，每隔 7~10 天喷 1 次。

防治核桃缀叶螟，在害虫卵孵化盛期至低龄幼虫期，或初现缀叶为害时，用 20%甲维·除虫脲悬浮剂 1200~1500 倍液喷雾，每代喷 1 次即可。

⑦ 甲维·虱螨脲。为甲氨基阿维菌素苯甲酸盐与虱螨脲混配的广谱低毒复合杀虫剂，具有触杀和胃毒作用，专用于防治鳞翅目害虫，杀虫活性高，持效期较长。

防治苹果、梨、桃、枣等果实的食心虫类，根据虫情，在害虫卵孵盛期至初孵幼虫钻蛀前，可选用 3%甲维·虱螨脲悬浮剂 800~1000 倍液，或 4%甲维·虱螨脲微乳剂 1500~2000 倍液，或 10%甲维·虱螨脲悬浮剂 2000~2500 倍液，或 45%甲维·虱螨脲水分散粒剂 7000~8000 倍液喷雾。

此外，还可以防治苹果棉铃虫、斜纹夜蛾，苹果树、梨树、桃树、枣树等落叶果树的卷叶蛾类、鳞翅目其他食叶类害虫，葡萄虎蛾、葡萄天蛾，核桃缀叶螟。药剂喷施倍数同苹果食心虫类。

⑧ 甲维盐+杀铃脲。抑制虫卵孵化，杀虫种类多。复配后，药剂能

抑制害虫卵孵化，破坏幼虫蜕皮等，并且能增加杀害虫的种类。混配或复配后，对鳞翅目、鞘翅目等多种害虫防效比较好。

● **注意事项**

（1）提倡轮换使用不同类别或不同作用机理的杀虫剂，以延缓抗性发生。不能在作物生长期内连续用药，最好是在第一次虫发期过后，第二次虫发期使用别的农药，间隔使用。

（2）虽然甲氨基阿维菌素苯甲酸盐混配的药剂有很多，但甲氨基阿维菌素苯甲酸盐千万不能够和百菌清、代森锰锌、代森锌等多种杀菌剂混用，因为甲氨基阿维菌素苯甲酸盐是生物制剂，会影响甲氨基阿维菌素苯甲酸盐的药效。在使用甲氨基阿维菌素苯甲酸盐时，添加菊酯类农药，可以提高杀虫的速效性，在作物的生长期间隔使用，效果相对会较好。

（3）甲氨基阿维菌素苯甲酸盐在叶面喷施后，在强紫外线的作用下，很快就会分解，同时甲氨基阿维菌素苯甲酸盐在温度低于22℃时使用，杀虫活性又不是太强（因为甲氨基阿维菌素苯甲酸盐的杀虫活性随着温度的升高而升高，达到25℃时，它的杀虫活性甚至可以提升1000倍），所以在夏秋季节使用甲氨基阿维菌素苯甲酸盐时，建议在上午7点前，下午5点后进行施药，这样能够防止因强光分解导致甲氨基阿维菌素苯甲酸盐药效的降低，同时在温度上也有一定的保证。

（4）制剂有分层现象，用药前需先摇匀。

（5）与其他农药混用时，应先将本药剂兑水搅匀后再加入其他药剂。

（6）不同剂型的甲氨基阿维菌素苯甲酸盐产品耐储性有所不同，部分剂型的产品在储存期药物就可能大量光解损失。施药时光照条件和用水量等不同，也会影响药物的吸收和光解损失，进而影响害虫防治效果。

（7）对鱼类、家蚕、鸟、蜜蜂等敏感，施药期间应避开蜜源作物花期、有授粉蜂群采粉区。避免该药剂在桑园使用和飘移到桑叶上。避免在珍贵鸟类保护区及其觅食区使用。远离水产养殖区施药，药液及其施药用水避免进入鱼类养殖区、产卵区、越冬场、洄游通道的索饵场等敏感水区及保护区，禁止在河塘等水体中清洗施药器具。

（8）本品易燃，在贮存和运输时远离火源，应贮存在通风、干燥的库房中。贮运时，严防潮湿和日晒，不能与食物、种子、饲料混放。

苦参碱（matrine）

$C_{15}H_{24}N_2O$，248.37

● **其他名称**　苦参、蚜满敌、苦参素、百草一号、田卫士、维绿特、绿美、绿宝清、绿宝灵、绿潮、绿诺、绿千、绿土地一号、医果、全卫、奥尼、发太、全中、碧绿、京绿、卫园、源本、虫危难。

● **主要制剂**　0.2%、0.26%、0.3%、0.36%、0.38%、0.5%、0.6%、1.3%、2%水剂，0.3%、0.36%、0.5%、1%、1.5%可溶液剂，0.3%、3%水乳剂，0.3%、0.38%乳油，0.38%、1.1%粉剂，0.3%可湿性粉剂。

● **毒性**　低毒。

● **作用机理**　害虫接触苦参碱药剂后，即麻痹神经中枢，继而使虫体蛋白质凝固，堵塞虫体气孔，使害虫窒息而死亡。

● **产品特点**

（1）苦参碱属广谱性植物杀虫剂，是由中草药植物苦参的根、茎、果实经乙醇等有机溶剂提取制成的一种生物碱，一般为苦参总碱，其主要成分有苦参碱、槐果碱、氧化槐果碱、槐定碱等多种生物碱，以苦参碱、氧化苦参碱含量最高。

（2）苦参碱是天然植物性农药，对人畜低毒，是广谱杀虫剂，具有触杀和胃毒作用，但药效速度较慢，施药后 3 天药效才逐渐升高，7 天后达峰值。

（3）害虫对苦参碱不产生任何抗药性，与其他农药无交互抗性，对使用其他农药产生抗性的害虫防效仍佳。

（4）高效，对多数害虫的防治用量为 10 克（有效成分）/公顷左右。

（5）低残留，作为植物源农药，在自然界中能够完全降解，对环境安全，与其他化学农药无交互抗性，可降低化学杀虫剂的使用量，适合用于安全食品生产。

（6）不仅具有优良的杀虫、杀螨作用，而且对真菌有一定的抑制或灭杀作用，同时含有植物生长所需的多种营养成分，能够促进植物生长，达到增产增收。

（7）对目标害虫有驱避作用，在施用过本产品的作物上的有效期内害虫不再危害或很少危害，特别适合作物病虫害的预防。

（8）鉴别要点。制剂（水剂、可溶液剂、醇溶液、乳油）外观一般为深褐（或棕黄褐）色液体，粉剂浅棕黄色疏松粉末，水溶液呈弱酸性。

化学鉴别：取粉剂样品少许于白瓷碗中，加氢氧化钠试液数滴，即呈橙红色，渐变为血红色，久置不消失。苦参碱粉剂可发生以上颜色反应变化。

● **应用**

（1）单剂应用　苦参碱适用于多种植物，对蚜虫、菜青虫、黏虫、其他鳞翅目害虫及红蜘蛛等害虫均有较好的防治效果。主要用于喷雾，防治地下害虫时也可用于土壤处理或灌根。

防治草莓蚜虫，在蚜虫发生始盛期，每亩可选用 0.3%苦参碱水剂或 0.3%苦参碱可溶液剂 200～250 毫升，或 0.5%苦参碱水剂或 0.6%苦参碱水剂或 0.5%苦参碱可溶液剂 120～150 毫升，或 1%苦参碱水剂或 1%苦参碱可溶液剂 60～80 毫升，或 1.3%苦参碱水剂 50～60 毫升，或 1.5%苦参碱可溶液剂 40～50 毫升，或 2%苦参碱水剂 30～40 毫升，或 5%苦参碱水剂 12～15 毫升，兑水 30～45 千克喷雾，每季最多施用 1 次，安全间隔期 10 天。

防治柑橘树蚜虫，在蚜虫发生始盛期，用 1.5%苦参碱可溶液剂 3000～4000 倍液喷雾，每季最多施用 1 次，安全间隔期 10 天。

防治苹果树红蜘蛛，在苹果开花后、红蜘蛛越冬卵开始孵化至孵化结束期施药，用 0.3%苦参碱水剂 500～1500 倍液，或 0.5%苦参碱水剂 220～660 倍液喷雾，每季最多施用 1 次。

防治梨树梨木虱，在梨木虱低龄若虫发生盛期，用 0.5%苦参碱水剂 1000～1500 倍液喷雾，每季最多施用 3 次，安全间隔期 21 天。

防治梨树黑星病，发病初期，可选用 0.36%苦参碱可溶液剂 600～800 倍液喷雾，每季最多施用 2 次，安全间隔期 21 天。或用 0.5%苦参碱水剂 700～1000 倍液喷雾，每季最多施用 3 次，安全间隔期 21 天。

防治葡萄蚜虫，在蚜虫发生始盛期，可选用 0.3%苦参碱水剂或 0.3%苦参碱可溶液剂 300～400 倍液，或 0.5%苦参碱水剂或 0.6%苦参碱水剂或 0.5%苦参碱可溶液剂 500～600 倍液，或 1%苦参碱水剂或 1%苦参碱可溶液剂 1000～1200 倍液，或 1.3%苦参碱水剂 1200～1500 倍液，或 1.5%苦参碱可溶液剂 1500～2000 倍液，或 2%苦参碱水剂 2000～3000 倍液，或 5%苦参碱水剂 5000～6000 倍液喷雾，每季最多施用 1 次，安全间隔期 10 天。

防治葡萄炭疽病，发病初期，用 0.3%苦参碱水剂 500～800 倍液喷雾。

防治葡萄霜霉病，发病初期，用 1.5%苦参碱可溶液剂 500～650 倍液喷雾，每季最多施用 1 次，安全间隔期 10 天。

防治枸杞蚜虫，在蚜虫发生始盛期，用 1.5%苦参碱可溶液剂 3000～4000 倍液喷雾，每季最多施用 1 次，安全间隔期 10 天。

防治山楂叶螨，在果树开花后，越冬卵开始孵化至孵化结束期间，用 0.3%苦参碱水剂 150～450 倍液喷雾，以整株树叶喷施为宜。

防治果树上的绣线菊蚜，在害虫发生盛期，用 0.2%苦参碱水剂或 0.3%苦参碱水剂 200～300 倍液喷雾，以整株树叶喷施为宜。

（2）复配剂应用　苦参碱可与烟碱、氰戊菊酯、蛇床子素、印楝素、除虫菊素等杀虫剂成分混配，用于生产复配杀虫剂。

① 烟碱·苦参碱。由烟碱与苦参碱混配的广谱中毒复合杀虫剂，以触杀和胃毒作用为主，兼有一定的熏蒸作用。

防治柑橘树的矢尖蚧，在矢尖蚧各代若虫初发期，用 0.5%烟碱·苦参碱水剂 500～700 倍液喷雾，每隔 7～10 天喷 1 次，连喷 1～2 次。

防治苹果黄蚜，初见卷叶时，用 1.2%苦·烟水剂 500～1000 倍液喷雾。

② 苦参·蛇床素。由苦参碱与蛇床子素混配的生物杀菌剂。防治葡萄霜霉病，用 1.5%苦参·蛇床素水剂 800～1000 倍液喷雾，每隔 7～10 天喷 1 次，连喷 2 次，以叶片湿润为宜。

● 注意事项

（1）严禁与强碱性或强酸性农药混用。

（2）本品速效性差，应做好虫情预测预报，在害虫低龄期施药防治，用药时间应比常规化学农药提前 2～3 天。

（3）使用时应全面、均匀地喷施植物全株。为保证药效，尽量不要在阴天施药，降雨前不宜施用，喷药后不久降雨需再喷 1 次，最佳用药时间在上午 10 点前或下午 4 点后。

（4）建议用二次稀释法，使用前将液剂、水剂或乳油等剂型药剂用力摇匀，再兑水稀释。稀释后勿保存。不能用热水稀释，所配药液应一次用完。

（5）如作物用过化学农药，5 天后才能施用此药，以防酸碱中和影响药效。

（6）桑园禁用。

（7）贮存在避光、阴凉、通风处。

藜芦碱（vertrine）

$C_{32}H_{49}NO_9$，591.23

● **其他名称**　虫敌、护卫鸟、赛丸丁、西伐丁、好螨星、瑟瓦定。

● **主要剂型**　0.5%醇溶液，0.5%可溶液剂，1.8%水剂，5%、20%粉剂。

● **毒性**　低毒。

● **作用机理**　藜芦碱是从某些百合植物中提取的植物源杀虫剂，是多种生物碱的混合剂。主要杀虫作用机制是药剂经虫体表皮或吸食进入消化系统后，造成局部刺激，引起反射性虫体兴奋，先抑制虫体感觉神经末梢，后抑制中枢神经而致害虫死亡。

● **产品特点**

（1）对昆虫具触杀和胃毒作用。对人、畜毒性低，残留低，不污染环境，药效可持续 10 天以上，比鱼藤酮和除虫菊的持效期长。

（2）鉴别要点

① 物理鉴别（感官鉴别） 0.5%藜芦碱醇溶液制剂由活性成分藜芦碱、其他中草药提取物、乙醇等组成，外观为草绿色或棕色透明液体。0.5%藜芦碱可湿性粉剂外观为棕黄色疏松粉末。

② 生物鉴别 取带有低龄菜青虫（或小菜蛾幼虫、蚜虫、甜菜夜蛾、棉铃虫、烟青虫、小绿叶蝉等）的十字花科蔬菜菜叶数片，分别将 0.5%藜芦碱醇溶液、可溶液剂、可湿性粉剂等稀释 600 倍，分别喷洒于有虫菜叶上，待后观察菜青虫（或小菜蛾幼虫、蚜虫、甜菜夜蛾、棉铃虫、烟青虫、小绿叶蝉等）是否死亡。若菜青虫（或小菜蛾幼虫、蚜虫、甜菜夜蛾、棉铃虫、烟青虫、小绿叶蝉等）死亡，则药剂质量合格，反之不合格。

● **应用** 防治草莓红蜘蛛，发生初期，每亩用 0.5%藜芦碱可溶液剂 120～140 克兑水 30～50 千克喷雾，每季最多施用 1 次，安全间隔期 10 天。

防治柑橘树红蜘蛛，发生初期，用 0.5%藜芦碱可溶液剂 600～800 倍液喷雾，每季最多施用 1 次，安全间隔期 10 天。

防治枣树红蜘蛛，发生初期，用 0.5%藜芦碱可溶液剂 600～800 倍液喷雾，每季最多施用 1 次，安全间隔期 10 天。

防治枸杞蚜虫，蚜虫始盛期，用 0.5%藜芦碱可溶液剂 600～800 倍液喷雾，每季最多施用 1 次，安全间隔期 10 天。

防治猕猴桃红蜘蛛，低龄幼虫期或卵孵化盛期，用 0.5%藜芦碱可溶液剂 600～700 倍液喷雾，每季最多施用 1 次，安全间隔期 10 天。

● **注意事项**

（1）在害虫幼虫期施用，防治效果最好。

（2）不可与强酸、碱性制剂混用。

（3）藜芦碱宜单独喷用，并在使用前充分摇匀，否则，可能会降低药效。

（4）该杀虫剂易光解，应贮存于阴凉干燥处。

吡虫啉（imidacloprid）

$C_9H_{10}ClN_5O_2$，255.661

● **其他名称** 大丰收、连胜、必林、毒蚜、蚜克西、蚜虫灵、蚜虱灵、敌虱蚜、抗虱丁、蚜虱净、扑虱蚜、高巧、咪蚜胺、比丹、大功臣、康福多、一遍净、艾美乐等。

● **主要剂型** 5%、10%、20%乳油，2.5%、5%、10%、20%、25%、50%、70%可湿性粉剂，5%、6%、10%、12.5%、20%可溶液剂，10%、30%、45%微乳剂，40%、65%、70%、80%水分散粒剂，10%、15%、20%、25%、35%、48%、240克/升、350克/升、600克/升悬浮剂，15%微囊浮剂，2.5%、5%片剂，15%泡腾片剂，5%展膜油剂，2%颗粒剂，0.03%、1.85%、2.1%、2.5%胶饵，0.5%、1%、2%、2.15%、2.5%饵剂，2.5%、4%、5%、10%、20%乳油，70%湿拌种剂，100毫克/片杀蝇纸，1%、60%悬浮种衣剂，70%种子处理可分散粉剂等。

● **毒性** 低毒。

● **作用机理** 该药是一种结构全新的神经毒剂化合物，其作用靶标是害虫体神经系统突触后膜的烟酸乙酰胆碱酯酶受体，干扰害虫运动神经系统正常的刺激传导，因而表现为麻痹致死。这与一般传统的杀虫剂作用机制完全不同，因而对有机磷、氨基甲酸酯、拟除虫菊酯类杀虫剂产生抗性的害虫，改用吡虫啉仍有较佳的防治效果。且吡虫啉与这三类杀虫剂混用或混配增效明显。

● **产品特点**

（1）吡虫啉是一种高效、内吸性、广谱型杀虫剂，具有胃毒、触杀和拒食作用，对有机磷类、氨基甲酸酯类、拟除虫菊酯类等杀虫剂产生抗药性的害虫也有优异的防治效果，对蚜虫、叶蝉、飞虱、蓟马、粉虱等刺吸式口器害虫有较好的防治效果。

（2）速效性好，药后1天即有较高的防效，残留期长达25天左右，施药 1 次可使一些作物在整个生长季节免受虫害。

（3）药效和温度呈正相关，温度高，杀虫效果好。

（4）吡虫啉内吸性强，喷施后能被全植株吸收，并在植物体内形成保护膜，同时在土壤中的持效期长而形成保护作用。

（5）吡虫啉除了用于叶面喷雾，更适用于灌根、土壤处理、种子处理。这是因为对害虫具有胃毒和触杀作用，叶面喷雾后，药效虽好，持效期也长，但滞留在茎叶的药剂一直是吡虫啉的原结构。而用吡虫啉处理土壤或种子，由于其良好的内吸收，被植物根系吸收进入植株后的代谢产物杀虫活性更高，即由吡虫啉原体及其代谢产物共同起杀虫作用，因而防治效果更高。吡虫啉用于种子处理时还可与杀菌剂混用。

（6）吡虫啉对蓟马、蚜虫、飞虱、地下害虫（蛴螬、蝼蛄、金针虫、地老虎）等都有效，防治谱广。烟碱类杀虫剂中，吡虫啉使用成本最低，在地下冲施（滴灌）、地面撒施、地上喷药时可实现用药自由。

（7）鉴别要点：纯品为无色结晶，能溶于水。原药为浅橘黄色结晶。10%吡虫啉可湿性粉剂为暗灰黄色粉末状固体。

用户在选购吡虫啉制剂及复配产品时应注意：确认产品的通用名称或英文通用名称及含量；查看农药"三证"，5%和10%吡虫啉乳油、10%和25%吡虫啉可湿性粉剂应取得生产许可证（XK），其他吡虫啉单剂品种及其所有复配制剂应取得农药生产批准证书（HNP）；查看产品是否在2年有效期内。

⊙ **应用**

（1）单剂应用　主要防治蚜虫、蓟马、粉虱等刺吸式口器害虫，对鞘翅目、双翅目的一些害虫也有较好的防效，如潜叶蝇、潜叶蛾、黄曲条跳甲和种蝇属害虫。

防治西瓜的蚜虫、粉虱、蓟马、斑潜蝇。从害虫发生初期或虫量开始迅速增多时开始，每亩可选用 5%吡虫啉乳油 60～80 毫升，或 5%吡虫啉片剂 60～80 克，或 10%吡虫啉可湿性粉剂 30～40 克，或 25%吡虫啉可湿性粉剂 12～16 克，或 50%吡虫啉可湿性粉剂 6～8 克，或 70%吡虫啉可湿性粉剂或 70%吡虫啉水分散粒剂 4～6 克，或 200 克/升吡虫啉可溶液剂 15～20 毫升，或 350 克/升吡虫啉悬浮剂 8～12 毫升，兑水 45～60 千克均匀喷雾。每隔 15 天左右喷 1 次，连喷 2 次左右。

防治草莓蚜虫。在蚜虫发生始盛期，每亩用 10%吡虫啉可湿性粉剂 20～25 克兑水 30～50 千克喷雾，安全间隔期 5 天，每季最多施用 2 次。

防治柑橘园橘小实蝇。每 50 平方米用 1%吡虫啉饵剂 5～10 克，将药剂直接装入诱瓶，挂于果树的背阴面 1.5 米左右高处，每隔 7 天换 1 次诱瓶内的药剂，每亩用 10～13 个诱瓶。

防治柑橘树蚜虫。在蚜虫发生始盛期，用 10%吡虫啉可湿性粉剂 3000～5000 倍液或 5%吡虫啉乳油 1500～2500 倍液喷雾，安全间隔期 14 天，每季最多施用 2 次。

防治柑橘树潜叶蛾。在潜叶蛾卵孵化盛期或低龄幼虫期，可选用 5%吡虫啉乳油 300～500 倍液，或 10%吡虫啉可湿性粉剂 800～1000 倍液，或 20%吡虫啉可溶液剂 2500～3000 倍液，或 25%吡虫啉可湿性粉剂 1500～2000 倍液，或 50%吡虫啉可湿性粉剂 3000～4000 倍液，或 70%吡虫啉可湿性粉剂或 70%吡虫啉水分散粒剂 5000～7000 倍液，或 200 克/升吡虫啉可溶液剂 1500～2000 倍液，或 350 克/升吡虫啉悬浮剂 2500～3500 倍液喷雾，每隔 10～15 天喷 1 次，连喷 2 次。安全间隔期 14 天，每季最多施用 2 次。

防治柑橘白粉虱、柑橘木虱及矢尖蚧等。可选用 5%吡虫啉乳油或 5%吡虫啉可溶液剂 600～800 倍液，或 10%吡虫啉可湿性粉剂 1200～1500 倍液，或 70%吡虫啉可湿性粉剂或 70%吡虫啉水分散粒剂 8000～10000 倍液喷雾。防治柑橘木虱时，在春梢生长期、夏梢生长期、秋梢生长期及时喷药，秋梢抽生不整齐时 10 天左右再喷施 1 次；防治白粉虱时，从白粉虱发生初盛期开始喷药，每隔 10 天左右 1 次，连喷 2～3 次，重点喷洒叶片背面；防治矢尖蚧等介壳虫时，在 1 龄若虫扩散为害期及时喷药。

防治苹果树绣线菊蚜、苹果绵蚜、苹果瘤蚜、绿盲蝽、烟粉虱。可选用 5%吡虫啉乳油或 5%吡虫啉可溶液剂 600～800 倍液，或 10%吡虫啉可湿性粉剂 1200～1500 倍液，或 70%吡虫啉可湿性粉剂或 70%吡虫啉水分散粒剂 8000～10000 倍液喷雾，安全间隔期 14 天，每季最多施用 2 次。防治绿盲蝽时，在苹果发芽后至花序分离期和落花后各喷药 1 次，兼防苹果瘤蚜、苹果绵蚜；防治苹果瘤蚜时，在苹果花序分离期喷药，兼防绿盲蝽、苹果绵蚜。防治绣线菊蚜时，在嫩梢上蚜虫数量较多时或开始上果为害时及时喷药，每隔 10～15 天喷 1 次，连喷 1～2 次。防治苹果绵蚜时，在绵蚜从越冬场所向树上的幼嫩组织扩散为害期及时喷药，每隔 10～15 天喷 1 次，连喷 1～2 次。防治烟粉虱时，在烟粉虱发生初盛期及时喷药，每隔 10～15 天喷 1 次，连喷 1～2 次，重点喷洒叶片背面。

防治梨树梨木虱。在梨木虱若虫盛发初期施药，可选用 200 克/升吡虫啉可溶液剂 2500～5000 倍液喷雾，安全间隔期 14 天，每季最多施用 1 次；或 10%吡虫啉可湿性粉剂 2000～3000 倍液整株喷雾，安全间隔期为 14 天，每季最多使用 2 次；或 5%吡虫啉乳油 3000～4000 倍液喷雾，安全间隔期 20 天，每季最多施用 2 次。

防治梨树黄粉虫。在黄粉虫卵孵化盛期或低龄幼虫期，用 10%吡虫啉可湿性粉剂 4000～5000 倍液喷雾，安全间隔期 7 天，每季最多施用 2 次。

防治葡萄绿盲蝽。发芽期至开花期，可选用 5%吡虫啉乳油 600～800 倍液，或 10%吡虫啉可湿性粉剂 1200～1500 倍液，或 25%吡虫啉可湿性粉剂 3000～4000 倍液，或 50%吡虫啉可湿性粉剂 6000～8000 倍液，或 70%吡虫啉可湿性粉剂或 70%吡虫啉水分散粒剂 8000～10000 倍液，或 200 克/升吡虫啉可溶液剂 2500～3000 倍液，或 350 克/升吡虫啉悬浮剂 4000～6000 倍液喷雾。

防治冬枣盲椿象。在盲椿象发生初期，用 70%吡虫啉水分散粒剂 7500～10000 倍液喷雾，安全间隔期 28 天，每季最多施用 2 次。

防治枸杞蚜虫。在蚜虫发生期，用 5%吡虫啉乳油 1000～2000 倍液喷雾，安全间隔期 3 天，每季最多施用 3 次。

（2）复配剂应用　吡虫啉常与杀虫单、杀虫双、噻嗪酮、抗蚜威、敌敌畏、辛硫磷、高效氯氰菊酯、氯氰菊酯、联苯菊酯、氰戊菊酯、溴氰菊酯、阿维菌素、甲氨基阿维菌素苯甲酸盐、苏云金杆菌、多杀霉素、吡丙醚、灭幼脲、哒螨灵等杀虫剂成分混配，用于生产复配杀虫剂。

① 吡虫·噻嗪酮。由吡虫啉与噻嗪酮混配的杀虫剂。

防治柑橘树介壳虫，用 18%吡虫·噻嗪酮悬浮剂 1000～1500 倍液喷雾，安全间隔期 28 天，每季最多施用 2 次。

防治芒果树介壳虫，幼蚧发生盛期，用 38%吡虫·噻嗪酮悬浮剂 1500～2000 倍液喷雾，安全间隔期 14 天，每季最多施用 1 次。

② 吡虫·异丙威。由吡虫啉与异丙威混配的杀虫剂。防治苹果绣线菊蚜，可选用 10%吡虫·异丙威可湿性粉剂 1000～1200 倍液，或 20%吡虫·异丙威乳油 1200～1500 倍液，或 25%吡虫·异丙威可湿性粉剂 2000～2500 倍液，或 35%吡虫·异丙威可湿性粉剂 2000～2500 倍液喷雾。

③ 吡虫·矿物油。由吡虫啉与矿物油混配的广谱低毒复合杀虫剂，具有触杀、胃毒和封闭作用及部分内吸作用，对蚜虫类等刺吸式口器害虫效果较好。

防治苹果树绣线菊蚜，在新梢上蚜虫数量较多时，或新梢上蚜虫开始向幼果上转移扩散时，用 25%吡虫·矿物油乳油 200～300 倍液喷雾，每隔 7～10 天喷 1 次，连喷 2 次左右。

防治桃树、杏树、李树的桃蚜、桃粉蚜，用 25%吡虫·矿物油乳油 300～400 倍液喷雾，在花芽露红期（开花前）喷 1 次，然后从落花后开始，每隔 10 天左右喷 1 次，连喷 2～4 次。

④ 敌畏·吡虫啉。由敌敌畏与吡虫啉复配而成。防治梨树黄粉虫，用 26%敌畏·吡虫啉乳油 1500～2000 倍液喷雾。

⑤ 氯氰·吡虫啉。由氯氰菊酯与吡虫啉复配而成。防治梨树、苹果树梨木虱、黄蚜，用 5%氯氰·吡虫啉乳油 1000～1500 倍液喷雾。

⑥ 灭脲·吡虫啉。由灭幼脲与吡虫啉复配而成。防治苹果黄蚜、金纹细蛾，用 25%灭脲·吡虫啉可湿性粉剂 1500～2500 倍液喷雾。

● **注意事项**

（1）尽管本药低毒，使用时仍需注意安全。

（2）不要与碱性农药混用，不宜在强阳光下喷雾使用，以免降低药效。

（3）为避免出现结晶，使用时应先把药剂在药筒中加少量水配成母液，然后再加足水，搅匀后喷施。

（4）不能用于防治线虫和螨类害虫。

（5）吡虫啉对人畜低毒，但对家蚕和虾类属高毒农药，对蜜蜂的毒性极高，因此禁止在桑园及蜜蜂活动区域使用。

（6）由于吡虫啉作用位点单一，害虫易对其产生耐药性，使用中应控制施药次数，在同一作物上严禁连续使用 2 次，当发现田间防治效果降低时，应及时换用有机磷类或其他类型杀虫剂。据有关试验，啶虫脒和吡虫啉对甜瓜蚜虫的防治效果相对较差，可能与甜瓜蚜虫的抗药性有关。因此，在甜瓜蚜虫实际防治时，应慎用吡虫啉和啶虫脒，或与其他作用机制的杀虫剂（如氟啶虫酰胺、吡蚜酮、溴氰虫酰胺等）交替、轮换使用。

啶虫脒（acetamiprid）

$C_{10}H_{11}ClN_4$，222.67

- **其他名称** 阿达克、敌蚜虫、大灭虫、七品红、勇胜、御丹、搬蚜、欧蚜、傲蚜、断蚜、蚜终、定行、蓝益、圣手、远胜、诺吉、中科蚜净、天达啶虫脒、吡虫清、莫比朗、乙虫脒、力杀死、蚜克净、乐百农、赛特生、农家盼等。

- **主要剂型** 3%、5%、10%、15%、25%乳油，3%、5%、8%、10%、15%、20%、60%、70%可湿性粉剂，1.8%、2%高渗乳油，3%、5%、20%、40%可溶粉剂，3%、5%、6%、10%、20%微乳剂，3%、20%、21%、30%可溶液剂，20%、36%、40%、50%、70%水分散粒剂，10%水乳剂，5%、10%、20%微乳剂，60%泡腾片剂等。

- **毒性** 低毒。

- **作用机理** 啶虫脒属吡啶类化合物，为超高活性神经毒剂，作用于昆虫神经系统突触部位的烟碱乙酰胆碱受体，干扰昆虫神经系统的刺激传导，引起神经系统通路阻塞，造成神经递质乙酰胆碱在突触部位的积累，从而导致昆虫麻痹，最终死亡。其强烈的内吸及渗透作用使防治害虫时可达到正面喷药、反面死虫的优异效果。

- **产品特点**

（1）啶虫脒是新一代超高效杀虫剂，具有强烈的触杀、胃毒和内吸作用，速效性好，用量少，持效期长。

（2）由于其独特的作用机制，对已经对抗蚜威等有机磷、拟除虫菊酯、氨基甲酸酯类杀虫剂产生抗性的害虫有良好效果；对蚜虫、蓟马、粉虱等刺吸式口器害虫，喷药后 15 分钟即可解除危害，对害虫药效可达 20 天左右。

（3）对天敌杀伤力小，对鱼毒性较低，对蜜蜂影响小，对环境无污染，是无公害防治技术应用中的理想药剂。

（4）可用颗粒剂做土壤处理，防治地下害虫。

（5）鉴别要点：原药为白色结晶，微溶于水，易溶于丙酮、甲醇、乙醇、二氯甲烷、氯仿等。乳油为淡黄色均相液体。用户在选购啶虫脒制剂及复配产品时应注意：确认产品的通用名称或英文通用名称及含量；查看农药"三证"，3%啶虫脒乳油等单剂品种及其所有复配制剂应取得农药生产批准证书（HNP）；查看产品是否在 2 年有效期内。

• **应用**

（1）单剂应用　防治西瓜蚜虫，在蚜虫发生始盛期，每亩用 70%啶虫脒水分散粒剂 2～4 克兑水 30～50 千克均匀喷雾，安全间隔期 10 天，每季最多施用 1 次。

防治柑橘蚜虫，于蚜虫低龄若虫盛发期施药，可选用 10%啶虫脒可溶粉剂 5000～10000 倍液，或 5%啶虫脒可湿性粉剂 2000～4000 倍液喷雾，安全间隔期 30 天，每季最多施用 2 次；或 20%啶虫脒可溶液剂 15000～20000 倍液、3%啶虫脒乳油 2000～2500 倍液喷雾，安全间隔期均为 14 天，每季最多使用 1 次；或 50%啶虫脒水分散粒剂 25000～40000 倍液喷雾，安全间隔期 28 天，每季最多施用 3 次；或用 10%啶虫脒水乳剂 8000～10000 倍液喷雾，安全间隔期 21 天，每季最多施用 2 次；或用 5%啶虫脒微乳剂 4000～5000 倍液喷雾，安全间隔期 14 天，每季最多施用 1 次。

防治柑橘树粉虱，在粉虱发生初期，用 5%啶虫脒乳油 2000～4000 倍液喷雾，安全间隔期 21 天，每季最多施用 2 次。

防治柑橘潜叶蛾，在卵孵化盛期或低龄幼虫期，可选用 3%啶虫脒乳油 1000～2000 倍液，或 20%啶虫脒可湿性粉剂 12000～16000 倍液整株喷雾，安全间隔期为 14 天，每季最多使用 2 次。

防治梨树梨木虱，在若虫孵化初期至虫体没有被黏液全部覆盖时，可选用 3%啶虫脒乳油（可湿性粉剂）1500～2000 倍液，或 5%啶虫脒乳油（可湿性粉剂）2500～3000 倍液均匀喷雾，每代喷药 1 次即可。

防治枣树绿盲蝽，萌芽期至幼果期，可选用 3%啶虫脒乳油（可湿性粉剂）1500～2000 倍液，或 5%啶虫脒乳油（可湿性粉剂）2500～3000 倍液均匀喷雾，每隔 10～15 天喷 1 次，与不同类型药剂交替使用，连续喷药。

防治苹果树蚜虫，于蚜虫低龄若虫盛发期施药，可选用 20%啶虫脒可湿性粉剂 6000～8000 倍液，整株喷雾，安全间隔期 7 天，每季最多使用 1 次；或 20%啶虫脒可溶液剂 6600～8000 倍液，或 10%啶虫脒可湿性粉剂 3000～6000 倍液，或 5%啶虫脒微乳剂 4000～5000 倍液喷雾，安全间隔期 30 天，每季最多施用 1 次；或 5%啶虫脒乳油 4000～5000 倍液喷雾，安全间隔期 14 天，每季最多施用 1 次。

（2）复配剂应用　啶虫脒常与阿维菌素、甲氨基阿维菌素苯甲酸盐、氰氟虫腙、吡蚜酮、哒螨灵、高效氯氰菊酯、高效氯氟氰菊酯、联苯菊酯、氯氟氰菊酯、杀虫单、杀虫双、辛硫磷等杀虫剂混配，生产复配杀虫剂。

① 啶虫·哒螨灵。由啶虫脒与哒螨灵复配而成。属于生物源、烟碱类、吡唑杂环类等复配在一起的广谱杀虫剂，具有一药多治的效果。可灭杀各种跳甲，具备内吸、胃毒、触杀、熏蒸作用，根部渗透性良好。可以防治多种作物上面的刺吸式口器害虫，当害虫沾上药剂时，药液会穿透甲层直达体内，使其中毒死亡。每亩用 15%啶虫·哒螨灵微乳剂 30 毫升兑水 15 千克，于清晨或傍晚进行喷雾，喷施后具有 3～7 天的持效期。

② 啶虫·辛硫磷。由啶虫脒与辛硫磷混配的广谱低毒复合杀虫剂，具有触杀、胃毒和较强的渗透作用，对刺吸式口器害虫有较好的防治效果。

防治苹果蚜虫，当苹果嫩梢上的蚜虫数量开始较快增多时，可选用 20%啶虫·辛硫磷乳油 600～800 倍液，或 21%啶虫·辛硫磷乳油 600～800 倍液喷雾，以后根据蚜虫发生为害情况，每隔 7～10 天喷 1 次，连喷 2 次。

防治柑橘蚜虫，为害初期，可选用 20%啶虫·辛硫磷乳油 600～800 倍液，或 21%啶虫·辛硫磷乳油 600～800 倍液喷雾，每隔 7 天左右喷 1 次，连喷 2 次。

③ 啶虫脒+吡丙醚。用 20%啶虫脒可溶液剂 1500 倍液+10%吡丙醚乳油 2000 倍喷雾，是目前防治介壳虫流行的组合之一，速效加持效，药

效持续 50～60 天。

● **注意事项**

（1）啶虫脒为低毒杀虫剂，但对人、畜有毒，应加以注意，使用本品时，应避免直接接触药液。对鱼类等水生生物、蜜蜂、家蚕有毒。施药期间应避免对周围蜂群的影响，开花植物花期、蚕室和桑园附近禁用。地下水、饮用水源地附近禁用，远离水产养殖区施药，禁止在河塘等水体中清洗施药器具。

（2）不可与强碱性药液（波尔多液、石硫合剂等）混用；在多雨年份，药效仍可达 15 天以上。

（3）药品应贮存于阴凉、干燥、通风处。

（4）据有关试验，啶虫脒和吡虫啉对甜瓜蚜虫的防治效果相对较差，可能与甜瓜蚜虫的抗药性有关。因此，在防治甜瓜蚜虫时，应慎用吡虫啉和啶虫脒，或与其他作用机制的杀虫剂（如氟啶虫酰胺、吡蚜酮、溴氰虫酰胺等）交替、轮换使用。

烯啶虫胺（nitenpyram）

$C_{11}H_{15}ClN_4O_2$，270.72

● **其他名称**　吡虫胺、强星、蚜虱净、联世、天下无蚜。

● **主要剂型**　5%、10%、20%水剂，10%、15%、20%、30%、60%水分散粒剂，20%、60%可湿性粉剂，10%、15%、20%、30%可溶液剂，50%可溶粉剂，5%超低容量液剂，25%、50%、60%可溶粒剂。

● **毒性**　低毒。

● **作用机理**　烯啶虫胺是烟碱乙酰胆碱酯酶受体抑制剂，具有内吸和渗透作用，主要作用于昆虫神经，抑制乙酰胆碱酯酶活性，作用于胆碱能受体，在自发放电后扩大隔膜位差，并使突触隔膜刺激下降，导致神经的轴突触隔膜电位通道刺激殆失，对昆虫的神经轴突触受体具有神经阻断作用，致使害虫麻痹死亡。

● **产品特点**

（1）烯啶虫胺属于烟酰亚胺类，是继吡虫啉、啶虫脒之后开发的又一种新烟碱类杀虫剂。具有卓越的内吸性、渗透作用、杀虫谱广，安全无药害。是防治刺吸式口器害虫如白粉虱、蚜虫、梨木虱、叶蝉、蓟马的换代产品。

（2）随着烟碱类农药大量推广应用，许多病虫对烟碱类农药吡虫啉、啶虫脒等具有一定的抗性，由于烯啶虫胺是推出的换代产品，持效期较长，使用安全，害虫不易产生抗药性。

（3）烯啶虫胺对暴发阶段的害虫有绝杀作用，飞虱暴发期每亩用10%烯啶虫胺均匀喷雾，效果达90%以上，效果显著优于30%啶虫脒、70%吡虫啉等同类产品，用药10分钟见效，速效性非常明显，持效期可达到15天左右，是一种超高效杀虫剂，随着刺吸式害虫对传统农药抗药性的产生，烯啶虫胺是替代啶虫脒、吡虫啉抗性较好的产品之一。

● **应用**

（1）单剂应用　主要用于防治白粉虱、蚜虫、叶蝉、蓟马等刺吸式口器害虫。

防治柑橘树蚜虫、柑橘木虱、潜叶蛾、烟粉虱，可选用10%烯啶虫胺水剂或10%烯啶虫胺可溶液剂2000～2500倍液，或20%烯啶虫胺水剂或20%烯啶虫胺可湿性粉剂或20%烯啶虫胺水分散粒剂4000～5000倍液，或25%烯啶虫胺可溶粉剂5000～6000倍液，或30%烯啶虫胺水分散粒剂6000～7000倍液，或50%烯啶虫胺可溶粉剂或50%烯啶虫胺可溶粒剂或50%烯啶虫胺可湿性粉剂10000～12000倍液，或60%烯啶虫胺可溶粒剂或60%烯啶虫胺可湿性粉剂12000～15000倍液喷雾，春梢抽生期内、夏梢抽生期内、秋梢抽生期内分别及时喷药，每隔10天左右喷1次，每期连喷1～2次，可防治蚜虫、柑橘木虱、潜叶蛾，与触杀性杀虫剂混用对蚜虫和柑橘木虱防效更好。防治烟粉虱时，在为害初盛期，每隔10天左右喷1次，连喷2次左右，重点喷叶背。安全间隔期14天。

此外，还可用于防治苹果树绣线菊蚜、苹果绵蚜，梨树梨木虱、各种蚜虫，桃、李、杏树的各种蚜虫，葡萄绿盲蝽，枣树绿盲蝽，石榴蚜虫，柿树柿绵蚧等，喷施倍数同柑橘树蚜虫。

（2）复配剂应用　可与吡蚜酮、噻嗪酮、联苯菊酯、阿维菌素、噻虫啉、异丙威等复配，如 25%烯啶·吡蚜酮可湿性粉剂、80%烯啶·吡蚜酮水分散粒剂、70%烯啶·噻嗪酮水分散粒剂、25%烯啶·联苯可溶液剂、15%阿维·烯啶可湿性粉剂、30%阿维·烯啶可湿性粉剂、20%烯啶·噻虫啉水分散粒剂、25%烯啶·异丙威可湿性粉剂等。

● **注意事项**

（1）不可与碱性农药及碱性物质混用，也不要与其他同类的烟碱类产品（如吡虫啉、啶虫脒等）进行复配，以免诱发交互抗性。

（2）为延缓抗性，要与其他不同作用机制的药剂交替使用。

（3）尽可能喷在嫩叶上，有露水或雨后未干时不能施药，以免产生药害。

（4）对水生生物风险大，使用时注意远离河塘等水域施药，禁止在河塘等水域中清洗施药器具。

（5）对家蚕有毒，对蜜蜂高毒，施药期间应避免对周围蜂群的影响，蜜源作物花期、蚕室和桑园附近禁用。

噻虫嗪（thiamethoxam）

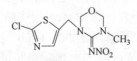

C$_8$H$_{10}$ClN$_5$O$_3$S，291.71

● **其他名称**　阿克泰、锐胜、快胜、亮盲、领绣、噻农。

● **主要剂型**　21%、25%、50%水分散粒剂，10%、12%、21%、25%、30%、35%、40%悬浮剂（微囊悬浮剂、种子处理悬浮剂、种子处理微囊悬浮剂），16%、30%、35%、40%、48%悬浮种衣剂，25%、30%、50%、70%水分散粒剂，0.08%、0.12%、0.5%、2%、3%、5%颗粒剂，10%微乳剂，10%泡腾粒剂，25%、30%、75%可湿性粉剂，3%超低容量液剂，50%种子处理干粉剂，50%、70%种子处理可分散粉剂，1%饵剂。

● **毒性**　低毒（对蜜蜂有毒）。

● **作用机理**　噻虫嗪作用机理与吡虫啉等烟碱类杀虫剂相似，但具有更高的活性；有效成分干扰昆虫体内神经的传导作用，其作用方式是模仿乙酰胆碱，刺激受体蛋白，而这种模仿的乙酰胆碱又不会被乙酰胆碱酯酶所降解，使昆虫一直处于高度兴奋中，直到死亡。

● **产品特点**

（1）噻虫嗪是新一代烟碱类高效低毒广谱杀虫剂（第二代烟碱类杀虫剂），其作用机理完全不同于现有的杀虫剂，也没有交互抗性问题，因此对各种蚜虫、飞虱、叶蝉、蓟马、粉虱等刺吸式口器害虫及多种咀嚼式口器害虫特效，对多种类型化学农药产生抗性的害虫防治效果较好。

（2）作用途径多样，具有良好的胃毒、触杀活性，强内吸传导性和渗透性，叶片吸收后迅速传导到植株各部位，害虫吸食药剂后，能迅速抑制害虫活动，停止取食，并逐渐死亡，药后 2～3 天出现死虫高峰。

（3）高效低毒，每亩用 25%噻虫嗪水分散粒剂 2～4 克，即可取得理想的防效，属低毒产品。

（4）持效期长，耐雨水冲刷，一般药效可达 14～35 天，耐雨水性好。

（5）与吡虫啉、啶虫脒和烯啶虫胺等无交互抗性，是取代对哺乳动物毒性高、残留时间长的有机磷、氨基甲酸酯类和有机氯类杀虫剂的较好品种。

（6）既可用于茎叶处理、种子处理，也可用于土壤处理。

● **应用**

（1）单剂应用　防治西瓜蚜虫，于蚜虫始盛期，每亩用 25%噻虫嗪水分散粒剂 8～10 克兑水 30～50 千克喷雾，每季最多施用 2 次，安全间隔期 7 天。

防治草莓蚜虫，在害虫初盛期，用 25%噻虫嗪水分散粒剂 6000 倍液喷雾。

防治柑橘树橘小实蝇，成虫发生始盛期，每亩用 1%噻虫嗪饵剂 80～100 克定点投饵，将本品涂至纸板上［约 2 克(制剂)/块］挂置于树冠下诱杀橘小实蝇，每亩投放 30～50 个，用药 2 次，每次间隔 25 天换涂有新鲜饵剂的纸板 1 次。

防治柑橘介壳虫，在介壳虫卵孵化盛期，用 25%噻虫嗪水分散粒剂 4000～5000 倍液喷雾，每季最多施用 3 次，安全间隔期 14 天。

防治柑橘树蚜虫，于蚜虫始盛期，用 25%噻虫嗪水分散粒剂 8000～

12000 倍液喷雾，每季最多施用 3 次，安全间隔期 14 天。

防治柑橘树木虱，大量产卵的嫩梢期，用 21%噻虫嗪悬浮剂 3360～4200 倍液喷雾，每季最多施用 2 次，安全间隔期 30 天。

防治柑橘潜叶蛾，在夏、秋梢多数嫩叶长 1～3 厘米时，用 25%噻虫嗪水分散粒剂 3000～4000 倍液喷雾。

防治苹果树黄蚜、梨二叉蚜和桃蚜等蚜虫，在蚜虫始盛期，可选用 21%噻虫嗪悬浮剂 4000～5000 倍液，或 25%噻虫嗪水分散粒剂 5000～10000 倍液喷雾，每季最多施用 2 次，安全间隔期 21 天。

防治葡萄介壳虫，在卵孵化初期，用 25%噻虫嗪水分散粒剂 4000～5000 倍液喷雾，每季最多施用 2 次，安全间隔期 7 天。

防治葡萄叶蝉、蚜虫，在害虫初盛期，用 25%噻虫嗪水分散粒剂 6000 倍液喷雾。

防治冬枣盲椿象，发生初期，用 25%噻虫嗪水分散粒剂 4000～5000 倍液喷雾，每季最多施用 2 次，安全间隔期 28 天。

防治火龙果（温室）介壳虫，在卵孵化盛期，用 25%噻虫嗪水分散粒剂 4000～5000 倍液喷雾，每季最多施用 2 次，安全间隔期 28 天。

防治绣线菊蚜，在春梢抽出期、蚜虫初盛期，用 25%噻虫嗪水分散粒剂 6000～7000 倍液喷雾。

（2）复配剂应用　噻虫嗪常与氯虫苯甲酰胺、吡虫啉、高效氯氟氰菊酯、溴氰菊酯、吡蚜酮混配，制成复配杀虫剂。

① 呋虫·噻虫嗪。由呋虫胺与噻虫嗪混配的杀虫剂。

防治枸杞蓟马，发生初期，用 30%呋虫·噻虫嗪悬浮剂 2000～3000 倍液喷雾，安全间隔期 5 天，每季最多施用 1 次。

防治枸杞蚜虫，发生初期，用 30%呋虫·噻虫嗪悬浮剂 3000～4000 倍液喷雾，安全间隔期 5 天，每季最多施用 1 次。

② 噻虫·高氯氟。由噻虫嗪与高效氯氟氰菊酯混配的广谱复合杀虫剂，具有触杀和胃毒作用及内吸活性，对刺吸式口器害虫和咀嚼式口器害虫均有较好的防治效果。

防治苹果树绣线菊蚜、苹果瘤蚜，可选用 9%噻虫·高氯氟悬浮剂或 10%噻虫·高氯氟悬浮剂 2000～2500 倍液，或 12%噻虫·高氯氟悬浮剂 2500～3000 倍液，或 15%噻虫·高氯氟悬浮剂或 15%噻虫·高氯氟微囊悬浮剂 3000~4000 倍液，或 20%噻虫·高氯氟悬浮剂 4000~5000 倍液，或 22%噻虫·高氯氟悬浮剂或 22%噻虫·高氯氟微囊悬浮剂 5000~6000 倍液，或 26%噻虫·高氯氟悬浮剂 6000~7000 倍液，或 30%噻虫·高氯氟悬浮剂 7000~8000 倍液喷雾，防治绣线菊蚜，在新梢上蚜虫数量较多，或新梢上蚜虫开始向幼果上转移扩散时开始喷药，每隔 10 天左右喷 1 次，连喷 2 次左右。防治苹果瘤蚜，多在花序分离期和落花后各喷 1 次。

此外，还可防治梨树梨木虱，桃树、杏树及李树的蚜虫类、桃小绿叶蝉，草莓白粉虱等，药剂喷施倍数同苹果树绣线菊蚜。

防治柑橘树蚜虫、星天牛、木虱、潜叶蛾、锈壁虱、蓟马、白粉虱、叶蝉、介壳虫、飞虱、果实蝇。用 20%噻虫·高氯氟悬浮剂 1500 倍液喷雾。

③ 吡丙·噻虫嗪。防治果树介壳虫、木虱、蚜虫、粉虱、蓟马，用 20%吡丙·噻虫嗪悬浮剂 1000~1500 倍液喷雾。

④ 噻虫嗪+螺虫乙酯。用 25%噻虫嗪水分散粒剂 1500 倍液+22.5%螺虫乙酯悬浮剂 2000~2500 倍液喷雾，这是防治介壳虫的经典配方，持效期长，但成本偏高。

● **注意事项**

（1）在施药以后，害虫接触药剂后立即停止取食等活动，但死亡速度较慢，死虫的高峰通常在药后 2~3 天出现。因此，在害虫发生初期，或者提前预防时，建议使用噻虫嗪，因为其成本低，适合预防使用。而害虫一旦处于高发期，建议使用噻虫胺，能够快速灭虫。

（2）噻虫嗪杀虫速效性偏慢，配合联苯菊酯、阿维菌素等杀虫剂，效果会更好。

（3）由于该药不杀卵，在防治刺吸式口器害虫蓟马、飞虱等时，为提高杀虫效果，建议搭配吡丙醚杀卵。

（4）不宜用于防治菜青虫、烟青虫等鳞翅目害虫。

（5）不能与碱性药剂一起混用。

（6）使用剂量较低，应用过程中不要盲目加大用药量，以免造成浪费。

（7）避免在低于-10℃和高于 35℃处储存。

（8）本剂对蜜蜂和家蚕高毒，蜜源植物花期和桑园、蚕室附近禁用。水产养殖区、河塘等水体附近禁用，禁止在河塘等水域清洗施药器具。鸟类保护区附近禁用。施药后立即覆土。施药地块禁止放牧和畜、禽进入。

噻嗪酮（buprofezin）

$C_{16}H_{23}N_3SO$，305.44

● **其他名称**　飞虱宁、扑虱灵、破虱、蚧逝、灭幼酮、亚乐得、优乐得、比丹灵、大功达、稻飞宝、飞虱宝、飞虱仔、劲克泰。

● **主要剂型**　5%、20%、25%、50%、65%、75%、80%可湿性粉剂，25%、37%、40%、400克/升、50%悬浮剂，5%、10%、20%、25%乳油，20%、40%、50%胶悬剂，20%、40%、70%水分散粒剂，8%展膜油剂。

● **毒性**　低毒。

● **作用机理**　噻嗪酮属噻二嗪酮类杀虫剂。抑制昆虫几丁质合成和干扰新陈代谢，致使幼（若）虫蜕皮畸形而缓慢死亡，或致畸形不能正常生长发育而死亡。在3～7天才能见到效果。

● **产品特点**

（1）噻嗪酮是抑制昆虫生长发育的选择性杀虫剂，对害虫有很强的触杀作用，也具胃毒作用。对作物有一定的渗透能力，能被作物叶片或叶鞘吸收，但不能被根系吸收传导，对低龄若虫毒杀能力强，对3龄以上若虫毒杀能力显著下降，对成虫没有直接杀伤力，但可缩短其寿命，减少产卵量，且所产的卵多为不育卵，即使孵化的幼虫也很快死亡，从而可减少下一代的发生数量。

（2）对害虫具有很强的选择性，只对半翅目的粉虱、飞虱、叶蝉及介壳虫有高效，对小菜蛾、菜青虫等鳞翅目害虫无效。

（3）具有高效性、选择性、长效性的特点，但药效发挥慢，一般要在施药后3～7天才能见效。若虫蜕皮时才开始死亡，施药后7～10天死亡数达到最高峰，因而药效期长，一般直接控制虫期为15天左右，可保护天敌，发挥了天敌控制害虫的效果，总有效期可达1个月左右。

（4）试验条件下无致癌、致畸、致突变作用，对水生动物、家蚕及天敌安全，对蜜蜂无直接作用，对眼睛、皮肤有轻微的刺激作用。在常用浓度下对作物、天敌安全，是害虫综合防治中一种比较理想的农药品种。

● 应用

（1）单剂应用　主要用于防治白粉虱、小绿叶蝉、棉叶蝉、烟粉虱、长绿飞虱、白背飞虱、灰飞虱、侧多食跗线螨（茶黄螨）、B型烟粉虱、温室白粉虱等。

防治草莓白粉虱，发生为害初期，每亩可选用 25%噻嗪酮悬浮剂30～40毫升，或37%噻嗪酮悬浮剂20～30毫升，或40%噻嗪酮悬浮剂20～25毫升，或50%噻嗪酮悬浮剂15～20毫升，或65%噻嗪酮可湿性粉剂12～15克，75%噻嗪酮可湿性粉剂10～13克，或80%噻嗪酮可湿性粉剂9～12克，或40%噻嗪酮水分散粒剂20～25克，或70%噻嗪酮水分散粒剂11～14克，兑水30～45千克喷雾，每隔半月左右喷1次，与不同类型药剂轮换，连喷2～3次。

防治柑橘矢尖蚧、黑刺粉虱等介壳虫，以及白粉虱，可选用25%噻嗪酮悬浮剂（可湿性粉剂）800～1200倍液，或37%噻嗪酮悬浮剂1200～1500倍液，或40%噻嗪酮悬浮剂或40%噻嗪酮水分散粒剂1300～1800倍液，或50%噻嗪酮可湿性粉剂或50%噻嗪酮悬浮剂1500～2000倍液，或65%噻嗪酮可湿性粉剂2000～3000倍液，或70%噻嗪酮水分散粒剂2500～3000倍液，或75%噻嗪酮可湿性粉剂或80%噻嗪酮可湿性粉剂3000～3500倍液喷雾，防治矢尖蚧等介壳虫时，在害虫出蛰前或若虫发生初期进行喷药，每代喷药1次即可。防治白粉虱时，从白粉虱发生初盛期开始喷药，15天左右1次，连喷2次，重点喷洒叶片背面。

防治柑橘锈螨，于7～8月，用25%噻嗪酮可湿性粉剂5000～6000倍液喷雾。

防治柑橘全爪螨，春末夏初和秋季，用 25%噻嗪酮可湿性粉剂1200～1600倍液喷雾。

防治柑橘木虱，于1、2龄若虫盛发期，用25%噻嗪酮可湿性粉剂

2000～3000 倍液喷雾。

防治桃、李、杏树桑白蚧等介壳虫、小绿叶蝉，用 25%噻嗪酮悬浮剂（可湿性粉剂）800～1200 倍液，或 37%噻嗪酮悬浮剂 1200～1500 倍液喷雾。防治桑白蚧等介壳虫时，在若虫孵化后至低龄若虫期及时喷药，每代喷药 1 次即可。防治小绿叶蝉时，在害虫发生初盛期或叶片正面出现较多黄绿色小点时及时喷药，每隔 15 天左右喷 1 次，连喷 2 次，重点喷洒叶片背面。

防治枣树日本龟蜡蚧，在若虫孵化后至低龄若虫期，每代喷 1 次即可。药剂喷施倍数同柑橘树矢尖蚧。

防治杨梅树介壳虫，在介壳虫低龄若虫盛发期，用 65%噻嗪酮可湿性粉剂 2500～3000 倍液喷雾，每季最多施用 1 次，安全间隔期 15 天。

防治火龙果介壳虫，在介壳虫低龄若虫盛发期，用 25%噻嗪酮可湿性粉剂 1000～1500 倍液喷雾，每季最多施用 1 次，安全间隔期 21 天。

防治蝼蛄，每亩用 25%噻嗪酮可湿性粉剂 100 克，先用少量水稀释成药液，喷雾于 40 千克细土上，拌匀，均匀撒于地面，浅耕入土。

（2）复配剂应用　噻嗪酮常与杀虫单、吡虫啉、高效氯氰菊酯、高效氯氟氰菊酯、阿维菌素、烯啶虫胺、吡蚜酮、哒螨灵等杀虫剂成分混配，生产复配杀虫剂。

① 噻嗪·哒螨灵。由噻嗪酮与哒螨灵混配的低毒复合杀虫、杀螨剂，以触杀作用为主，兼有胃毒作用，黏附力强，耐雨水冲刷，对柑橘红蜘蛛、矢尖蚧有很好的防治效果。在柑橘树上红蜘蛛与介壳虫同时发生时或混合发生时喷药，多在春梢萌发前进行，用 20%噻嗪·哒螨灵乳油 800～1000 倍液喷雾。

② 吡丙·噻嗪酮。由吡丙醚与噻嗪酮混配的杀虫剂。防治柑橘树木虱，发生初期，用 25%吡丙·噻嗪酮悬浮剂 1500～2500 倍液喷雾，安全间隔期 35 天，每季最多施用 2 次。

③ 噻虫胺·噻嗪酮。由噻虫胺与噻嗪酮混配的杀虫剂。防治柑橘树介壳虫，低龄若虫始盛期，用 30%噻虫胺·噻嗪酮悬浮剂 1500～2000 倍液喷雾，安全间隔期 28 天，每季最多施用 1 次。

● **注意事项**

（1）噻嗪酮无内吸传导作用，要求喷药均匀周到。该药剂防治效果见效慢，一般施药后 3～7 天才能看到效果，其间不宜使用其他药剂。

（2）不能与碱性药剂、强酸性药剂混用。不宜多次、连续、高剂量使用，一般 1 年只宜用 1～2 次。连续喷药时，注意与不同杀虫机理的药剂交替使用或混合使用，以延缓害虫产生耐药性。

（3）药剂应保存在阴凉、干燥和儿童接触不到的地方。

（4）对家蚕和部分鱼类有毒，桑园、蚕室及周围禁用，避免药液污染水源、河塘。施药田水及清洗施药器具废液禁止排入河塘等水域。

氟虫脲（flufenoxuron）

$C_{21}H_{11}ClF_6N_2O_3$，488.7671

● **其他名称**　卡死克、宝丰、氟芬隆、氰胺。

● **主要剂型**　5%乳油，5%、50 克/升可分散液剂。

● **毒性**　低毒（对家蚕有毒）。

● **作用机理**　氟虫脲是苯甲酰脲类、广谱、杀虫杀螨剂，具有触杀和胃毒作用。其作用机理是通过阻碍几丁质的合成达到杀虫杀螨的目的。对小菜蛾、夜蛾类、棉铃虫、螨类等抗性害虫害螨均有特效。氟虫脲通过阻止昆虫变态或蜕皮过程的正常发育防治害虫。在蜕皮期间，幼虫消化表皮内层，形成新表皮层。在氟虫脲作用下，这种新表皮形成时，引起表皮中几丁质数量减少，不能形成新表皮，导致幼虫死亡或由于外骨骼的脆弱逐渐死亡。氟虫脲还有一种对昆虫幼虫的作用方式，使幼虫的口器无法产生足够的几丁质而变得软弱，无法进食，不能对作物造成危害。氟虫脲通过雌成虫具有间接的杀卵活性，接触氟虫脲的雌虫产下的卵肌肉脆弱，不能形成外壳，因此不能发育存活。氟虫脲主要通过昆虫摄入表现生物活性。

● **产品特点**

（1）杀虫谱广，虫螨兼治；无互抗性，能有效防治对有机磷类、菊酯类、氨基甲酸酯类及有机氯杀虫剂已产生抗性的害虫和害螨。

（2）毒杀速度慢，用药后 2～3 小时，害虫和害螨便停止进食并停止危害直至死亡，一般施药后 10 天左右药效才明显上升，但药效期长，对鳞翅目害虫的药效期达 15～20 天，对螨可达 1 个月以上。

（3）杀幼、若螨力强，对成螨效果差，但能使雌成螨不育或产卵量少，所产的卵不孵化或孵化出的幼螨很快死亡。在虫螨并发时施药，有良好的兼治效果。

（4）低毒，对天敌昆虫和捕食性螨安全，是害虫综合防治的理想药剂之一。氟虫脲对以植食性昆虫为食物的昆虫无害，对授花粉昆虫（如蜜蜂）也无害。

（5）改善果蔬色泽，显著提高蔬菜水果的外观品质。

● 应用

（1）单剂应用　防治柑橘树潜叶蛾，在潜叶蛾卵孵化盛期或低龄幼虫期，梢长 1～3 厘米，新叶被害率约 10%时开始施药，以后仍处于危险期的，隔 5～8 天再施药 1 次，用 50 克/升氟虫脲可分散液剂 1000～1300 倍液喷雾，安全间隔期 30 天，每季最多施用 2 次。

防治柑橘树红蜘蛛，在卵孵化盛期，用 50 克/升氟虫脲可分散液剂 600～1000 倍液喷雾，安全间隔期 30 天，每季最多施用 2 次。

防治柑橘树锈壁虱，在锈壁虱成、若螨发生始盛期，用 50 克/升氟虫脲可分散液剂 700～1000 倍液喷雾，安全间隔期 30 天，每季最多施用 2 次。

防治苹果树红蜘蛛，越冬代和第一代若螨集中发生期，以及苹果开花前后，用 50 克/升氟虫脲可分散液剂 667～1000 倍液喷雾，安全间隔期 30 天，每季最多施用 2 次。

防治桃小食心虫和桃蛀果蛾，宜在卵果率 0.5%～1%时，用 5%氟虫脲乳油 1000～2000 倍液喷雾，全期喷药 3 次。

（2）复配剂应用　氟虫脲可与阿维菌素、炔螨特等杀虫（螨）剂成分混配。

● 注意事项

（1）氟虫脲主要通过触杀和胃毒作用杀虫杀螨，无内吸传导作用，要求喷药均匀周到。

（2）氟虫脲杀虫杀螨作用较慢，一般3～5天达到死亡高峰，但施药后2～3天，害虫害螨即停止取食为害，不能用常规农药药效的观点来评价氟虫脲的效果。

（3）施药时间应比一般有机磷、拟除虫菊酯药剂等杀虫剂提前2～3天，掌握在害虫1～3龄幼虫盛发期施药，对钻蛀性害虫宜在卵孵化盛期施药，对害螨宜在幼若螨盛期施药。

（4）因氟虫脲主要通过触杀和胃毒作用杀虫杀螨，喷药时务必均匀周到。

（5）为防止抗药性产生，应与其他农药交替使用，一个生长季节最多只能用药2次。

（6）不要与碱性农药如波尔多液等混用，但可以间隔开施药，应先喷氟虫脲治螨，10天后再喷波尔多液治病，比较理想。如需要用顺序相反的方法用药，则间隔期要长些。

（7）本品对蚕有毒，在养蚕地区使用要避免桑叶和蚕室受污染。

氟啶脲（chlorfluazuron）

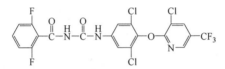

$C_{20}H_9Cl_3F_5N_3O_3$，540.65

● **其他名称**　抑太保、定虫隆、氟伏虫脲、菜得隆、方通蛾、治益旺、抑统、农美、蔬好、菜亮、保胜、顶星、卷敌、赛信、夺众、奎克、顽结、妙保、友保、雷歌、玄锋、力成、瑞照、标正美雷、夜蛾天关。

● **主要剂型**　5%、50克/升、50%乳油，0.1%浓饵剂，25%悬浮剂。

● **作用机理**　氟啶脲抑制昆虫表皮几丁质合成，阻碍幼虫正常蜕皮及卵的孵化，使蛹发育畸形，成虫羽化受阻，从而发挥杀虫作用。

● **产品特点**

（1）迟效性，此剂有阻害蜕皮的作用，杀虫效果需要3～5天的时间才能发挥，在散布适期（幼虫发生始期）时散布，基本上无食害影响。

（2）残效性长，在植物体表面上显示出稳定的残效性，使用氟啶脲药后1～2天有些害虫虽然不死，但已无危害能力，药后3～5天即死亡，药效期7～21天。

（3）不具有浸透移动性，因而对散布后的新展叶无效果。

（4）安全性高，对昆虫的蜕皮生理作用进行阻害，对人畜等极为安全。可用于A级绿色食品生产。

（5）氟啶脲为阻碍蜕皮的苯甲酰脲类昆虫生长调节剂类杀虫剂，以胃毒作用为主，兼有触杀和杀卵作用，无内吸作用。对多种鳞翅目害虫以及直翅目、鞘翅目、膜翅目等害虫杀虫活性高，但对蚜虫、灰飞虱、叶蝉等害虫无效。适用于对有机磷、拟除虫菊酯类、氨基甲酸酯类等农药产生抗性的害虫的综合治理。

● **应用**

（1）单剂应用　防治果树桃小食心虫，在产卵初期、初孵幼虫未侵入果实前开始施药，用5%氟啶脲乳油或50克/升氟啶脲乳油1000～2000倍液均匀喷雾，每隔5～7天喷1次，连喷3～4次。

防治柑橘树潜叶蛾，成虫盛发期放梢的，当梢长1～3厘米、新叶被害率约10%时，用5%氟啶脲乳油或50克/升氟啶脲乳油2000～3000倍液喷雾，每隔5～8天喷1次，安全间隔期21天，每季最多施用2次。

防治柑橘木虱和红蜘蛛，柑橘木虱若虫盛发初期，红蜘蛛卵始盛孵期，用5%氟啶脲乳油500～1000倍液喷雾。

防治苹果叶螨，在苹果开花前后、苹果叶螨越冬代和第一代若螨集中发生期，用5%氟啶脲乳油1000～1500倍液喷雾防治，并可兼治越冬代卷叶虫。夏季成螨和卵较多，而氟啶脲对这两种虫态直接杀伤力较差，故在盛夏期防治要用5%氟啶脲乳油500～1000倍液喷雾才能达到相同的防效。

防治苹果小卷叶蛾，在越冬幼虫出蛰始期和末期，用5%氟啶脲乳油500～1000倍液各喷1次。

（2）复配剂应用　常与氯氰菊酯、高效氯氰菊酯、丙溴磷、甲氨基阿维菌素苯甲酸盐、杀虫单等杀虫剂成分混配，生产复配杀虫剂。

● **注意事项**

（1）无内吸传导作用，施药必须力求均匀、周到，使药液湿润全部枝叶，才能充分发挥药效。

（2）本品是阻碍幼虫蜕皮致使其死亡的药剂，从施药至害虫死亡需 3～5 天，防治为害叶片的害虫，应在低龄期用药效果好。

（3）对蚜虫、叶蝉、飞虱类等刺吸式害虫无效，可与杀蚜剂混用。但因其显效较慢，应较一般有机磷、拟除虫菊酯类等杀虫剂适当提前 3 天左右用药或与其他药剂混用。防治钻蛀性害虫宜在卵孵化盛期至幼虫蛀入作物前施药。不宜连续多次使用，以免害虫产生抗药性。

（4）对鱼、虾、家蚕有毒，施药期间应注意环境安全，蚕室和桑园附近禁用。水产养殖区施药，禁止在河塘等水体中清洗施药器具。

（5）用过的容器妥善处理，不可做他用，不可随意丢弃。放置于阴凉、干燥、通风、防雨、远离火源处，勿与食品、饲料、种子、日用品等同贮同运。

溴氰菊酯（deltamethrin）

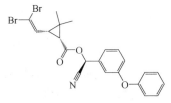

$C_{22}H_{19}Br_2NO_3$，505.2

● **其他名称** 敌杀死、氰苯菊酯、扑虫净、克敌、康素灵、凯安保、凯素灵、天马、骑士、保棉丹、增效百虫灵。

● **主要剂型** 0.006%粉剂，2.5%、5%可湿性粉剂，2.5%、2.8%、25 克/升、50 克/升乳油，2.5%水乳剂，2.5%微乳剂，10%、25 克/升悬浮剂。

● **毒性** 中毒。

● **作用机理** 溴氰菊酯为钠离子通道抑制剂，具有高效、广谱、持效期较长（一般药效期 10～14 天）、低残留等特点，对害虫以触杀为主，兼有胃毒和拒食作用，但无内吸作用。

● **应用**

（1）单剂应用 防治柑橘树潜叶蛾，在潜叶蛾卵孵化高峰期至低龄幼虫高峰期,用 25 克/升溴氰菊酯乳油 1500～2500 倍液喷雾,安全间隔期 28 天,每季最多施用 3 次。

防治柑橘树蚜虫,在蚜虫发生初期,用 25 克/升溴氰菊酯乳油 2000～3000 倍液喷雾,安全间隔期 28 天,每季最多施用 3 次。

防治柑橘花蕾蛆,在柑橘花蕾直径达 2 毫米大小时,用 2.5%溴氰菊酯乳油 1500～2500 倍液喷雾树冠和地面。

防治苹果树苹果蠹蛾,在苹果蠹蛾卵孵化高峰期至低龄幼虫高峰期,用 25 克/升溴氰菊酯乳油 2000～2500 倍液喷雾,安全间隔期 5 天,每季最多施用 3 次。

防治苹果树桃小食心虫,在桃小食心虫卵孵化高峰期至低龄幼虫高峰期,选用 25 克/升溴氰菊酯乳油 1500～2500 倍液喷雾,安全间隔期 5 天,每季最多施用 3 次;或 10%溴氰菊酯悬浮剂 6000～7000 倍液喷雾,安全间隔期 10 天,每季最多施用 3 次。

防治苹果树蚜虫,在蚜虫发生初期,用 25 克/升溴氰菊酯乳油 1500～2500 倍液喷雾,安全间隔期 5 天,每季最多施用 3 次。

防治梨树梨小食心虫,在梨小食心虫卵孵化高峰期至低龄幼虫高峰期,用 25 克/升溴氰菊酯乳油 2500～4000 倍液喷雾,安全间隔期 14 天,每季最多施用 2 次。

防治荔枝椿象,在椿象发生初期,用 25 克/升溴氰菊酯乳油 3000～3500 倍液喷雾,安全间隔期 28 天,每季最多施用 3 次。

(2)复配剂应用 溴氰菊酯常与阿维菌素、敌敌畏、辛硫磷、高效氯氰菊酯、高效氯氟氰菊酯、矿物油、吡虫啉、噻虫嗪、噻虫啉、八角茴香油等杀虫剂混配。

如溴氰·噻虫嗪,由溴氰菊酯与噻虫嗪混配的广谱低毒复合杀虫剂,对害虫具有触杀、胃毒、内吸作用,见效较快,持效期较长,对刺吸式口器害虫具有较好的防治效果,兼防鳞翅目害虫。

防治苹果树桃小食心虫、蚜虫,用 12%溴氰·噻虫嗪悬浮剂 1450～2400 倍液喷雾,每隔 10 天左右喷 1 次,安全间隔期 14 天,每季最多施用 3 次。

防治苹果树绣线菊蚜,在新梢上蚜虫数量较多时,或新梢上蚜虫开始向幼果上转移扩散时开始,选用 12%溴氰·噻虫嗪悬浮剂 1500～2000

倍液，或 14%溴氰·噻虫嗪悬浮剂 3000～3500 倍液喷雾，每隔 10 天左右喷 1 次，连喷 2 次左右。

此外，还可防治梨树梨木虱、梨二叉蚜、黄粉蚜，桃树、杏树及李树的蚜虫类、桃小绿叶蝉，柿树血斑叶蝉，栗树栗大蚜、栗花斑蚜等，药剂喷施倍数同苹果树绣线菊蚜。

● **注意事项**

（1）不能与碱性药物混用。

（2）溴氰菊酯对果树上的害螨无效，又杀伤天敌，多次使用该药易引起害虫猖獗发生。在虫、螨并发时，应与杀螨剂混用，兼治害螨。

（3）溴氰菊酯连年多次使用容易产生抗药性，为减缓抗药性，一年使用次数以 1 次为宜，最好与非有机磷农药轮换、交替使用。

（4）使用本剂时要均匀周到，对于钻蛀害虫的防治，于虫蛀入枝、叶、果之前施药。

（5）本品为负温度系数杀虫剂，使用中避开高温天气。

（6）对蜜蜂、鱼类等水生生物、家蚕有毒。施药期间应避免对周围蜂群的影响，开花植物花期、蚕室、桑园、鱼塘和河流附近禁用。

高效氯氰菊酯（*beta*-cypermethrin）

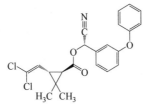

$C_{22}H_{19}Cl_2NO_3$, 416.3

● **其他名称**　高保、高冠、高打、高亮、高唱、金高、商乐、植乐、太强、赛诺、赛得、赛康、拦截、益稼、田备、邦富、聚焦、三破、亮棒、超杀、拼杀、铲杀、西杀、伏杀、跳杀、勇刺、狂刺、蛾刀、歼打、歼灭、斩灭、科海、对劲、电灭、卫宝、福禄、民福、永富。

● **主要剂型**　2%颗粒剂，4.5%、5%可湿性粉剂，2.5%、4.5%、10%、100 克/升乳油，3%、4.5%、5%、10%水乳剂，3%微囊悬浮剂，4.5%、

5%、10%微乳剂，4.5%、5%悬浮剂，2%、3%烟剂，5%油剂。

● **毒性** 低毒。

● **作用机理** 高效氯氰菊酯通过作用于昆虫体内钠离子通道，破坏中枢神经系统功能，导致害虫死亡。

● **产品特点**

（1）高效氯氰菊酯是一种拟除虫菊酯类杀虫剂，具有胃毒和触杀双重作用，生物活性高，击倒速度快，杀虫谱广，杀虫活性较氯氰菊酯高。是菊酯类农药中击倒速度最快的品种之一。耐雨水冲刷。对鱼塘、居住环境周边蚊蝇等卫生害虫的防治更具优势。

（2）用此药物防治对有机磷产生抗性的害虫有很好的效果。对螨类也很有效。

（3）鉴别要点：纯品为白色至奶油色结晶体。不溶于水，易溶于芳烃、酮类和醇类有机溶剂。

用户在选购高效氯氰菊酯制剂及复配产品时应当查看农药"三证"，其中，4.5%高效氯氰菊酯乳油应取得生产许可证（XK）；其他高效氯氰菊酯单剂和复配剂应取得农药生产批准文件（HNP）。

● **应用**

（1）单剂应用 防治柑橘树红蜡蚧，在红蜡蚧若虫发生初期，用 4.5%高效氯氰菊酯乳油 900 倍液喷雾，安全间隔期 40 天，每季最多施用 3 次。

防治柑橘树介壳虫，在介壳虫若虫发生初期，用 4.5%高效氯氰菊酯乳油 900~1200 倍液喷雾，安全间隔期 40 天，每季最多施用 3 次。

防治柑橘树潜叶蛾，在潜叶蛾卵孵化盛期或低龄幼虫期，用 4.5%高效氯氰菊酯乳油 2250~3000 倍液喷雾，安全间隔期 40 天，每季最多施用 3 次。

防治苹果树桃小食心虫，在桃小食心虫卵孵化盛期或低龄幼虫期，可选用 4.5%高效氯氰菊酯乳油 1350~2250 倍液喷雾，安全间隔期 21 天，每季最多施用 4 次；或用 4.5%高效氯氰菊酯微乳剂 1200~1500 倍液喷雾，安全间隔期 21 天，每季最多施用 3 次。

防治苹果树苹果蠹蛾，在苹果蠹蛾卵孵化盛期或低龄幼虫期，用 4.5%高效氯氰菊酯乳油 1500~1800 倍液喷雾。

防治葡萄卷叶虫和食叶跳甲等葡萄害虫，用 10%高效氯氰菊酯乳油

4000～5000 倍液喷雾。

防治梨树梨木虱，在梨木虱若虫发生始盛期，用 4.5%高效氯氰菊酯乳油 1800～2600 倍液喷雾，安全间隔期 21 天，每季最多施用 3 次。

防治荔枝椿象，在 3 月上中旬越冬成虫飞回果园交尾时，或 4～5 月低龄若虫期喷药。

防治荔枝树蒂蛀虫，在蒂蛀虫成虫羽化高峰和幼虫发生初期，均用 4.5%高效氯氰菊酯乳油 1500～2500 倍液喷雾，安全间隔期 14 天，每季最多施用 3 次。

防治枸杞蚜虫，在蚜虫发生始盛期，用 4.5%高效氯氰菊酯乳油 2000～2500 倍液喷雾，安全间隔期 3 天，每季最多施用 3 次。

（2）复配剂应用

① 高氯·吡虫啉。由高效氯氰菊酯与吡虫啉混配的广谱中毒复合杀虫剂，以触杀和胃毒作用为主，兼有一定的内吸性，速效性较好，耐雨水冲刷，对刺吸式口器害虫具有较好的防治效果。

防治苹果树绣线菊蚜，幼龄树从新梢上蚜虫发生为害始盛期开始，成龄树从新梢上蚜虫开始向外扩散为害时，可选用 5%高氯·吡虫啉乳油 1000～1200 倍液，或 7.5%高氯·吡虫啉乳油 1500～2000 倍液，或 3%高氯·吡虫啉乳油 500～600 倍液，或 4%高氯·吡虫啉乳油 800～1000 倍液，或 30%高氯·吡虫啉悬浮剂 4000～5000 倍液喷雾，每隔 7～10 天喷 1 次，连喷 1～2 次。

防治梨树梨木虱，既可防治梨木虱若虫，又可防治梨木虱成虫。落花后（第 1 代若虫）、落花后 1～1.5 个月（第 1 代成虫和第 2 代若虫）以及各后代（成虫、若虫）发生盛期是防治关键期，药剂喷施倍数同苹果绣线菊蚜。

此外，还可用于防治桃树、杏树及李树的蚜虫、桃小绿叶蝉。防治蚜虫时，首先在萌芽后开花前喷 1 次，然后从落花后开始继续喷，每隔 10 天左右喷 1 次，连喷 2～3 次；防治桃小绿叶蝉时，在叶片正面黄白色褪绿小点较多时喷药，重点喷叶背，药剂喷施倍数同苹果绣线菊蚜。

防治葡萄绿盲蝽。从葡萄芽露绿时开始，每隔 7～10 天喷 1 次，连喷 2～4 次；防治枣树绿盲蝽，从枣树芽露绿时开始，每隔 7～10 天喷 1 次，连喷 2～4 次；防治柿血斑叶蝉，在叶片正面黄白色褪绿小点较多时开始,每隔7~10天喷1次,连喷1~2次,重点喷叶背;防治柑橘树蚜虫、柑橘木虱,防治蚜虫时,在各季新梢生长期内,嫩叶及新梢上蚜虫数量较多时喷药;防治柑橘木虱时,在各季新梢生长期内,嫩叶上初见木虱为害时喷药;防治香蕉树冠网螨,在网螨发生为害初期喷药;防治枸杞蚜虫,在枸杞嫩梢上蚜虫数量较多时喷药。药剂喷施倍数均同苹果绣线菊蚜。

② 高氯·虫酰肼。由高效氯氰菊酯与虫酰肼混配的低毒复合杀虫剂。防治苹果卷叶蛾,从害虫发生初期或卷叶前开始,用18%高氯·虫酰肼乳油1000~1200倍液喷雾,每隔10~15天喷1次,连喷1~2次。

③ 高氯·甲维盐。由高效氯氰菊酯与甲氨基阿维菌素苯甲酸盐混配的广谱高效复合杀虫剂,低毒至中等毒性,以触杀和胃毒作用为主,渗透性强,耐雨水冲刷。

防治落叶果树的卷叶蛾类、食心虫类、鳞翅目食叶害虫类。防治卷叶蛾类时,首先在苹果、梨等果树的花序分离期和落花后各喷1次,然后再于各代害虫卵孵化盛期至卷叶为害前喷药,每代喷1次;防治食心虫类时,根据虫情测报,在卵盛期至幼虫钻蛀前及时用药;防治鳞翅目食叶类害虫时,在卵孵化盛期至低龄幼虫期及时喷药。可选用 1.1%高氯·甲维盐乳油400~500倍液,或2%高氯·甲维盐乳油或2%高氯·甲维盐微乳剂或2.02%高氯·甲维盐乳油800~1000倍液,或3%高氯·甲维盐乳油或3%高氯·甲维盐微乳剂或3.2%高氯·甲维盐微乳剂1000~1200倍液,或 4.2%高氯·甲维盐乳油或 4.2%高氯·甲维盐微乳剂或4.2%高氯·甲维盐水乳剂或4.3%高氯·甲维盐乳油1500~1800倍液,或4.5%高氯·甲维盐微乳剂或4.8%高氯·甲维盐微乳剂1800~2000倍液,或 5%高氯·甲维盐微乳剂或 5%高氯·甲维盐水乳剂 2500~3000倍液,或5.5%高氯·甲维盐微乳剂2000~2500倍液喷雾。

此外,还可用于防治桃线潜叶蛾,柑橘树的潜叶蛾、柑橘凤蝶、玉带凤蝶,药剂喷施倍数同落叶果树的卷叶蛾类。

④ 高氯·噻嗪酮。由高效氯氰菊酯与噻嗪酮混配的专用低毒复合杀虫剂。防治桃树的叶蝉、介壳虫,在若虫发生初期至扩散为害期,用20%高氯·噻嗪酮乳油800~1000倍液喷雾。

⑤ 高氯·辛硫磷。由高效氯氰菊酯与辛硫磷混配的广谱中毒复合

杀虫剂，以触杀和胃毒作用为主，无内吸性。

防治苹果的桃小食心虫，从成虫产卵盛期开始，可选用20%高氯·辛硫磷乳油600～800倍液，或30%高氯·辛硫磷乳油700～900倍液，或35%高氯·辛硫磷乳油800～1000倍液喷雾，每隔5～7天喷1次，连喷2次。

防治荔枝树椿象，从害虫发生为害初期开始，可选用20%高氯·辛硫磷乳油600～800倍液，或30%高氯·辛硫磷乳油700～900倍液，或35%高氯·辛硫磷乳油800～1000倍液喷雾，每隔7天喷1次，连喷2次。

⑥ 高氯·吡丙醚。由高效氯氰菊酯与吡丙醚混配，具有触杀和胃毒作用，杀灭虫卵，并抑制害虫蜕皮和繁殖。防治柑橘树木虱，用10%高氯·吡丙醚微乳剂1500～2500倍液喷雾。

⑦ 高氯·啶虫脒。由高效氯氰菊酯与啶虫脒混配。防治柑橘树蚜虫，发生盛期，用7.5%高氯·啶虫脒微乳剂500～1500倍液喷雾，安全间隔期14天，每季最多施用1次。

● **注意事项**

（1）不可与碱性农药等物质混用，可与其他不同作用机制的杀虫剂轮换使用。

（2）对鱼、蜜蜂、蚕有毒，应避免本品或使用过的容器污染水塘、河道或沟渠，蜜源作物、鸟类保护区、蚕室及桑园禁用。

（3）苹果、桃采果前半个月，柑橘采果前1个月停止使用，避免果实残留毒害。

高效氯氟氰菊酯（*lambda*-cyhalothrin）

$C_{23}H_{19}ClF_3NO_3$，449.85

● **其他名称**　三氟氯氰菊酯、功夫、劲彪、功令、攻灭、锐宁、金菊、捷功、强攻、大康、圣斗士。

- **主要剂型**　1.5%、2.5%、25 克/升、10%、23%微囊悬浮剂，0.6%、2.5%、2.8%、25 克/升、50 克/升乳油，2.5%、5%、8%、15%、25 克/升微乳剂，2.5%、25 克/升、4.5%、5%、10%、20%水乳剂，0.6%增效乳油，2.5%、10%、15%、25%可湿性粉剂，15%可溶液剂，2.5%、10%、24%水分散粒剂，2%、2.5%、5%、10%悬浮剂，10%种子处理微囊悬浮剂。

- **毒性**　低毒。

- **作用机理**　高效氯氟氰菊酯为拟除虫菊酯类杀虫剂、钠离子通道抑制剂，主要是阻断害虫神经细胞中的钠离子通道，使神经细胞丧失功能，导致靶标害虫麻痹、协调性差，最终死亡。

- **产品特点**

（1）具有触杀和胃毒作用，还有驱避作用，但无熏蒸和内吸作用。

（2）与溴氰菊酯同为目前拟除虫菊酯中杀虫毒力最高的品种，比氯氰菊酯高 4 倍，比氰戊菊酯高 8 倍。

（3）高效、广谱，耐雨水冲刷能力强，但长期使用易对其产生抗性，对刺吸式口器的害虫及害螨有一定防效，但对螨的使用剂量要比常规用量增加 1～2 倍。

（4）用量少，见效快，击倒力强，害虫产生耐药性慢，残留低，使用安全。

- **应用**

（1）单剂应用　可用于防治蛴螬、蝼蛄、金针虫、蚜虫、二点委夜蛾等。

防治柑橘树潜叶蛾，在潜叶蛾卵孵化盛期或低龄幼虫期，可选用 25 克/升高效氯氟氰菊酯乳油 800～1200 倍液喷雾，安全间隔期 21 天，每季最多施用 3 次；或用 2.5%高效氯氟氰菊酯水乳剂 3000～4000 倍液喷雾，安全间隔期 14 天，每季最多施用 3 次。

防治柑橘全爪螨，用 2.5%高效氯氟氰菊酯水乳剂 1000～2000 倍液喷雾。

防治柑橘树蚜虫，在蚜虫发生始盛期，用 2.5%高效氯氟氰菊酯水乳剂 3000～4000 倍液喷雾，安全间隔期 14 天，每季最多施用 3 次。

防治柑橘凤蝶、卷叶蛾和尺蠖等鳞翅目害虫，在各代幼虫 1～2 龄期，用 2.5%高效氯氟氰菊酯乳油 3000～4000 倍液喷雾。

防治柑橘花蕾蛆,在柑橘花蕾直径 2 毫米大小时,用 2.5%高效氯氟氰菊酯乳油 2000～4000 倍液往地面和树冠上喷雾。

防治柑橘潜叶甲,在越冬成虫活动期和幼虫初孵期喷药;防治柑橘恶性叶甲,在第一代幼虫孵化率达 40%时喷药,均用 2.5%高效氯氟氰菊酯乳油 2000～4000 倍液喷雾。

防治柑橘红蜘蛛等,在早春或晚秋虫、螨并发时,用 2.5%高效氯氟氰菊酯乳油 1000～2000 倍液喷雾,可做到虫、螨兼治。

防治苹果树桃小食心虫,在桃小食心虫卵孵化盛期或低龄幼虫期,可选用 10%高效氯氟氰菊酯可湿性粉剂 8000～16000 倍液,或 25 克/升高效氯氟氰菊酯乳油 4000～5000 倍液喷雾,安全间隔期 21 天,每季最多施用 2 次;或用 2.5%高效氯氟氰菊酯水乳剂 3000～4000 倍液喷雾,安全间隔期 7 天,每季最多施用 2 次。

防治苹果树苹果蠹蛾,在苹果蠹蛾卵孵化盛期或低龄幼虫期,用 5%高效氯氟氰菊酯水乳剂 6000～8000 倍液喷雾,安全间隔期 14 天,每季最多施用 2 次。

防治梨树梨小食心虫,在梨小食心虫卵孵化盛期或低龄幼虫期,可选用 25 克/升高效氯氟氰菊酯乳油 3000～4000 倍液喷雾,安全间隔期 21 天,每季最多施用 2 次;或用 2.5%高效氯氟氰菊酯水乳剂 2500～3000 倍液喷雾,安全间隔期 21 天,每季最多施用 1 次。

防治荔枝树椿象,在椿象发生始盛期,用 25 克/升高效氯氟氰菊酯乳油 2000～4000 倍液喷雾,安全间隔期 14 天,每季最多施用 2 次。

防治荔枝树蒂蛀虫,在蒂蛀虫卵孵化盛期或低龄幼虫期,用 25 克/升高效氯氟氰菊酯乳油 1000～2000 倍液喷雾,安全间隔期 14 天,每季最多施用 2 次。

防治榛子树榛实象甲,在象甲发生初期,可选用 5%高效氯氟氰菊酯水乳剂 1200～1600 倍液,或 2.5%高效氯氟氰菊酯微乳剂 600～800 倍液喷雾,安全间隔期 28 天,每季最多施用 2 次。

防治桃蚜,在桃树开花前后越冬卵孵化期,往树上喷 2.5%高效氯氟氰菊酯乳油 1500～2000 倍液。

(2)复配剂应用　常与阿维菌素、甲维盐、噻嗪酮、吡虫啉、啶虫脒、辛硫磷、丁醚脲、虫酰肼等杀虫剂成分混配，生产复配杀虫剂。

① 氯氟·啶虫脒。由高效氯氟氰菊酯与啶虫脒混配的广谱低毒复合杀虫剂，具有触杀和渗透作用，对刺吸式口器害虫具有很好的防治效果。

防治枣树的绿盲蝽，从枣树发芽期开始，可选用 26%氯氟·啶虫脒水分散粒剂 6000～8000 倍液，或 6.5%氯氟·啶虫脒乳油 1500～2000 倍液喷雾，每隔 10 天左右喷 1 次，连喷 3 次左右。

防治苹果树苹果绵蚜、绣线菊蚜，用 10%氯氟·啶虫脒乳油 1000～1500 倍液喷雾，防治苹果绵蚜，先在苹果花序分离期淋洗式喷雾 1 次，重点喷洒树干基部及枝干伤口部分等，然后在苹果落花后 20 天左右再全树淋洗式喷 1～2 次，每隔 7～10 天喷 1 次。7～9 月幼嫩枝梢部位出现白色棉絮状群生绵蚜为害状时，再酌情喷药防治。防治绣线菊蚜，在新梢上蚜虫数量较多时，或新梢上蚜虫开始向幼果上扩散转移时喷药，每隔 7～10 天喷 1 次，连喷 2 次左右。

防治梨树梨二叉蚜、黄粉蚜，用 10%氯氟·啶虫脒乳油 1000～1500 倍液喷雾，防治梨二叉蚜，在新梢叶片上出现蚜虫为害状时，或初见受害叶片卷曲（叶片上卷）时喷药，每隔 7～10 天喷 1 次，连喷 1～2 次；防治黄粉蚜，多在梨树落花后 1～2 个月的区间内淋洗式喷药，每隔 10 天左右喷 1 次，连喷 2 次左右。

防治桃树、杏树及李树的桃蚜、桃粉蚜、桃瘤蚜、桃小绿叶蝉，用 10%氯氟·啶虫脒乳油 1000～1200 倍液喷雾。防治蚜虫类，先在芽露红期（开花前）喷 1 次，然后从落花后开始继续喷，每隔 7～10 天喷 1 次，连喷 2～3 次。防治桃小绿叶蝉，在叶片正面显出黄白色褪绿小点时开始，每隔 10 天左右喷 1 次，连喷 2 次左右，重点喷叶背。

防治葡萄绿盲蝽，从葡萄萌芽后或绿盲蝽为害初期开始，用 10%氯氟·啶虫脒乳油 1000～1500 倍液喷雾，每隔 7～10 天喷 1 次，连喷 2～3 次。

防治柿树血斑叶蝉，在叶片正面显出黄白色褪绿小点时，用 10%氯氟·啶虫脒乳油 1000～1200 倍液喷雾，每隔 10 天左右喷 1 次，连喷 1～2 次，重点喷叶背。

防治栗树栗大蚜、栗花斑蚜，为害初期，用 10%氯氟·啶虫脒乳油 1000～1500 倍液喷雾，每隔 10 天左右喷 1 次，连喷 2 次左右。

② 高效氯氟氰菊酯+噻嗪酮。用 2.5%高效氯氟氰菊酯水乳剂 500 倍液+25%噻嗪酮悬浮剂 750 倍液喷雾，是目前防治介壳虫比较常用的一个配方，成本低，对于低抗性的介壳虫有很好的效果，但往年难治的介壳虫，不建议使用该配方。目前害虫对该配方抗性较严重，使用时可加入啶虫脒提高防效。

③ 氯氟·吡虫啉。由高效氯氟氰菊酯与吡虫啉混配的广谱低毒复合杀虫剂，具有触杀、胃毒、内吸和渗透作用，专用于防治刺吸式口器害虫，击倒力强，速效性好，持效期较长。

防治苹果树绣线菊蚜，可选用 6%氯氟·吡虫啉悬浮剂 1000～1200 倍液，或 7.5%氯氟·吡虫啉悬浮剂或 8%氯氟·吡虫啉微乳剂 1500～2000 倍液，或 12%氯氟·吡虫啉悬浮剂或 15%氯氟·吡虫啉可湿性粉剂 2000～2500 倍液，或 15%氯氟·吡虫啉悬浮剂 3000～4000 倍液，或 33%氯氟·吡虫啉悬浮剂 4000～5000 倍液，或 33%氯氟·吡虫啉水分散粒剂 3500～4000 倍液喷雾，在嫩梢上蚜虫数量较多时，或嫩梢上蚜虫开始向幼果转移扩散时喷药，每隔 7～10 天喷 1 次，连喷 2 次。

此外，还可以防治梨树木虱、梨二叉蚜、黄粉蚜，桃树、杏树及李树的蚜虫类、桃小绿叶蝉，柿树血斑叶蝉，枣树绿盲蝽，葡萄绿盲蝽，草莓白粉虱，石榴、枸杞的蚜虫，枸杞木虱等，药剂喷施倍数同苹果树绣线菊蚜。

④ 氯氟·虫螨脲。由高效氯氟氰菊酯与虫螨脲混配的广谱低毒复合杀虫剂，以胃毒和触杀作用为主，无内吸性，对鳞翅目害虫具有较好的防治效果，击倒速度较快，持效期较长，耐雨水冲刷。

防治苹果、梨、桃、枣等果实的食心虫类，根据虫情，在害虫卵盛期至初孵幼虫钻蛀前，用 19%氯氟·虫螨脲悬浮剂 5000～6000 倍液喷雾，每隔 7～10 天喷 1 次，每代喷 1～2 次。

防治苹果棉铃虫、斜纹夜蛾，在害虫卵孵化盛期至初孵幼虫期，或初见低龄幼虫蛀果为害时，用 19%氯氟·虫螨脲悬浮剂 4000～5000 倍液喷雾，每隔 7～10 天喷 1 次，每代喷 1～2 次。

防治苹果树、梨树、桃树、枣树等落叶果树的卷叶蛾类、鳞翅目其他食叶类害虫，用 19%氯氟·虫螨脲悬浮剂 5000～6000 倍液喷雾，防治卷叶蛾类，在害虫卷叶为害初期，或果园内初见卷叶时及时喷药，每隔 7～10 天喷 1 次，每代喷 1～2 次，防治鳞翅目其他食叶类害虫，在害虫卵孵化盛期至低龄幼虫期，每代多喷药 1 次即可。

● **注意事项**

（1）当螨类大量发生时，就控制不住其数量了，因此，只能用于虫螨兼治，不能用作专用杀螨剂。

（2）以触杀作用为主，在喷药时应做到均匀周到，叶片正反面都要喷到，才能收到理想效果。

（3）不宜与碱性农药混用，与波尔多液混用容易降低药效。

（4）长期使用易使害虫产生耐药性，故不要连续使用 3 次以上，应与其他作用机制不同的杀虫剂交替使用。

（5）本品对蜜蜂、鱼类等水生生物、家蚕有毒。施药期间应避免对周围蜂群的影响，开花植物花期、蚕室和桑园附近禁用。远离水产养殖区施药，禁止在河塘等水体清洗施药器具，避免污染水源。

甲氧虫酰肼（methoxyfenozide）

$C_{22}H_{28}N_2O_3$，368.47

● **其他名称** 雷通、美满、巧圣、斯品诺、突击、螟虫净。

● **主要剂型** 240 克/升、24%悬浮剂，5%乳油，0.3%粉剂。

● **毒性** 低毒。

● **作用机理** 甲氧虫酰肼属新一代双酰肼类昆虫生长调节剂。为一种非固醇型结构的蜕皮激素，模拟天然昆虫蜕皮激素 20-羟基蜕皮激素，激活并附着在蜕皮激素受体蛋白上，促使鳞翅目幼虫在成熟前提早进入蜕皮过程而又不能形成健康的新表皮，从而导致幼虫提早停止取食，最终死亡。

● **产品特点**

（1）甲氧虫酰肼是虫酰肼的衍生物，在农业应用性能上与虫酰肼基本相同，但有两点值得注意：一是生物活性比虫酰肼更高；二是有较好的根内吸性。

（2）对防治对象选择性强，只对鳞翅目幼虫有效，对抗性甜菜夜蛾效果极佳，对高龄甜菜夜蛾同样高效；对斜纹夜蛾、菜青虫等众多鳞翅目害虫高效。

（3）反应速度快，害虫取食后 6～8 小时即产生中毒反应，停止取食和为害作物，所以，尽管害虫死亡的时间长短不一，但能在较短的时间里保护好作物。

（4）选择性强，用量少，对高等动物毒性低。对鱼类中等毒性。对水生生物中等毒性。对鸟类低毒。对蜜蜂毒性低。对蚯蚓安全。对人畜毒性极低，不易产生药害，对环境安全。

● 应用

（1）单剂应用　防治苹果树小卷叶蛾，在卵孵化盛期和低龄幼虫期施药，用 24%甲氧虫酰肼悬浮剂或 240 克/升甲氧虫酰肼悬浮剂 3000～5000 倍液喷雾，应在新梢抽发时低龄幼虫期施药，每隔 7 天喷 1 次，连喷 1～2 次。

防治苹果蠹蛾、苹果食心虫等，在成虫开始产卵前或害虫蛀果前，每亩用 24%甲氧虫酰肼悬浮剂 12～16 克兑水 30～50 千克喷雾，重发生区建议用最高推荐剂量，10～18 天后再喷 1 次，安全间隔期 14 天。

防治苹果树金纹细蛾，为害初期或初见虫斑时，用 24%甲氧虫酰肼悬浮剂或 240 克/升甲氧虫酰肼悬浮剂 1500～2000 倍液喷雾，每代喷 1 次。

防治核桃缀叶螟、核桃细蛾，害虫卵孵化盛期至低龄幼虫期或幼虫发生为害初期，用 24%甲氧虫酰肼悬浮剂或 240 克/升甲氧虫酰肼悬浮剂 3000～4000 倍液喷雾，每代喷 1 次。

防治柑橘树潜叶蛾，在春梢生长期内、夏梢生长期内、秋梢生长期内，分别从嫩叶上初见虫道时开始，用 24%甲氧虫酰肼悬浮剂或 240 克/升甲氧虫酰肼悬浮剂 2000～2500 倍液喷雾，每隔 10 天左右喷 1 次，连喷 1～2 次。

（2）复配剂应用　甲氧虫酰肼与虫螨腈、阿维菌素、茚虫威、乙基多杀菌素、甲氨基阿维菌素苯甲酸盐、吡蚜酮等鳞翅目害虫杀虫药剂复配，以弥补其速效性不足的缺点。建议与其他作用机制不同的杀虫剂轮换使用，以延缓抗药性产生。

- **注意事项**

（1）对鳞翅目以外的害虫防效差或无效。

（2）使用前先将药剂充分摇匀，先用少量水稀释，待溶解后边搅拌边加入适量水。喷雾务必均匀周到。

（3）施药应掌握在卵孵盛期或害虫发生初期，防治延迟则影响药效。

（4）本品对家蚕高毒，在桑蚕和桑园附近禁用。对鱼类毒性中等。避免本品污染水塘等水体，不要在水体中清洗施药器具。

（5）可与其他药剂如与杀虫剂、杀菌剂、生长调节剂、叶面肥等混用，但不能与碱性农药、强酸性药剂混用，混用前应先做预试验，将预混的药剂按比例在容器中混合，用力摇匀后静置15分钟，若药液迅速沉淀而不能形成悬浮液，则表明混合液不相溶，不能混合使用。

（6）为防止抗药性产生，害虫多代重复发生时勿单一施此药，建议与其他作用机制不同的药效交替使用。

（7）不适宜灌根等任何浇灌方法。

螺虫乙酯（spirotetramat）

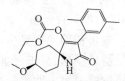

$C_{21}H_{27}NO_5$, 373.44

- **其他名称**　亩旺特、美邦、上格、亿嘉、悦联。
- **主要剂型**　22.4%、24%、240克/升、30%、40%、50%悬浮剂，50%水分散粒剂。
- **毒性**　低毒。
- **作用机理**　螺虫乙酯是新型季酮酸类杀虫剂，与杀虫、杀螨剂螺螨酯和螺甲螨酯属同类化合物。螺虫乙酯具有独特的作用特性，其作用机理与现有的杀虫剂不同，是迄今具有双向内吸传导性能的新型杀虫剂之一。通过干扰昆虫的脂肪生物合成导致幼虫死亡，有效降低成虫的繁殖能力。

● **产品特点**

（1）该化合物可以在整个植物体内向上向下移动，抵达叶面和树皮，从而防治如生菜和白菜内叶上及果树皮上的害虫。这种独特的内吸性能可以保护新生茎、叶和根部，防止害虫的卵和幼虫生长。另一个特点是持效期长，长达 8 周左右。药剂在植株体内续存时间较长并形成保护屏障，导致后续飞来的害虫吸食植物汁液仍会中毒死亡，因此持效期被大大延长。

（2）高效广谱，一次用药可有效防治蚜虫、蓟马、飞虱、红蜘蛛等各种刺吸式口器害虫。

（3）螺虫乙酯在一定程度上抑制卵的孵化，只要接触到药液的卵，其孵化率大大下降。

● **应用**

（1）单剂应用　防治瓜蚜，于瓜蚜点片发生时，用 22.4%螺虫乙酯悬浮剂 3000 倍液喷雾，持效期 30 天。

防治草莓温室白粉虱，发生初期，每亩选用 22.4%螺虫乙酯悬浮剂 25～30 毫升，或 30%螺虫乙酯悬浮剂 20～23 毫升，或 40%螺虫乙酯悬浮剂 14～17 毫升，或 50%螺虫乙酯悬浮剂 11～13 毫升，或 50%螺虫乙酯水分散粒剂 11～13 克，兑水 30～45 千克喷雾，每隔半月左右喷 1 次，连喷 2 次左右。

防治柑橘树红蜘蛛，在红蜘蛛种群始见期，用 22.4%螺虫乙酯悬浮剂 4000～5000 倍液喷雾，每季最多施用 2 次，安全间隔期 20 天。

防治柑橘树介壳虫，在介壳虫卵孵化初期，可选用 22.4%螺虫乙酯悬浮剂 3500～4500 倍液，或 30%螺虫乙酯悬浮剂 5000～7000 倍液喷雾，每季最多施用 1 次，安全间隔期 40 天；或用 50%螺虫乙酯悬浮剂 8000～10000 倍液喷雾，每季最多施用 1 次，安全间隔期 20 天。

防治柑橘树木虱，在木虱卵孵化高峰期施药，用 22.4%螺虫乙酯悬浮剂 4000～5000 倍液喷雾，每季最多施用 2 次，安全间隔期 20 天。

防治梨树梨木虱，在梨木虱卵孵化高峰期施药，可选用 22.4%螺虫乙酯悬浮剂 4000～5000 倍液喷雾，每季最多施用 2 次，安全间隔期 21 天；或 40%螺虫乙酯悬浮剂 8000～9000 倍液喷雾，每季最多施用 1 次，安全间隔期 21 天。

防治苹果树绵蚜、绣线菊蚜，防治绵蚜时，首先在苹果落花后半月左右，或绵蚜开始从越冬场所向幼嫩枝条转移时喷药，其次在新生幼嫩枝条上看到绵蚜为害时及时喷药；防治绣线菊蚜时，在嫩梢上蚜虫数量增长较快时，或有蚜虫开始向幼果转移为害时喷药。可选用 22.4%螺虫乙酯悬浮剂 3000～4000 倍液，或 30%螺虫乙酯悬浮剂 4000～5000 倍液，或 40%螺虫乙酯悬浮剂 5000～6000 倍液，或 50%螺虫乙酯悬浮剂或 50%螺虫乙酯水分散粒剂 6000～7000 倍液喷雾，每季最多施用 1 次，安全间隔期 21 天。

防治桃树桑白介壳虫，在介壳虫若虫发生初期（分散转移期），用 22.4%螺虫乙酯悬浮剂 3000～4000 倍液喷雾，每代喷 1 次。

（2）复配剂应用

① 螺虫·噻虫啉。由螺虫乙酯与噻虫啉混配的杀菌剂。防治温室白粉虱、瓜蚜、番茄烟粉虱等，每亩用 22%螺虫·噻虫啉悬浮剂 40 毫升兑水 30～50 千克喷雾，持效期达 21 天。

防治桃树桃蚜，发生初期，用 22%螺虫·噻虫啉悬浮剂 3000～5000 倍液喷雾，安全间隔期 14 天，每季最多施用 1 次。

防治西瓜烟粉虱，每亩用 22%螺虫·噻虫啉悬浮剂 30～40 毫升兑水 30～50 千克喷雾，安全间隔期 14 天，每季最多施用 2 次。

防治甜瓜烟粉虱，每亩用 22%螺虫·噻虫啉悬浮剂 30～40 毫升兑水 30～50 千克喷雾，安全间隔期 3 天，每季最多施用 2 次。

防治梨树梨木虱，在梨树落花后卵孵化盛期，用 22%螺虫·噻虫啉悬浮剂 3000～5000 倍液喷雾，安全间隔期 21 天，每季最多施用 2 次。

防治香蕉蓟马，现蕾期发生初期，用 22%螺虫·噻虫啉悬浮剂 3000～5000 倍液喷雾，安全间隔期 28 天，每季最多施用 2 次。

防治苹果树黄蚜，发生初期，用 22%螺虫·噻虫啉悬浮剂 3000～5000 倍液喷雾，安全间隔期 21 天，每季最多施用 2 次。

② 螺虫·噻嗪酮。由螺虫乙酯与噻嗪酮混配的低毒复合杀虫剂，具有触杀和胃毒作用，专用于防治刺吸式口器害虫，持效期较长。

防治梨树梨木虱，主要用于防治梨木虱若虫，在各代若虫孵化盛期至初孵若虫被黏液完全覆盖前喷药，可选用 33%螺虫·噻嗪酮悬浮剂或 35%螺虫·噻嗪酮悬浮剂 2000～2500 倍液，或 39%螺虫·噻嗪酮悬浮剂

2500～3000 倍液喷雾，每代喷 1 次。

此外，还可以防治桃树、杏树的桑白介壳虫，桃小绿叶蝉，草莓白粉虱，药剂喷施倍数同梨树梨木虱。

③ 螺虫·呋虫胺。为螺虫乙酯与呋虫胺混配的低毒复合杀虫剂，以胃毒作用为主，兼有触杀作用，是防治烟粉虱的黄金搭档，还可防治蚜虫、蓟马、介壳虫、木虱等，一次喷药，同时防治多种害虫，对白粉虱持效期可高达 40 天。

防治梨树梨木虱，主要用于防治梨木虱若虫，在各代若虫孵化盛期至初孵若虫被黏液完全覆盖前，可选用 20%螺虫·呋虫胺悬浮剂 2000～3000 倍液，或 30%螺虫·呋虫胺悬浮剂 3000～4000 倍液喷雾，每代喷 1 次。

防治桃树、杏树的桑白介壳虫，在初孵若虫从母体介壳下爬出向周边扩散时至虫体完全被蜡质覆盖前进行淋洗式喷药，每代喷 1 次，药剂喷施倍数同梨树梨木虱。

防治草莓白粉虱，发生初期，每亩次用 20%螺虫·呋虫胺悬浮剂 30～35 毫升，或 30%螺虫·呋虫胺悬浮剂 20～25 毫升，兑水 30～45 千克喷雾，每隔半月左右喷 1 次，连喷 2 次左右。

防治芒果蓟马、叶蝉、叶瘿蚊、介壳虫、蛾类等，发生初期，用 30%螺虫·呋虫胺悬浮剂 1000～2000 倍液喷雾。或用 20%呋虫胺悬浮剂 1000～1500 倍液+22.4%螺虫乙酯悬浮剂 1500～2000 倍液，在白粉虱高发期，间隔 3 天连用 2 次，防虫有效期可达 40 天。

④ 螺虫·吡丙醚。由螺虫乙酯与吡丙醚混配。防治柑橘树介壳虫，发生初期，用 24%螺虫·吡丙醚悬浮剂 3000～4000 倍液喷雾，安全间隔期 21 天，每季最多施用 2 次。

⑤ 螺虫乙酯·唑虫酰胺。防治柑橘锈壁虱，在其发生关键期（6～11 月）观察背光的果面，当果面灰暗像有一层灰时（或用 20 倍手持放大镜随机观察果面背光一面，当虫口密度达到 1～2 头/视野时），用 18%螺虫乙酯·唑虫酰胺悬浮剂 2000～3000 倍液喷雾，安全间隔期 30 天，每季最多施用 1 次。

⑥ 螺虫·乙螨唑。由螺虫乙酯与乙螨唑混配。防治柑橘树红蜘蛛，用 45%螺虫·乙螨唑悬浮剂 8000～12000 倍液喷雾，安全间隔期 20 天，每季最多施用 2 次；或在若螨始盛期，用 35%螺虫·乙螨唑悬浮剂 8000～

10000 倍液喷雾，安全间隔期 30 天，每季最多施用 1 次。

⑦ 螺虫·唑螨酯。防治柑橘树红蜘蛛，在盛发期，用 30%螺虫·唑螨酯悬浮剂 4000～5000 倍液喷雾，安全间隔期 20 天，每季最多施用 1 次。

⑧ 吡蚜·螺虫酯。由吡蚜酮与螺虫乙酯混配。防治桃树蚜虫，发生初期，用 75%吡蚜·螺虫酯水分散粒剂 4000～6000 倍液喷雾。

⑨ 联苯·螺虫酯。由联苯菊酯与螺虫乙酯混配而成。防治柑橘树灰象甲、柑橘树木虱，在发生初、盛期，用 20%联苯·螺虫酯悬浮剂 5000～6000 倍液喷雾，安全间隔期 28 天，每季最多施用 1 次。

此外，还可以使用以下混配以提高效果，如啶虫脒+螺虫乙酯+有机硅助剂，能提高防治白粉虱、蚜虫的效果。

❀ **注意事项**

（1）不可与碱性或者强酸性物质混用。

（2）对鱼有毒，因此在使用时应防止污染鱼塘、河流。

（3）开花植物花期禁用，桑园、蚕室禁用。

（4）速效性差，用药以后 24 小时死虫率不高。因此，最好不要单独使用，复配使用才能发挥出它最佳的效果，如啶虫脒、烯啶虫胺等能提高灭虫速度。

（5）害虫高发期使用不如发生初期使用效果好。因此，对于往年白粉虱、蚜虫等高发的地块，应提前使用螺虫乙酯预防。早用药植物早吸收，再次发生的害虫吸食植株汁液会中毒死亡从而起到保护植株的作用，比如在白粉虱刚发生时使用效果最好。

（6）建议与不同杀虫机制的杀虫剂交替使用。

螺螨酯（spirodiclofen）

$C_{21}H_{24}Cl_2O_4$，411.32

❀ **其他名称**　螨威多、螨危、季酮螨酯、螨归、彪满、帅满、金脆、小危、阻止。

● **主要剂型** 24%、240 克/升、29%、34%、40%、50%悬浮剂，15%水乳剂。

● **毒性** 低毒。

● **作用机理** 螺螨酯属生长发育抑制剂，具有全新的作用机理，具触杀作用，没有内吸性。主要抑制害螨体内的脂肪合成，阻断害螨的正常能量代谢而杀死害螨，对害螨的各个发育阶段都有效，包括卵。

● **产品特点**

（1）杀螨谱广、适应性强。螺螨酯对红蜘蛛、黄蜘蛛、茶黄螨、朱砂叶螨和二斑叶螨等均有很好防效，可用于茄子、辣椒、番茄等茄科作物的螨害治理。

（2）卵幼兼杀。杀卵效果特别优异，同时对幼若螨也有良好的触杀作用。螺螨酯虽然不能较快地杀死雌成螨，但对雌成螨有很好的绝育作用。雌成螨触药后所产的卵有96%不能孵化，死于胚胎后期。

（3）持效期长。药效发挥较缓（药效高峰药后 7 天左右），而持效期长达 40～50 天。螺螨酯施到作物叶片上后耐雨水冲刷，喷药 2 小时后遇中雨不影响药效的正常发挥。

（4）低毒、低残留、安全性好。在不同气温条件下对作物非常安全，对人畜及作物安全、低毒。适合于无公害生产。

（5）无交互抗性。可与大部分农药（强碱性农药与铜制剂除外）现混现用。与现有杀螨剂混用，既可提高螺螨酯的速效性，又有利于螨害的抗性治理。

● **应用**

（1）单剂应用 防治草莓红蜘蛛，在害螨发生为害初期，可选用24%螺螨酯悬浮剂或 240 克/升螺螨酯悬浮剂 3000～4000 倍液，或 29%螺螨酯悬浮剂 4000～4500 倍液，或 34%螺螨酯悬浮剂 4500～5500 倍液，或 40%螺螨酯悬浮剂 5000～6000 倍液，或 50%螺螨酯悬浮剂 6000～8000倍液喷雾。

防治柑橘树红蜘蛛、黄蜘蛛、锈蜘蛛。防治红蜘蛛、黄蜘蛛时，在害螨发生为害初期（春梢萌发前），或叶片上害螨数量开始较快增多时喷药；防治锈蜘蛛时，在果实膨大期或果实上螨量开始增加时喷药。可选用 15%螺螨酯水乳剂 2500～3500 倍液，或 24%螺螨酯悬浮剂或 240 克/升螺螨酯悬浮剂 4000～5000 倍液，或 29%螺螨酯悬浮剂 5000～6000 倍液，或 34%螺螨酯悬浮剂 6000～7000 倍液，或 40%螺螨酯悬浮剂 7000～8000 倍液喷雾，每季最多施用 1 次，安全间隔期 30 天。

防治苹果树、梨树及桃树的红蜘蛛、白蜘蛛，在害螨发生为害初期（开花前或落花后），或树体内膛叶片上螨量开始较快增多时，可选用 240 克/升螺螨酯悬浮剂 4000～6000 倍液，或 34%螺螨酯悬浮剂 7000～8500 倍液喷雾，每季最多施用 1 次，安全间隔期 30 天。

此外，还可防治枣树红蜘蛛、白蜘蛛，板栗树红蜘蛛，药剂喷施倍数同柑橘树红蜘蛛。

（2）复配剂应用　常见产品有：10%阿维·螺螨酯悬浮剂、40%联肼·螺螨酯悬浮剂、36%四螨·螺螨酯悬浮剂、12%乙螨·螺螨酯悬浮剂、45%哒螨·螺螨酯悬浮剂、40%螺螨酯·虱螨脲悬浮剂、40%哒螨·螺螨酯悬浮剂等。

① 螺螨酯·乙唑螨腈。由螺螨酯与乙唑螨腈混配而成。具有作用速度快、持效期长、低温下也能发挥药效等特点，主要用于防治各种植食性害螨。防治柑橘树红蜘蛛，用 30%螺螨酯·乙唑螨腈悬浮剂 2000～4000 倍液喷雾。

② 螺螨酯·虱螨脲。由螺螨酯与虱螨脲混配而成。防治柑橘树锈壁虱，发生初期，用 40%螺螨酯·虱螨脲悬浮剂 8000～10000 倍液喷雾，安全间隔期 28 天，每季最多施用 1 次。

③ 四螨·螺螨酯。由四螨酯与螺螨酯混配而成。防治柑橘树红蜘蛛，发生初期，用 36%四螨·螺螨酯悬浮剂 2500～3500 倍液喷雾，安全间隔期 30 天，每季最多施用 1 次。

◉ **注意事项**

（1）不能与强碱性农药和铜制剂混用。连续喷药时，注意与其他不同类型杀螨剂交替使用，以延缓害螨产生耐药性。本剂在一个生长季节最多使用 2 次。

（2）不要在果树开花期用药。

（3）本品的主要作用方式为触杀和胃毒，无内吸性，因此喷药要全株均匀喷雾，特别是叶背。

（4）在害螨为害前期施用，以便充分发挥螺螨酯持效期长的特点。

（5）本品对鱼类等水生生物有毒，应远离水产养殖区施药，禁止在河塘等水体中清洗施药器具。

（6）应贮存于阴凉、通风的库房，远离火种、热源，防止阳光直射，保持容器密封。应与氧化剂、碱类分开存放，切忌混贮。配备相应品种和数量的消防器材,贮存区应备有泄漏应急处理设备和合适的收容材料。

乙螨唑（etoxazole）

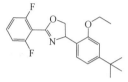

$C_{21}H_{23}F_2NO_2$，359.4

❀ **其他名称**　来福禄、妙满、中达、住友、拿敌斯、诺满迪。

❀ **主要剂型**　20%水分散粒剂，15%、20%、30%、110克/升悬浮剂。

❀ **毒性**　低毒。

❀ **作用机理**　乙螨唑抑制螨卵的胚胎形成以及从幼螨至成螨的蜕皮过程，对卵及幼螨有效，对成螨无效，具有较好的持效性。

❀ **应用**

（1）单剂应用　防治草莓红蜘蛛。在害螨卵孵化高峰期至幼螨期及若螨始盛期，每亩可选用110克/升乙螨唑悬浮剂10～15毫升，或15%乙螨唑悬浮剂7～10毫升，或20%乙螨唑悬浮剂5～7毫升，或20%乙螨唑水分散粒剂5～7克，或30%乙螨唑悬浮剂4～5毫升，兑水30～45千克喷雾。

防治柑橘树红蜘蛛，在红蜘蛛低龄幼、若螨始盛期，可用110克/升乙螨唑悬浮剂5000～7500倍液喷雾，安全间隔期30天，每季最多施用1次；或在害虫发生初期，用20%乙螨唑水分散粒剂5000～8000倍液喷雾，安全间隔期21天，每季最多施用1次。

防治苹果树、梨树及桃树的红蜘蛛、白蜘蛛，在害螨发生为害初期（开花前或落花后），或树体内膛叶片上螨量开始增多时，可选用110克/

升乙螨唑悬浮剂 4000～5000 倍液，或 15%乙螨唑悬浮剂 6000～7000 倍液，或 20%乙螨唑悬浮剂或 20%乙螨唑水分散粒剂 8000～10000 倍液，或 30%乙螨唑水分散粒剂 12000～15000 倍液喷雾，安全间隔期 21 天，每季最多施用 1 次。

防治枣树红蜘蛛，在害虫发生初期（发芽前后），或树体内膛下部叶片上螨量开始较快增多时喷药，药剂喷施倍数同苹果树红蜘蛛。

（2）复配剂应用　乙螨唑常与阿维菌素、螺螨酯、联苯肼酯、丁醚脲、螺虫乙酯、哒螨灵、甲氰菊酯等杀螨剂混配。

① 乙螨·螺螨酯。由乙螨唑和螺螨酯混配的广谱低毒复合杀螨剂，以触杀和胃毒作用为主，对螨卵、幼螨、若螨、雌成螨等害螨的不同发育阶段均有较好防效，尤其杀卵效果突出。

防治柑橘树红蜘蛛，发生初期，用 40%乙螨·螺螨酯悬浮剂 6000～7000 倍液喷雾，安全间隔期 30 天，每季最多施用 1 次。

防治苹果树、梨树、桃树、山楂树等落叶果树的红蜘蛛、白蜘蛛，在害螨发生为害初盛期，或树冠内膛下部叶片上螨量较多时（平均每叶有螨 3～4 头时），或螨量增长较快时，可选用 12%乙螨·螺螨酯悬浮剂 1500～2000 倍液，或 32%乙螨·螺螨酯悬浮剂 5000～6000 倍液，或 40%乙螨·螺螨酯悬浮剂 6000～7000 倍液喷雾。

防治草莓红蜘蛛，在害螨发生为害初盛期喷药，药剂喷施倍数同苹果树红蜘蛛。

② 乙螨唑·唑螨酯。由乙螨唑与唑螨酯混配而成。防治柑橘树红蜘蛛，发生初期，用 15%乙螨唑·唑螨酯悬浮剂 4000～6000 倍液喷雾，安全间隔期 30 天，每季最多施用 1 次。

③ 甲氰·乙螨酯。由甲氰菊酯与乙螨酯混配而成，专治高抗性红白蜘蛛。防治柑橘树红蜘蛛，膨果期、低龄若虫高峰期，用 20%甲氰·乙螨酯悬浮剂 5000～6000 倍液喷雾，安全间隔期 30 天，每季最多施用 2 次。

● 注意事项

（1）不可与波尔多液等碱性农药混用。连续喷药时，应与不同作用机理的杀螨剂交替使用，以延缓害螨产生耐药性。

（2）对家蚕、大型溞毒性高，蚕室及桑园附近禁用，水产养殖区、河塘等水体附近禁用。

哒螨灵（pyridaben）

C$_{19}$H$_{25}$ClN$_2$OS，364.93

● **其他名称**　哒螨酮、哒螨净、灭螨灵、速螨酮、扫螨净、螨齐杀、巴斯本、速克螨。

● **主要制剂**　15%、20%、22%、30%、32%、40%可湿性粉剂，5%增效乳油，20%可溶粉剂，6%、10%、15%、20%乳油，6%、9%、9.5%、10%高渗乳油，10%、15%水乳剂，10%、15%微乳剂，20%、30%、40%、45%、50%悬浮剂，20%粉剂。

● **毒性**　低毒。对蜜蜂有毒。

● **作用机理**　哒螨灵属于哒嗪酮类广谱速效杀螨剂。对害螨的神经系统有麻痹作用，使害螨接触药剂1小时内麻痹，停止爬行或为害。

● **产品特点**

（1）对害螨具有很强的触杀作用，但无内吸作用。

（2）对螨的各生育期（卵、幼螨、若螨、成螨）都有效。

（3）速效性好，在害螨接触药液1小时内即被麻痹击倒，停止爬行或为害。

（4）持效期长，在幼螨及第一若螨期使用，一般药效期可达1个月，甚至达50天。

（5）药效不受温度影响，在20～30℃时使用，都有良好防效。

（6）鉴别要点

① 物理鉴别　20%哒螨灵可湿性粉剂为灰白色均匀的疏松细粉，具有淡芳香气味；10%、15%哒螨灵乳油为棕色稳定的均相液体，无可见的悬浮物和沉淀。

② 生物鉴别　摘取带有红蜘蛛（或白蜘蛛、黄蜘蛛）的叶片若干个，

将 10%哒螨灵乳油稀释 2000 倍直接喷洒在有害虫的叶片上，待后观察。若蜘蛛被击倒致死，则为合格品，反之不合格。

● 应用

（1）单剂应用　防治柑橘树红蜘蛛、黄蜘蛛、锈蜘蛛。在红蜘蛛发生始盛期，可选用 20%哒螨灵可湿性粉剂 2000～4000 倍液，或 15%哒螨灵乳油 2250～3000 倍液，或 15%哒螨灵水乳剂 1000～1500 倍液喷雾，安全间隔期 20 天，每季最多施用 2 次。或 15%哒螨灵微乳剂 1500～2000 倍液，或 30%哒螨灵悬浮剂 2000～4000 倍液喷雾，安全间隔期 21 天，每季最多施用 2 次。

防治苹果树红蜘蛛，在红蜘蛛发生始盛期，可选用 20%哒螨灵可湿性粉剂 3000～4000 倍液喷雾，安全间隔期 20 天，每季最多施用 2 次。或 15%哒螨灵乳油 2250～3000 倍液，或 15%哒螨灵水乳剂 2250～3000 倍液喷雾，安全间隔期 14 天，每季最多施用 2 次。或 40%哒螨灵悬浮剂 5000～7000 倍喷雾，安全间隔期 21 天，每季最多施用 2 次。

防治苹果树叶螨，在叶螨发生始盛期，用 15%哒螨灵乳油 2250～3000 倍液喷雾，安全间隔期 14 天，每季最多施用 2 次。

防治桃树上的山楂叶螨，在害螨发生期，用 15%哒螨灵乳油 2000～4000 倍液喷雾。可兼治蚜虫、叶蝉等。

防治荔枝瘿螨，在春、秋梢萌发期，花穗期和幼果期，分别用 15%哒螨灵乳油 1000～1500 倍液喷雾。

防治草莓红蜘蛛。在害螨发生初期喷药。药剂喷施倍数同柑橘树红蜘蛛。

（2）复配剂应用　常与阿维菌素、甲氨基阿维菌素苯甲酸盐、丁醚脲、螺螨酯、噻螨酮、四螨嗪、炔螨特、联苯肼酯、联苯菊酯、甲氰菊酯、啶虫脒、噻虫嗪、噻嗪酮、异丙威、茚虫威、辛硫磷、矿物油、吡虫啉、灭幼脲等杀虫、杀螨剂成分混配。

① 四螨·哒螨灵。将四螨嗪与哒螨灵混配，对卵、若螨、成螨都有很好的防治效果，对温度不敏感，春夏秋三季均可使用。

防治苹果树的红蜘蛛、白蜘蛛，在害螨发生为害初期（多为落花后的幼果期），可选用 10%四螨·哒螨灵悬浮剂 600～800 倍液，或 16%四螨·哒螨灵可湿性粉剂 1000～1200 倍液，或 12%四螨·哒螨灵可湿性粉剂 800～1000 倍液喷雾，每隔 1.5～2 个月喷 1 次，连喷 2～3 次。

防治柑橘树的红蜘蛛，从害螨发生为害初期或平均每叶有活动态螨 1～2 头时开始喷药，每隔 1.5～2 个月喷 1 次，全年需喷 3 次左右。药剂喷施倍数同苹果树的红蜘蛛。

② 哒螨·吡虫啉。由哒螨灵与吡虫啉混配的一种低毒复合杀虫、杀螨剂，以触杀作用为主，兼有一定胃毒和内吸作用，适于螨类与蚜虫共同发生时喷用。

防治柑橘树红蜘蛛、蚜虫，在蚜虫或红蜘蛛发生为害初期开始喷药，兼治两种害虫，每隔 10 天左右喷 1 次，可连喷 1～2 次。每亩次可选用 17.5%哒螨·吡虫啉可湿性粉剂 40～60 克，或 6%哒螨·吡虫啉乳油 500～600 倍液喷雾。

防治苹果树红蜘蛛、绣线菊蚜，在红蜘蛛或绣线菊蚜发生为害初期开始喷药，兼治两种害虫，每隔 10～15 天喷 1 次，连喷 1～2 次，可选用 17.5%哒螨·吡虫啉可湿性粉剂 1200～1500 倍液，或 6%哒螨·吡虫啉乳油 500～600 倍液喷雾。

③ 哒灵·炔螨特。由哒螨灵与炔螨特混配的广谱中毒复合杀螨剂。

防治柑橘树红蜘蛛，在越冬卵孵化盛期至若螨始盛期（多为春梢萌发前或萌发初期），可选用 30%哒灵·炔螨特乳油 1000～1200 倍液，或 33%哒灵·炔螨特乳油 1000～1200 倍液喷雾，每隔 1.5 个月左右喷 1 次，全年喷 3 次左右。

防治苹果树红蜘蛛、白蜘蛛，在害螨发生为害初期或始盛期（多为落花后的幼果期），可选用 30%哒灵·炔螨特乳油 1000～1200 倍液，或 33%哒灵·炔螨特乳油 1000～1500 倍液喷雾，每隔 1.5 个月左右喷 1 次，全年需喷 2～3 次。

④ 哒螨·矿物油。由哒螨灵与矿物油混配的广谱中毒复合杀螨剂，以触杀作用为主，对螨卵、幼螨、若螨、成螨都有防治效果。主要用于防治苹果树、柑橘树等作物叶螨类害虫，如红蜘蛛、全爪螨、始叶螨、二斑叶螨（白蜘蛛）等。从害螨卵孵化盛期，或发生为害初期，或发生始盛期开始，可选用 34%哒螨·矿物油乳油 1000～1200 倍液，或 40%哒螨·矿物油乳油 1000～1500 倍液，或 41%哒螨·矿物油乳油 1000～1500 倍液，或 28%哒螨·矿物油乳油 800～1000 倍液，或 80%哒螨·矿

物油乳油 2000～3000 倍液喷雾，每 1 个月左右喷 1 次，连喷 2～3 次。

⑤ 哒螨·辛硫磷。由哒螨灵与辛硫磷混配的广谱低毒杀虫、杀螨剂，以触杀和胃毒作用为主。对柑橘和苹果树上的叶螨类具有较好的防治效果。

防治柑橘树红蜘蛛，在害虫若虫发生始盛期或平均每叶有活动态螨 2～3 头时，可选用 24%哒螨·辛硫磷乳油 500～700 倍液，或 25%哒螨·辛硫磷乳油 500～700 倍液，或 29%哒螨·辛硫磷乳油 600～800 倍液喷雾。

防治苹果树红蜘蛛、白蜘蛛，在害螨发生为害始盛期（多为落花后的幼果期）喷药，以后根据害螨再次发生情况决定再次喷药，药剂喷施倍数同柑橘树红蜘蛛。

⑥ 哒螨·螺螨酯。由哒螨灵与螺螨酯混配而成。防治柑橘树红蜘蛛，发生高峰期，可选用 35%哒螨·螺螨酯悬浮剂 3500～4500 倍液，或 40%哒螨·螺螨酯悬浮剂 4000～5000 倍液喷雾，安全间隔期 30 天，每季最多施用 2 次。

⑦ 哒螨·乙螨唑。由哒螨灵与乙螨唑混配而成。防治柑橘红蜘蛛，发生初期，用 40%哒螨·乙螨唑悬浮剂 3333～4000 倍液喷雾。

⑧ 四螨·哒螨灵。由四螨嗪与哒螨灵混配而成。防治柑橘树红蜘蛛，害螨始盛期，用 10%四螨·哒螨灵悬浮剂 1000～1500 倍液喷雾。

⑨ 丁醚·哒螨灵。由丁醚脲与哒螨灵混配的一种低毒复合杀螨剂，具有触杀、胃毒、内吸和熏蒸作用。防治柑橘树红蜘蛛，在害螨幼虫低龄期，或害螨发生初期，可选用 40%丁醚·哒螨灵悬浮剂 1500～2000 倍液，或 50%丁醚·哒螨灵悬浮剂 2000～2500 倍液喷雾，每隔 10 天左右喷 1 次，连喷 2 次。

⊙ **注意事项**

（1）不能与石硫合剂或波尔多液等强碱性药剂混用。

（2）对茄科植物敏感，喷药作业时药液雾滴不能飘移到这些作物上，否则会产生药害。

（3）无内吸作用，只具有触杀作用，喷雾时务必周到，防止漏喷。

（4）对鱼类毒性高，不可污染河流、池塘和水源。对蚕和蜜蜂有毒，不要在花期使用，禁止喷洒在桑树上，蜂场、蚕室附近禁用。

（5）一些地区的害螨对此药已产生耐药性，故一个生长季最好只使用 1 次，且与其他杀螨剂混用。

（6）对光不稳定，需避光、阴凉处保存。

噻螨酮（hexythiazox）

C₁₇H₂₁ClN₂O₂S，352.88

● **其他名称** 尼索朗、索螨卵、天王威、阿朗、卵朗、特危、除螨威、己噻唑、大螨冠等。

● **主要剂型** 5%、10%乳油，5%、10%、50%可湿性粉剂，3%、5%水乳剂。

● **毒性** 低毒（对鱼类有毒）。

● **作用机理** 噻螨酮抑制昆虫几丁质合成和干扰新陈代谢，致使若虫不能蜕皮，或蜕皮畸形，或羽化畸形而缓慢死亡，具有高杀若虫活性。一般施药后 3～7 天才能看出效果，对成虫没有直接杀伤力，但可缩短其寿命，减少产卵量，并且产出的多是不育卵，幼虫即使孵化也很快死亡。

● **产品特点**

（1）对植物表皮层具有较好的穿透性，但无内吸传导作用，对杀灭害螨的卵、幼螨、若螨有特效，对成螨无效，但对接触到药液的雌成螨产的卵具有抑制孵化作用。

（2）噻螨酮以触杀作用为主，对植物组织有良好的渗透性，无内吸作用。属于非感温型杀螨剂，在高温和低温下使用的效果无显著差异，残效期长，药效可保持 40～50 天。由于没有杀成螨活性，所以药效发挥较迟缓。该药对叶螨防效好于锈螨和瘿螨。

（3）在常用浓度下对作物安全，对天敌、捕食螨和蜜蜂基本无影响。但在高温、高湿条件下，喷洒高浓度药液对某些作物的新梢嫩叶有轻微药害。

（4）鉴别要点：5%噻螨酮乳油为淡黄色或浅棕色透明液体；5%噻螨酮可湿性粉剂为灰白色粉末。

用户在选购噻螨酮制剂及复配产品时应注意：确认产品通用名称及含量；查看农药"三证"，噻螨酮单品品种及其复配制剂应取得农药生产批准文件（HNP）；查看产品是否在 2 年有效期内。

生物鉴别：在幼若螨盛发期，平均每叶有 3～4 只螨时，摘取带有红蜘蛛的苹果树叶若干片，将 5%噻螨酮乳油（可湿性粉剂）1500 倍液直接喷洒在有害虫的叶片上，待后观察。若蜘蛛被击倒致死，则该药品为合格品，反之为不合格品。

◦ 应用

（1）单剂应用　防治红叶螨、全爪螨幼螨，用 5%噻螨酮乳油 1500～2000 倍液喷雾。

防治侧多食跗线螨（茶黄螨）、截形叶螨、二斑叶螨、神泽氏叶螨、土耳其斯坦叶螨等，用 5%噻螨酮乳油（可湿性粉剂）2000 倍液喷雾。

防治棉红蜘蛛、朱砂叶螨、芜菁红叶螨，6 月底以前，在叶螨点片发生及扩散为害初期开始喷药，用 5%噻螨酮乳油 1500～2000 倍液喷雾。

防治柑橘树红蜘蛛，于红蜘蛛卵和若螨发生初期，平均每叶有螨 2～3 头时开始喷药，可选用 5%噻螨酮水乳剂 1500～2000 倍液喷雾，每季最多施用 2 次，安全间隔期 20 天；或用 5%噻螨酮可湿性粉剂 1600～2000 倍液，或 5%噻螨酮乳油 1000～1500 倍液喷雾，每季最多施用 2 次，安全间隔期 30 天。

防治苹果树及山楂树的红蜘蛛、白蜘蛛，在苹果或山楂开花前后（幼螨、若螨盛发初期），平均每叶有螨 3～4 头时或内膛叶片上螨量开始较快增多时，用 5%噻螨酮乳油或 5%噻螨酮可湿性粉剂或 5%噻螨酮水乳剂 1000～1500 倍液喷雾，每季最多施用 2 次，安全间隔期 30 天。

防治板栗树红蜘蛛。在内膛叶片上螨量开始较快增多时，或叶螨开始向周围叶片扩散为害时，用 5%噻螨酮乳油或 5%噻螨酮可湿性粉剂或 5%噻螨酮水乳剂 1000～1500 倍液喷雾。

（2）复配剂应用　噻螨酮常与阿维菌素、炔螨特、哒螨灵、甲氰菊酯等杀螨剂成分混配，生产复配杀螨剂。

① 噻酮·炔螨特。由噻螨酮与炔螨特混配的低毒复合杀螨剂，以触杀作用为主，无内吸传导性，杀卵效果好，兼具杀成螨、若螨功效。

防治苹果树二斑叶螨、红蜘蛛，在害螨发生为害初期或早春，用22%噻酮·炔螨特乳油800～1000倍液喷雾。

柑橘树红蜘蛛，在害螨发生初期或春梢萌发前，用22%噻酮·炔螨特乳油800～1000倍液喷雾。

② 噻螨·哒螨灵。由噻螨酮与哒螨灵混配的广谱中毒复合杀螨剂，以触杀作用为主，并对植物表皮层有较好的渗透性。

防治柑橘树的红蜘蛛，在越冬卵孵化期至若螨始盛期(春梢萌发前)，可选用12.5%噻螨·哒螨灵乳油800～1000倍液，或20%噻螨·哒螨灵乳油1000～1500倍液喷雾，每隔1.5个月喷1次，全年需喷3次左右。

防治苹果树的红蜘蛛、白蜘蛛，在害螨发生为害初期（多为落花后的幼果期）开始，可选用12.5%噻螨·哒螨灵乳油1000～1200倍液，或20%噻螨·哒螨灵乳油1200～1500倍液喷雾，每隔1.5个月喷1次，全年需喷2～3次。

③ 甲氰·噻螨酮。由甲氰菊酯与噻螨酮混配，具有杀卵、杀幼若螨的作用。防治柑橘树红蜘蛛，发生初期，可选用7.5%甲氰·噻螨酮乳油750～1000倍液喷雾，安全间隔期30天，每季最多施用2次；或15%甲氰·噻螨酮乳油2000～2500倍液喷雾，安全间隔期21天，每季最多施用1次。

● **注意事项**

（1）宜在成螨数量较少时（初发生时）使用，若螨害发生严重，不宜单独使用本剂，最好与其他具有杀成螨作用的药剂混用。

（2）产品无内吸性，故喷药时要均匀周到，并要有一定的喷射压力。

（3）对成螨无杀伤作用，要掌握好防治适期，应比其他杀螨剂稍早些使用。

（4）为防止害螨产生耐药性，要注意交替用药，建议每个生长季节使用1次即可，浓度不能高于600倍液。在高温、高湿条件下，喷洒高浓度对某些作物的新梢嫩叶有轻微药害。

（5）可与波尔多液、石硫合剂等多种农药混用，但波尔多液的浓度不能过高。不宜和拟除虫菊酯混用。

（6）应贮存于阴凉、通风的库房，远离火种、热源，防止阳光直射，保持容器密封。应与氧化剂、碱类分开存放，切忌混贮。配备相应品种和数量的消防器材，贮存区应备有泄漏应急处理设备和合适的收容材料。

虱螨脲（lufenuron）

$C_{17}H_8Cl_2F_8N_2O_3$，511.15

● **其他名称**　美除、虫慌慌、禄芬隆、氯芬奴隆、氯芬新。

● **主要剂型**　50克/升、5%、20%乳油，5%、50克/升、10%悬浮剂，2%微乳剂，5%水乳剂。

● **毒性**　低毒。

● **作用机理**　虱螨脲是一种通过摄入后起作用的蜕皮抑制剂，通过抑制害虫几丁质的生物合成，使表皮形成受阻，不能正常完成蜕皮过程而逐渐死亡。

● **产品特点**　具有多重杀卵作用，为高效杀虫的杀虫剂。具有强烈的胃毒、触杀作用，可杀灭卵及各龄幼虫，持效期长达10～15天。

（1）强力杀卵

① 直接杀卵。虱螨脲药液喷洒于作物叶面或卵上，可直接杀卵。害虫在叶片受药后48小时内产的卵95%以上不能孵化；在10天内产的卵也不能正常孵化。

② 间接杀卵。害虫成虫在接触药剂或取食含有药剂的露水后，虽然不能死亡，但其产卵量和卵的孵化率明显降低，可有效减少虫源。

③ 高效杀虫。害虫接触药剂及取食有药剂的叶片后，2小时内嘴被麻醉，停止取食，从而停止危害作物，3～5天达到死虫高峰。

（2）高效、低毒、低残留，使用安全。虱螨脲对鱼和哺乳动物低毒，对大多数有益昆虫有选择性，对人畜、作物和环境安全性好，适用于害虫无公害综合治理。施药后2～3天见效，施药后的安全间隔期为10～

14 天。该药相对于有机磷、氨基甲酸酯类农药更安全，可作为良好的混配剂使用，对鳞翅目害虫有良好的防效。可阻止病毒传播。

（3）适用于防治对拟除虫菊酯、有机磷农药产生抗性的害虫。

（4）在生产上优化使用技术及复配方式可以提高药效。使用单剂虱螨脲防虫要在害虫没有发生前用药。在作物旺盛生长期和害虫世代重叠时可酌情增加喷药次数，应在新叶显著增加时或间隔 7～10 天再次喷药。一般情况下，高龄幼虫受药后虽能见到虫子，但含量大大减少，并逐渐停止危害作物，3～5 天后害虫死亡，无需补喷其他药剂。

● 应用

（1）单剂应用　防治柑橘树锈壁虱、潜叶蛾，在锈壁虱低龄若虫发生期、潜叶蛾卵孵化高峰至低龄幼虫高峰期，可选用 5%虱螨脲乳油或50 克/升虱螨脲乳油或 5%虱螨脲悬浮剂 1200～1500 倍液，或 10%虱螨脲悬浮剂 2500～3000 倍液喷雾，安全间隔期 28 天。

防治苹果树、桃树小卷叶蛾，在小卷叶蛾卵孵化高峰期至低龄幼虫高峰期，可选用 5%虱螨脲乳油或 50 克/升虱螨脲乳油或 5%虱螨脲悬浮剂 1000～1500 倍液，或 10%虱螨脲悬浮剂 2000～2500 倍液喷雾，安全间隔期 14 天，每季最多施用 3 次。

防治苹果、桃、枣等落叶果树的食叶鳞翅目害虫，在为害初期，或卵孵化盛期至低龄幼虫期，可选用 5%虱螨脲乳油或 50 克/升虱螨脲乳油或 5%虱螨脲悬浮剂 1200～1500 倍液，或 10%虱螨脲悬浮剂 2500～3000 倍液喷雾，每代喷 1 次即可。

（2）复配剂应用

① 虱螨脲•唑虫酰胺。由虱螨脲与唑虫酰胺混配而成。防治柑橘锈壁虱，若虫始盛期，用 15%虱螨脲•唑虫酰胺悬浮剂 2000～3000 倍液喷雾，安全间隔期 28 天，每季最多施用 1 次。

② 联苯•虱螨脲。由联苯菊酯与虱螨脲混配而成。防治柑橘锈壁虱，在低龄幼若虫始盛期，用 10%联苯•虱螨脲乳油 3000～5000 倍液喷雾，安全间隔期 28 天，每季最多施用 1 次。

● 注意事项

（1）对甲壳类动物高毒，对蜜蜂微毒。勿将清洗喷药器具的废水弃于池塘中，以免污染水源。

（2）在害虫产卵初期使用，可彻底杀虫使作物免受害虫为害。

（3）幼虫 3 龄前使用可确保最佳杀虫效果。在作物旺盛生长期和害虫世代重叠时用药，应在新叶显著增加后或间隔 7～10 天再次喷药，以保证新叶得到最佳保护。

联苯肼酯（bifenazate）

$C_{17}H_{20}N_2O_3$，300.3523

- **其他名称**　爱卡螨、满天堂、高喜满。
- **主要剂型**　50%水分散粒剂，24%、43%、50%悬浮剂。
- **毒性**　低毒。
- **作用机理**　联苯肼酯是一种新型选择性叶面喷雾用杀螨剂，其作用机理是对螨类的中枢神经传导系统的 γ-氨基丁酸（GABA）受体具有独特作用。其作用方式主要是抑制线粒体呼吸作用，它对螨的各个生活阶段有效，具有杀卵活性和对成螨的击倒活性，且持效期长。
- **应用**

（1）单剂应用　防治柑橘树红蜘蛛、黄蜘蛛。于害螨发生初期（春梢萌发前），或螨卵孵化期至若螨及幼螨盛发初期，或叶片上害螨数量开始较快增多时施药，可选用 24%联苯肼酯悬浮剂 1000～1500 倍液，或 43%联苯肼酯悬浮剂 1500～2250 倍液喷雾，每季最多施用 1 次，安全间隔期 21 天。

防治苹果树、梨树及桃树的红蜘蛛、白蜘蛛，在害螨发生初期（开花前或落花后），或螨卵孵化盛期至若螨盛发初期，或树体内膛叶片上螨量开始较快增多时，可选用 24%联苯肼酯悬浮剂 1000～1500 倍液，或 43%联苯肼酯悬浮剂 2000～2500 倍液喷雾，每季最多施用 2 次，安全间隔期 7 天。

防治枣树红蜘蛛，在害螨发生为害初期（发芽前后），或螨卵孵化盛期至若螨及幼螨盛发初期，或树体内膛下部叶片上螨量开始较快较多时用药，药剂喷施倍数同苹果树红蜘蛛。

防治草莓二斑叶螨，在害螨发生初期，每亩可选用24%联苯肼酯悬浮剂30～40毫升，或43%联苯肼酯悬浮剂18～22毫升，兑水30～45千克喷雾，每季最多施用2次，安全间隔期1天。

防治木瓜二斑叶螨，在害螨发生初期，用43%联苯肼酯悬浮剂1800～2700倍液喷雾，每季最多施用1次，安全间隔期7天。

（2）复配剂应用　联苯肼酯常与阿维菌素、螺螨酯、乙螨唑、哒螨灵、四螨嗪、螺虫乙酯等杀螨剂混配。

① 联肼·螺螨酯。由联苯肼酯与螺螨酯混配的广谱低毒复合杀螨剂，以触杀作用为主，兼有胃毒作用，无内吸性，对害螨的各个发育阶段（螨卵、幼螨、若螨、成螨）均有效，并具杀卵活性和对成螨的快速击倒活性，持效期较长。

防治柑橘树红蜘蛛，发生初期，用24%联肼·螺螨酯悬浮剂2000～3000倍液喷雾，安全间隔期30天，每季最多施用1次。

防治苹果树、梨树、桃树、枣树等落叶果树的红蜘蛛、白蜘蛛，可选用24%联肼·螺螨酯悬浮剂或30%联肼·螺螨酯悬浮剂2000～2500倍液，或32%联肼·螺螨酯悬浮剂或36%联肼·螺螨酯悬浮剂3000～4000倍液，或40%联肼·螺螨酯悬浮剂或45%联肼·螺螨酯悬浮剂4000～5000倍液，或48%联肼·螺螨酯悬浮剂5000～6000倍液喷雾。

防治草莓红蜘蛛，在害螨发生为害初盛期喷药，药剂喷施倍数同苹果树红蜘蛛。

② 联肼·乙螨唑。由联苯肼酯与乙螨唑混配的广谱低毒复合杀螨剂，以触杀作用为主，兼有胃毒作用，无内吸性，对害螨的螨卵、幼螨、若螨及成螨各个阶段均有较强的杀伤作用，速效性较好，持效期较长。

防治柑橘树红蜘蛛，发生始盛期，可选用40%联肼·乙螨唑悬浮剂4600～5400倍液喷雾，安全间隔期20天，每季最多施用1次；或45%联肼·乙螨唑悬浮剂8000～12000倍液喷雾，安全间隔期20天，每季最多施用1次。

防治苹果树、梨树、山楂树、桃树等落叶果树的红蜘蛛、白蜘蛛，可选用25%联肼·乙螨唑悬浮剂或30%联肼·乙螨唑悬浮剂2500～3000倍液，或40%联肼·乙螨唑3500～4000倍液，或45%联肼·乙螨唑悬浮剂或 46%联肼·乙螨唑悬浮剂 4000～5000 倍液，或 50%联肼·乙螨唑悬浮剂或 60%联肼·乙螨唑水分散粒剂 6000～8000 倍液喷雾。

防治草莓红蜘蛛，在害螨发生为害初盛期喷药，药剂喷施倍数同苹果树红蜘蛛。

③ 四螨·联苯肼酯。由四螨嗪与联苯肼酯混配而成，对害螨各虫态均具较强触杀活性。

防治苹果树二斑叶螨，用 20%四螨·联苯肼酯悬浮剂 2000～3000 倍液喷雾，安全间隔期 30 天，每季最多施用 2 次。

防治柑橘树红蜘蛛，用四螨·联苯肼酯悬浮剂 2000～3000 倍液喷雾，安全间隔期 30 天，每季最多施用 2 次。

④ 苯丁·联苯肼。由苯丁锡与联苯肼酯混配而成。防治柑橘树红蜘蛛，用 30%苯丁·联苯肼悬浮剂 2000～2500 倍液喷雾，安全间隔期 30 天，每季最多施用 1 次。

● **注意事项**

（1）不能与碱性药剂及肥料混用。连续喷药时，与不同作用机制的杀螨剂轮换使用，以延缓抗药性产生。

（2）在推荐剂量内使用对作物安全，避免随意加大用药量。

（3）对鸟类、蜜蜂及水生生物有毒。鸟类保护区附近禁用，周围开花植物花期禁用，施药期间应密切关注对附近蜂群的影响。远离水产养殖区、河塘等水体施药，禁止在河塘等水体中清洗施药器具。

氯虫苯甲酰胺（chlorantraniliprole）

$C_{18}H_{14}BrCl_2N_5O_2$，483.15

● **其他名称**　氯虫酰胺、康宽、杜邦普尊、金尊、兴农科得拉、全能王、奥得腾等。

● **主要剂型** 5%、18.5%、20%、200 克/升悬浮剂，50%种子处理悬浮剂，35%水分散粒剂，0.01%、0.03%、0.4%、1%颗粒剂，5%超低容量液剂。

● **毒性** 微毒。

● **作用机理** 氯虫苯甲酰胺激活害虫肌肉上的鱼尼丁受体，使肌肉细胞过度释放钙离子，引起肌肉调节衰弱、麻痹，导致害虫停止活动和取食，致使害虫瘫痪死亡。

● **产品特点**

（1）氯虫苯甲酰胺是酰胺类新型内吸杀虫剂。根据目前的试验结果，对靶标害虫的活性比其他产品高出 10～100 倍，并且可以导致某些鳞翅目昆虫交配过程紊乱，研究证明其能降低多种夜蛾科害虫的产卵率。由于其持效性好和耐雨水冲刷的生物学特性,这些特性实际上是渗透性、传导性、化学稳定性、高杀虫活性和导致害虫立即停止取食等作用的综合体现。因此，决定了其比目前绝大多数在用的其他杀虫剂有更长和更稳定的对作物的保护作用。胃毒为主，兼具触杀作用，是一种高效广谱的鳞翅目害虫、甲虫和粉虱杀虫剂，在低剂量下就可使害虫立即停止取食。

（2）持效期长，防雨水冲刷。在作物生长的任何时期提供即刻和长久的保护，是害虫抗性治理、轮换使用的最佳药剂。持效期可以达到 15 天以上，对农产品无残留影响，同其他农药混合性能好。

（3）该农药属微毒级，对哺乳动物低毒，对施药人员很安全，对有益节肢动物如鸟、鱼和蜜蜂低毒，非常适合害虫综合治理。

● **应用**

（1）**单剂应用** 防治瓜绢螟，在种群主体处在 1～3 龄时，用 5%氯虫苯甲酰胺悬浮剂 1200 倍液喷雾。

防治西瓜棉铃虫，在棉铃虫卵孵化高峰期，每亩用 5%氯虫苯甲酰胺悬浮剂 30～60 毫升兑水 30～50 千克喷雾，每季最多施用 2 次，安全间隔期 10 天。

防治西瓜甜菜夜蛾，在甜菜夜蛾卵孵化高峰期，每亩用 5%氯虫苯甲酰胺悬浮剂 45～60 毫升兑水 30～50 千克喷雾，每季最多施用 2 次，安全间隔期 10 天。

防治苹果树金纹细蛾，蛾量急剧上升时，可选用 35%氯虫苯甲酰胺水分散粒剂 7000～10000 倍液，或 5%氯虫苯甲酰胺悬浮剂 1000～1500 倍液，或 200 克/升氯虫苯甲酰胺悬浮剂 4000～5000 倍液喷雾，每季最多施用 1 次，安全间隔期 14 天。

防治苹果树苹果蠹蛾，蛾量急剧上升时，用 35%氯虫苯甲酰胺水分散粒剂 7000～10000 倍液喷雾，每季最多施用 1 次，安全间隔期 14 天。

防治苹果树桃小食心虫，在卵盛期至钻蛀前，或蛾量急剧上升时，用 35%氯虫苯甲酰胺水分散粒剂 7000～10000 倍液喷雾，每季最多施用 1 次，安全间隔期 14 天。

防治桃线潜叶蛾，在叶片上初显虫道时开始喷药，可选用 5%氯虫苯甲酰胺悬浮剂 1200～1600 倍液，或 200 克/升氯虫苯甲酰胺悬浮剂 5000～7000 倍液，或 35%氯虫苯甲酰胺水分散粒剂 8000～12000 倍液喷雾，每隔 1 个月左右喷 1 次（即为每代 1 次），连喷 3～5 次。

防治柑橘树的潜叶蛾、柑橘凤蝶、玉带凤蝶，可选用 5%氯虫苯甲酰胺悬浮剂 1200～1600 倍液，或 200 克/升氯虫苯甲酰胺悬浮剂 5000～7000 倍液，或 35%氯虫苯甲酰胺水分散粒剂 8000～12000 倍液喷雾。防治潜叶蛾时，在各季嫩梢（春梢、夏梢、秋梢）生长期内，于嫩叶上初见虫道时喷药，抽梢期持续时间较长时，10～15 天后再喷用 1 次。防治柑橘凤蝶、玉带凤蝶等鳞翅目食叶害虫时，在低龄幼虫期喷药。

防治核桃缀叶螟，在害虫低龄幼虫期，每代喷 1 次。药剂喷施倍数同桃线潜叶蛾。

（2）复配剂应用　氯虫苯甲酰胺常与一些杀虫剂成分复配，生产复配杀虫剂，如 4%氯虫·噻虫胺颗粒剂、20%甲维盐·氯虫苯可分散油悬浮剂、22%甲氧肼·氯虫苯悬浮剂、6%氯虫·吡蚜酮颗粒剂、25%氯虫·啶虫脒可分散油悬浮剂、6%阿维·氯苯酰悬浮剂、40%氯虫·噻虫嗪水分散粒剂、300 克/升氯虫·噻虫嗪悬浮剂等。

① 氯虫苯·溴氰。由氯虫苯甲酰胺与溴氰菊酯混配而成。防治桃树梨小食心虫，在卵孵盛期，用 7%氯虫苯·溴氰悬浮剂 3000～5000 倍液喷雾，安全间隔期 7 天，每季最多施用 1 次。

② 氯虫·高氯氟。由氯虫苯甲酰胺与高效氯氟氰菊酯混配的高效广谱中毒杀虫剂，具有触杀和胃毒作用。防治苹果、梨、桃、枣等果实的食心虫类，根据虫情，在食心虫卵盛期至初孵幼虫钻蛀前，用 14%氯虫·高氯氟微囊悬浮剂 3000～4000 倍液喷雾，每隔 7～10 天喷 1 次，每代喷 1～2 次。

③ 氯氟·虫螨脲。由高效氯氟氰菊酯与虫螨脲混配而成。

防治苹果棉铃虫、斜纹夜蛾，在害虫卵孵化盛期至初孵幼虫期，或初见低龄幼虫蛀果为害时，用 19%氯氟·虫螨脲悬浮剂 3000～4000 倍液喷雾，每隔 7～10 天喷 1 次，每代喷 1～2 次。

防治苹果树、梨树、桃树、枣树等落叶果树的卷叶蛾类、鳞翅目其他食叶类害虫，用 19%氯氟·虫螨脲悬浮剂 3000～4000 倍液喷雾，每隔 7～10 天喷 1 次，每代喷 1～2 次。

◉ **注意事项**

（1）不能与碱性药剂及肥料混用。

（2）因为其具有较强的渗透性，药剂能穿过作物茎部表皮细胞层进入木质部传导至其他没有施药的部位，所以在施药时可用弥雾或喷雾，这样效果更好。

（3）当气温高、田间蒸发量大时，应选择早上 10 点以前、下午 4 点以后用药，这样不仅可以减少用药液量，也可以更好地增加作物的受药液量和渗透性，有利于提高防治效果。

（4）产品耐雨水冲刷，喷药 2 小时后下雨，无须再补喷。

（5）本品对藻类、家蚕及某些水生生物有毒，特别是对家蚕剧毒，具高风险性。因此在使用本品时应防止污染鱼塘、河流、蜂场、桑园。采桑期间，避免在桑园及蚕室附近使用，在附近农田使用时，应避免药液飘移到桑叶上。禁止在河塘等水域中清洗施药器具；蜜源作物花期禁用。

（6）本品在多年大量使用的地方已产生抗药性，建议已产生抗药性的地区停止使用本品。

（7）该药虽有一定内吸传导性，喷药时还应均匀周到。连续用药时，注意与其他不同类型药剂交替使用，以延缓害虫产生抗药性。

氟啶虫胺腈（sulfoxaflor）

C₁₀H₁₀F₃N₃OS，277.2661

- **其他名称** 特福力、可立施。
- **主要剂型** 22%悬浮剂，50%水分散粒剂。
- **毒性** 低毒。
- **作用机理** 氟啶虫胺腈作用于昆虫神经系统，即作用于烟碱类乙酰胆碱受体内独特的结合位点而发挥杀虫功能。具有胃毒和触杀作用。
- **产品特点** 氟啶虫胺腈是一种磺酰亚胺类新型高效低毒杀虫剂，具有内吸传导性，可经叶、茎、根吸收而进入植物体内，高效、快速、持效期长、残留低，可用于防治果树上的盲椿象、蚜虫、粉虱、飞虱和介壳虫等多种刺吸式口器害虫。
- **应用**

（1）单剂应用 防治西瓜蚜虫，在蚜虫发生始盛期，每亩用50%氟啶虫胺腈水分散粒剂3～5克兑水30～50千克喷雾，安全间隔期7天，每季最多施用2次。

防治柑橘树矢尖蚧等介壳虫类、蚜虫、烟粉虱。防治矢尖蚧等介壳虫类时，在介壳虫出蛰早期喷1次，然后再于各代若虫发生初期喷药，每代喷1次；防治蚜虫时，在各季新梢（春梢、夏梢、秋梢）生长期内，嫩叶上蚜虫数量较多时喷药；防治烟粉虱，在粉虱发生初盛期喷药，重点喷叶背。可选用22%氟啶虫胺腈悬浮剂4000～5000倍液，或50%氟啶虫胺腈水分散粒剂8000～10000倍液喷雾，安全间隔期14天，每季最多施用1次。

防治苹果树绣线菊蚜、烟粉虱。防治绣线菊蚜时，在嫩梢上蚜虫数量增长较快时，或蚜虫开始向幼果转移扩散时及时喷药；防治烟粉虱时，在粉虱发生初盛期，重点喷洒叶片背面。可选用22%氟啶虫胺腈悬浮剂

4000~6000 倍液，或 50%氟啶虫胺腈水分散粒剂 10000~12000 倍液喷雾，安全间隔期 14 天，每季最多施用 1 次。

防治葡萄绿盲蝽、蓟马，防治绿盲蝽时，从葡萄芽初期开始，可选用 22%氟啶虫胺腈悬浮剂 4000~5000 倍液，或 50%氟啶虫胺腈水分散粒剂 8000~10000 倍液喷雾，每隔 15 天左右喷 1 次，连喷 2~3 次；防治蓟马时，从花蕾穗期和落花后各喷 1 次。

防治桃树桃蚜、桃粉蚜、桃瘤蚜，可选用 22%氟啶虫胺腈悬浮剂 4000~6000 倍液，或 50%氟啶虫胺腈水分散粒剂 10000~12000 倍液喷雾，在桃树发芽后开花前或落花后喷 1 次，然后再于落花后 15~20 天喷 1 次，安全间隔期 14 天，每季最多施用 2 次。

防治桃树梨木虱，在每代梨木虱卵孵化盛期至初孵若虫被黏液完全覆盖前，可选用 22%氟啶虫胺腈悬浮剂 4000~5000 倍液，或 50%氟啶虫胺腈水分散粒剂 8000~10000 倍液喷雾。

（2）复配剂应用　氟啶虫胺腈常与菊酯类、乙基多杀菌素等杀虫剂混配。

① 氟啶·吡虫啉。由氟啶虫胺腈与吡虫啉混配而成。防治苹果树蚜虫，于发生初盛期，用 20%氟啶·吡虫啉水分散粒剂 5000~10000 倍液喷雾，安全间隔期 21 天，每季最多施用 1 次。

② 氟虫·乙多素。由氟啶虫胺腈与乙基多杀菌素混配而成。防治西瓜蓟马、蚜虫，每亩用氟虫·乙多素水分散粒剂 10~14 克兑水 30~50 千克喷雾，安全间隔期 7 天，每季最多施用 2 次。

③ 氟啶虫胺腈+菊酯类杀虫剂。防治柑橘矢尖蚧，用 22%氟啶虫胺腈悬浮剂 3000~4000 倍液+10%顺式氯氰菊酯乳油 1500 倍液喷雾，能明显提高速效性。

● **注意事项**

（1）不能与碱性药及肥料混用。连续喷药时，与不同类型药剂轮换使用，以延缓害虫产生抗药性。

（2）对蜜蜂、家蚕等有毒，施药期间应避免对周围蜂群的影响，禁止在蜜蜂植物花期、蚕室和桑园附近使用。赤眼蜂等天敌放飞区域禁用。

氟啶虫酰胺（flonicamid）

C₉H₆F₃N₃O，229.2

- **其他名称**　氟烟酰胺、铁壁、独媚、美邦、隆施。
- **主要剂型**　10%、20%、50%水分散粒剂，20%、25%悬浮剂，30%可分散油悬浮剂。
- **毒性**　低毒。
- **作用机理**　氟啶虫酰胺为烟碱类杀虫剂，通过阻碍害虫吮吸作用而发挥效果，害虫摄入药剂后很快停止吮吸，最后饥饿而死。在植物体内渗透性较强，可以防治蚜虫等。
- **产品特点**

（1）一种低毒吡啶酰胺类杀虫剂，其对靶标具有新的作用机制，对乙酰胆碱酯酶和烟酰乙酰胆碱受体无作用，对蚜虫有很好的神经作用和快速拒食活性，具有内吸性强和较好的传导活性、用量少、活性高、持效期长等特点，与有机磷、氨基甲酸酯和除虫菊酯类农药无交互抗性，并有很好的生态环境相容性。对抗有机磷、氨基甲酸酯和拟除虫菊酯的绵蚜也有较高的活性。对其他一些刺吸式口器害虫同样有效。

（2）对各种刺吸式口器害虫有效，并具有良好的渗透作用。可从根部向茎部、叶部渗透，但由叶部向茎、根部渗透作用相对较弱。该药剂通过阻碍害虫吮吸作用而致效。害虫摄入药剂后很快停止吮吸，最后饥饿而死。

（3）氟啶虫酰胺具有选择性、内吸性，渗透作用强，持效期长。

- **应用**

（1）单剂应用　防治苹果树蚜虫，在蚜虫发生始盛期，可选用10%氟啶虫酰胺水分散粒剂2000～2500倍液，或20%氟啶虫酰胺水分散粒剂或20%氟啶虫酰胺悬浮剂4000～5000倍液，或50%氟啶虫酰胺水分散粒剂 10000～12000 倍液喷雾，安全间隔期 21 天，每季最多施用 2 次。

此外，还可防治梨二叉蚜，桃树桃蚜、桃粉蚜、桃瘤蚜，石榴、枸杞的蚜虫，药剂喷施倍数同苹果树蚜虫。

（2）复配剂应用　氟啶虫酰胺在市场上登记的混剂有氟啶虫酰胺·联苯菊酯、氟啶·啶虫脒、氟啶·螺虫酯、氟啶·噻虫嗪、氟啶虫酰胺·烯啶虫胺、氟啶·吡蚜酮、氟啶虫酰胺·噻虫胺、呋虫胺·氟啶虫酰胺、虫螨腈·氟啶虫酰胺、氟啶·吡丙醚、氟啶·氟啶脲、氟啶虫酰胺·噻虫啉、阿维·氟啶、氟啶虫酰胺·溴氰菊酯、氟啶·吡虫啉等。相比单剂对靶标单一、害虫易产生抗药性的特点，二元复配制剂将对害虫具有不同作用机制的杀虫剂产品混用，除具有渗透、触杀、内吸活性、快速拒食、影响神经系统等特点外，还兼具干扰代谢、延缓抗药性等作用。

① 氟啶·啶虫脒。由氟啶虫酰胺与啶虫脒混配。防治苹果蚜虫，在若虫始盛期，用 46%氟啶·啶虫脒水分散粒剂 8000～12000 倍液喷雾，安全间隔期 21 天，每季最多施用 3 次。

② 氟啶·吡丙醚。由氟啶虫酰胺与吡丙醚混配。防治枣树蚜虫，发生初期，用 15%氟啶·吡丙醚悬浮剂 2000～3000 倍液喷雾。

③ 氟啶·噻虫嗪。该配方具有胃毒及触杀作用。施药后，可被作物根或叶片较迅速地内吸，在植物体内渗透性较强，每亩用 60%氟啶·噻虫嗪水分散粒剂 5～6 克兑水 30 千克均匀喷雾，对蚜虫、粉虱、蓟马等害虫防治效果较好。持效期较长，耐雨性较好。

④ 呋虫胺·氟啶虫酰胺。防治桃树蚜虫，花谢后至 6 月初，花后至采收前喷雾，即使危害严重发生卷叶，也能起到较好效果。用 60%呋虫胺·氟啶虫酰胺水分散粒剂 500 倍液喷雾。

● **注意事项**

（1）由于该药剂为昆虫拒食剂，施药后 2～3 天才能见到蚜虫死亡。注意不要重复施药。

（2）不能与碱性农药混用，建议与其他作用机制不同的杀虫剂轮换使用，以延缓抗性产生。

第二章 ≫≫≫

果树常用杀菌剂

硫黄（sulfur）

● **其他名称** 硫粉病灵、保叶灵、成标、蓝丰、兴农、绿士。

● **主要剂型** 45%、50%悬浮剂，80%可湿性粉剂，10%油膏剂，80%干悬浮剂，80%水分散粒剂，18%烟剂，91%粉剂。

● **毒性** 微毒。

● **作用机理** 硫黄作用于氧化还原体系细胞色素 b 和细胞色素 c 之间的电子传递过程，夺取电子，干扰正常的"氧化—还原"，从而导致病菌或害螨死亡。

● **应用**

（1）单剂应用 防治西瓜白粉病，发病前或发病初期，每亩用80%硫黄水分散粒剂 233～267 克兑水 40～60 千克喷雾，每隔 10 天左右喷 1次，连喷 2～3 次。

防治哈密瓜白粉病，发病前或发病初期，每亩用 50%硫黄悬浮剂150～200 毫升兑水 40～60 千克喷雾，每隔 10 天左右喷 1 次，连喷 2～3次，安全间隔期 15 天，每季最多施用 2 次。

防治柑橘树疮痂病，发病初期，用 80%硫黄水分散粒剂 300～500

倍液喷雾，每隔 7～10 天喷 1 次，连喷 2～3 次。

防治柑橘炭疽病、白粉病，发病初期，用 45%硫黄悬浮剂或 50%硫黄悬浮剂 400～600 倍液，或 80%硫黄水分散粒剂 600～1000 倍液喷雾，每隔 7～10 天喷 1 次，连喷 2～3 次。

防治柑橘锈壁虱，在个别枝上有少数锈壁虱出现为害时，用 50%硫黄悬浮剂 300～600 倍液喷雾，每隔 7～10 天喷 1 次，连喷 2～3 次。

防治苹果树白粉病，开花前（芽长到 1 厘米左右）、嫩叶尚未开展时，用 50%硫黄悬浮剂 200 倍液喷雾 1 次，落叶 70%～80%时喷 50%硫黄悬浮剂 300 倍液 1 次，重病园在落花后再喷 1 次 50%硫黄悬浮剂 300～400 倍液，可兼治苹果锈病、苹果花腐病，山楂叶螨和苹果全爪螨。生长季节防治红蜘蛛，气温在 30℃ 以下时用 50%硫黄悬浮剂 200 倍液，30～35℃时，用 50%硫黄悬浮剂 400～500 倍液。

防治苹果、梨的腐烂病，刮除病斑后在伤口处涂药，可选用 45%硫黄悬浮剂或 50%硫黄悬浮剂 20～30 倍液，或用 80%硫黄水分散粒剂 30～50 倍液涂抹伤口，或用 10%硫黄脂膏直接涂抹伤口。

防治桃缩叶病、瘿螨畸果病，花芽露红时第一次喷药，落花后喷第二次，可选用 45%硫黄悬浮剂或 50%硫黄悬浮剂 300～500 倍液，或 80%硫黄水分散粒剂 800～1000 倍液喷雾。

防治桃褐腐病，从果实采收前 1.5 个月开始，可选用 45%硫黄悬浮剂或 50%硫黄悬浮剂 500～600 倍液，或 80%硫黄水分散粒剂 800～1000 倍液喷雾，每隔 10 天左右喷 1 次，连喷 3 次左右。

防治桃炭疽病，从桃果硬核期开始，可选用 45%硫黄悬浮剂或 50%硫黄悬浮剂 500～600 倍液，或 80%硫黄水分散粒剂 800～1000 倍液喷雾，每隔 7～10 天喷 1 次，连喷 3～4 次。

防治桃、杏、李的褐斑病，发病前或初见病斑时，可选用 45%硫黄悬浮剂或 50%硫黄悬浮剂 500～600 倍液，或 80%硫黄水分散粒剂 800～1000 倍液喷雾，每隔 10 天左右喷 1 次，连喷 2～4 次。

防治梨白粉病，在发芽后或发病初期，可选用 45%硫黄悬浮剂 500～600 倍液，或 50%硫黄悬浮剂 500～600 倍液，或 89%硫黄水分散粒剂 800～1000 倍液喷雾，每隔 7～10 天喷 1 次，连喷 2～3 次。

防治葡萄白粉病，从初见病斑时开始，可选用 45%硫黄悬浮剂或 50%

硫黄悬浮剂 400～500 倍液，或 80%硫黄水分散粒剂 600～800 倍液喷雾，每隔 10 天左右喷 1 次，连喷 2～3 次。

防治葡萄毛毡病，从新梢长至 10～15 厘米左右时，可选用 45%硫黄悬浮剂或 50%硫黄悬浮剂 400～500 倍液，或 80%硫黄水分散粒剂 600～800 倍液喷雾，每隔 10 天左右喷 1 次，连喷 2～3 次。

防治山楂白粉病，发病初期，用 50%硫黄悬浮剂 150～200 倍液喷雾。

防治梨树白粉病，在病害发生严重的梨园，于雨季到来前，用 50%硫黄悬浮剂 300～400 倍液喷雾。

防治芒果白粉病，发病前或发病初期，用 50%硫黄悬浮剂 200～400 倍液喷雾，安全间隔期 20 天，每季最多施用 3 次。

防治樱桃褐斑病，发病初期，用 80%硫黄可湿性粉剂 1000～2000 倍液喷雾，每隔 10 天左右喷 1 次，连喷 2～3 次。

防治枸杞锈蜘蛛，从害螨发生为害初期，可选用 45%硫黄悬浮剂或 50%硫黄悬浮剂 300～500 倍液，或 80%硫黄水分散粒剂或 80%硫黄干悬浮剂或 80%硫黄可湿性粉剂 600～800 倍液喷雾，每隔 10～15 天喷 1 次，全生长期喷 4～6 次。

果窖熏蒸消毒，在果窖贮放果品前，每立方米空间用硫黄块或硫黄粉 20～25 克，分几点放置，点燃（硫黄粉先拌少量锯末）后封闭熏蒸一昼夜，通风后再行作业。

（2）复配剂应用　硫黄常与百菌清、多菌清、甲基硫菌灵、三唑酮、三环唑、福美双、代森锰锌、苦参碱、春雷霉素等混配。

① 硫黄·百菌清。由硫黄与百菌清混配的一种广谱低毒复合杀菌剂。防治西瓜炭疽病，发病初期，每亩次可选用 50%硫黄·百菌清悬浮剂 150～200 毫升，或 40%硫黄·百菌清可湿性粉剂 200～250 克，兑水 45～60 千克喷雾，每隔 7～10 天喷 1 次，连喷 3～4 次。

② 硫黄·多菌灵。由硫黄与多菌灵混配的一种广谱低毒复合杀菌剂，具有保护和治疗双重作用。

防治甜瓜、西瓜等瓜类白粉病、炭疽病，发病初期，每亩次可选用 25%硫黄·多菌灵可湿性粉剂 300～450 克，或 40%硫黄·多菌灵悬浮剂 180～250 毫升，或 50%硫黄·多菌灵可湿性粉剂或悬浮剂 150～200 克，兑水 60～75 千克喷雾，每隔 7～10 天喷 1 次，连喷 2～4 次。

防治苹果褐斑病，从苹果套袋或苹果落花后 1.5 个月开始，可选用 25%硫黄·多菌灵可湿性粉剂 250～300 倍液，或 40%硫黄·多菌灵悬浮剂 400～500 倍液，或 50%硫黄·多菌灵可湿性粉剂或悬浮剂 500～600 倍液喷雾，每隔 10～15 天喷 1 次，连喷 3～4 次。

③ 硫黄·甲硫灵。由硫黄和甲基硫菌灵混配的一种广谱低毒复合杀菌剂，具有保护和治疗双重作用。

防治西瓜等瓜类白粉病、炭疽病，发病初期，每亩次可选用 70%硫黄·甲硫灵可湿性粉剂 150～200 克，或 50%硫黄·甲硫灵悬浮剂 200～300 毫升，兑水 60～75 千克喷雾，每隔 7～10 天喷 1 次，连喷 2～4 次。

防治苹果褐斑病。从苹果套袋后或落花后 1.5 个月开始，可选用 70%硫黄·甲硫灵可湿性粉剂 600～800 倍液，或 50%硫黄·甲硫灵悬浮剂 500～600 倍液喷雾，每隔 10～15 天喷 1 次，连喷 3～4 次，与不同类型药剂轮换。

防治梨白粉病，从叶背初见白粉病斑时开始，每隔 10 天左右喷 1 次，连喷 2～3 次，重点喷叶片背面，药剂使用倍数同苹果褐斑病。

④ 硫黄·锰锌。由硫黄与代森锰锌混配的一种广谱保护性低毒复合杀菌剂。防治西瓜白粉病、炭疽病，从田间初见病斑时开始，每亩次可选用 70%硫黄·锰锌可湿性粉剂 120～150 克，或 50%硫黄·锰锌可湿性粉剂 150～200 克，兑水 45～75 千克喷雾，每隔 7～10 天喷 1 次，连喷 3～4 次。

防治苹果褐斑病。从苹果套袋后或落花后 1.5 个月开始，可选用 70%硫黄·锰锌可湿性粉剂 500～700 倍液，或 50%硫黄·锰锌可湿性粉剂 400～500 倍液喷雾，每隔 10～15 天喷 1 次，连喷 3～4 次。

防治梨白粉病。从叶片背面初见病斑时开始，每隔 10 天左右喷 1 次，连喷 2～3 次，重点喷叶片背面。药剂喷施倍数同苹果褐斑病。

⑤ 硫黄·三唑酮。具有内吸传导、治疗、保护、铲除四大功效。清园防治果树腐烂病、干腐病、褐斑病、斑点落叶病、白粉病、锈病等，用 50%硫黄·三唑酮悬浮剂 600～800 倍液喷雾，用 3～5 倍液涂患处。甜瓜、草莓上禁止使用。

● **注意事项**

（1）硫黄制剂的防治效果与气温关系密切，适宜使用的气温为 4～

32℃，气温在 20～25℃使用本品效果较好。早春或晚秋低温季节使用浓度宜高，使用 50%硫黄胶悬剂 200～300 倍液喷洒，以保证药效，夏季高温季节使用浓度宜低，使用 50%硫黄胶悬剂 400～500 倍液喷洒，以免产生药害。

（2）硫黄属保护剂，在田间刚发现少量病株时就应开始施药。当病害已普遍发生时施药，防效会降低。一般为提高防效应连续施药 2 次以上，间隔期为 7～10 天。

（3）对桃、李、杏、梨、葡萄敏感，使用时应适当降低浓度及次数，并避免在果实成熟期使用，以免发生药害。

（4）硫黄粉粒越细，效力越大。

（5）不得与硫酸铜等金属盐药剂混用。建议与不同作用机制的杀菌剂轮换使用，以免产生抗药性。

（6）用硫黄熏蒸时，产生的二氧化硫气体，对人、畜有毒，对金属有腐蚀性，对绿色植株有漂白作用，应注意避免受其危害。

（7）悬浮剂型可能会有一些沉淀，摇匀后使用不影响药效。

（8）在运输、贮存、使用硫黄时，应注意防火。可与石灰混用或复配。不能与矿物油乳剂混用。喷洒矿物油药剂后，也不要立即喷洒硫黄胶悬剂，以免产生药害。

百菌清（chlorothalonil）

$C_8Cl_4N_2$，265.91

● **其他名称**　达科宁、菌乃安、多清、耐尔、泰顺、圣克、川乐、立治、喜源、大克灵、打克尼尔、四氯异苯腈、克劳优、霉必清、桑瓦特、顺天星一号等。

● **主要剂型**　5%、40%、50%、60%、70%、75%可湿性粉剂，40%、50%、720 克/升悬浮剂，2.5%、10%、20%、28%、30%、40%、45%烟

剂，5%粉尘剂，5%粉剂，75%、83%、90%水分散粒剂，10%油剂。

- **毒性** 低毒（对鱼类毒性大）。
- **作用机理** 百菌清能与真菌细胞中的三磷酸甘油醛脱氢酶发生作用，与该酶中含有半胱氨酸的蛋白质相结合，从而破坏该酶活性，使真菌细胞的新陈代谢受破坏而失去生命力。
- **产品特点**

（1）百菌清为有机氯类、非内吸性、广谱、保护型杀菌剂，对多种真菌具有预防作用，主要防止植物受到真菌的侵染。

（2）百菌清在植物表面有良好黏着性，不易受雨水冲刷，药效持效期较长，在常规用量下，一般药效期约7～10天。

（3）百菌清属于多作用位点杀菌剂，因此，长期使用也不会出现抗药性问题，对多种作物真菌病害具有预防作用。

（4）百菌清没有内吸传导作用，不会从喷药部位及植物的根系被吸收。因此，在植物已受到病菌侵害，病菌进入植物体内后，百菌清的杀菌作用很小，因此可用于多种真菌性病害预防，必须在病菌侵染寄主植物前用药才能获得理想的防病效果，连续使用病菌不易产生抗药性。

（5）鉴别要点：纯品为白色无味晶体。可湿性粉剂为白色至灰色疏松粉末。百菌清其他产品应取得农药生产批准证书号（HNP），选购时应注意识别该产品的农药登记证号、农药生产许可证（农药生产批准证书号）、执行标准号。

- **应用**

（1）单剂应用 可用于喷雾、浸（拌）种、土壤处理、灌根、涂抹、熏蒸、喷施粉尘剂等。

防治草莓白粉病、灰霉病、褐斑病、叶枯病，在开花初期、中期、末期各喷药1次，可选用75%百菌清可湿性粉剂600～800倍液，或720克/升百菌清悬浮剂800～1000倍液，或83%百菌清水分散粒剂800～1000倍液，或40%百菌清悬浮剂600～800倍液均匀喷雾。

防治苹果斑点落叶病，在病害发生前或病害初发期，用75%百菌清可湿性粉剂400～600倍液喷雾，每隔7～10天喷1次，连喷2次，安全间隔期28天，每季最多施用2次。

防治苹果黑星病、炭疽病、轮纹病，从苹果落花后10天左右开始，可选用 75%百菌清可湿性粉剂 800～1000 倍液,或 720 克/升百菌清悬浮剂 1000～1200 倍液,或 83%百菌清水分散粒剂 1000～1200 倍液,或 40%百菌清悬浮剂 600～800 倍液均匀喷雾,与戊唑・多菌灵、甲基硫菌灵、苯醚甲环唑等治疗性药剂交替使用,每隔 10～15 天喷 1 次,连续喷施。

防治葡萄霜霉病,在病害发生前或病害初发期,用 75%百菌清可湿性粉剂 500～625 倍液喷雾,每隔 7～10 天喷 1 次,连喷 5～7 次(注意与治疗性药剂交替使用),兼防炭疽病、褐斑病、白粉病,安全间隔期 21 天,每季最多施用 4 次。

防治葡萄白粉病、黑痘病,在病害发生前或病害初发期,用 75%百菌清可湿性粉剂 600～700 倍液喷雾,每隔 7～10 天喷 1 次,连喷 2 次,安全间隔期 21 天,每季最多施用 2 次。注意:红提葡萄果粒对百菌清较敏感,仅适合在果穗全部套袋后喷施。

防治葡萄白腐病,发现病害时开始,用 75%百菌清可湿性粉剂 500～800 倍液喷雾,每隔 10～15 天喷 1 次,连喷 3～5 次,或与其他杀菌剂交替使用,可兼治霜霉病。

防治葡萄炭疽病,从病菌开始侵染时开始,用 75%百菌清可湿性粉剂 500～600 倍液喷雾,每隔 10～15 天喷 1 次,连喷 3～5 次,可兼治褐斑病。

防治桃树黑星病(疮痂病)时,从落花后 20～30 天开始,可选用 75%百菌清可湿性粉剂 800～1000 倍液,或 720 克/升百菌清悬浮剂 1000～1200 倍液,或 83%百菌清水分散粒剂 1000～1200 倍液,或 40%百菌清悬浮剂 600～800 倍液均匀喷雾,每隔 10～15 天喷 1 次,直到果实采收前 1 个月,兼防真菌性穿孔病。

防治桃褐腐病时,从果实采收前 1.5 个月开始喷药,每隔 10 天左右喷 1 次,连喷 2～4 次。

防治柑橘疮痂病,在病害发生前或病害初发期,用 75%百菌清可湿性粉剂 833～1000 倍液均匀喷雾,每隔 7～10 天喷 1 次,连喷 2 次,安全间隔期 28 天,每季最多施用 2 次。

防治柑橘砂皮病、炭疽病、黑星病、黄斑病,在春梢生长期、花瓣脱落期、夏梢生长期、秋梢生长期及果实膨大至转色期各喷药 1～2 次,可选用 75%百菌清可湿性粉剂 600～800 倍液,或 720 克/升百菌清悬浮剂 800～1000 倍液,或 83%百菌清水分散粒剂 600～800 倍液,或 40%

　果树常用农药100种

百菌清悬浮剂 400～500 倍液均匀喷雾。

防治香蕉叶斑病、黑星病，发病初期，可选用 75%百菌清可湿性粉剂 600～800 倍液，或 720 克/升百菌清悬浮剂 600～800 倍液，或 83%百菌清水分散粒剂 600～800 倍液，或 40%百菌清悬浮剂 400～500 倍液喷雾，每隔 10 天左右喷 1 次，连喷 2～3 次。

防治保护地果树的灰霉病、花腐病，除上述喷雾防控外，还可采用熏烟。在病害发生前或连续 2 天阴天时开始用药，每亩选用 45%百菌清烟剂 150～180 克，或 40%百菌清烟剂 170～200 克，或 30%百菌清烟剂 200～250 克，或 20%百菌清烟剂 350～400 克，或 10%百菌清烟剂 700～800 克，均匀分多点点燃，而后密闭熏烟一夜。棚室熏烟后，第二天通风后才能进棚进行农事操作。

防治荔枝霜霉病，重病园在花蕾、幼果及成熟期，用 75%百菌清可湿性粉剂 500～1000 倍液各喷 1 次。

防治芒果炭疽病，重点是保护花朵提高穗实率和减少幼果期的潜伏侵染，一般是在新梢和幼果期用 75%百菌清可湿性粉剂 500～600 倍液喷雾。

防治杨桃炭疽病，幼果期，用 75%百菌清可湿性粉剂 500～800 倍液喷雾，每隔 10～15 天喷 1 次。

防治番木瓜炭疽病，于 8～9 月间，用 75%百菌清可湿性粉剂 600～800 倍液喷雾，每隔 10～15 天喷 1 次，连喷 3～4 次，重点喷果实。

防治甜瓜叶枯病，用 75%百菌清可湿性粉剂拌种，用药量为种子重量的 0.3%。

防治甜瓜猝倒病，用 75%百菌清可湿性粉剂 600 倍液灌根，每平方米苗床上浇 3 升药液。

防治西瓜叶枯病，用 75%百菌清可湿性粉剂 1000 倍液浸种 2 小时，洗净催芽。

（2）复配剂应用　可与氰霜唑、腐霉利、霜脲氰、乙霉威、甲霜灵、精甲霜灵、双炔酰菌胺、嘧霉胺、戊唑醇、嘧菌酯、三乙膦酸铝、烯酰吗啉等药剂复配、混合或轮换使用。

① 百·福。由百菌清与福美双复配而成的广谱保护性低毒复合杀菌剂。防治葡萄霜霉病、褐斑病、炭疽病、白腐病、黑痘病。防治霜霉病时，多从开花前后开始预防，可选用 70%百·福可湿性粉剂 600～800 倍液，

或 55%百·福可湿性粉剂 500～600 倍液喷雾，每隔 7～10 天喷 1 次，与治疗性药剂交替使用，重点喷洒叶面背面。防治褐斑病时，在田间初见病斑时喷药，每隔 7～10 天喷 1 次，连喷 3 次左右。防治炭疽病、白腐病时，从果粒基本长成大小时（或果粒开始着色前 7～10 天）开始喷药，每隔 7～10 天喷 1 次，与治疗性药剂交替使用，重点喷洒果穗。防治黑痘病时，在花蕾期、落花 70%～80%时及落花后 10 天左右各喷 1 次。注意，百菌清对红提葡萄果粒易造成药害，所以在红提葡萄上应在全套袋后使用。

② 霜脲·百菌清。由霜脲氰与百菌清复配而成。

防治甜瓜及西瓜的霜霉病，发病初期，每亩次可选用 18%霜脲·百菌清悬浮剂 300～400 毫升，或 25%霜脲·百菌清可湿性粉剂 150～200 克，或 36%霜脲·百菌清可湿性粉剂 120～150 克，兑水 45～75 千克喷雾。

防治葡萄霜霉病，首先在开花前、后各喷 1 次，预防幼果穗受害；然后以保护叶片为主，多从病害发生初期或田间初见病斑时开始，可选用 18%霜脲·百菌清悬浮剂 150～200 倍液，或 25%霜脲·百菌清可湿性粉剂 300～400 倍液，或 36%霜脲·百菌清可湿性粉剂 400～500 倍液喷雾，重点喷洒果穗及叶片背面，每隔 10 天左右喷 1 次，与不同类型药剂轮换，直到生长后期。

③ 精甲·百菌清。由精甲霜灵与百菌清复配而成。防治西瓜疫病，发病前或刚发病时，每亩用 440 克/升精甲·百菌清悬浮剂 100～150 毫升兑水 30～50 千克喷雾，每隔 7～10 天喷 1 次，连喷 2～3 次，安全间隔期 7 天，每季作物最多施用 3 次。

● **注意事项**

（1）百菌清化学性质稳定，是良好的伴药，除不能与石硫合剂、波尔多液等碱性农药混用外，几乎可以和其他所有的常用农药混用，不会出现化学反应降低药效等副作用。

（2）百菌清对蜜蜂、鸟类、鱼类等水生生物、家蚕有毒，施药期间应避免对周围蜂群和鸟类的影响，开花植物花期、蚕室和桑园附近禁用，远离水产养殖区施药，禁止在河塘等水体中清洗施药器具。

（3）梨、柿对百菌清较敏感，不可施用。高浓度在桃、梅、苹果上会引起药害。苹果落花后 20 天的幼果期不能用药，会造成果实锈斑。

（4）悬浮剂可能会有一些沉淀，摇匀后使用不影响药效。

克菌丹（captan）

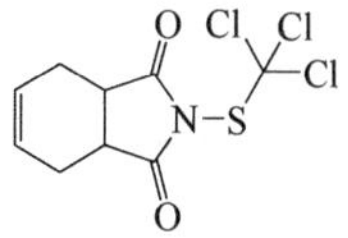

$C_9H_8Cl_3NO_2S$，300.589

● **其他名称**　美派安、美得乐、喜思安。

● **主要剂型**　50%、80%可湿性粉剂，80%、90%水分散粒剂，40%、450 克/升悬浮种衣剂，40%悬浮剂。

● **毒性**　低毒。

● **作用机理**　克菌丹属有机硫类广谱低毒保护性杀菌剂，作用机理是抑制病菌的线粒体呼吸作用，阻碍呼吸链中乙酰辅酶 A 的形成，影响病菌的能量代谢。

● **产品特点**

（1）属多作用位点杀菌剂，杀菌谱广，以保护作用为主，兼有一定的治疗作用，使用较安全，对多种作物上的多种真菌性病害均具有良好的预防效果，特别适用于对铜制剂农药敏感的作物。

（2）在水果上使用具有美容、去斑、促进果面光洁靓丽的作用。

（3）可渗透至病菌的细胞膜，既可干扰病菌的呼吸过程，又可干扰其细胞分裂，具有多个杀菌作用位点，连续多次使用极难诱导病菌产生抗药性。

● **应用**

（1）单剂应用　防治草莓灰霉病、白粉病、叶斑病，发病前预防或田间零星发病时，可选用 80%克菌丹水分散粒剂 600～1000 倍液喷雾，每隔 7～10 天喷 1 次，连喷 2～3 次，每季最多施用 3 次，安全间隔期 3 天；或用 50%克菌丹可湿性粉剂 400～600 倍液喷雾，每隔 7～10 天喷 1 次，连喷 3～5 次，每季最多施用 5 次，安全间隔期 2 天。

防治柑橘炭疽病、疮痂病、黑星病、黄斑病和树脂病，以防为主或发病初期，用 80%克菌丹水分散粒剂 600～1000 倍液喷雾，每隔 7～10 天喷 1 次，每季最多施用 3 次，安全间隔期 21 天。防治树脂病关键期为谢花后、幼果期、果实膨大期。

防治苹果树轮纹病，在幼果期开始，用 80%克菌丹可湿性粉剂 600～1000 倍液喷雾，每隔 10～15 天喷 1 次，连喷 3 次，每季最多施用 3 次，安全间隔期 21 天；或于发病初期，可选用 40%克菌丹悬浮剂 320～640 倍液，或 50%克菌丹可湿性粉剂 600～800 倍液等喷雾，每隔 7 天喷 1 次，连喷 3 次，每季最多用药 3 次，安全间隔期 7 天。

防治苹果炭疽病，发病初期，用 40%克菌丹悬浮剂 400～500 倍液喷雾，每季最多施用 3 次，安全间隔期 14 天。

防治苹果树斑点落叶病，发病初期或分别于春梢和秋梢生长期，用 40%克菌丹悬浮剂 400～600 倍液喷雾，每隔 7～10 天喷 1 次，连喷 2～3 次，每季最多施用 4 次，安全间隔期 14 天。

防治梨煤污病，发病前或发病初期，可选用 80%克菌丹水分散粒剂 600～1000 倍液，或 80%克菌丹水分散粒剂 1000～1200 倍液喷雾，每隔 7～10 天喷 1 次，每季最多施用 2 次，安全间隔期 14 天。

防治梨树黑星病，发病初期，用 50%克菌丹可湿性粉剂 500～700 倍液喷雾，安全间隔期 14 天。

防治葡萄霜霉病、褐斑病、炭疽病、白腐病、白粉病等，发病初期，可选用 50%克菌丹可湿性粉剂 400～600 倍液，或 80%克菌丹水分散粒剂 1000～1200 倍液喷雾。注意不要在红提和薄皮品种上使用。

防治桃、杏、李病害，防治炭疽病，从落花后 15～20 天开始，可选用 50%克菌丹可湿性粉剂 600～800 倍液，或 80%克菌丹水分散粒剂 1000～1200 倍液喷雾，每隔 10～15 天喷 1 次，连续喷雾，兼防黑星病、真菌性穿孔病等。防治黑星病时，从落花后 20～30 天开始，每隔 10～15 天喷 1 次，连喷 3～4 次，兼防炭疽病、真菌性穿孔病。防治褐腐病时，从果实成熟前 1.5 个月开始，每隔 10 天喷 1 次，连喷 2～4 次，兼防炭疽病、黑星病、真菌性穿孔病。

防治枣树的褐斑病、锈病、轮纹病、炭疽病，可选用 50%克菌丹可湿性粉剂 600～800 倍液，或 80%克菌丹水分散粒剂 1000～1200 倍液喷雾。枣树开花前喷 1 次，防治褐斑病发生。以后从坐住果后开始，每隔 10～15 天喷 1 次，连喷 4～6 次。高温干旱季节慎重使用，或提高喷施倍数，以防造成果面刺激。

防治石榴褐斑病、炭疽病，从幼果期开始，可选用50%克菌丹可湿性粉剂600~800倍液，或80%克菌丹水分散粒剂1000~1200倍液喷雾，每隔10~15天喷1次，连喷4~6次。

防治芒果病害，可选用50%克菌丹可湿性粉剂500~600倍液，或80%克菌丹水分散粒剂800~1000倍液喷雾，在花蕾初期、花期及小果期各喷1次，对炭疽病、白粉病有防效。以后从煤烟病或叶斑病发生初期再开始喷2次，每隔10~15天喷1次。

防治果树根部病害，防治苗期病害，育苗前每亩用50%克菌丹可湿性粉剂1000克均匀撒施在苗圃地内，浅混土后播种。果园内发现病树后，用50%克菌丹可湿性粉剂500~600倍液，或80%克菌丹水分散粒剂800~1000倍液浇灌树盘。

（2）复配剂应用　克菌丹常与戊唑醇、多抗霉素、多菌灵、苯醚甲环唑、吡唑醚菌酯、肟菌酯等混配。

① 克菌·戊唑醇。由克菌丹和戊唑醇混配的一种广谱低毒复合杀菌剂，具有预防保护和内吸治疗双重作用。

防治苹果轮纹病、炭疽病、斑点落叶病、褐斑病、黑星病，从苹果落花后7~10天开始，每隔10天左右喷1次，连喷3次药后套袋，重点防止果实受害，兼防叶部病害；套袋后10~15天喷1次，连喷3~5次，重点防治叶部病害。用400克/升克菌·戊唑醇悬浮剂1000~1200倍液喷雾，与不同类型药剂轮换。

防治葡萄炭疽病、白腐病、褐斑病，套袋葡萄在套袋前喷1次，即可有效防治炭疽病、白腐病为害果穗。不套袋葡萄以防治果实病害为主，兼防褐斑病即可；从果粒基本长成大小时开始，每隔10天左右喷1次，直到果实采收前一周。用400克/升克菌·戊唑醇悬浮剂800~1000倍液喷雾，与不同类型药剂轮换。

防治梨黑星病、轮纹病、炭疽病、白粉病、霉污病，从梨树落花后10天左右开始，用400克/升克菌·戊唑醇悬浮剂1000~1200倍液喷雾，每隔10~15天喷1次，连续喷药防治，直到采收前一周左右，与不同类型药剂轮换。

防治枣锈病、轮纹病、炭疽病，从枣坐住果后开始，用400克/升克菌·戊唑醇悬浮剂800~1000倍液喷雾，每隔10~15天喷1次，连喷5~

7 次，与不同类型药剂轮换。

防治柑橘炭疽病、黑星病，始果期、果实膨大期及果实转色期各喷药 2 次，用 400 克/升克菌·戊唑醇悬浮剂 1000～1200 倍液喷雾。

② 多抗·克菌丹。由多抗霉素与克菌丹混配而成。防治苹果斑点落叶病，发病初期，用 65%多抗·克菌丹可湿性粉剂 1000～1200 倍液喷雾，安全间隔期 21 天，每季最多施用 3 次。

③ 克菌·溴菌腈。由克菌丹与溴菌腈混配而成。

防治甜瓜炭疽病，用 75%克菌·溴菌腈可湿性粉剂 1000 倍液喷雾，每隔 7～10 天喷 1 次，连喷 3 次，安全间隔期 5 天，每季最多施用 3 次。

防治苹果炭疽病，发病初期，用 75%克菌·溴菌腈可湿性粉剂 1500～2000 倍液喷雾，每隔 10～15 天喷 1 次，连喷 3 次，安全间隔期 14 天，每季最多施用 3 次。

● **注意事项**

（1）对鱼高毒，应避免药液流入河塘水体，不要在河塘等水体清洗沾有药剂的器具。

（2）不能与碱性农药混用，与含锌离子的叶面肥混用时有些作物较敏感，应先试验，后使用。

（3）红提葡萄果穗对本品敏感，不推荐直接对果穗用药，可在巨峰、藤稔、玫瑰香及酒葡萄上使用。

（4）葡萄上不能与有机磷杀虫剂混用，也不能与激素及含激素叶面肥混用。

福美双（thiram）

$C_6H_{12}N_2S_4$，240.44

● **其他名称** 美尔果、多重福、秋兰姆、阿锐生、赛欧散、抗春晴、斑王、美尔果根宝。

● **主要剂型** 50%、70%、75%、80%、85%可湿性粉剂，80%水分散

粒剂。

● **毒性**　中等毒。

● **作用机理**　福美双是一种有机硫保护性杀菌剂，作用机理主要是抑制病原菌体内丙酮酸的氧化。

● **产品特点**

（1）药液在作物上形成一层药膜保护作物。黏着力较强，较耐雨水冲刷。

（2）抗菌谱广，保护作用强。对多种作物霜霉病、疫病、炭疽病有较好的防治效果。

（3）鉴别要点

① 物理鉴别（感官鉴别）　工业品为灰黄色粉末，有鱼腥味，不溶于水，50%福美双可湿性粉剂外观为灰白色粉末。

② 生物鉴别　选取带有油菜（黄瓜）霜霉病病菌的叶片若干个，取其1片用50%福美双可湿性粉剂500倍液直接喷雾菌落处，数小时后在显微镜下观察已喷叶片上菌落群中病菌孢子的情况，并对照观察未喷药叶片上病菌孢子的变化情况。若喷药叶片上病菌孢子活动明显受到抑制且有致死孢子，则该药品质量合格，否则不合格。

● **应用**

（1）单剂应用　防治葡萄霜霉病，在初见病斑时，可选用50%福美双可湿性粉剂600～800倍液，或80%福美双水分散粒剂1000～1200倍液喷雾，每隔10天左右喷1次，与其他治疗性药剂轮换，连续喷药，兼防褐斑病、白粉病、炭疽病。

防治葡萄白腐病，从果实开始转色前或果粒长成大小时开始，药剂用量同葡萄霜霉病，每隔7～10天喷1次，与其他类型杀菌剂轮换，连续喷至果实采收前1周，兼防炭疽病、褐斑病、白粉病。此外，还可在幼果期地面用福美双∶硫黄粉∶石灰粉＝1∶1∶2的混合药粉，每亩次1～2千克，均匀撒施于地面，可有效控制地面病菌向上传播。

防治葡萄白腐病，发病初期，用50%福美双可湿性粉剂500～1000倍液全株喷雾，每隔5～7天喷1次，安全间隔期15天，每季最多施用3次。

防治柑橘树炭疽病、黑星病、黄斑病，在柑橘新梢叶片发病前或发病初期，用80%福美双水分散粒剂450～650倍液喷雾，每隔10天左右喷 1 次，每季最多施用 3 次，安全间隔期 21 天。

防治苹果树黑星病、斑点落叶病及不套袋果的轮纹病，苹果谢花后 1.5 个月或套袋后，可选用 50%福美双可湿性粉剂 600～800 倍液，或 80%福美双水分散粒剂 1000～1200 倍液喷雾，每隔 7～10 天喷 1 次，连喷 3～4 次，每季最多施用 4 次，安全间隔期 21 天。

防治香蕉叶斑病、黑星病，发病初期，用 80%福美双水分散粒剂 700～900 倍液喷雾，每隔 15 天左右喷 1 次，每季最多施用 3 次，安全间隔期 14 天。

防治梨树黑星病、黑斑病、褐斑病、白粉病及不套袋果的轮纹病、炭疽病，从落花后 1.5 个月或套袋后开始，可选用 50%福美双可湿性粉剂 600～800 倍液，或 80%福美双水分散粒剂 1000～1200 倍液喷雾，每隔 10～15 天喷 1 次，与其他治疗性杀菌剂轮换，连喷 4～6 次。

防治桃、杏、李黑星病（疮痂病），从落花后 20～30 天开始，可选用 50%福美双可湿性粉剂 600～800 倍液，或 80%福美双水分散粒剂 1000～1200 倍液喷雾，每隔 10～15 天喷 1 次，连喷 2～4 次。

防治桃、杏、李褐腐病，发病初期，可选用 50%福美双可湿性粉剂 600～800 倍液，或 80%福美双水分散粒剂 1000～1200 倍液喷雾，每隔 10 天左右喷 1 次，连喷 2～3 次。

防治草莓灰霉病，可选用 50%福美双可湿性粉剂 600～800 倍液，或 80%福美双水分散粒剂 1000～1200 倍液喷雾，在开花初期和落花后 10 天左右各喷 1 次。

防治枣树褐斑病，可选用 50%福美双可湿性粉剂 600～800 倍液，或 80%福美双水分散粒剂 1000～1200 倍液喷雾，在开花前、后各喷 1 次。而后多于 6 月中下旬开始继续喷药，每隔 10～15 天喷 1 次，与其他不同类型药剂轮换，连喷 5～7 次，可兼防锈病、轮纹病、炭疽病、褐斑病、缩果病等。

土壤消毒，防治苗床及果树根部病害时，可使用福美双进行土壤消毒，以防治苗床病害及根部土传病害的发生，一般每平方米用 3～4 克有效成分的可湿性粉剂，拌一定量细土后均匀撒施。

涂抹树干，在苹果、梨、桃、柑橘等果树的幼树期，入冬前，可选用 50%福美双可湿性粉剂 8～10 倍液，或 70%福美双可湿性粉剂 12～15 倍液，或 80%福美双可湿性粉剂或 80%福美双水分散粒剂 15～20 倍液等高浓度药剂涂抹树干，可有效驱避野兔等啃食树皮。

（2）复配剂应用　福美双常与福美锌、硫黄、多菌灵、甲基硫菌灵、苯菌灵、异菌脲、腈菌唑、氟环唑、三乙膦酸铝、腐霉利、烯酰吗啉、甲霜灵、三唑酮、嘧霉胺、噁霉灵、戊唑醇、菌核净、咪鲜胺、苯醚甲环唑等混配。

如福·福锌，由福美双与福美锌混配的一种广谱保护性低毒复合杀菌剂，具有抑菌和杀菌双重活性。

防治西瓜、甜瓜等瓜类炭疽病，发病初期，每亩次可选用40%福·福锌可湿性粉剂250～300克，或80%福·福锌可湿性粉剂120～150克，兑水60～75千克喷雾，每隔7～10天喷1次，连喷2～3次。

防治苹果炭疽病，从苹果落花后10天左右开始，可选用40%福·福锌可湿性粉剂250～300倍液，或80%福·福锌可湿性粉剂500～600倍液喷雾，每隔10～15天喷1次，与不同类型药剂轮换，连喷5～7次（套袋苹果喷药3次后套袋）。

此外，还可防治梨炭疽病，葡萄黑痘病、炭疽病，枣轮纹病、炭疽病。药剂喷施倍数同苹果炭疽病。

● **注意事项**

（1）不可与碱性农药等物质及铜汞制剂混用。与其他不同作用机制的杀菌剂轮换使用，以延缓抗药性的产生。

（2）对蜜蜂、家蚕有毒，施药期间应避免对周围蜂群的影响，蜜源作物花期、蚕室和桑园附近禁用；远离水产养殖区施药，禁止在河塘等水体中清洗施药器具。

代森锌（zineb）

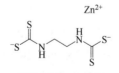

$C_4H_6N_2S_4Zn$，275.76

● **其他名称**　帕什特、蓝宝、惠光、国光、银泰、锌乃浦、培金。

● **主要剂型** 60%、65%、80%可湿性粉剂，4%粉剂。

● **毒性** 低毒。

● **作用机理** 代森锌是一种叶面喷洒使用的广谱保护性有机硫低毒杀菌剂，对许多病菌如霜霉病菌、晚疫病菌及炭疽病菌等有较强触杀作用，对植物安全，有效成分化学性质较活泼，在水中易被氧化成异硫氯化物，对病原菌体内含有—SH 的酶有强烈的抑制作用，并能直接杀死病菌孢子，抑制孢子的发芽阻止病菌侵入植物体内，但对已侵入植物体内的病原菌丝体的杀伤作用小。因此，使用代森锌防治病害应掌握在病害始见期进行。

● **应用**

（1）单剂应用　防治西瓜炭疽病，每亩用 65%代森锌可湿性粉剂 100～120 克兑水 40～60 千克喷雾，每季最多施用 4 次，安全间隔期 14 天。

防治草莓灰霉病、叶斑病，可选用 65%代森锌可湿性粉剂 400～500 倍液，或 80%代森锌可湿性粉剂 600～800 倍液喷雾，防治灰霉病时，从花蕾期开始，每隔 7～10 天喷 1 次，连喷 2～4 次。防治叶斑病时，发病初期，每隔 7～10 天喷 1 次，连喷 2～3 次。

防治柑橘树疮痂病、炭疽病、黑星病、黄斑病、溃疡病、黑点病，可选用 65%代森锌可湿性粉剂 400～500 倍液，或 80%代森锌可湿性粉剂 600～800 倍液喷雾，在柑橘嫩梢期、花期、幼果期、果实成熟期等易发病期各喷 1～2 次，与不同类型药剂轮换。

防治苹果斑点落叶病，发病初期，可选用 80%代森锌可湿性粉剂 500～700 倍液，或 65%代森锌可湿性粉剂 500～600 倍液喷雾，每隔 7～10 天喷 1 次，连喷 3 次，每季最多施用 3 次，安全间隔期 28 天。与戊唑·多菌灵、甲基硫菌灵、多菌灵、戊唑醇、苯醚甲环唑、克菌丹、吡唑醚菌酯等药剂轮换使用。

防治梨黑星病，从落花后至生长后期的全生长期，可选用 65%代森锌可湿性粉剂 500～600 倍液，或 80%代森锌可湿性粉剂 600～800 倍液喷雾，每隔 7～10 天喷 1 次，与苯醚甲环唑、腈菌唑、戊唑醇、甲基硫菌灵、戊唑·多菌灵、克菌丹、代森锰锌等轮换，连喷 6～7 次。可兼治梨黑斑病。

防治葡萄霜霉病、炭疽病、褐斑病、黑痘病，可选用 65%代森锌可湿性粉剂 400～600 倍液，或 80%代森锌可湿性粉剂 500～700 倍液喷雾，开花前、落花后各喷 1 次可防控幼穗期黑痘病、霜霉病；以后从田间初见霜霉病病斑时开始，每隔 7 天左右喷 1 次，与烯酰吗啉、氟吗啉、波尔·甲霜灵、波尔·霜脲氰、霜脲·锰锌等专用治疗剂轮换，直到生长后期。

防治桃树缩叶病、黑星病、炭疽病及穿孔病，可选用 65%代森锌可湿性粉剂 500～600 倍液，或 80%代森锌可湿性粉剂 600～800 倍液喷雾，萌芽期喷 1～2 次，可控制缩叶病。以后从落花后 20～30 天开始，每隔 7～10 天喷 1 次，连喷 2～4 次，可防控黑星病、炭疽病及穿孔病。往年褐腐病发生较重的果园，在果实采收前 1～1.5 个月喷药，每隔 7～10 天喷 1 次，连喷 2～3 次。

防治桃褐腐病和疮痂病，从落花后到春梢停止生长前，用 65%代森锌可湿性粉剂 600 倍液喷雾 2～3 次，可预防病菌侵染，并兼治炭疽病和穿孔病等病害。

防治枣树褐斑病、锈病、轮纹病、炭疽病，可选用 65%代森锌可湿性粉剂 400～500 倍液，或 80%代森锌可湿性粉剂 600～800 倍液喷雾，开花前喷 1 次，一茬果坐住后再喷 1 次，可防控褐斑病；以后从 6 月中下旬开始连续喷药，每隔 7～10 天喷 1 次，与不同类型药剂轮换，连喷 5～7 次，可防控锈病、轮纹病、炭疽病。

防治杏树和李树花腐病、黑星病、炭疽病及穿孔病，可选用 65%代森锌可湿性粉剂 500～600 倍液，或 80%代森锌可湿性粉剂 600～800 倍液喷雾，在花芽露红时和落花后各喷 1 次，控制花腐病。以后从落花后 20～30 天开始，每隔 7～10 天喷 1 次，连喷 2～4 次，可控制黑星病、炭疽病及穿孔病。往年褐腐病发生较重的果园，在果实采收前 1 个月喷药预防，每隔 7～10 天喷 1 次，连喷 2～3 次。

防治核桃炭疽病、黑斑病，可选用 65%代森锌可湿性粉剂 400～500 倍液，或 80%代森锌可湿性粉剂 600～800 倍液喷雾。防控黑斑病时，从初见病叶时开始，每隔 7～10 天喷 1 次，连喷 2～4 次，与不同类型药剂轮换；防控炭疽病时，从幼果开始快速膨大时开始，每隔 7～10 天喷 1 次，连喷 2～4 次，与不同类型药剂轮换。

防治柿树圆斑病、角斑病、炭疽病，可选用 65%代森锌可湿性粉剂 400～500 倍液，或 80%代森锌可湿性粉剂 600～800 倍液喷雾。防治圆斑病、角斑病时，从落花后半月左右开始，每隔 7～10 天喷 1 次，连喷 2～3 次，兼防炭疽病早期侵染；防治炭疽病，从果实膨大期开始，每隔 7～10 天喷 1 次，连喷 2～4 次，与不同类型药剂轮换。

防治山楂花腐病、锈病，可选用 65%代森锌可湿性粉剂 400～500 倍液，或 80%代森锌可湿性粉剂 600～800 倍液喷雾，开花前喷 1 次，落花后喷 1～2 次（每隔 7～10 天喷 1 次）。

防治石榴炭疽病、麻皮病、叶斑病，可选用 65%代森锌可湿性粉剂 400～500 倍液，或 80%代森锌可湿性粉剂 600～800 倍液喷雾，花蕾期喷 1 次；以后从幼果期开始连续喷药，每隔 7～10 天喷 1 次，连喷 4～6 次，与不同类型药剂轮换。

防治芒果炭疽病、叶斑病，发病初期，可选用 65%代森锌可湿性粉剂 400～500 倍液，或 80%代森锌可湿性粉剂 600～800 倍液喷雾，每隔 7～10 天喷 1 次，不同类型药剂轮换，连喷 3～5 次。

（2）复配剂应用

① 代锌·甲霜灵。由代森锌与甲霜灵混配的一种低毒复合杀菌剂，具有保护和治疗双重作用。

防治甜瓜等瓜类霜霉病，发病初期，用 47%代锌·甲霜灵可湿性粉剂 500～600 倍液喷雾，每隔 7～10 天喷 1 次，与不同类型药剂轮换，重点喷叶片背面，连续喷施到生长后期。

防治葡萄霜霉病，用 47%代锌·甲霜灵可湿性粉剂 600～800 倍液喷雾，重点喷叶片背面。首先在开花前、后各喷 1 次，预防幼果穗受害；然后从叶片发病初期开始连续喷药，每隔 7～10 天喷 1 次，与不同类型药剂轮换，直到生长后期。

防治荔枝霜疫霉病，用 47%代锌·甲霜灵可湿性粉剂 500～600 倍液喷雾，花蕾期、幼果期、近成果期各喷 1 次。

② 王铜·代森锌。由王铜与代森锌混配的一种广谱保护性低毒复合杀菌剂。

防治柑橘溃疡病，柑橘生长的春梢期、幼果期和秋梢期，用 52%王铜·代森锌可湿性粉剂 300～400 倍液喷雾，每期内可喷药 1～2 次。

防治西瓜细菌性果斑病，发病初期，用 52%王铜·代森锌可湿性粉剂 300～400 倍液喷雾，每隔 7～10 天喷 1 次，连喷 2～3 次，重点喷瓜的表面。

● **注意事项**

（1）宜与其他不同作用机制的杀菌剂轮换使用。不能与铜制剂或碱性的物质混合使用。

（2）对鱼类等水生生物有毒，远离水产养殖区施药，禁止在河塘等水体中清洗施药器皿。

代森锰锌（mancozeb）

$$[C_4H_6MnN_2S_4]_xZn_y$$

● **其他名称**　大生 M-45、喷克、太盛、必得利、猛杀生、比克、大富生、大丰、山德生、新万生、速克净。

● **主要剂型**　50%、70%、80%、85%可湿性粉剂，30%、40%、420克/升、43%、430 克/升、48%悬浮剂，70%、75%、80%水分散粒剂，80%粉剂，75%干悬浮剂。

● **毒性**　低毒（对鱼类中等毒性）。

● **作用机理**　代森锰锌主要通过金属离子杀菌。其杀菌机理是抑制病菌代谢过程中丙酮酸的氧化，从而导致病菌死亡，该抑制过程具有六个作用位点，故病菌极难产生抗药性。

● **产品特点**

（1）目前市场上代森锰锌类产品分为两类：一类为全络合态结构；一类为非全络合态结构（又称"普通代森锰锌"）。全络合态产品主要为80%代森锰锌可湿性粉剂和 75%代森锰锌水分散粒剂，该类产品使用安全，防病效果稳定，并具有促进果面亮洁、提高果品质量的作用。非全络合态结构的产品，防病效果不稳定，使用不安全，使用不当经常造成不同程度的药害，严重影响产品质量。

（2）杀菌谱广。代森锰锌属有机硫类、广谱性、保护型杀菌剂，具有高效、低毒、病菌不易产生抗性等特点，且对作物的缺锰、缺锌症有治疗作用。从低等真菌到高等真菌，对大多数病原菌都有效果，可用于防治 400 多种病害，是对多种病菌具有有效预防作用的广谱性杀菌剂之一，对病菌没有治疗作用，必须在病菌侵害寄主植物前喷施才能获得理想的防治效果。

（3）不易产生抗性。代森锰锌是一款保护性杀菌剂产品，而现有的杀菌剂中保护性杀菌剂数量并不是很多。代森锰锌可作用于病原菌细胞上的多个位点，使病原菌难以产生遗传性适应能力，所以它的抗药性风险较低。

（4）混配性好。常被用作许多复配剂的主要成分。可与多种农药、化肥混用，如与硫黄粉、多菌灵、甲基硫菌灵、福美双、三乙膦酸铝、甲霜灵、霜脲氰、噁霜灵、烯酰吗啉、噁唑菌酮、腈菌唑、氟吗啉等杀菌成分混配，生产复配杀菌剂。与内吸性杀菌成分混配时，可以延缓病菌对内吸成分抗药性的产生。

（5）补充微量元素。作物的生长过程中所必需的营养元素有 16 种，其中包含锌和锰元素，而代森锰锌本身就含有大量的锌和锰离子。即使用代森锰锌防治病害的同时，也相当于为作物补充了锌元素和锰元素，其中锌元素有利于幼芽和嫩叶的发育，锰元素可以促进叶片的光合作用。

（6）耐雨水冲刷，价格相对比较实惠，性价比高。

（7）鉴别要点：工业品为灰黄色粉末。不溶于水及大多数有机溶剂，遇酸碱分解，高温暴露在空气中和受潮易分解，可引起燃烧。可湿性粉剂为灰黄色粉末。可湿性粉剂应取得农药生产许可证（XK），其他产品应取得农药生产批准证书（HNP）。选购时应注意识别。

● 应用

（1）单剂应用　防治西瓜炭疽病，发病前或初见病斑时，每亩可选用 80%代森锰锌可湿性粉剂 130～210 克，或 75%代森锰锌水分散粒剂 220～240 克，兑水 30～50 千克喷雾，每隔 7～10 天喷 1 次，连喷 2～3 次，安全间隔期 21 天，每季最多使用 3 次。

防治甜瓜炭疽病、霜霉病、疫病、蔓枯病，发病前或初见病斑时，每亩用 80%代森锰锌可湿性粉剂 150～200 克兑水 45～60 千克喷雾，每隔 7～10 天喷 1 次，连喷 3～6 次。采摘前 5 天停止用药。

防治苹果树斑点落叶病，苹果落花后和秋梢期病害发生之前，每亩用 80%代森锰锌可湿性粉剂 600～800 倍液整株喷雾，每隔 7 天喷 1 次，连喷 2～3 次，安全间隔期 10 天，每季最多使用 3 次。

防治苹果树轮纹病、炭疽病，发病前或发病初期，用 80%代森锰锌可湿性粉剂 600～800 倍液喷雾，每隔 7～10 天喷 1 次，连喷 2～3 次，每季最多施用 3 次，安全间隔期 10 天。

防治苹果霉心病，盛花末期，用 80%代森锰锌可湿性粉剂或 75%代森锰锌水分散粒剂 600～800 倍液喷雾。

防治梨树黑星病，发病前或发病初期，可选用 80%代森锰锌可湿性粉剂 500～1000 倍液，或 75%代森锰锌水分散粒剂 470～900 倍液喷雾，每隔 7～10 天喷 1 次，连喷 2～3 次，安全间隔期 10 天，每季最多使用 3 次。

防治桃褐腐病，桃树落花后 10 天至采收前 1 个月，用 70%代森锰锌可湿性粉剂 500～700 倍液喷雾，每隔 15 天左右喷 1 次，注意和其他杀菌剂交替使用。

防治桃炭疽病，在花前、花后及生长期，用 70%代森锰锌可湿性粉剂 500～700 倍液喷雾，连喷 3～4 次，可兼治疮痂病等病害。

防治葡萄白腐病、炭疽病、黑痘病和霜霉病，发病前或发病初期，用 80%代森锰锌可湿性粉剂 600～800 倍液喷雾，每隔 7～10 天喷 1 次，连喷 2～3 次，安全间隔期 28 天，每季最多施用 3 次。

防治香蕉叶斑病、黑星病及炭疽病，发病前或发病初期，可选用 40%代森锰锌悬浮剂 300～400 倍液，或 80%代森锰锌可湿性粉剂或 75%代森锰锌水分散粒剂 600～700 倍液，或 48%代森锰锌悬浮剂 300～400 倍液等喷雾，每隔 7～10 天喷 1 次，安全间隔期 35 天，每季最多使用 3 次。

防治荔枝、龙眼霜疫霉病，发病前或发病初期，可选用 80%代森锰锌可湿性粉剂 400～600 倍液，或 70%代森锰锌水分散粒剂 350～500 倍液整株喷雾，每隔 7～10 天 1 次，连喷 2～3 次，安全间隔期 10 天，每季最多施用 3 次。

防治柑橘疮痂病、炭疽病、砂皮病（黑点病），兼防蒂腐病、黑星病、黄斑病，用 80%代森锰锌可湿性粉剂或 75%代森锰锌水分散粒剂 400～

600 倍液喷雾，柑橘萌芽 2～3 毫米、谢花 2/3、幼果期各喷药 1 次，多雨年份及重病果园应适当增加喷药 1～2 次，6 月底或 7 月上旬、8 月中旬各喷药 1 次，能彻底防控锈壁虱，兼防砂皮病、炭疽病、黑星病、煤烟病等果实害。椪柑和橙类，9 月上中旬再喷药 1 次，有效防治炭疽病。安全间隔期 21 天，每季最多使用 3 次。

防治芒果炭疽病，在嫩梢期或坐果期，用 80%代森锰锌可湿性粉剂 400～600 倍液喷雾，每隔 7～10 天喷 1 次，连喷 3 次，安全间隔期 21 天，每季最多使用 3 次。

防治樱桃褐斑病，发病前或发病初期，用 80%代森锰锌可湿性粉剂 600～1200 倍液喷雾，视病害发生情况，每隔 7～10 天喷 1 次，连喷 2～3 次，安全间隔期 28 天，每季最多施用 3 次。

防治枣树锈病，发病前或发病初期，用 80%代森锰锌可湿性粉剂 600～800 倍液喷雾，每隔 7～10 天喷 1 次，连喷 3～5 次，安全间隔期 21 天，每季最多施用 5 次。

防治猕猴桃蒂腐病，在猕猴桃开花后期和采收前各喷 1 次 70%代森锰锌可湿性粉剂 600～800 倍液。

防治甜瓜蔓枯病（在幼苗三叶期），用 70%代森锰锌可湿性粉剂 500 倍液灌根。

（2）复配剂应用　代森锰锌可与苯醚甲环唑、戊唑醇、多菌灵、福美双、腈菌唑、三唑酮、烯唑醇、异菌脲、三乙膦酸铝、硫黄、甲霜灵、精甲霜灵、霜脲氰、烯酰吗啉、氟吗啉、多抗霉素、波尔多液等混配。

① 代森·苯醚甲。由代森锰锌与苯醚甲环唑混配的一种低毒复合杀菌剂，具有保护和治疗双重杀菌作用。

防治梨黑星病、炭疽病、黑斑病、轮纹病，以防治黑星病为主，兼防其他病害，一般梨园从落花后 7～10 天开始，用 45%代森·苯醚甲可湿性粉剂 1000～1200 倍液喷雾，与不同类型药剂轮换，连续喷施到采收前 10 天左右。

防治苹果黑星病、炭疽病、轮纹病，防治黑星病时，从病害发生初期开始，用 45%代森·苯醚甲可湿性粉剂 1000～1200 倍液喷雾，每隔 10～15 天喷 1 次，连喷 2～3 次。防治炭疽病、轮纹病时，从落花后 7～10 天开始喷药，每隔 10 天左右喷 1 次，连喷 3 次药后套袋；不套袋苹果，3 次药后仍需继续喷药，每隔 10～15 天喷 1 次，需再喷 4～6 次。具体用药时，与不同类型药剂轮换。

防治桃黑星病，从落花后半月左右开始，用 45%代森•苯醚甲可湿性粉剂 800～1000 倍液喷雾，每隔 10～15 天喷 1 次，连喷 2～3 次，往年病害严重桃园，需连续喷药至采收前 1 个月。

防治枣锈病、轮纹病、炭疽病，从坐住后 10 天左右开始，用 45%代森•苯醚甲可湿性粉剂 800～1000 倍液喷雾，每隔 10～15 天喷 1 次，连喷 5～7 次，与不同类型药剂轮换。

防治石榴炭疽病、褐斑病，在开花前、落花后、幼果期、套袋前，用 45%代森•苯醚甲可湿性粉剂 1000～1200 倍液各喷药 1 次，与不同类型药剂轮换喷雾。

防治柑橘黑星病、炭疽病，谢花 2/3 至幼果期及转色期是防治炭疽病关键期，果实膨大期至转色前是防治黑星病关键期，用 45%代森•苯醚甲可湿性粉剂 800～1000 倍液喷雾，每隔 10～15 天喷 1 次，与不同类型药剂轮换。

防治香蕉叶斑病、黑星病，发病初期开始，用 45%代森•苯醚甲可湿性粉剂 600～800 倍液喷雾，每隔半月左右喷 1 次，连喷 3～5 次，与不同类型药剂轮换。

② 代森•戊唑醇。由代森锰锌与戊唑醇混配的一种低毒复合杀菌剂，具有双重杀菌机理，病菌不易产生抗药性。

防治苹果斑点落叶病、轮纹病、炭疽病，用 25%代森•戊唑醇可湿性粉剂 500～600 倍液喷雾，防治斑点落叶病时，在春梢生长期内和秋梢生长期内各喷药 2～3 次，每隔 10～15 天喷 1 次。防治轮纹病、炭疽病时，从落花后 7～10 天开始，每隔 10～15 天喷 1 次，连喷 3 次药后套袋；不套袋苹果则需再喷药 3～5 次。具体喷药时，与不同类型药剂轮换。

防治梨黑斑病，发病初期，用 25%代森•戊唑醇可湿性粉剂 400～500 倍液喷雾，每隔 10～15 天喷 1 次，与不同类型药剂轮换，连喷 3～4 次。

③ 锰锌•多菌灵。由代森锰锌与多菌灵混配的一种广谱低毒复合杀菌剂，具有保护和治疗双重作用。主要用于防治苹果树斑点落叶病和梨树黑星病，在斑点落叶病发病初期使用效果更佳，而防治梨树黑星病需要在发病初期用药。该配方还可用于防治苹果树轮纹病、荔枝树炭疽病等。

防治苹果轮纹病、炭疽病、斑点落叶病、黑星病，可选用 25%锰锌•多菌灵可湿性粉剂 200～250 倍液，或 35%锰锌•多菌灵可湿性粉剂 300～350 倍液，或 40%锰锌•多菌灵可湿性粉剂 400～500 倍液，或 50%锰锌•多菌灵可湿性粉剂 500～600 倍液，或 60%锰锌•多菌灵可湿性粉剂 600～700 倍液，或 70%锰锌•多菌灵可湿性粉剂 700～800 倍液，或 80%锰锌•多菌灵可湿性粉剂 800～1000 倍液喷雾，与不同类型药剂轮换。防治轮纹病、炭疽病时，从苹果落花后 7～10 天开始，每隔 10 天左右喷 1 次，连喷 3 次药后套袋；不套袋苹果继续喷药，每隔 10～15 天喷 1 次，再喷 3～5 次。防治斑点落叶病时，在春梢生长期和秋梢生长期内各喷 2 次左右，每隔 10～15 天喷 1 次。防治黑星病时，发病初期，每隔 10～15 天喷 1 次，连喷 2～3 次。

此外，还可防治梨黑星病、轮纹病、炭疽病，桃疮痂病、炭疽病，石榴褐斑病、炭疽病，柑橘疮痂病、炭疽病、黑星病，药剂喷施倍数同苹果轮纹病。

防治西瓜炭疽病，发病初期，每亩次选用 25%锰锌•多菌灵可湿性粉剂 200～300 克，或 35%锰锌•多菌灵可湿性粉剂 150～200 克，或 40%锰锌•多菌灵可湿性粉剂 120～180 克，兑水 45～75 千克喷雾，每隔 7～10 天喷 1 次，连喷 3～4 次。

④ 锰锌•福美双。由代森锰锌与福美双混配的一种广谱保护性低毒复合杀菌剂。

防治苹果轮纹病、炭疽病、斑点落叶病，防治轮纹病、炭疽病时，从苹果落花后 7～10 天开始，可选用 70%锰锌•福美双可湿性粉剂 600～800 倍液，或 60%锰锌•福美双可湿性粉剂 500～600 倍液喷雾，每隔 10～15 天喷 1 次，连喷 6～8 次，与不同类型药剂轮换。如果苹果套袋，则喷 3 次药后套袋。防治斑点落叶病时，在春梢生长期和秋梢生长期内各喷 2 次左右即可。

此外，还可防治梨轮纹病、炭疽病、黑斑病，葡萄穗轴褐枯病，枣轮纹病、炭疽病，药剂喷施倍数同苹果轮纹病。

⑤ 锰锌•腈菌唑。由代森锰锌与腈菌唑混配的一种广谱低毒复合杀菌剂，具有保护和治疗双重作用。

防治梨黑星病、白粉病、锈病，可选用 50%锰锌•腈菌唑可湿性粉剂或 60%锰锌·腈菌唑可湿性粉剂，或 62.25%锰锌·腈菌唑可湿性粉剂，或 62.5%锰锌·腈菌唑可湿性粉剂 500～700 倍液喷雾。开花前、后各喷 1 次，有效防治锈病；以后以防治黑星病为主，兼防白粉病，从出现黑星病梢或病叶时开始继续喷药，每隔 10～15 天喷 1 次，连喷 6～8次，与不同类型药剂轮换。

此外，还可防治苹果黑星病、锈病，葡萄白粉病，桃黑星病，柿白粉病，核桃白粉病，枣树锈病，柑橘疮痂病、黑星病，药剂喷施倍数同梨黑星病。

防治香蕉黑星病、叶斑病，从病害发生初期开始，可选用 50%锰锌·腈菌唑可湿性粉剂或 60%锰锌·腈菌唑可湿性粉剂或 62.25%锰锌·腈菌唑可湿性粉剂或 62.5%锰锌·腈菌唑可湿性粉剂 400～500 倍液喷雾，每隔 15～20 天喷 1 次，连喷 3～5 次。

⑥ 锰锌·三唑酮。由代森锰锌与三唑酮混配的一种低毒复合杀菌剂，具有保护和治疗双重作用。

防治梨黑星病、白粉病、锈病，开花前、后各喷 1 次，有效防治锈病；以后以防治黑星病为主，兼防白粉病，从田间初见黑星病病梢时开始，可选用 33%锰锌·三唑酮可湿性粉剂 700～900 倍液，或 40%锰锌·三唑酮可湿性粉剂 800～1000 倍液喷雾，每隔 10～15 天喷 1 次，连喷 6～8 次，与不同类型药剂轮换。

此外，还可防治苹果锈病、黑星病，枣锈病，药剂喷施倍数同梨黑星病。

⑦ 锰锌·烯唑醇。由代森锰锌与烯唑醇混配的一种低毒复合杀菌剂，具有保护和治疗双重作用。

防治梨黑星病、白粉病、锈病，可选用 32.5%锰锌·烯唑醇可湿性粉剂 400～600 倍，或 40%锰锌·烯唑醇可湿性粉剂 600～800 倍液喷雾。开花前、后各喷 1 次，有效防治锈病；以后以防治黑星病为主，兼防白粉病，从田间初见黑星病病梢时开始，每隔 10～15 天喷 1 次，连喷 6～8 次，与不同类型药剂轮换。

此外，还可防治苹果锈病、黑星病，桃黑星病，葡萄白粉病，药剂喷施倍数同梨黑星病。

⑧ 锰锌·异菌脲。由代森锰锌与异菌脲混配的一种广谱预防性低毒

复合杀菌剂，以保护作用为主。

防治苹果斑点落叶病，用 50%锰锌·异菌脲可湿性粉剂 600～700 倍喷雾，在春梢生长期内和秋梢生长期内各喷药 2 次左右。

防治梨黑斑病，发病初期，用 50%锰锌·异菌脲可湿性粉剂 600～700 倍喷雾，每隔 10～15 天喷 1 次，连喷 2～3 次。

防治葡萄穗轴褐枯病，用 50%锰锌·异菌脲可湿性粉剂 600～700 倍喷雾，重点喷洒穗部，在葡萄开花前、后各喷 1 次，即可有效控制穗轴褐枯病。

防治桃、李、杏的褐腐病，从褐腐病发生初期或初见褐腐病病斑时开始，用 50%锰锌·异菌脲可湿性粉剂 500～600 倍液喷雾，每隔 10 天左右喷 1 次，连喷 1～2 次。

防治草莓灰霉病，发病初期或初见灰霉病病果或病叶时，或持续阴天 2 天时，用 50%锰锌·异菌脲可湿性粉剂 500～600 倍液喷雾，每隔 10 天左右喷 1 次，连喷 2～4 次。

⑨ 乙铝·锰锌。由三乙膦酸铝与代森锰锌混配的一种广谱低毒复合杀菌剂，具有内吸治疗和预防保护双重作用，耐雨水冲刷。

防治西瓜炭疽病，发病初期，可选用 50%乙铝·锰锌可湿性粉剂 300～400 倍液，或 70%乙铝·锰锌可湿性粉剂 400～500 倍液喷雾，每隔 7～10 天喷 1 次，连喷 3～4 次。

防治苹果轮纹病、炭疽病、斑点落叶病，从苹果落花后 7～10 天开始，可选用 50%乙铝·锰锌可湿性粉剂 400～600 倍液，或 61%乙铝·锰锌可湿性粉剂 400～600 倍液，或 64%乙铝·锰锌可湿性粉剂 400～500 倍液，或 70%乙铝·锰锌可湿性粉剂 500～700 倍液，或 81%乙铝·锰锌可湿性粉剂 600～800 倍液喷雾。每隔 10 天左右喷 1 次，连喷 3 次药后套袋；不套袋苹果需继续喷 4～6 次，每隔 10～15 天喷 1 次。

此外，还可防治梨树黑星病、轮纹病、炭疽病、褐斑病，葡萄褐斑病、霜霉病，枣轮纹病、炭疽病，石榴炭疽病、褐斑病，荔枝霜疫霉病，药剂喷施倍数同苹果轮纹病。

● **注意事项**

（1）为提高防治效果，可与多种农药、化肥混合使用，但不可与含铜或碱性（石硫合剂、波尔多液）农药、化肥混用。由于其中含有锰、锌等离子，要避免与碱性农药及含铜等重金属化合物混用，也不能与磷酸二氢钾混用。如果混用不当会引起发生化学反应，产生气体或絮头沉淀，影响药效甚至发生危害。与喷施波尔多液的间隔期至少应有 15 天的时间。

（2）使用时避开强光和高温。代森锰锌在高温和强光照下，活性成分转化过快，容易导致药害发生，所以在超过 35℃的强光照天气要慎用。

（3）避开敏感作物及作物敏感时期。代森锰锌使用过程中，因施药时间、施药剂量、施药次数不当都容易产生药害，比如造成作物叶片损伤、形成药斑、果面粗糙、产生果锈等，所以在蔬菜作物的幼叶、花期、幼果期等敏感期使用时，应控制使用量和使用次数，以免发生药害，生产优质高档农产品需特别注意。

（4）重在预防，混配使用。代森锰锌是保护性药剂，它的主要作用是预防病害的发生，所以要想它发挥最佳防治效果，在使用时一是要提前使用，二是最好与其他药剂，特别是内吸性的杀菌剂混配使用，这样才能达到更好的防治效果。

（5）对鱼类等水生生物有中等毒性，施药期间应远离养殖区施药，禁止在河塘等水体中清洗施药器具。本品对蜜蜂、家蚕有毒，施药时应注意避免对其的影响，蜜源作物花期、蚕室和桑园附近禁用。贮藏时，应注意防止高温，并要保持干燥，以免在高温、潮湿条件下使药剂分解，降低药效。

代森联（metiram）

$$(C_{16}H_{33}N_{11}S_{16}Zn_3)_x$$

- **其他名称**　品润、代森连、凯巧、优选、美邦、蓝泰、宝利佳美。
- **主要剂型**　70%、85%、90%可湿性粉剂，60%、70%水分散粒剂，70%干悬浮剂。

● **毒性** 低毒。

● **作用机理** 代森联为硫代氨基甲酸酯类杀菌剂。作用机理为预防真菌孢子萌发，干扰芽管的发育伸长。

● **产品特点**

（1）杀菌谱广，是一种多效络合的触杀性杀菌剂，可以有效地防治多种病害；种子处理可以防治猝倒病、根部腐烂等种子和根部病害。

（2）有营养作用，含 18% 的锌，有利于叶绿素的合成，增加光合作用，可改善果蔬的色泽，使水果蔬菜色泽更鲜亮，叶菜更嫩绿。提高作物产量，改善品质。

（3）不易产生抗性，该药为多酶抑制剂，干扰病菌细胞的多个酶作用点，因而不易产生抗性。

（4）安全性好，适用范围广，适用于大部分作物的各个时期，许多作物花期也可使用。

（5）剂型先进，干悬剂型在水中颗粒更细微、悬浮率更高、溶液更稳定，从而表现出更好的安全性和效果，利用率也更高。

（6）对作物的主要病害如霜霉病、早疫病、晚疫病、疮痂病、炭疽病、锈病、叶斑病等病害具有预防作用。

● **应用**

（1）单剂应用 防治甜瓜霜霉病，每亩可选用 70% 代森联干悬浮剂 133~167 克，或 70% 代森联干悬浮剂 100 克+69% 烯酰·锰锌可湿性粉剂 20 克，兑水 50~80 升喷雾，每隔 7~10 天喷 1 次，连喷 3~4 次。

防治草莓叶斑病、炭疽病、叶枯病，用 70% 代森联干悬浮剂 600~800 倍液喷雾，病害出现时用药，每隔 10~14 天喷 1 次，病害严重时用 70% 代森联干悬浮剂 400~500 倍液喷雾。

防治苹果斑点落叶病，可选用 70% 代森联可湿性粉剂（水分散粒剂）300~700 倍液喷雾，安全间隔期 21 天，每季最多施用 3 次；或 70% 代森联可湿性粉剂 500~700 倍液喷雾，安全间隔期 21 天，每季最多施用 3 次。

防治苹果树炭疽病，发病初期，用 70% 代森联水分散粒剂 300~700 倍液喷雾，每隔 10 天左右喷 1 次，连喷 3 次，安全间隔期 7 天，每季最多施用 3 次。

防治苹果树轮纹病，苹果谢花后 7～10 天开始，用 70%代森联水分散粒剂 300～700 倍液喷雾，每隔 10～15 天喷 1 次，连喷 2～3 次，安全间隔期 21 天，每季最多施用 3 次。

防治梨树黑星病、轮纹病、炭疽病、黑斑病，从梨树落花后开始，用 70%代森联可湿性粉剂（水分散粒剂）600～800 倍液喷雾，每隔 10～15 天喷 1 次，连喷 3 次后套袋；套袋后（或不套袋梨）继续喷药，每隔 15 天左右喷 1 次，连喷 5～7 次。与治疗性杀菌剂交替使用或混合使用效果较好。安全间隔期 21 天，每季最多施用 3 次。

防治葡萄霜霉病、炭疽病、褐斑病，发病前或发病初期，用 70%代森联可湿性粉剂（水分散粒剂）600～800 倍液喷雾。以防治霜霉病为主，兼防褐斑病、炭疽病，多从幼果期开始喷施，每隔 10 天左右喷 1 次，连续喷药，并建议与治疗性杀菌剂交替使用或混合使用，注意喷洒叶片背面。安全间隔期 14 天，每季最多施用 3 次。

防治桃树黑星病、炭疽病、真菌性穿孔病，从桃树落花后 20～30 天开始，用 70%代森联可湿性粉剂（水分散粒剂）600～800 倍液喷雾，每隔 10～15 天喷 1 次，连喷 2～4 次，注意与相应治疗性药剂交替使用或混合使用。

防治柑橘疮痂病、溃疡病、黑星病、炭疽病，用 70%代森联可湿性粉剂（水分散粒剂）500～700 倍液喷雾。首先在柑橘春梢萌动期、嫩梢转绿期、开花前及谢花 2/3 时各喷药 1 次，然后在幼果期、果实膨大期及果实转色期再各喷药 1 次。安全间隔期 10 天，每季最多施用 3 次。

防治荔枝、龙眼霜疫霉病，幼果期、果实膨大期及果实转色期，用 70%代森联可湿性粉剂（水分散粒剂）600～800 倍液各喷 1 次。

防治芒果炭疽病，在花前约 3 周，用 70%代森联干悬浮剂 500 倍液预防，每隔 15 天喷 1 次，连喷 3～5 次。

防治山楂轮纹病、炭疽病、黑星病、叶斑病，从山楂落花后半月左右，可选用 70%代森联水分散粒剂或 70%代森联可湿性粉剂 500～700 倍液，或 60%代森联水分散粒剂 500～600 倍液喷雾，每隔 10～15 天喷 1 次，连喷 3～6 次。

防治李树炭疽病、红点病、真菌性穿孔病，从李树落花后 10 天左右开始，可选用 70%代森联水分散粒剂或 70%代森联可湿性粉剂 500～700

倍液，或 60%代森联水分散粒剂 500～600 倍液喷雾，每隔 10～15 天喷 1 次，连喷 3～6 次。

防治核桃炭疽病、褐斑病，发病初期或初见病斑时，可选用 70%代森联水分散粒剂或 70%代森联可湿性粉剂 500～700 倍液，或 60%代森联水分散粒剂 500～600 倍液喷雾，每隔 10～15 天喷 1 次，连喷 2～4 次。

防治柿树炭疽病、角斑病、圆斑病，可选用 70%代森联水分散粒剂或 70%代森联可湿性粉剂 500～700 倍液，或 60%代森联水分散粒剂 500～600 倍液喷雾。南方柿区，在柿树开花前喷 1～2 次，每隔 10 天左右喷 1 次，可防治炭疽病早期为害，然后从落花后 10 天左右开始连续喷 4～7 次，每隔 10 天左右喷 1 次，与不同类型药剂轮换。北方柿区，多从落花后 20 天左右开始，每隔 10～15 天喷 1 次，连喷 2 次左右。

防治枣树褐斑病、轮纹病、炭疽病、锈病，可选用 70%代森联水分散粒剂或 70%代森联可湿性粉剂 500～700 倍液，或 60%代森联水分散粒剂 500～600 倍液喷雾。枣树开花前喷 1～2 次，每隔 10 天左右喷 1 次，防治褐斑病早期为害，从落花后 7～10 天开始，每隔 10～15 天喷 1 次，连喷 2～6 次，与不同类型药剂轮换。

防治石榴炭疽病、褐斑病、麻皮病，从落花后 7～10 天开始，可选用 70%代森联水分散粒剂或 70%代森联可湿性粉剂 500～700 倍液，或 60%代森联水分散粒剂 500～600 倍液喷雾，每隔 10～15 天喷 1 次，连喷 3～6 次。

（2）复配剂应用　代森联常与吡唑醚菌酯、霜脲氰、戊唑醇、苯醚甲环唑、烯酰吗啉、噁唑菌酮、肟菌酯、嘧菌酯、啶氧菌酯等杀菌药剂进行复配，用于生产复配杀菌剂。

● **注意事项**

（1）代森联遇碱性物质或铜制剂时易分解放出二硫化碳而减效，在与其他农药混配使用过程中，不能与碱性农药、肥料及含铜的药剂混用。与其他作用机制不同的杀菌剂轮换使用。

（2）于作物发病前预防处理，施药最晚不可超过作物病状初现期。

（3）施药全面周到是保证药效的关键，每亩兑水量为 50～80 千克。随作物生长状况增加用药量及喷液量，确保药剂覆盖整个作物表面。

（4）防治霜霉病、疫病时，建议与烯酰·锰锌混用。

（5）本剂对光、热、潮湿不稳定，贮藏时应注意防止高温，并保持干燥。

（6）对鱼类有毒，剩余药液及洗涤药械的废液严禁污染水源。

丙森锌（propineb）

$$(C_5H_8N_2S_4Zn)_x$$

● **其他名称**　安泰生、泰生、甲基代森锌、法纳拉、惠盛、连冠、赛通、施蓝得、爽星、替若增、益林、战疫、真好。

● **主要剂型**　60%、70%、75%、80%可湿性粉剂，70%、80%水分散粒剂，30%悬浮剂。

● **毒性**　低毒（对鱼类中等毒）。

● **作用机理**　丙森锌抑制病原菌体内丙酮酸的氧化，可抑制孢子的侵染和萌发，同时能抑制菌丝体的生长，导致其变形、死亡。

● **产品特点**　丙森锌是一种富锌、速效、长效、广谱的保护性杀菌剂。

（1）二硫代氨基甲酸盐类杀菌剂，对多种真菌病害有良好的防效，广泛用于防治霜霉病、早疫病、晚疫病、白粉病、斑点病等常见真菌性病害。

（2）高效补锌。锌在作物中能够促进光合作用，促进愈伤组织形成，促进花芽分化、花粉管伸长、授粉受精和增加单果重，锌还能够提高作物抗旱、抗病与抗寒能力，增强作物抗病毒病的能力。丙森锌含锌量为15.8%，比代森锰锌类杀菌剂的含锌量高 8 倍，而且丙森锌提供的有机锌极易被作物通过叶面吸收和利用，锌元素渗入植株的效率比无机锌（如硫酸锌）高 10 倍，可快速消除缺锌症状（在土壤偏碱性、磷肥充足的情况下，作物会出现缺锌症状，造成叶片黄化），防病和治疗效果兼备。

（3）安全性好。我国果蔬出口常遇代森锰锌含量超标，主要原因是其中的"锰离子"含量超标。"锰离子"在人体中不易分解，含量过高会发生累积中毒；而且"锰离子"对作物的安全性也不太好，在花期使用可能容易产生药害。而丙森锌不含锰，对许多作物更安全，因此，针对富含"锰离子"的农药以及相关的复配药剂，可选用丙森锌替换代森锰锌防治炭疽病等。此外，丙森锌毒性低，无不良异味，对使用者安全；对蜜蜂也无害，可在花期用药。田间观察表明，多次使用可抑制螨类、介壳虫的发生危害。按推荐浓度使用对作物无残留污染。

（4）剂型优异。独特的白色粉末所具备的超微磨细度、特殊助剂及加工工艺，湿润迅速、悬浮率高、黏着性强、耐雨水冲刷、持效期长、药效稳定。

● **应用**

（1）单剂应用　防治西瓜蔓枯病，保护叶片和蔓部，在西瓜分叉后就应开始喷药，用70%丙森锌可湿性粉剂600倍液喷雾，对已发病的瓜棚，可加入43%戊唑醇悬浮剂7500倍液或10%苯醚甲环唑水分散粒剂3000倍液或40%氟硅唑乳油16000倍液（注：戊唑醇、苯醚甲环唑、氟硅唑均为三唑类药剂，在西瓜苗期应用比正常用药稀释一倍的浓度，以免造成西瓜缩头）。

防治西瓜疫病，发病前或发病初期用药，每亩用70%丙森锌可湿性粉剂150～200克兑水40～60千克喷雾，每隔7～10天喷1次，连喷2～3次。

防治甜瓜白粉病，发病前至发病初期，用70%丙森锌可湿性粉剂700倍液喷雾。

防治苹果树斑点落叶病，在苹果春梢或秋梢开始发病时，可选用70%丙森锌可湿性粉剂600～840倍液，或80%丙森锌可湿性粉剂700～800倍液整株喷雾，每隔7～10天喷1次，连喷3～4次，每季最多施用3次，安全间隔期21天；或80%丙森锌水分散粒剂600～800倍液喷雾，每隔10～14天喷1次，每季最多施用4次，安全间隔期14天。

防治苹果烂果病，在发病前或发病初期，用70%丙森锌可湿性粉剂800倍液喷雾。

防治芒果炭疽病、白粉病，可选用70%丙森锌可湿性粉剂或70%丙森锌水分散粒剂500～600倍液，或80%丙森锌可湿性粉剂或80%丙森锌水分散粒剂600～700倍液，或30%丙森锌悬浮剂250～300倍液喷雾，芒果开花前和落花后各喷1次，而在果实采收前1个月内再喷1～2次，主要防控炭疽病。

防治葡萄霜霉病，发病前或发病初期，用 70%丙森锌可湿性粉剂 500～700 倍液整株喷雾，每隔 7～10 天喷 1 次，连喷 3～4 次，每季最多施用 4 次，安全间隔期 14 天。

防治柑橘炭疽病，发病前或发病初期，用 70%丙森锌可湿性粉剂 600～800 倍液整株喷雾，嫩梢期、幼果期各施药 2～3 次，每隔 7～10 天喷 1 次，连喷 3 次，每季最多施用 3 次，安全间隔期 21 天。

防治梨树黑星病，发病前或发病初期，用 70%丙森锌可湿性粉剂 600～700 倍液均匀喷雾，每隔 7～10 天喷 1 次，每季最多施用 4 次，安全间隔期 14 天。

防治桃黑星病，从落花后 20 天左右，可选用 70%丙森锌可湿性粉剂或 70%丙森锌水分散粒剂 500～700 倍液，或 80%丙森锌可湿性粉剂或 80%丙森锌水分散粒剂 600～800 倍液，或 30%丙森锌悬浮剂 250～300 倍液喷雾，每隔 10～15 天喷 1 次，连喷 3～4 次，兼防穿孔病。

防治桃褐腐病，药剂使用同梨树黑星病，从果实采收前 1.5 个月开始喷药，每隔 10 天左右喷 1 次，连喷 3 次左右，兼防黑星病、穿孔病。

防治柿树圆斑病、角斑病及炭疽病，从柿树落花后半月左右开始，可选用 70%丙森锌可湿性粉剂或 70%丙森锌水分散粒剂 500～700 倍液，或 80%丙森锌可湿性粉剂或 80%丙森锌水分散粒剂 600～800 倍液，或 30%丙森锌悬浮剂 250～300 倍液喷雾，每隔 10～15 天喷 1 次，连喷 2～3 次。南方甜柿产区或往年炭疽病发生严重的果园，中后期还需连喷 2～3 次。

防治山楂锈病、白粉病，可选用 70%丙森锌可湿性粉剂或 70%丙森锌水分散粒剂 500～600 倍液，或 80%丙森锌可湿性粉剂或 80%丙森锌水分散粒剂 600～700 倍液，或 30%丙森锌悬浮剂 250～300 倍液各喷 1 次。

防治香蕉叶斑病，发病前或发病初期，用 70%丙森锌可湿性粉剂 400～600 倍液喷雾，每隔 7～10 天喷 1 次。

防治荔枝、龙眼霜疫霉病，于幼果期、果实膨大期、果实转色期，可选用 70%丙森锌可湿性粉剂或 70%丙森锌水分散粒剂 500～600 倍液，或 80%丙森锌可湿性粉剂或 80%丙森锌水分散粒剂 600～700 倍液，或

30%丙森锌悬浮剂250～300倍液各喷1次。

（2）复配剂应用　丙森锌可与苯醚甲环唑、戊唑醇、多抗霉素、嘧菌酯、缬霉威、霜脲氰、烯酰吗啉、咪鲜胺锰盐、醚菌酯、己唑醇、腈菌唑、甲霜灵、多菌灵、三乙膦酸铝等进行混配。

①　丙森·缬霉威。由丙森锌与缬霉威复配，对多种作物的霜霉病、疫病有好的防治效果。本混剂主要用于防治霜霉病。

防治甜瓜霜霉病，发病初期，每亩用66.5%丙森·缬霉威可湿性粉剂100～130克兑水60～75千克喷雾，每隔7～8天喷1次。

防治葡萄霜霉病，发病初期，用66.8%丙森·缬霉威可湿性粉剂700～1000倍液喷雾，每隔10天左右喷1次，与不同类型药剂轮换，连续喷药，直到雨季或多雾露高湿季节结束。重点喷洒叶片背面。

②　丙森·多菌灵。是丙森锌与多菌灵复配的一种广谱低毒复合杀菌剂，具保护和治疗双重作用。

防治西瓜、甜瓜的炭疽病、蔓枯病，从田间初见病斑时或病害发生初期开始，用70%丙森·多菌灵可湿性粉剂600～800倍液喷雾，每隔7～10天喷1次，连喷2～3次。

防治苹果斑点落叶病、褐斑病、黑星病、轮纹病、炭疽病，可选用70%丙森·多菌灵可湿性粉剂600～800倍液，或53%丙森·多菌灵可湿性粉剂400～500倍液喷雾，每隔10～15天喷1次，与不同类型药剂轮换使用。防治斑点落叶病时，在春梢生长期内和秋梢生长期内各喷药2～3次。防治褐斑病时，从落花后1个月左右开始喷药，每隔10～15天喷1次，连喷3～5次。防治黑星病，发病初期，每隔10～15天喷1次，连喷2～3次。防治轮纹病、炭疽病，从落花后7～10天开始，每隔10天左右喷1次，连喷3次药后套袋；若不套袋，则在3次药后继续喷4～6次。

防治梨黑星病、黑斑病、褐斑病、轮纹病、炭疽病，梨树整个生长期内，用70%丙森·多菌灵可湿性粉剂800～1000倍液喷雾，每隔10～15天喷1次，与不同类型药剂轮换。

防治葡萄黑痘病、炭疽病、褐斑病，用70%丙森·多菌灵可湿性粉剂800～1000倍液喷雾，每隔10天左右喷1次。与不同类型药剂轮换。防治黑痘病时，在开花前、落花80%及落花后半月各喷药1次；防治炭疽病、褐斑病时，从果粒膨大后期开始。

防治桃黑星病、真菌性穿孔病、炭疽病，70%丙森·多菌灵可湿性粉剂800～1000倍液喷雾。防治黑星病、炭疽病时，从落花后20天左右开始，每隔10～15天喷1次，连喷2～3次。往年病害严重桃园，需连续喷药至采收前1个月。防治真菌性穿孔病时，从病害发生初期开始，每隔10～15天喷1次，连喷2次左右，与不同类型药剂轮换。

防治李红点病，从落花后10天左右或病害发生初期，用70%丙森·多菌灵可湿性粉剂800～1000倍液喷雾，每隔10～15天喷1次，连喷2～3次。

防治柿炭疽病、角斑病、圆斑病，一般柿园从落花后半月左右开始，用70%丙森·多菌灵可湿性粉剂800～1000倍液喷雾，每隔10～15天喷1次，连喷2次；对于南方柿园往年病害发生较重时，需在开花前加喷1次，落花后连喷4～6次。与不同类型药剂轮换。

防治核桃炭疽病，从果实膨大中期开始，用70%丙森·多菌灵可湿性粉剂800～1000倍液喷雾，每隔10～15天喷1次，连喷2～3次。

防治枣轮纹病、炭疽病、褐斑病，用70%丙森·多菌灵可湿性粉剂800～1000倍液喷雾。首先在开花前喷1次，然后从坐果后半月左右开始连续喷，每隔10～15天喷1次，与不同类型药剂轮换，连喷5～7次。

防治石榴疮痂病、炭疽病、褐斑病，在开花前、落花后、幼果期、套袋前，用70%丙森·多菌灵可湿性粉剂800～1000倍液各喷1次，与不同类型药剂轮换。

防治柑橘疮痂病、炭疽病、黑星病，萌芽1/3厘米、谢花2/3及幼果期是防治疮痂病、炭疽病关键期，果实膨大期至转色期是防治黑星病关键期，果实转色期是防治急性炭疽病关键期，用70%丙森·多菌灵可湿性粉剂800～1000倍液喷雾，每隔10～15天喷1次，与不同类型药剂轮换。

防治香蕉叶斑病、黑星病，发病初期，用70%丙森·多菌灵可湿性粉剂800～1000倍液喷雾，每隔10～15天喷1次，与不同类型药剂轮换，药液中加入有机硅类助剂效果更好。

③ 丙森·霜脲氰。由丙森锌与霜脲氰混配。主要用于防治低等真菌性病害，具有预防和治疗双重作用。

防治甜瓜等瓜类的霜霉病，病害发生初期或定植缓苗后（保护地），每亩可选用 60%丙森·霜脲氰可湿性粉剂 80～100 克，或 76%丙森·霜脲氰可湿性粉剂 150～200 克，兑水 60～75 千克喷雾，每隔 7～10 天喷 1 次。

防治葡萄霜霉病，从田间初见病斑时，可选用 60%丙森·霜脲氰可湿性粉剂 800～1000 倍液，或 75%丙森·霜脲氰可湿性粉剂 500～600 倍液喷雾，每隔 10 天左右喷 1 次，与不同类型药剂轮换使用，连续喷药到雨季结束，重点喷洒叶片背面。

④ 丙森·甲霜灵。由丙森锌与甲霜灵混配的一种广谱低毒复合型专用杀菌剂。

防治葡萄霜霉病，用 68%丙森·甲霜灵可湿性粉剂 500～600 倍液喷雾。开花前、后各喷 1 次，防止霜霉病为害幼果穗；以后从叶片上发病初期开始连续喷药，每隔 10 天左右喷 1 次，与不同治疗性成分的药剂轮换，直到生长期的雨季结束，防治叶部霜霉病时重点喷洒叶片背面。

防治荔枝霜疫霉病，用 68%丙森·甲霜灵可湿性粉剂 500～600 倍液喷雾，花蕾期、幼果期、果实近成熟期各喷 1 次。

⑤ 精甲·丙森锌。由精甲霜灵与丙森锌复配而成。防治瓜类霜霉病、疫病等，发病前期，按 50%精甲·丙森锌可湿性粉剂 20～30 克兑水 15 千克喷雾，以每次喷湿植株茎叶为度。

⑥ 丙森·膦酸铝。由丙森锌与三乙膦酸铝混配的一种广谱低毒复合杀菌剂。

防治柑橘疮痂病、炭疽病、黑星病。萌芽 1/3 厘米、谢花 2/3 及幼果期是防治疮痂病、炭疽病的关键期，果实膨大期至转色期是防治黑星病的关键期，果实转色期是防治急性炭疽病关键期，用 72%丙森·膦酸铝可湿性粉剂 500～600 倍液喷雾，每隔 10～15 天喷 1 次，与不同药剂轮换使用。

防治苹果轮纹病、炭疽病、黑星病。防治轮纹病、炭疽病时，从苹果落花后 7～10 天开始，用 72%丙森·膦酸铝可湿性粉剂 600～700 倍液喷雾，每隔 10～15 天喷 1 次，与不同药剂轮换使用，连喷 5～7 次或喷 2～3 次药后套袋。防治黑星病时，发病初期，用 72%丙森·膦酸铝可湿性粉剂 600～700 倍液喷雾，每隔 10～15 天喷 1 次，连喷 2～3 次。

防治梨黑星病、炭疽病、轮纹病，梨树整个生长期，用72%丙森•膦酸铝可湿性粉剂600～700倍液喷雾，每隔10～15天喷1次，与不同药剂轮换使用。

防治桃黑星病，从落花后20天左右开始，用72%丙森•膦酸铝可湿性粉剂600～700倍液喷雾，每隔10～15天喷1次，连喷2～3次，往年病害严重桃园，需喷药至果实采收前1个月，与不同药剂轮换使用。

防治枣轮纹病、炭疽病，从坐住果后半月左右开始，用72%丙森•膦酸铝可湿性粉剂500～600倍液喷雾，每隔10～15天喷1次，连喷5～7次，与不同药剂轮换使用。

⑦ 丙森•异菌脲。由丙森锌与异菌脲混配的一种低毒复合杀菌剂，以保护作用为主。

防治苹果斑点落叶病，用80%丙森•异菌脲可湿性粉剂800～1000倍液喷雾。在苹果春梢生长期内和秋梢生长期内各喷2～3次，每隔10～15天喷1次。

防治葡萄穗轴褐枯病，用80%丙森•异菌脲可湿性粉剂800～1000倍液喷雾。在葡萄开花前、后，如遇阴雨潮湿，则各喷1次。

⑧ 丙森•腈菌唑。由丙森锌与腈菌唑混配的广谱低毒复合杀菌剂，对高等真菌性病害具有预防保护作用和一定的治疗作用。

防治梨树黑星病、黑斑病、白粉病，用45%丙森•腈菌唑可湿性粉剂或45%丙森•腈菌唑水分散粒剂600～800倍液喷雾，以防治黑星病为主，兼防黑斑病、白粉病，从落花后开始，每隔10～15天喷1次，与不同类型药剂轮换，直至生长后期。中早熟品种果实采收后仍需喷1～2次，后期白粉病较重果园，中后期注意喷叶背。

防治苹果树斑点落叶病、黑星病，用45%丙森•腈菌唑可湿性粉剂或45%丙森•腈菌唑水分散粒剂800～1000倍液喷雾，防治斑点落叶病，在春梢生长期内和秋梢生长期内各喷2次左右，每隔10～15天喷1次，连喷2～3次。

防治桃树黑星病、炭疽病，从落花后20天左右开始，用45%丙森•腈菌唑可湿性粉剂或45%丙森•腈菌唑水分散粒剂700～800倍液喷雾，每隔10～15天喷1次，连喷2～4次。

防治葡萄黑痘病、炭疽病、褐斑病，用45%丙森•腈菌唑可湿性粉剂或 45%丙森·腈菌唑水分散粒剂 600～800 倍液喷雾。防治黑痘病时，在葡萄花蕾穗期、落花 80%和落花后 10 天左右各喷 1 次即可，防治炭疽病，套袋葡萄于套袋前喷 1 次即可，不套袋葡萄一般从果粒膨大中期开始，每隔 10～15 天喷 1 次，与不同类型药剂轮换，直到采收前 1 周左右。防治褐斑病，发病初期，每隔 10～15 天喷 1 次，连喷 2～4 次。

防治核桃白粉病，发病初期，用 45%丙森·腈菌唑可湿性粉剂或 45%丙森·腈菌唑水分散粒剂 600～800 倍液喷雾，每隔 10～15 天喷 1 次，连喷 2～3 次。

防治草莓炭疽病，应用于育秧田，发病初期，用 45%丙森·腈菌唑可湿性粉剂或 45%丙森·腈菌唑水分散粒剂 700～800 倍液喷雾，每隔 10～15 天喷 1 次，连喷 3～5 次。

⑨ 丙森·戊唑醇。由丙森锌与戊唑醇混配而成。防治苹果树斑点落叶病，发病初期，用 65%丙森·戊唑醇可湿性粉剂 900～1500 倍液喷雾，安全间隔期 21 天，每季最多施用 3 次。

⑩ 多抗·丙森锌。由多抗霉素与丙森锌混配而成。防治苹果树斑点落叶病，发病初期，用 70%多抗·丙森锌可湿性粉剂 800～2400 倍液喷雾，每隔 7～10 天喷 1 次，安全间隔期 14 天，每季最多施用 3 次。

⑪ 丙森·醚菌酯。由丙森锌和醚菌酯混配的广谱低毒复合杀菌剂，具有保护和治疗作用。

防治苹果树斑点落叶病、褐斑病、白粉病、锈病、黑星病，可选用 48%丙森·醚菌酯可湿性粉剂或 48%丙森·醚菌酯水分散粒剂 600～800 倍液，或 55%丙森·醚菌酯水分散粒剂 700～800 倍液，或 56%丙森·醚菌酯可湿性粉剂 500～600 倍液，或 60%丙森·醚菌酯水分散粒剂 700～900 倍液，或 70%丙森·醚菌酯水分散粒剂或 75%丙森·醚菌酯可湿性粉剂 1000～1200 倍液喷雾。防治斑点落叶病，在春梢生长期内和秋梢生长期内各喷 2 次左右，每隔 10～15 天喷 1 次；防治褐斑病，从落花后 1 个月左右或初见褐斑病病叶时或套袋前开始，每隔 10～15 天喷 1 次，连喷 4～6 次；防治白粉病、锈病，在花序分离期、落花 80%和落花后 10 天左右各喷 1 次；防治黑星病，发病初期，每隔 10～15 天喷 1 次，连喷 2～3 次。与不同类型药剂轮换使用。

此外，还可以防治梨树黑星病、白粉病，葡萄黑痘病、白粉病，草莓白粉病，药剂喷施倍数同苹果树斑点落叶病。

● **注意事项**

（1）丙森锌主要起预防保护作用，必须在病害发生前或始发期喷施，且应喷药均匀周到，使叶片正面、背面、果实表面都要着药。

（2）不能和含铜制剂或碱性农药混用。若先喷了这两类农药，须过7天后，才能喷施丙森锌。如与其他杀菌剂混用，必须先进行少量混用试验，以避免药害和混合后药物发生分解作用。

（3）注意与其他杀菌剂轮换使用，以延缓产生抗药性。

（4）应在通风干燥、安全处贮存。

（5）本品对鱼等水生生物、蜜蜂、家蚕有毒，施药期间应避免对周围蜂群的影响，开花植物花期、蚕室和桑园附近禁用。远离水产养殖区施药，禁止在河塘等水体中清洗施药器具。药液及其废液不得污染各类水域、土壤等环境。赤眼蜂等天敌放飞区禁用。

波尔多液（bordeaux mixture）

$$CuSO_4 \cdot xCu(OH)_2 \cdot yCa(OH)_2 \cdot zH_2O$$

● **其他名称**　必备、普展、佳铜、沃普思、都是爱。

● **主要剂型**　86%水分散粒剂，80%可湿性粉剂，28%悬浮剂。不同含量的悬浮剂。

● **毒性**　低毒。

● **作用机理**　波尔多液是用硫酸铜和生石灰配制成的天蓝色胶状悬浮药液，属于无机铜杀菌剂，碱性，有效成分为碱式硫酸铜，几乎不溶于水而成为极小的蓝色颗粒悬浮在液体中。喷施波尔多液后，碱式硫酸铜黏附在植物上，经过与空气中二氧化碳、氨气及水等相互作用，逐渐解离出可溶性铜化合物而起杀菌防病作用，铜离子对病菌作用位点多，使病菌很难产生抗药性。波尔多液杀菌力强，药效持久（10~14 天），是良好的保护性杀菌剂，杀菌谱广，对人畜低毒。

硫酸铜和生石灰的比例不同，配制的波尔多液药效、持效期、耐雨水冲刷能力及安全性均不相同。硫酸铜比例越高、生石灰比例越低，如石灰少量式、半量式等，波尔多液药效越高、持效期越短、耐雨水冲刷能力越弱、越容易发生药害，对植物不安全，附着力也差。相反，硫酸铜比例越低、生石灰比例越高，波尔多液持效期越长、耐雨水冲刷能力越强、安全性越高，但药效也越慢，且污染植物，如石灰多量式、倍量式等。因此，针对不同的植物，要选用不同的剂型。

不同作物对波尔多液的反应不同，使用时要注意硫酸铜和石灰对作物的安全性。对石灰敏感的作物有马铃薯、葡萄、瓜类、番茄、辣椒等，这些作物使用波尔多液后，在高温干燥条件下易发生药害，因此要用石灰等量式、少量式或半量式波尔多液，且小苗一般不使用。对铜非常敏感的作物有桃、李、杏、白菜、莴苣、大豆、菜豆等，应慎用，可先试后用。

● **配制方式**　波尔多液是由硫酸铜和生石灰为主料配制而成的一种广谱保护性低毒杀菌剂。该药有工业化生产的可湿性粉剂和田间混配的液剂 2 种。波尔多液配制法和浓度的表示法，可以硫酸铜浓度为准，再用石灰与硫酸铜用量的关系等量、半量、倍量等注明石灰的用量。例如1%的波尔多液，即硫酸铜与水的比例为 1：100；所谓"等量式"就是硫酸铜和生石灰的用量比例相等，即硫酸铜：生石灰：水的比例为 1：1：100；"半量式"就是生石灰的用量为硫酸铜用量的 1/2；"倍量式"则是生石灰的用量为硫酸铜的两倍。

① 石灰少量式：硫酸铜：生石灰：水=1：（0.25～0.4）：100。

② 石灰半量式：硫酸铜：生石灰：水=1：0.5：100。

③ 石灰等量式：硫酸铜：生石灰：水=1：1：100。

④ 石灰多量式：硫酸铜：生石灰：水=1：1.5：100。

⑤ 石灰倍量式：硫酸铜：生石灰：水=1：2：100。

⑥ 石灰多量式：硫酸铜：生石灰：水=1：（3～6）：100。

⑦ 硫酸铜半量式：硫酸铜：生石灰：水=0.5：1：100。

● **配制方法**　合理配制波尔多液通常有以下两种方法。

（1）两液对等配制法（两液法）　按要求比例称取青蓝色结晶状的优质硫酸铜晶体、优质白色块状生石灰和水，分别用少量水溶解生石灰（搅拌成石灰乳）和少量热水溶解硫酸铜，然后分别各加入全水量的一半，制成硫酸铜液和石灰乳，待两种液体的温度相等且不高于环境温度时，将两种液体同时缓慢注入第三个容器内，边注入边搅拌即成。此法配制的波尔多液质量高，防病效果好。

（2）稀硫酸铜液注入浓石灰乳配制法（稀铜浓灰法）　用90%的水溶解硫酸铜、10%的水溶解生石灰，等两液温度相一致而不高于室温时，分别过滤除渣，然后将稀硫酸铜溶液缓慢注入浓石灰乳中（如喷入石灰乳中效果更好），并不断搅拌，到药液呈天蓝色即成，绝不能将石灰乳倒入硫酸铜溶液中，否则会产生大量沉淀，降低药效，造成药害。

● **应用**

（1）单剂应用　防治柑橘树溃疡病，发病前或发病初期，可选用80%波尔多液可湿性粉剂400～700倍液喷雾，每隔7天喷1次，连喷4次，安全间隔期14天；或用28%波尔多液悬浮剂100～150倍液喷雾，每隔10天左右喷1次，连喷3～4次，每季最多施用4次，安全间隔期20天。

防治柑橘溃疡病、疮痂病、炭疽病、黄斑病及黑星病等病害，可选用1:1:（150～200）倍波尔多液，或80%波尔多液可湿性粉剂500～600倍液喷雾，在春梢抽出1.5～3厘米时喷1次，10～15天后再喷1次；谢花2/3时喷1次，谢花后半月再喷1次；夏梢生长初期喷1次，10～15天后再喷1次；秋梢生长初期喷1次，10～15天后再喷1次；果实转色前喷1～2次。

防治苹果树轮纹病，用80%波尔多液可湿性粉剂300～500倍液喷雾，发芽后至开花前（花蕾变红前）喷80%波尔多液可湿性粉剂400倍液可有效杀死菌源。苹果套袋后到摘袋前，喷80%波尔多液可湿性粉剂500倍液有效防治病害。发芽前或采收后，喷80%波尔多液可湿性粉剂300倍液可杀死越冬菌源。施药间隔一般为10～20天。或发病初期用80%波尔多液可湿性粉剂1000～1200倍液喷雾，每隔15天喷1次，连喷4次，安全间隔期14天。

防治苹果早期落叶病，于苹果落花后开始喷石灰倍量式波尔多液200～240倍液，半月喷1次，并和其他杀菌剂交替使用，共喷3～4次。

防治苹果炭疽病、轮纹病，可在往年出现病果前10～15天喷石灰倍量式或多量式波尔多液200倍液，每隔15～20天喷1次，连喷3～4次，采果前25天停用。

防治苹果霉心病，在苹果显蕾期开始喷石灰倍量式波尔多液200倍液。

防治苹果锈病，在苹果园周围的桧柏上，喷洒石灰等量式波尔多液

160 倍液。

防治梨树锈病和黑星病,在梨树花前、花后,用等量式波尔多液 160 倍液喷雾。

防治葡萄霜霉病,发病初期,可选用 80% 波尔多液可湿性粉剂 300～400 倍液喷雾,每隔 10 天左右喷 1 次;或 28% 波尔多液悬浮剂 100～150 倍液喷雾,每隔 7～10 天喷 1 次,每季最多施用 4 次,安全间隔期 14 天。

防治葡萄黑痘病、炭疽病、霜霉病、房枯病等病害,发病初期,可选用 1:(0.5～0.7):(160～240) 波尔多液,或 80% 波尔多液可湿性粉剂 400～500 倍液喷雾,每隔 12～15 天喷 1 次,连喷 2～4 次。

防治枣树锈病、轮纹病、炭疽病及褐斑病,从落花后(一茬花)20 天左右开始,可选用 1:2:200 倍波尔多液,或 80% 波尔多液可湿性粉剂 600～800 倍液喷雾,每隔 15 天左右喷 1 次,连喷 5～7 次(与不同类型药剂轮换)。

防治桃、杏、李、樱桃流胶病,在花芽膨大期,可选用 1:1:100 倍波尔多液,或 80% 波尔多液可湿性粉剂 200～300 倍液喷洒枝干 1 次,具清园杀菌作用。

防治柿树圆斑病、角斑病及炭疽病,从落花后半月左右开始,可选用 1:(3～5):(400～600) 倍波尔多液,或 80% 波尔多液可湿性粉剂 1000～1200 倍液喷雾,每隔 10～15 天喷 1 次,连喷 2～3 次。

防治核桃黑斑病和炭疽病,在核桃展叶期、落花后、幼果期及成果期,可选用 1:1:200 倍波尔多液,或 80% 波尔多液可湿性粉剂 800～1000 倍液各喷 1 次。

防治香蕉叶斑病、黑星病,发病初期,可选用 1:0.5:100 倍波尔多液,或 80% 波尔多液可湿性粉剂 400～500 倍液喷雾,每隔 10～15 天喷 1 次,连喷 3 次左右。如加入 500 倍木薯粉或面粉,能使药液黏着性增加。

防治荔枝霜疫霉病,花蕾期、幼果期、果实近成熟期,可选用 1:1:200 倍波尔多液,或 80% 波尔多液可湿性粉剂 500～600 倍液各喷 1 次。

防治芒果炭疽病,春梢萌动期、花蕾期、落花后及落花后 1 个月,可选用 1:1:(100～200) 倍波尔多液,或 80% 波尔多液可湿性粉剂 800～1000 倍液各喷 1 次。

防治枇杷炭疽病，在果实生长期，可选用 1∶1∶200 倍波尔多液，或 80% 波尔多液可湿性粉剂 600～800 倍液喷雾，每隔 10～15 天喷 1 次，连喷 2 次。防治枇杷叶斑病时，可用上述药剂从春梢新叶长出后开始喷药，每隔 10～15 天喷 1 次，连喷 2～3 次。

防治番木瓜炭疽病，冬季可选用 1∶1∶100 倍波尔多液，或 80% 波尔多液可湿性粉剂 600～800 倍液喷雾；8～9 月份喷 3～4 次 1∶1∶200 倍波尔多液，或 80% 波尔多液可湿性粉剂 800～1000 倍液，每隔 10～15 天喷 1 次。

（2）复配剂应用　工业化生产的波尔多液（可湿性粉剂），有时与代森锰锌、甲霜灵、霜脲氰、烯酰吗啉等杀菌剂混配。

① 波尔·锰锌。由波尔多液与代森锰锌混配的一种低毒复合杀菌剂，以保护作用为主，病菌不易产生抗药性。

防治苹果斑点落叶病、褐斑病、黑星病，用 78% 波尔·锰锌可湿性粉剂 500～600 倍液喷雾，防治斑点落叶病时，在春梢生长期内和秋梢生长期内各喷 2～3 次；防治褐斑病时，从落花后 1 个月开始，每隔 10～15 天喷 1 次，连喷 3～5 次；防治黑星病时，发病初期，每隔 10～15 天喷 1 次，连喷 2～3 次。具体喷药时，与不同类型药剂（最好为治疗性药剂）轮换使用。

防治葡萄霜霉病、炭疽病、白腐病，用 78% 波尔·锰锌可湿性粉剂 500～600 倍液喷雾，重点喷洒叶片背面。防治霜霉病时，首先在开花前、后各喷 1 次，防止幼穗受害；然后从叶片上初见病斑时立即开始连续喷药，每隔 10 天左右喷 1 次，与治疗性药剂交替使用，直到生长后期。防治炭疽病、白腐病时，从果粒膨大后期开始喷药，每隔 10 天左右喷 1 次，与相应治疗性药剂轮换。

防治枣树锈病、轮纹病、炭疽病，从坐住果后半月左右开始，用 78% 波尔·锰锌可湿性粉剂 500～600 倍液喷雾，每隔 10～15 天喷 1 次，连喷 5～7 次，与不同类型药剂轮换。

防治柑橘溃疡病、疮痂病、炭疽病，在春梢萌芽期、开花前、落花后、夏梢生长初期、秋梢生长初期及果实转色期，用 78% 波尔·锰锌可湿性粉剂 400～500 倍液各喷 1～2 次，注意与不同类型药剂交替使用。

防治荔枝霜疫霉病，花蕾期、幼果期、果色转色期，用 78% 波尔·

锰锌可湿性粉剂 500～600 倍液各喷 1 次。

② 波尔·甲霜灵。由波尔多液与甲霜灵混配的一种新型、高效、低毒复合杀菌剂，对低等真菌性病害具有良好的预防和治疗作用，兼防多种高等真菌性病害和细菌性病害。

防治甜瓜等瓜类霜霉病、疫病、细菌性叶斑病，以防治霜霉病为主，兼防其他病害，发病初期，用 85%波尔·甲霜灵可湿性粉剂 600～800 倍液喷雾，每隔 7～10 天喷 1 次，与不同类型药剂轮换使用，重点喷洒叶片背面及植株下部。

防治葡萄霜霉病，首先在开花前、后各喷药 1 次，防止幼果穗受害，然后从叶片上初见病斑时开始，用 85%波尔·甲霜灵可湿性粉剂 600～800 倍液喷雾，阴雨连绵季节适当提高喷施倍数，每隔 10 天左右喷 1 次，与不同类型药剂轮换使用，连续喷施到生长后期，重点喷洒叶片背面。

防治香蕉叶鞘腐败病，在每次暴风雨或台风前、后，用 85%波尔·甲霜灵可湿性粉剂 500～700 倍液各喷雾 1 次，重点喷洒叶片基部及叶鞘。

防治荔枝霜疫霉病，花蕾期、幼果期、果实转色期，用 85%波尔·甲霜灵可湿性粉剂 500～600 倍液各喷 1 次。

防治柑橘褐腐病，果实膨大后期至转色期，田间初见病果时，用 85%波尔·甲霜灵可湿性粉剂 500～600 倍液喷雾，每隔 10～15 天喷 1 次，连喷 1～2 次，重点喷植株中下部果实及地面。

③ 波尔·霜脲氰。由波尔锰锌与霜脲氰混配的一种新型、高效、低毒复合杀菌剂，对低等真菌性病害有预防和治疗效果，兼防多种高等真菌性病害和细菌性病害。

防治甜瓜等霜霉病、疫病、细菌性叶斑病，以防治霜霉病为主，兼防其他病害。发病初期，用 85%波尔·霜脲氰可湿性粉剂 600～800 倍液喷雾，每隔 7～10 天喷 1 次，与不同类型药剂轮换，连续喷药，重点喷叶片背面及植株下部。

防治葡萄霜霉病，首先在开花前、后各喷药 1 次，防止幼果穗受害；然后从叶片上初见病斑时开始连续喷药，用 85%波尔·霜脲氰可湿性粉剂 600～800 倍液喷雾，阴雨连绵季节适当提高喷施倍数，每隔 10 天左右喷 1 次，与不同类型药剂轮换使用，连续喷施到生长后期，重点喷叶片背面。

防治香蕉叶鞘腐败病。在每次暴风雨或台风前、后，用85%波尔·霜脲氰可湿性粉剂500～700倍液各喷1次，重点喷叶片基部及叶鞘。

防治柑橘褐腐病，果实膨大后期至转色期，田间初见病害时，用85%波尔·霜脲氰可湿性粉剂500～600倍液喷雾，每隔10～15天喷1次，连喷1～2次，重点喷植株中下部果实及地面。

防治荔枝霜疫霉病，花蕾期、幼果期、果实转色期，用85%波尔·霜脲氰可湿性粉剂500～600倍液各喷1次。

● **注意事项**

（1）宜在晴天使用，不能在阴雨连绵、多雾天或露水未干时喷施，在作物花期、幼果期也不宜使用，否则易发生药害（多表现为果锈）。喷药后遇雨，应及时补喷。

（2）波尔多液持效期长，耐雨水冲刷，防病范围广，为保护性杀菌剂，在发病前或发病初期喷施效果最佳。波尔多液呈碱性，不能与怕碱的其他农药、肥皂、石硫合剂、松脂合剂、矿物油乳剂等混用。喷过石硫合剂的作物，过7～10天后，才能使用波尔多液。喷过矿物油乳剂的1个月内，也不能使用波尔多液。喷过波尔多液20天以上，方可喷施石硫合剂或松脂合剂。

（3）果实采收前20～30天停止用药，以免污染果面。

（4）配制或贮存波尔多液，不能用金属容器，最好用缸或木桶，喷雾结束后，要及时清洗喷雾器械，以防被腐蚀。

（5）宜选质轻、块状的白色生石灰（若用熟石灰，应根据熟石灰的质量增加用量的30%～50%）、纯蓝色硫酸铜（不含有绿色或黄绿色杂质）。配制好的波尔多液，如果放置时间过久，小颗粒沉淀，性质改变，在植株上黏着力下降，药效显著降低，应现用现配。

（6）对李、桃、鸭梨、葡萄、西瓜、杏等敏感，施用时应注意药液的飘移，防止产生药害。苹果有的品种（金冠等）喷过波尔多液后幼果易产生果锈，不宜使用。

（7）波尔多液对白粉病效果较差。

（8）波尔多液是保护剂，应在发病前使用。

硫酸铜钙（copper calcium sulphate）

$$CuSO_4 \cdot 3Cu(OH)_2 \cdot 3CaSO_4 \cdot nH_2O$$

- **其他名称** 多宁、高欣、龙灯、惠可谱、安道麦。
- **主要剂型** 77%可湿性粉剂。
- **毒性** 低毒。
- **作用机理** 硫酸铜钙是杀菌谱较广的保护性杀菌剂。主要通过释放 Cu^{2+}，与病原真菌或细菌体内的多种生物基团结合，形成铜的络合物等物质，使蛋白质变性，进而阻碍和抑制代谢，导致病菌死亡。
- **产品特点**

（1）与普通波尔多液不同，药液呈微酸性，可与不含金属离子的非碱性农药混用，使用方便。

（2）该药颗粒细，呈绒毛状结构，喷施后能均匀分布并紧密黏附在作物叶片表面，耐雨水冲刷能力强。

（3）硫酸铜钙富含12%的硫酸钙，在防控病害的同时，还具有一定的补钙功效。

- **应用**

（1）单剂应用 防治柑橘树疮痂病、溃疡病、炭疽病、黄斑病，春梢萌生后 10～15 天、谢花 2/3 时、夏梢萌生初期、夏梢萌生后 10～15 天、秋梢萌动初期、秋梢萌生后 10～15 天，用 77%硫酸铜钙可湿性粉剂 400～600 倍液各喷 1 次，安全间隔期 32 天。

防治苹果树褐斑病、黑星病，从果实全套袋后，发病前或发病初期，用 77%硫酸铜钙可湿性粉剂 600～800 倍液喷雾，重点喷树冠下部及内膛，每隔 10～15 天喷 1 次，每季最多施用 4 次，安全间隔期 28 天。

防治葡萄霜霉病、炭疽病、褐斑病、黑痘病，开花前、落花后、落花后 10～15 天，用 77%硫酸铜钙可湿性粉剂 500～700 倍液各喷 1 次，可防控黑痘病和果穗霜霉病；以后从初见叶片上的霜霉病斑时开始，每隔 7～10 天喷 1 次，连续喷至采收前半月，对霜霉病、炭疽病、褐斑病都有效，安全间隔期 34 天。

防治梨黑星病、炭疽病、褐斑病、白粉病，从果实套袋后开始，用

77%硫酸铜钙可湿性粉剂600～800倍液喷雾，每隔10～15天喷1次，连喷4～5次。

防治苹果、梨等落叶果树的枝干病害，果树萌芽期（发芽前），用77%硫酸铜钙可湿性粉剂200～400倍液喷雾，可铲除树体带菌（清园），防枝干病害。

防治苹果、梨、葡萄的根部病害，清除病组织后，用77%硫酸铜钙可湿性粉剂500～600倍液浇灌病树主要根区范围，杀死残余病菌，促进根系恢复生长。

防治枣树锈病、轮纹病、炭疽病、褐斑病，从6月下旬或落花后（一茬花）20天左右开始，用77%硫酸铜钙可湿性粉剂600～800倍液喷雾，每隔10～15天喷1次，连喷5～7天。高温干旱季节用药适当提高喷施倍数。

防治香蕉叶鞘腐败病、叶斑病，用77%硫酸铜钙可湿性粉剂400～600倍液。防控叶鞘腐败病时，在台风发生前、后各喷1次，或每隔7～10天喷1次，连喷2次，重点喷叶片基部及叶鞘上部；防控叶斑病时，发病初期，每隔10～15天喷1次，连喷2次。

防治核桃黑斑病、褐斑病、炭疽病。防治黑斑病、褐斑病，从叶片上初见病斑时开始，用77%硫酸铜钙可湿性粉剂700～800倍液喷雾，每隔10～15天喷1次，连喷3次左右，兼防炭疽病；防治炭疽病，从幼果膨大初期开始，用77%硫酸铜钙可湿性粉剂700～800倍液喷雾，每隔10～15天喷1次，连喷2～3次，兼防黑斑病、褐斑病。

防治柿树角斑病、圆斑病，从落花后20～30天开始，用77%硫酸铜钙可湿性粉剂800～1000倍液喷雾，每隔10～15天喷1次，连喷2～3次。

防治山楂叶斑病、黑星病，发病初期或初见病斑时，用77%硫酸铜钙可湿性粉剂600～700倍液喷雾，每隔10～15天喷1次，连喷2～4次。

（2）复配剂应用　硫酸铜钙可与多菌灵、甲霜灵、烯酰吗啉等杀菌剂混配。

如铜钙·多菌灵，由硫酸铜钙与多菌灵混配的一种广谱低毒复合杀菌剂，具有治疗、保护和铲除多种作用。

防治西瓜及甜瓜的炭疽病、细菌性角斑病，发病初期，用60%铜钙·多菌灵可湿性粉剂 500～700 倍液喷雾，每隔 10 天左右喷 1 次，连喷 3～4 次。

防治草莓疫病、根腐病，首先在移栽前将定植沟用药消毒，即每亩用 60%铜钙·多菌灵可湿性粉剂 1～1.5 千克，拌一定量细土后均匀撒施于定植沟内，而后移栽定植；也可定植后用 60%铜钙·多菌灵可湿性粉剂 600～800 倍液浇灌定植药水，每株（穴）浇灌 300～400 毫升。然后再从发病初期开始用药液灌根，每隔 10～15 天灌 1 次，连灌 2 次。一般用 60%铜钙·多菌灵可湿性粉剂 500～600 倍液灌根，每株次浇灌药液 250～300 毫升。

防治落叶果树的枝干病害，果树发芽前，全园普遍喷施 1 次 60%铜钙·多菌灵可湿性粉剂 300～400 倍液进行清园。连续几年后，效果非常显著。

防治落叶果树的根部病害，发现根部病害后，首先在树冠正投影下堆起土埂，然后用 60%铜钙·多菌灵可湿性粉剂 500～600 倍液浇灌，使药液渗透至大部分根区，重病树半月后可再浇灌 1 次。

防治苹果褐斑病，全套袋苹果自全套袋后开始，用 60%铜钙·多菌灵可湿性粉剂 500～700 倍液喷雾，每隔 10～15 天喷 1 次，连喷 3～4 次。注意，不套袋苹果及苹果套袋前不建议使用本剂，否则在阴雨潮湿季节可能会出现药害。

防治梨黑星病、炭疽病、轮纹病，从梨树落花后 1 个月开始，用 60%铜钙·多菌灵可湿性粉剂 600～800 倍液喷雾，每隔 10～15 天喷 1 次，与不同类型药剂轮换。

防治枣轮纹病、炭疽病、褐斑病，从枣树坐住果后，用 60%铜钙·多菌灵可湿性粉剂 600～800 倍液喷雾，每隔 10～15 天喷 1 次，连喷 6～8 次，与不同类型药剂轮换。

防治柑橘疮痂病、溃疡病、炭疽病、黑星病，春梢萌动前，用 60%铜钙·多菌灵可湿性粉剂 400～500 倍液进行清园。开花前、后是防治疮痂病关键期，春梢期和秋梢期是防治溃疡病关键期，幼果期和果实转色期是防治炭疽病关键期，果实膨大期至转色期是防治黑星病关键期。生长期喷药一般用 60%铜钙·多菌灵可湿性粉剂 600～800 倍液喷雾。

防治香蕉叶鞘腐败病，暴风雨后及时用药，或根据气象预报在暴风雨来临前及时喷药预防。用 60%铜钙·多菌灵可湿性粉剂 500～600 倍液喷雾，重点喷洒叶片基部至叶鞘上部区域。

芒果清园，芒果修剪后、催花前，用 60%铜钙·多菌灵可湿性粉剂 400～500 倍液清园消毒。

● **注意事项**

（1）不能与含有其他金属元素的药剂和微肥混合使用，也不宜与强碱性和强酸性物质混用。

（2）苹果、梨树的花期、幼果期对铜离子敏感，本品含铜离子，施药时注意避免飘移到上述作物。

（3）使用过的药械需清洗 3 遍，在清洗药械和处理废弃物时不要污染水源。

（4）对蜜蜂、鱼类等水生生物、家蚕有毒，施药期间应避免对周围蜂群的影响，开花植物花期、蚕室和桑园附近禁用。远离水产养殖区施药，禁止在河塘等水体清洗施药器具。

氢氧化铜（copper hydroxide）

Cu(OH)$_2$，97.56

● **其他名称**　可杀得、可杀得 2000、菌标、杀菌得、绿澳铜、蓝润、细高、细星、泉程、禾腾、冠菌铜、冠菌清、丰护安、库珀宝、蓝盾铜、可杀得叁仟、可杀得壹零壹。

● **主要剂型**　53.8%、77%可湿性粉剂，38.5%、53.8%、61.4%干悬浮剂，57.6%干粒剂，38.5%、46.1%、53.8%、57.6%、77%水分散粒剂，53.8%可分散粒剂，7.1%、25%、37.5%悬浮剂。

● **毒性**　低毒。

● **作用机理**　氢氧化铜为多孔针形晶体，杀菌作用主要通过释放铜离子与真菌体内蛋白质中的—SH、—NH$_2$、—COOH、—OH 等基团起作用，形成铜的络合物，使蛋白质变性，进而阻碍和抑制病菌代谢，最终导致病菌死亡。但此作用仅限于阻止真菌孢子萌发，所以仅有保护作用。杀细菌效果更好，病菌不易产生抗药性。在细菌病害与真菌病害混合发生时，施用本剂可以兼治，节省农药和劳力。

● **产品特点**

（1）氢氧化铜属矿物源、无机铜类、广谱、低毒、保护性杀菌剂，以保护作用为主，兼有治疗作用。溶于酸而不溶于水。氢氧化铜可湿性粉剂外观为蓝色粉末，对人、畜低毒，对鱼类、鸟类、蜜蜂有毒。

（2）对病害具有保护杀菌作用，药剂能均匀地黏附在植物表面，不易被水冲走，持效期长，使用方便，推荐剂量下无药害，是替代波尔多液的铜制剂之一。

（3）杀菌作用强，宜在发病前或发病初期使用。

（4）该药杀菌防病范围广，渗透性好，但没有内吸作用，且使用不当容易发生药害。喷施在植物表面后没有明显药斑残留。

● **应用**

（1）单剂应用

① 喷雾 防治西瓜、甜瓜炭疽病、细菌性果腐病时，发病初期，每亩可选用77%氢氧化铜可湿性粉剂100～120克，或53.8%氢氧化铜可湿性粉剂或53.8%氢氧化铜水分散粒剂或53.8%氢氧化铜干悬浮剂70～100克，兑水45～60千克均匀喷雾，每隔7～10天喷1次，连喷3～4次。

防治西瓜蔓枯病，发病初期，用53.8%氢氧化铜干悬浮剂1000倍液喷雾，用药时间宜在下午3点以后，气候条件不适宜时，应少量多次使用，间隔7～10天喷1次。

防治葡萄霜霉病、黑痘病，发病前或发病初期，可选用46%氢氧化铜水分散粒剂1750～2000倍液喷雾，每隔7～10天喷1次，每季最多施用3次，安全间隔期14天；或53.8%氢氧化铜干悬浮剂800～1000倍液喷雾，在75%落花后进行第1次用药，每隔10～15天喷1次，雨季到来时或果实进入膨大期，每隔7～10天喷1次，连喷3～4次。

防治香蕉叶斑病、黑星病，发病初期，可选用77%氢氧化铜可湿性粉剂800～1000倍液，或53.8%氢氧化铜可湿性粉剂（水分散粒剂）600～800倍液喷雾，每隔10～15天喷1次，连喷2～4次。

防治柑橘溃疡病，在各次新梢芽长1.5～3厘米、新叶转绿时，可选用 77%氢氧化铜可湿性粉剂 400～600 倍液喷雾，每隔 7～10 天喷 1 次，连喷 3～5 次，安全间隔期 30 天，每季最多施用 5 次；或 53.8%氢氧化铜水分散粒剂 900～1100 倍液，或 46%氢氧化铜水分散粒剂 1500～2000 倍液喷雾，每隔 10～15 天喷 1 次，连喷 3 次，安全间隔期 21 天，每季最多施用 3 次。

防治柑橘树脂病，在春梢萌发前清园，可选用 77%氢氧化铜可湿性粉剂 600～800 倍液，或 53.8%氢氧化铜可湿性粉剂（水分散粒剂）500～600 倍液均匀喷雾。也可选用 77%氢氧化铜可湿性粉剂 150～200 倍液，或 53.8%氢氧化铜可湿性粉剂（水分散粒剂）100～150 倍液，刮病斑后涂药。

防治苹果轮纹烂果病、炭疽病、褐斑病，可在苹果生长中后期，用 77%氢氧化铜可湿性粉剂 600～800 倍液喷雾，每隔 7～10 天喷 1 次，连喷 3 次。

防治苹果、梨、山楂的腐烂病、干腐病、枝干轮纹病等枝干病害，在发芽前喷药清园，可选用 77%氢氧化铜可湿性粉剂 400～500 倍液，或 53.8%氢氧化铜可湿性粉剂（水分散粒剂）300～400 倍液喷洒枝干。腐烂病及干腐病病斑刮除后，也可在病斑表面涂抹用药，可选用 77%氢氧化铜可湿性粉剂 150～200 倍液，或 53.8%氢氧化铜可湿性粉剂（水分散粒剂）100～150 倍液涂药。

防治梨黑星病、黑斑病，发病初期，用 77%氢氧化铜可湿性粉剂 600 倍液喷雾，视病情每隔 7～10 天喷 1 次，连喷 3～4 次。

防治桃、杏、李、樱桃流胶病，可选用 77%氢氧化铜可湿性粉剂 400～500 倍液，或 53.8%氢氧化铜可湿性粉剂（水分散粒剂）300～400 倍液喷雾，在发芽前对枝干喷药 1 次即可，生长期严禁使用。

防治芒果细菌性黑斑病，发病前，用 46%氢氧化铜水分散粒剂 1000～1500 倍液喷雾。

防治荔枝霜疫霉病，花蕾期、幼果期、成果期各喷 1 次，药剂使用量同柑橘溃疡病生长期喷药。

② 灌根　防治甜瓜猝倒病，用 77%氢氧化铜可湿性粉剂 500 倍液灌根，每平方米苗床浇 3 升药液。

防治西瓜枯萎病，从坐瓜后开始灌根，可选用 77%氢氧化铜可湿性粉剂 500～600 倍液，或 53.8%氢氧化铜可湿性粉剂或 53.8%氢氧化铜水分散粒剂或 53.8%氢氧化铜干悬浮剂 400～500 倍液灌根，每株灌药液250～300 毫升，10～15 天后再灌 1 次。

③ 浇灌　防治草莓青枯病，发病初期，用 57.6%氢氧化铜水分散粒剂 500 倍液喷洒或浇灌，每隔 7～10 天喷雾或浇灌 1 次，连续用药 2～3 次。

防治苹果、梨、山楂等仁果类果树及葡萄的烂根病时，多在春天灌根用药。一般按生长期喷雾的使用倍数浇灌药液，每株用药量因树体大小不同而异，以药液能够渗入主要根区的范围为宜，可选用 77%氢氧化铜可湿性粉剂 600～800 倍液，或 53.8%氢氧化铜可湿性粉剂（水分散粒剂）500～600 倍液等浇灌。

（2）复配剂应用　氢氧化铜可与多菌灵、霜脲氰、代森锰锌混配，用于生产复配杀菌剂。

① 氢铜·多菌灵。由氢氧化铜与多菌灵混配的广谱低毒复合杀菌剂。

防治西瓜、甜瓜等瓜类的枯萎病，首先在定植时浇灌定植药水，然后从坐住瓜后或田间初见病株时再次用药灌根。用 50%氢铜·多菌灵可湿性粉剂 400～600 倍液灌根，每株浇灌 250～300 毫升，每隔 10～15天灌 1 次，连灌 2～3 次。

防治落叶果树的枝干病害（清园）。春季发芽前用 50%氢铜·多菌灵可湿性粉剂 200～300 倍液喷洒枝干 1 次，生长期不要随意使用。

② 氢铜·福美锌。由氢氧化铜与福美锌混配的广谱低毒复合杀菌剂，以保护作用为主。防治柑橘溃疡病，用 64%氢铜·福美锌可湿性粉剂 400～500 倍液喷雾。在春梢萌发 20～25 天和转绿期各喷 1 次；幼果横径 0.5～1 厘米时再开始喷药，每隔 6～7 天喷 1 次，连喷 2～3 次；放夏梢的果园，放夏梢 7 天后喷 1 次，叶片展绿期再喷 1 次；放秋梢 7 天后喷 1 次，叶片展绿期再喷 1 次。

◉ **注意事项**

（1）在作物病害发生前或发病初期施药，每隔 7～10 天喷药 1 次，连喷 2～3 次，以发挥其保护剂的特点。在发病重时应每隔 5～7 天喷 1次，喷雾要求均匀周到，正反叶片均应喷到。

（2）不能与石硫合剂、松脂合剂、矿物油合剂、硫菌灵等药剂混用。

避免与强酸或强碱性农药混用，禁止与乙膦铝类农药混用。若与其他药剂混用时（应先小量试验），宜先将本剂溶于水，搅匀后，再加入其他药剂。

（3）在桃、杏、李、樱桃等核果类果树上仅限于发芽前清园喷施，发芽后的生长期禁止使用。苹果、梨开花期和幼果期严禁用此药，柑橘上使用77%氢氧化铜可湿性粉剂浓度不应低于1000倍液，否则易产生药害。

（4）对鱼类及水生生物有毒，避免药液污染水源；应在阴凉、通风、干燥处贮存。

碱式硫酸铜（copper sulfate basic）

$$Cu_4(OH)_6SO_4$$

$$H_6Cu_4O_{10}S，452.3$$

● **其他名称** 绿得保、丁锐可、统掌柜、鸿波、保果灵、杀菌特、绿信、运达、天波、三碱基硫酸铜、高铜、铜高尚。

● **主要剂型** 27.12%、30%、35%悬浮剂，50%、80%可湿性粉剂，70%水分散粒剂。

● **毒性** 低毒。

● **作用机理** 当碱式硫酸铜喷到作物表面后，能牢固地黏附在植物表面形成一层保护药膜。其有效成分在水和空气的作用下，逐渐释放出游离的铜离子，铜离子与病菌体内蛋白质中的多种基因结合使蛋白质变性，抑制病菌孢子萌发和菌丝发育，从而导致病菌死亡。

● **产品特点**

（1）属矿物源、广谱性、无机铜类、保护性、低毒杀菌剂，对真菌和细菌性病害有效。为传统波尔多液的理想换代产品。

（2）分散性好，耐雨水冲刷。

（3）与自己配制的波尔多液相比，碱式硫酸铜药液颗粒微细、使用方便、安全性好、喷施后植物表面没有明显药斑污染，但持效期较短。

● **应用** 防治柑橘溃疡病、疮痂病、炭疽病、黑星病、黄斑病，春梢生长期、幼果期、夏梢生长期、秋梢生长期、果实转色期，可选用30%

碱式硫酸铜悬浮剂 300～400 倍液，或 27.12%碱式硫酸铜悬浮剂 400～500 倍液，或 70%碱式硫酸铜水分散粒剂 700～800 倍液各喷 1～2 次，每隔 10～15 天喷 1 次，与相应内吸治疗性杀菌剂轮换。

防治梨树黑星病、炭疽病、轮纹病、褐斑病，从梨树落花后 1.5 个月开始，可选用 27.12%碱式硫酸铜悬浮剂或 30%碱式硫酸铜悬浮剂 400～500 倍液，或 70%碱式硫酸铜水分散粒剂 700～800 倍液喷雾，每隔 15 天喷 1 次，连喷 4～7 次，与相应内吸治疗性杀菌剂轮换，每季最多施用 2 次，安全间隔期 20 天。幼果期不建议使用，以免对幼果表面造成刺激伤害。

防治苹果树轮纹病、炭疽病、褐斑病、黑星病，从苹果落花后 1.5 个月开始，可选用 27.12%碱式硫酸铜悬浮剂或 30%碱式硫酸铜悬浮剂 400～500 倍液，或 70%碱式硫酸铜水分散粒剂 700～800 倍液喷雾，每隔 15 天左右喷 1 次，连喷 4～6 次，与相应内吸治疗性杀菌剂轮换。幼果期不建议使用本剂，以免对幼果表面造成刺激伤害。

防治葡萄霜霉病、褐斑病、炭疽病，从幼果期或叶片霜霉病发生初期开始，可选用 27.12%碱式硫酸铜悬浮剂或 30%碱式硫酸铜悬浮剂 300～400 倍液，或 70%碱式硫酸铜水分散粒剂 500～600 倍液喷雾，每隔 10～15 天喷 1 次，连续喷药至采收前一周，与相应内吸治疗性杀菌剂轮换。

防治枣树锈病、炭疽病、轮纹病，从枣树一茬花坐住果后开始，可选用27.12%碱式硫酸铜悬浮剂或30%碱式硫酸铜悬浮剂400～500 倍液，或 70%碱式硫酸铜水分散粒剂 700～800 倍液喷雾，每隔 15 天左右喷 1 次，连喷 4～6 次，与相应内吸治疗性杀菌剂轮换。高温干旱季节应适当提高喷施倍数，避免出现铜制剂药害。

防治香蕉叶斑病、黑星病，发病初期或初见病斑时，可选用 27.12%碱式硫酸铜悬浮剂或 30%碱式硫酸铜悬浮剂 400～500 倍液，或 70%碱式硫酸铜水分散粒剂 700～800 倍液喷雾，每隔 15 天左右喷 1 次，连喷 2～4 次，与相应内吸治疗性杀菌剂轮换。

防治荔枝霜疫霉病，幼果期、果实膨大期、果实转色期，可选用 27.12%碱式硫酸铜悬浮剂或 30%碱式硫酸铜悬浮剂 300～400 倍液，或 70%碱式硫酸铜水分散粒剂 500～600 倍液各喷 1 次。

● 注意事项

（1）此药为保护性杀菌剂，宜在发病前和发病初期使用，防止病原菌的侵入或蔓延。

（2）该药剂的防治效果关键在于适时用药和喷雾要均匀，提早防治，定期防治，喷药前要求将药液搅拌均匀，喷洒时要使植物表面附着均匀，使用时间宜在 6～8 月，可代替波尔多液。

（3）不能在阴雨天及早晚有露水时喷药，连阴天用药时应适当提高喷施倍数。

（4）在高温条件下使用要适当降低浓度，作物花期使用此药易产生药害，不宜使用。

（5）在对铜敏感的作物上慎用本剂，避免药害。

（6）不能与石硫合剂、遇铜易分解的农药和矿物油、磷酸二氢钾叶面肥及其他含重金属离子的物质混用。

（7）悬浮剂较长时间存放可能会有沉淀，属正常现象，摇匀后使用不影响药效。长期储存会出现分层现象，但不影响药效。

（8）蚕、桑树对该药剂敏感，蚕室和桑园附近禁用。

（9）要注意避免本剂对配药容器和施药器械的腐蚀，认真做好清洗工作。

多菌灵（carbendazim）

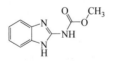

$C_9H_9N_3O_2$，191.19

● **其他名称**　苯并咪唑 44 号、健农、金生、蓝多、赞歌、惠好、菌立怕、卡菌丹、大富生、双菌清、立复康、病菌杀星、保卫田、枯萎立克。

● **主要剂型**　20%、25%、40%、50%、80%可湿性粉剂，22%增效可湿性粉剂，12.5%增效浓可溶剂，37%草酸盐可溶粉剂，50%磺酸盐可湿性粉剂（溶菌灵），60%盐酸盐可湿性粉剂，40%、50%、500 克/升悬浮剂，50%、75%、80%、90%水分散粒剂，40%可湿性超微粉剂，15%烟剂。

● **毒性** 低毒。

● **作用机理** 多菌灵属苯并咪唑类、高效、低毒、内吸、广谱性杀菌剂，有预防和治疗作用，主要是干扰真菌细胞有丝分裂中纺锤体的形成，从而影响细胞分裂，导致病菌死亡。

● **产品特点**

（1）多菌灵为目前最常用的杀菌剂品种之一。除了可以喷雾使用以外，多菌灵还可以作拌种和灌根使用。对多种真菌性病害，尤其对枯萎病、黄萎病等土传病害有一定的防治效果。若长期使用不当，易诱发病原菌产生抗药性。

（2）多菌灵通过植物叶片和种子渗入到植物体内，耐雨水冲刷，持效期较长。其在植物体内的传导和分布与植物的蒸腾作用有关，蒸腾作用强，传导分布快；蒸腾作用弱，传导分布慢。在蒸腾作用较强的部位，如叶片，药剂的分布量较多；在蒸腾作用较弱的器官，如花、果，分布的药剂较少。在酸性条件下，可以增加多菌灵的水溶性，提高药剂的渗透和输导能力。多菌灵在酸化后，透过植物表面角质层的移动力比未酸化时增大4倍。

（3）鉴别要点

① 物理鉴别（感官鉴别） 纯品为白色结晶。几乎不溶于水，对大多数有机溶剂溶解度不好，可溶于稀无机酸和有机酸，并形成相应的盐。原药为浅棕色粉末，常温下可贮存两年。25%、50%多菌灵可湿性粉剂为褐色疏松粉末，40%多菌灵悬浮剂为淡褐色黏稠可流动的悬浮液。选购时查看农药"三证"；产品应取得农药生产批准证书。

② 生物鉴别 于小麦赤霉病发病初期选取两棵带病植株，将其中一棵用25%多菌灵可湿性粉剂兑水400倍后直接对带菌部位进行喷雾，数小时后在显微镜下观察喷药部位病菌孢子情况，并对照观察未喷药植株上病菌孢子的变化情况。若喷药部位病菌孢子活动明显受到抑制且有致死孢子，则说明所用之药为合格品，否则为不合格品。50%多菌灵可湿性粉剂用药量减半，40%多菌灵悬浮剂加水稀释640倍后使用。

● **应用**

（1）单剂应用 防治甜瓜黑星病，用50%多菌灵可湿性粉剂500倍液，浸种20分钟。

防治西瓜枯萎病，用 50%多菌灵可湿性粉剂 1000 倍液（药液温度为 50～60℃），浸种 30～40 分钟。

防治西瓜枯萎病，用 50%多菌灵可湿性粉剂 1 千克加 200 千克细土与营养土拌匀后，撒于苗床或定植穴内，或用 50%多菌灵可湿性粉剂 1 千克与 25～30 千克细土（或已粉碎的饼肥）拌匀，撒于定植穴周围 0.11 平方米范围内，与土混匀，过 2～3 天后，再播种。

防治柑橘树炭疽病，发病初期，用 25%多菌灵可湿性粉剂 250～333 倍液喷雾，每隔 7～10 天喷 1 次，连喷 3 次，安全间隔期 30 天。

防治苹果病害。可选用 25%多菌灵可湿性粉剂 300～400 倍液，或 40%多菌灵可湿性粉剂 500～600 倍液，或 50%多菌灵可湿性粉剂或 50%多菌灵水分散粒剂或 40%多菌灵悬浮剂 600～800 倍液，或 50%多菌灵悬浮剂或 500 克/升多菌灵悬浮剂 800～1000 倍液，或 75%多菌灵水分散粒剂 1000～1200 倍液，或 80%多菌灵可湿性粉剂或 80%多菌灵水分散粒剂 1000～1200 倍液，或 90%多菌灵水分散粒剂 1200～1500 倍液喷雾，发病前按较低浓度、感染病菌后应按较高浓度施用。开花前后阴雨湿度大时，开花前、后各喷 1 次，防治花腐病、锈病，兼防白粉病。从落花后 10 天左右开始，每隔 10 天左右喷 1 次，连喷 3 次后套袋，与全络合态代森锰锌、克菌丹等药轮换；不套袋苹果每隔 10～15 天喷 1 次，落花后 1.5 个月后可与硫酸铜钙、代森锰锌、戊唑·多菌灵等不同类型药剂轮换，连喷 7～10 次，对轮纹烂果病、炭疽病、褐斑病、褐腐病、黑星病、水锈病和早期落叶病均有效。不套袋苹果采收后，用上述药液浸果 20～30 秒，捞出晾干后贮运，对采后烂果病有效。

防治梨树黑星病，从落花后 10 天左右，发病前或发病初期，可选用 50%多菌灵可湿性粉剂 500～600 倍液，或 40%多菌灵悬浮剂 400～600 倍液喷雾，每隔 7～10 天喷 1 次，连喷 2～3 次，每季最多施用 3 次，安全间隔期 28 天。

防治葡萄黑痘病、炭疽病和白腐病，在葡萄展叶后到果实着色前，用 25%多菌灵可湿性粉剂 250～500 倍液喷雾，每隔 10～15 天喷 1 次。

防治桃褐斑病和疮痂病，发病初期（桃套袋前），用 25%多菌灵可湿性粉剂 250～400 倍液喷雾，每隔 7～10 天喷 1 次，连喷 2～3 次。

此外，还可防治杏、李黑星病、炭疽病、真菌性穿孔病及褐腐病，樱桃炭疽病、真菌性穿孔病及褐腐病，核桃炭疽病，枣树锈病、炭疽病、轮纹病、果实斑点病及褐斑病，柿角斑病、圆斑病及炭疽病，板栗炭疽病、叶斑病，石榴炭疽病、麻皮病及叶斑病，山楂枯梢病、黑星病，草莓根腐病，芒果炭疽病，枇杷炭疽病，番木瓜炭疽病等，药剂使用倍数同苹果病害。

防治果树根部病害，可选用 25%多菌灵可湿性粉剂 300～400 倍液，或 40%多菌灵可湿性粉剂或 40%多菌灵悬浮剂 500～600 倍液，或 50%多菌灵可湿性粉剂或 50%多菌灵水分散粒剂或 50%多菌灵悬浮剂或 500 克/升多菌灵悬浮剂 600～800 倍液，或 75%多菌灵水分散粒剂 800～1000 倍液，或 80%多菌灵可湿性粉剂或 80%多菌灵水分散粒剂 1000～1200 倍液，或 90%多菌灵水分散粒剂 1200～1500 倍液，在清除病根组织的基础上，用上述药液浇灌果树根部，浇灌药液量因树体大小而异，一般以树体的主要根区土壤湿润为宜。

防治香蕉黑星病、炭疽病及叶斑病，发病初期，可选用 25%多菌灵可湿性粉剂 200～250 倍液，或 40%多菌灵可湿性粉剂 300～400 倍液，或 50%多菌灵可湿性粉剂或 50%多菌灵水分散粒剂或 40%多菌灵悬浮剂或 500 克/升多菌灵悬浮剂 400～500 倍液，或 75%多菌灵水分散粒剂 500～600 倍液，或 80%多菌灵可湿性粉剂或 80%多菌灵水分散粒剂 700～900 倍液，或 90%多菌灵水分散粒剂 800～1000 倍液喷雾，每隔 10～15 天喷 1 次（多雨潮湿时为 7～10 天），连喷 2～4 次。

防治柑橘炭疽病、疮痂病、黑星病及黑斑病，在新梢抽发期或发病初期，每隔 10 天左右喷 1 次，连喷 2～3 次，药剂喷施倍数同香蕉黑星病。

防治柑橘树干流胶病、树脂病，在 4～7 月用刀在病部纵向划道切割，深达木质部，然后可选用 25%多菌灵可湿性粉剂 10～20 倍液，或 40%多菌灵可湿性粉剂 20～40 倍液，或 50%多菌灵可湿性粉剂或 50%多菌灵水分散粒剂 30～50 倍液，或 50%多菌灵悬浮剂或 500 克/升悬浮剂或 75%多菌灵水分散粒剂 50～80 倍液，或 80%多菌灵可湿性粉剂或 80%多菌灵水分散粒剂 60～90 倍液，或 90%多菌灵水分散粒剂 80～100 倍液涂抹病部表面。

（2）复配剂应用　多菌灵常与硫黄粉、三唑酮、三环唑、代森锰锌、井冈霉素、嘧霉胺、氟硅唑、腐霉利、三乙膦酸铝、乙霉威、异菌脲、溴菌腈、戊唑醇、丙森锌、硫酸铜钙、福美双、咪鲜胺、甲霜灵、烯唑醇等杀菌剂成分混配，生产复配杀菌剂。

① 多·福。由多菌灵与福美双复配而成的低毒复合杀菌剂，具保护作用和一定治疗作用。

防治梨黑星病、轮纹病、炭疽病，梨树落花后 10～15 天开始，可选用 60%多·福可湿性粉剂 500～600 倍液，或 50%多·福可湿性粉剂 400～500 倍液，或 40%多·福可湿性粉剂 400～500 倍液喷雾，每隔 10～15 天喷 1 次，到采收前半月停用，与不同类型药剂轮换。

防治苹果轮纹病、炭疽病、褐斑病，从苹果落花后 10 天左右开始，可选用 30%多·福可湿性粉剂 300～400 倍液，或 40%多·福可湿性粉剂 400～500 倍液，或 50%多·福可湿性粉剂 500～700 倍液，或 60%多·福可湿性粉剂 600～800 倍液，或 70%多·福可湿性粉剂 800～1000 倍液，或 80%多·福可湿性粉剂 800～1000 倍液喷雾，每隔 10～15 天喷 1 次，连喷 5～7 次，与不同类型药剂轮换。

此外，还可防治葡萄白腐病、炭疽病，枣轮纹病、炭疽病，药剂喷施倍数同苹果轮纹病。

防治柑橘树脂病，春季萌芽前喷 1 次清园，可选用 30%多·福可湿性粉剂 150～200 倍液，或 40%多·福可湿性粉剂 200～250 倍液，或 50%多·福可湿性粉剂 250～300 倍液，或 60%多·福可湿性粉剂 300～400 倍液，或 70%多·福可湿性粉剂 400～500 倍液，或 80%多·福可湿性粉剂 400～500 倍液。然后在夏秋季结合其他病害防治再喷 1 次，药剂喷施倍数同苹果轮纹病。

② 多·锰锌。由多菌灵与代森锰锌混配的一种广谱低毒复合杀菌剂，具有保护和治疗双重作用。

防治苹果轮纹病、炭疽病、褐斑病、斑点落叶病、黑星病，可选用 35%多·锰锌可湿性粉剂 300～350 倍液，或 40%多·锰锌可湿性粉剂 400～500 倍液，或 50%多·锰锌可湿性粉剂 500～600 倍液，或 60%多·锰锌可湿性粉剂 600～700 倍液，或 70%多·锰锌可湿性粉剂 700～800 倍液，或 80%多·锰锌可湿性粉剂 800～1000 倍液喷雾。与不同类型药剂轮换。防治轮纹病、炭疽病时，从落花后 7～10 天开始，每隔 10 天左右喷 1 次，连喷 3 次药后套袋；不套袋苹果继续喷，每隔 10～15 天喷 1 次，连喷 3～5 次，兼防斑点落叶病、黑星病、褐斑病。防治斑点落叶病时，在春梢生长期和秋梢生长期内各喷 2 次左右，每隔 10～15 天喷 1 次，兼防褐斑病、黑星病。防治褐斑病时，从落花后 1 个月左右开始，每隔 10～15 天喷 1 次，连喷 4～6 次，重点喷植株中下部，兼防其他病害。防治黑星病时，发病初期，每隔 10～15 天喷 1 次，连喷 2～3 次。

此外，还可防治梨树黑星病，桃树疮痂病、炭疽病，枣树轮纹病、炭疽病，核桃炭疽病，石榴褐斑病、炭疽病，柑橘疮痂病、炭疽病、黑星病，药剂喷施倍数同苹果轮纹病。

③ 五硝·多菌灵。由五氯硝基苯与多菌灵复配而成。防治西瓜枯萎病，发病前或发病初期，每株用 40%五硝·多菌灵可湿性粉剂 0.6～0.8 克兑水 200～250 毫升灌根，每隔 7 天灌 1 次，安全间隔期 14 天，每季最多施用 2 次。

④ 乙铝·多菌灵。由三乙膦酸铝与多菌灵混配的一种广谱低毒复合杀菌剂，具有内吸治疗和预防保护双重作用。

防治苹果轮纹病、炭疽病、斑点落叶病，可选用 45%乙铝·多菌灵可湿性粉剂 400～500 倍液，或 60%乙铝·多菌灵可湿性粉剂 500～600 倍液，或 75%乙铝·多菌灵可湿性粉剂 500～600 倍液喷雾。安全间隔期 28 天。防治轮纹病、炭疽病时，从落花后 7～10 天开始，每隔 10 天左右喷 1 次，连喷 3 次后套袋；不套袋苹果则需继续喷 3～5 次。防治斑点落叶病时，在春梢生长期内和秋梢生长期内各喷 2 次左右。

此外，还可防治梨轮纹病、炭疽病、褐斑病，葡萄炭疽病、褐斑病，枣轮纹病、炭疽病，石榴褐斑病、炭疽病、麻皮病，药剂喷施倍数同苹果轮纹病。

防治柑橘疮痂病、炭疽病、黑星病，可选用 45%乙铝·多菌灵可湿性粉剂 300～400 倍液，或 60%乙铝·多菌灵可湿性粉剂 400～500 倍液，或 75%乙铝·多菌灵可湿性粉剂 500～600 倍液喷雾。春梢萌发初期、花蕾期、落花后、幼果期各喷 1 次，可防治疮痂病；果实膨大期至转色期喷 2～4 次，每隔 10 天左右喷 1 次，可防治黑星病、炭疽病；椪柑类品种，9 月份还需喷 2 次左右。

防治西瓜及甜瓜炭疽病，发病初期，可选用 45%乙铝·多菌灵可湿性粉剂 300～400 倍液，或 60%乙铝·多菌灵可湿性粉剂 400～500 倍液，或 75%乙铝·多菌灵可湿性粉剂 400～500 倍液喷雾，每隔 7～10 天喷 1 次，连喷 3～4 次。

⑤ 乙霉·多菌灵。由乙霉威与多菌灵混配的广谱低毒复合杀菌剂，具有保护和治疗双重作用。

防治草莓灰霉病，发病初期或持续阴天 2 天后开始，每亩次可选用 50%乙霉·多菌灵可湿性粉剂 80～100 克，或 25%乙霉·多菌灵可湿性粉剂 150～200 克，兑水 30～45 千克喷雾，每隔 7 天左右喷 1 次，连喷 2～3 次。

防治葡萄灰霉病，可选用 50%乙霉·多菌灵可湿性粉剂 800～1000 倍液，或 25%乙霉·多菌灵可湿性粉剂 400～500 倍液喷雾，重点喷果穗。开花前、后各喷 1 次，预防幼果穗受害；套袋前喷药 1 次，预防套袋果受害；不套袋果在果实近成熟期，从初见病果粒时开始，每隔 7 天左右喷 1 次，连喷 1～2 次。

防治苹果轮纹病、炭疽病，从苹果落花后 7～10 天开始，可选用 50%乙霉·多菌灵可湿性粉剂 1000～1200 倍液，或 25%乙霉·多菌灵可湿性粉剂 500～600 倍液喷雾，重点喷果穗，每隔 10 天左右喷 1 次，连喷 3 次药后套袋；不套袋苹果需继续喷 4～5 次，每隔 10～15 天喷 1 次。

此外，还可防治猕猴桃灰霉病、桃灰霉病、褐腐病，药剂喷施倍数同苹果轮纹病。

◉ **注意事项**

（1）多菌灵化学性质稳定，可与一般杀菌剂或者生长调节剂、叶面肥混用，但与杀虫、杀螨剂混用时要随混随用，因为遇到碱性物质容易分解，所以不能与石硫合剂、波尔多液混用，也不能与铜制剂混用，以免降低药效或产生药害。稀释的药液暂不用，静置后会出现分层现象，需摇匀后使用。悬浮剂型有可能会有一些沉淀，摇匀后使用不影响药效。

（2）多菌灵属于特别容易产生抗性的杀菌剂之一，长期单一使用容易使病菌产生抗药性，应与其他杀菌剂轮换使用或混合使用。甲基硫菌灵、硫菌灵、苯菌灵与多菌灵属同一类药剂，所以不宜将其作为与多菌灵轮换使用的药剂。

（3）土壤处理时，有时会被土壤微生物分解，降低药效。如土壤处理效果不理想，可改用其他使用方法。

（4）露地作物在多雨季节喷用，间隔期不要超过 10 天。

（5）本品对蜜蜂、鱼类等生物、家蚕有影响。施药期间应避免对周围蜂群的影响，蜜源作物花期、蚕室和桑园附近禁用。远离水产养殖区施药，禁止在河塘等水体中清洗施药器具。

甲基硫菌灵（thiophanate-methyl）

$C_{12}H_{14}N_4O_4S_2$，342.394

- **其他名称**　甲基托布津、杀灭尔、纳米欣、凯来、红日、瑞托。
- **主要剂型**　50%、70%、80%可湿性粉剂，40%、50%胶悬剂，10%、36%、48.5%、50%、500 克/升、56%悬浮剂，70%、75%、80%水分散粒剂，4%膏剂，3%、8%、70%、80%糊剂。
- **毒性**　低毒。
- **作用机理**　甲基硫菌灵属苯并咪唑类杀菌剂，主要通过强烈抑制麦角甾醇的生物合成，改变孢子的形态和细胞膜的结构，致使孢子细胞变形，菌丝膨大，分枝畸形，导致直接影响细胞的渗透性，从而使病菌死亡或受抑制。在作物体内可转化成多菌灵，因此与多菌灵有交互抗性。
- **产品特点**

（1）甲基硫菌灵为广谱、内吸杀菌剂，具有向植株顶部传导的功能，对多种蔬菜有较好的预防保护和治疗作用，对叶螨和病原线虫有抑制作用。

（2）该药混用性好，使用方便、安全、低毒、低残留，但连续使用易诱使病菌产生抗药性。悬浮剂相对来讲，加工颗粒微细、黏着性好、耐雨水冲刷、药效利用率高，使用方便、环保。

（3）鉴别要点：纯品为无色结晶，工业品为微黄色结晶。几乎不溶于水，可溶于大多数有机溶剂。甲基硫菌灵可湿性粉剂为灰棕色或灰紫色粉末，悬浮剂为淡褐色黏稠悬浊液体。可湿性粉剂应取得农药生产许可证（XK）；其他产品应取得农药生产批准证书（HNP）；选购时应注意识别该产品的农药登记证号、农药生产许可证号（农药生产批准证书号）、执行标准号。

● **应用**

（1）单剂应用

① 喷雾　防治西瓜炭疽病，发病初期，每亩可选用 70%甲基硫菌灵可湿性粉剂 40～80 克，或 75%甲基硫菌灵水分散粒剂 55～80 克，兑水 40～60 千克均匀喷雾，每隔 7～10 天喷 1 次，安全间隔期为 14 天，每季最多施用 3 次。

防治柑橘疮痂病、炭疽病，梨黑星病、白粉病、锈病、黑斑病、轮纹病，葡萄白粉病、炭疽病等，发病初期，用 70%甲基硫菌灵可湿性粉剂 1000～1500 倍液喷雾，每隔 10 天喷 1 次，连喷 2～3 次。

防治柑橘疮痂病，发病前或发病初期，用 70%甲基硫菌灵可湿性粉剂 800～1500 倍液喷雾，每隔 7～10 天喷 1 次，每季最多施用 2 次，安全间隔期 21 天。

防治柑橘绿霉病、青霉病，发病初期，用 36%甲基硫菌灵悬浮剂 800～1000 倍液整株喷雾，视病害发生情况，每隔 10 天左右喷 1 次，连喷 2～3 次。

防治苹果轮纹病，发病前或发病初期，可选用 50%甲基硫菌灵可湿性粉剂 600～800 倍液，或 70%甲基硫菌灵可湿性粉剂或 70%甲基硫菌灵水分散粒剂 800～1000 倍液或 500 克/升甲基硫菌灵悬浮剂 600～800 倍液整株喷雾，每隔 10～15 天喷 1 次，每季最多施用 2 次，安全间隔期 21 天；或用 80%甲基硫菌灵水分散粒剂 900～1200 倍液喷雾，安全间隔期 28 天，每季最多施用 2 次。

防治苹果白粉病，发病初期，可选用 36%甲基硫菌灵可湿性粉剂 800～1200 倍液，或 50%甲基硫菌灵悬浮剂 1000～1500 倍液喷雾，每隔

10 天左右喷 1 次，连喷 2～3 次。

防治苹果黑星病，发病初期，用 36%甲基硫菌灵可湿性粉剂 800～1200 倍液喷雾，每隔 10 天左右施药 1 次，连喷 2～3 次。

防治苹果炭疽病，发病初期，用 80%甲基硫菌灵水分散粒剂 800～1000 倍液喷雾，每隔 10 天喷 1 次，每季最多施用 2 次，安全间隔期 21 天。

防治梨黑星病，从初见病梢或病叶、病果时开始，往年黑星病较重果园需从落花后开始，以后每隔 10～15 天喷 1 次，一般幼果期需喷 2～3 次，中后期需喷 4～6 次。具体喷药间隔期视降雨情况而定。多雨潮湿季节间隔期适当缩短。可选用 70%甲基硫菌灵可湿性粉剂或 70%甲基硫菌灵水分散粒剂或 75%甲基硫菌灵水分散粒剂或 80%甲基硫菌灵可湿性粉剂或 80%甲基硫菌灵水分散粒剂 800～1000 倍液，或 50%甲基硫菌灵可湿性粉剂 500～600 倍液，或 50%甲基硫菌灵悬浮剂或 500 克/升甲基硫菌灵悬浮剂 600～700 倍液，或 36%甲基硫菌灵悬浮剂 400～500 倍液喷雾。与苯醚甲环唑、腈菌唑、烯唑醇、全络合态代森锰锌、克菌丹等轮换使用。

防治梨轮纹病，在梨树萌芽期，用 70%甲基硫菌灵可湿性粉剂 800～1500 倍液喷第一次药，落花后喷第二次，每隔 7～10 天喷 1 次，连喷 3～4 次。

防治梨树白粉病，发病初期，用 36%甲基硫菌灵悬浮剂 800～1000 倍液整株喷雾，视病害发生情况，每隔 10 天左右施药 1 次，连喷 2～3 次。

防治葡萄黑痘病，葡萄开花前、落花 70%～80%及落花后 10 天左右是防治关键期，各喷 1 次。药剂喷施倍数同梨黑星病。

防治葡萄炭疽病、房枯病。从葡萄果粒基本长成大小前 7～10 天开始，每隔 10 天左右喷 1 次，连喷 4～6 次。药剂喷施倍数同梨黑星病。

防治葡萄褐斑病，发病初期开始，每隔 10 天左右喷 1 次，连喷 3～4 次，药剂喷施倍数同梨黑星病。

防治葡萄灰霉病。开花前、落花后各喷 1 次，防控幼果穗受害。套袋果套袋前 5 天内喷 1 次，防止套袋后果穗受害；不套袋果在果粒膨大期至采收前的发病初期开始，每隔 7～10 天喷 1 次，连喷 2 次左右。药剂喷施倍数同梨黑星病。与腐霉利、异菌脲、嘧霉胺等轮换。

防治葡萄白粉病，发病初期，每隔 7～10 天喷 1 次，连喷 2～3 次。药剂喷施倍数同梨黑星病，与不同药剂轮换。

防治桃树缩叶病，在嫩芽露红但尚未展开时，可选用 70%甲基硫菌灵可湿性粉剂或 70%甲基硫菌灵水分散粒剂或 75%甲基硫菌灵水分散粒剂或 80%甲基硫菌灵可湿性粉剂或 80%甲基硫菌灵水分散粒剂 500～600 倍液，或 50%甲基硫菌灵可湿性粉剂 300～400 倍液，或 50%甲基硫菌灵悬浮剂或 500 克/升甲基硫菌灵悬浮剂 400～500 倍液，或 36%甲基硫菌灵悬浮剂 300～400 倍液喷雾，喷药 1 次即可有效控制缩叶病的为害。

防治桃炭疽病，从果实采收前 1.5 个月开始，可选用 70%甲基硫菌灵可湿性粉剂或 70%甲基硫菌灵水分散粒剂或 75%甲基硫菌灵水分散粒剂或 80%甲基硫菌灵可湿性粉剂或 80%甲基硫菌灵水分散粒剂 800～1000 倍液，或 50%甲基硫菌灵可湿性粉剂 500～600 倍液，或 50%甲基硫菌灵悬浮剂或 500 克/升甲基硫菌灵悬浮剂 600～700 倍液，或 36%甲基硫菌灵悬浮剂 400～500 倍液喷雾，每隔 10～15 天喷 1 次，连喷 2～4 次。

防治桃树真菌性穿孔病，从落花后 10 天左右或病害发生初期开始，每隔 10～15 天喷 1 次，连喷 2～4 次。药剂喷施倍数同桃炭疽病。

防治桃黑星病（疮痂病），从落花后 1 个月左右开始，每隔 10～15 天喷 1 次，直到采收前 1 个月结束，药剂喷施倍数同桃炭疽病。

防治桃褐腐病，防治花腐及幼果褐腐时，在初花期、落花后及落花后半月各喷 1 次，防治近成熟果褐腐病时，从果实成熟前 1 个月左右开始喷，每隔 7～10 天喷 1 次，连喷 2～3 次。药剂喷施倍数同桃炭疽病。

防治李炭疽病、真菌性穿孔病，从真菌性穿孔病发生初期开始，每隔 10～15 天喷 1 次，连喷 2～4 次。药剂喷施倍数同桃炭疽病。

防治核桃炭疽病、真菌性叶斑病，雨季到来前开始，可选用 70%甲基硫菌灵可湿性粉剂或 70%甲基硫菌灵水分散粒剂或 80%甲基硫菌灵可湿性粉剂或 80%甲基硫菌灵水分散粒剂 800～1000 倍液，或 50%甲基硫菌灵可湿性粉剂 500～600 倍液，或 50%甲基硫菌灵悬浮剂或 500 克/升甲基硫菌灵悬浮剂 600～700 倍液，或 36%甲基硫菌灵悬浮剂 400～500 倍液喷雾，每隔 15 天喷 1 次，连喷 2～4 次。

防治枣轮纹病、炭疽病、锈病、褐斑病，可选用 70%甲基硫菌灵可湿性粉剂或 70%甲基硫菌灵水分散粒剂或 75%甲基硫菌灵水分散粒剂或 80%甲基硫菌灵可湿性粉剂或 80%甲基硫菌灵水分散粒剂 800～1000 倍液，或 50%甲基硫菌灵可湿性粉剂 500～600 倍液，或 50%甲基硫菌灵悬浮剂或 500 克/升甲基硫菌灵悬浮剂 600～700 倍液，或 36%甲基硫菌灵悬浮剂 400～500 倍液喷雾，开花前喷 1 次,可防治褐斑病的早期发生；然后从一茬花落后 10～15 天开始，每隔 10～15 天喷 1 次，连喷 5～7 次。与不同类型药剂轮换。

防治柿角斑病、圆斑病、炭疽病，一般从柿树落花后半月左右开始，可选用 70%甲基硫菌灵可湿性粉剂或 70%甲基硫菌灵水分散粒剂或 75%甲基硫菌灵水分散粒剂或 80%甲基硫菌灵可湿性粉剂或 80%甲基硫菌灵水分散粒剂 800～1000 倍液，或 50%甲基硫菌灵可湿性粉剂 500～600 倍液，或 50%甲基硫菌灵悬浮剂或 500 克/升甲基硫菌灵悬浮剂 600～700 倍液，或 36%甲基硫菌灵悬浮剂 400～500 倍液喷雾，每隔 15 天左右喷 1 次，连喷 2～3 次。在南方甜柿产区，中后期还需继续喷 2～4 次。

防治板栗炭疽病、叶斑病，发病初期，每隔 10～15 天喷 1 次，连喷 2～3 次，药剂喷施倍数同柿角斑病。

防治石榴炭疽病、麻皮病、叶斑病，发病初期或幼果期开始，每隔 10 天左右喷 1 次，连喷 3～5 次，药剂喷施倍数同柿角斑病。

防治香蕉叶斑病、黑星病、炭疽病，从抽薹期或发病初期开始，可选用 70%甲基硫菌灵可湿性粉剂或 70%甲基硫菌灵水分散粒剂或 75%甲基硫菌灵水分散粒剂或 80%甲基硫菌灵可湿性粉剂或 80%甲基硫菌灵水分散粒剂 600～800 倍液，或 50%甲基硫菌灵可湿性粉剂 400～500 倍液，或 50%甲基硫菌灵悬浮剂或 500 克/升甲基硫菌灵悬浮剂 500～600 倍液，或 36%甲基硫菌灵悬浮剂 300～400 倍液喷雾，每隔 15 天左右喷 1 次，连喷 3 次左右。

防治芒果蒂腐病、炭疽病、白粉病、叶斑病，开花初期、开花末期及花后 20 天各喷 1 次，可有效防治炭疽病、白粉病；防治叶斑病时，从发病初期开始，每隔 10～15 天喷 1 次，连喷 2～3 次。药剂喷施倍数同香蕉叶斑病。

② 涂抹 防治果树枝干腐烂病，在刮除病斑的基础上，可选用 3%甲基硫菌灵糊剂原液，或 36%甲基硫菌灵悬浮剂 10～15 倍液，或 50%

甲基硫菌灵可湿性粉剂或 50%甲基硫菌灵悬浮剂 15～20 倍液在病斑表面涂抹。一个月后再涂药 1 次效果更好。

防治苹果和梨的枝干轮纹病，春季轻刮瘤后涂药，可将 70%甲基硫菌灵可湿性粉剂与植物油按 1：（20～25），或 80%甲基硫菌灵可湿性粉剂与植物油按 1：（25～30），或 50%甲基硫菌灵可湿性粉剂与植物油按 1：（15～20）的比例，充分搅拌均匀后涂抹枝干。

防治苹果腐烂病，发病盛期，每平方米用 3%甲基硫菌灵糊剂 125～150 克涂抹病斑，用刷子将本品涂抹于去掉病疤后的伤口及剪枝后的切口处及其病疤周围，每季最多施用 2 次，安全间隔期 21 天。

防治苹果轮纹病，用 10%甲基硫菌灵悬浮剂 10～15 倍液涂抹，每季最多施用 2 次，安全间隔期 21 天。

③ 灌根　防治果树根部病害，如根腐病、紫纹羽病、白纹羽病、白绢病等，在清除或刮除病根组织的基础上，于树盘下用土培埂浇灌，每年早春施药效果最好。用 70%甲基硫菌灵可湿性粉剂或 70%甲基硫菌灵水分散粒剂 800～1000 倍液浇灌，浇灌药液量因树体大小而异，以药液将树体大部分根区土壤渗透为宜。

④ 浸种（果、苗）　防治草莓褐斑病，用 70%甲基硫菌灵可湿性粉剂 500 倍液，浸苗 15～20 分钟，晾干后栽种。

防治柑橘绿霉病，用 36%甲基硫菌灵悬浮剂 600～800 倍液浸果，在果实成熟度 80%～85%时采收，采收后当天浸果处理 1 次，浸泡药液 1～2 分钟。

防治柑橘青霉病，用 36%甲基硫菌灵悬浮剂 800 倍液浸果，采收后当天浸果处理 1 次，浸药 1～2 分钟。

防治苹果和梨的采后烂果病，采后贮运前，用 70%甲基硫菌灵可湿性粉剂或 70%甲基硫菌灵水分散粒剂 800～1000 倍液浸果，1～2 分钟后捞出晾干即可。

（2）复配剂应用　甲基硫菌灵常与硫黄粉、福美双、代森锰锌、乙霉威、腈菌唑、丙环唑等杀菌剂成分混配，生产复配杀菌剂。

① 甲硫·乙嘧酚。由甲基硫菌灵与乙嘧酚复配而成。

防治甜瓜白粉病，在坐果期至幼果膨大期，每亩用 70%甲硫·乙嘧酚可湿性粉剂 20 克兑水 15 千克均匀喷雾。

防治草莓白粉病，幼果形成期至采收期，每亩用 70%甲硫·乙嘧酚可湿性粉剂 20 克兑水 15 千克均匀喷雾；注意喷湿喷透，发生严重时，可复配 26%苯甲·嘧菌酯悬浮剂或 36%啶氧菌酯·二氰蒽醌悬浮剂一起使用，可同时防治炭疽、叶斑等病害。

② 甲硫·乙霉威。由甲基硫菌灵和乙霉威混配的一种复合型广谱低毒杀菌剂，具有治疗和保护作用。防治葡萄灰霉病，用 65%甲硫·乙霉威可湿性粉剂 1000～1200 倍液喷雾，重点喷果穗，开花前、后各喷药 1 次，防治幼果穗受害；套袋前喷药 1 次，保护果穗；不套袋果近成熟期发现病粒后立即开始喷药，每隔 7～10 天喷 1 次，连喷 2 次。

③ 甲硫·福美双。由甲基硫菌灵与福美双复配而成的一种广谱低毒复合杀菌剂，具有保护和治疗双重作用。

防治西瓜枯萎病，在发病初期，用 40%甲硫·福美双可湿性粉剂 600～800 倍液喷雾，每隔 7 天 1 次，连喷 1～3 次，安全间隔期 21 天，每季最多施用 2 次。

防治苹果轮纹病、炭疽病、黑星病，从苹果落花后 7～10 天开始喷，每隔 10 天左右喷 1 次，连喷 3 次药后套袋；不套袋苹果继续喷药，每隔 10～15 天喷 1 次，再喷 3～5 次；苹果套袋后仅防治黑星病即可，发病初期，每隔 10～15 天喷 1 次，连喷 2 次左右。可选用 70%甲硫·福美双可湿性粉剂 600～800 倍液，或 50%甲硫·福美双可湿性粉剂 500～600 倍液喷雾，与不同类型药剂轮换。

防治梨树轮纹病、炭疽病、黑星病，从落花后 7～10 天开始，可选用 70%甲硫·福美双可湿性粉剂 600～800 倍液，或 50%甲硫·福美双可湿性粉剂 500～600 倍液喷雾，每隔 10～15 天喷 1 次，与不同类型药剂轮换，连续喷至采收前一周左右。

此外，还可防治桃黑星病、炭疽病，葡萄炭疽病、褐斑病，枣轮纹病、炭疽病，药剂喷施倍数同梨树轮纹病。

防治柑橘炭疽病、黑星病，谢花 2/3 至幼果期及转色期是防治炭疽病关键期，果实膨大期至转色前是防治黑星病关键期，可选用 50%甲硫·福美双可湿性粉剂 400～500 倍液，或 70%甲硫·福美双可湿性粉剂 500～700 倍液喷雾，每隔 10～15 天喷 1 次，每期需喷 2 次左右，与不同类型药剂轮换。

防治苹果、梨、桃等的根腐病，发现病树后，首先尽量去除有病根部，然后树冠区范围内，可选用 50%甲硫·福美双可湿性粉剂 300～400 倍液，或 70%甲硫·福美双可湿性粉剂 500～600 倍液树下浇灌，使药液将大部分根区渗透。

④ 甲硫·噁霉灵。由甲基硫菌灵和噁霉灵复配的杀菌剂，与其他杀菌剂可混性好，见效快。防病治病，壮苗增产。防治西瓜枯萎病，用 56%甲硫·噁霉灵可湿性粉剂 600～800 倍液灌根，安全间隔期 21 天，每季最多施用 1 次。

⑤ 甲硫·腈菌唑。由甲基硫菌灵与腈菌唑混配的一种广谱低毒复合杀菌剂，具有保护和治疗双重活性。

防治苹果轮纹病、炭疽病、黑星病，可选用 80%甲硫·腈菌唑可湿性粉剂 1000～1200 倍液，或 45%甲硫·腈菌唑水分散粒剂 600～800 倍液，或 40%甲硫·腈菌唑悬浮剂 1500～2000 倍液喷雾，防治轮纹病、炭疽病，从落花后 7～10 天开始，每隔 10 天左右喷 1 次，连喷 3 次后套袋（套袋后停止喷药），不套袋苹果需继续喷 4～6 次，每隔 10～15 天喷 1 次，连喷 2～3 次，与不同类型药剂轮换。

防治桃黑星病，从落花后 20 天左右开始，用 25%甲硫·腈菌唑可湿性粉剂 500～600 倍液喷雾，每隔 10～15 天喷 1 次，连喷 2～3 次，往年病害发生严重桃园，需连续喷药到采收前一个月。

此外，还可以防治梨树黑星病、轮纹病、炭疽病、白粉病，葡萄黑痘病、炭疽病、褐斑病、白粉病，枣树锈病、轮纹病、炭疽病。药剂喷施倍数同苹果轮纹病。

⑥ 甲硫·锰锌。由甲基硫菌灵与代森锰锌混配的一种广谱低毒复合杀菌剂，具有预防和治疗双重作用。

防治西瓜炭疽病，发病初期，每次每亩可选用 50%甲硫·锰锌 120～150 克，或 60%甲硫·锰锌可湿性粉剂 100～125 克，或 75%甲硫·锰锌可湿性粉剂 80～100 克，兑水 45～60 千克喷雾，每隔 10 天左右喷 1 次，连喷 2～3 次。

防治苹果炭疽病、轮纹病、黑星病，从落花后 7～10 天开始，可选用 50%甲硫·锰锌可湿性粉剂 500～600 倍液，或 60%甲硫·锰锌可湿性粉剂 700～900 倍液，或 75%甲硫·锰锌可湿性粉剂 800～1000 倍液喷雾，与不同类型药剂轮换。每隔 10 天左右喷 1 次，连喷 3 次药后套袋；不套袋苹果继续喷 3～5 次，每隔 10～15 天喷 1 次；套袋苹果套袋后若有黑星病发生，从初见病斑时，每隔 10～15 天喷 1 次，连喷 2 次。

此外，还可防治梨黑星病、炭疽病、轮纹病，葡萄炭疽病、褐斑病，桃、李黑星病、炭疽病，枣树轮纹病、炭疽病，柿树圆斑病、角斑病，石榴炭疽病、褐斑病，核桃炭疽病，药剂喷施倍数同苹果炭疽病。

防治柑橘疮痂病、黑星病、炭疽病，萌芽 1/3 厘米、谢花 2/3 及幼果期是防治疮痂病、炭疽病关键期；果实膨大期至转色期是防治黑星病关键期，需喷 1～2 次；果实转色期是防控急性炭疽病关键期，需喷 1～2 次。每隔 10～15 天喷 1 次。可选用 50%甲硫·锰锌可湿性粉剂 400～500 倍液，或 60%甲硫·锰锌可湿性粉剂 500～600 倍液，或 75%甲硫·锰锌可湿性粉剂 600～700 倍液喷雾。

⑦ 甲硫·醚菌酯。由甲基硫菌灵与醚菌酯混配的内吸治疗性广谱低毒复合杀菌剂，具有预防保护和内吸治疗作用，杀菌活性较高。

防治苹果轮纹病、炭疽病，从落花后 7～10 天开始，可选用 25%甲硫·醚菌酯悬浮剂 600～800 倍液，或 30%甲硫·醚菌酯悬浮剂 800～1000 倍液，或 39%甲硫·醚菌酯悬浮剂 2000～2500 倍液，或 50%甲硫·醚菌酯可湿性粉剂或 50%甲硫·醚菌酯水分散粒剂或 50%甲硫·醚菌酯悬浮剂 1500～2000 倍液喷雾，每隔 10 天左右喷 1 次，连喷 3 次后套袋（套袋后结束喷药），不套袋苹果需继续喷 4～6 次，每隔 10～15 天喷 1 次，与不同类型药剂轮换。

此外，还可以防治梨树轮纹病、炭疽病、白粉病，葡萄黑痘病、白粉病，草莓白粉病，枸杞白粉病，药剂喷施倍数同苹果轮纹病。

⑧ 甲硫·戊唑醇。由甲基硫菌灵与戊唑醇混合的一种广谱低毒复合杀菌剂，具有预防保护和内吸治疗双重活性。

防治苹果树腐烂病，可在苹果发芽前喷洒枝干消毒灭菌，又可病斑刮治后涂药。发生严重地区还可于 7～9 月用药剂喷涂枝干。早春喷洒枝干时，可选用 30%甲硫·戊唑醇悬浮剂 200～300 倍液，或 35%甲硫·戊唑醇悬浮剂 400～500 倍液，或 41%甲硫·戊唑醇悬浮剂 400～500 倍液，或 43%甲硫·戊唑醇悬浮剂 800～1000 倍液，或 48%甲硫·戊唑醇悬浮剂 800～1000 倍液，或 48%甲硫·戊唑醇可湿性粉剂 600～800 倍液，或 55%甲硫•戊唑醇可湿性粉剂 600～800 倍液，或 60%甲硫•戊唑醇可湿性粉剂 600～800 倍液，或 80%甲硫•戊唑醇可湿性粉剂 600～800 倍液喷雾。刮治病斑后涂药时，可选用 30%甲硫•戊唑醇悬浮剂 10～15 倍液，或 35%甲硫•戊唑醇悬浮剂 20～30 倍液，或 41%甲硫•戊唑醇悬浮剂 20～30 倍液，或 43%甲硫•戊唑醇悬浮剂 50～60 倍液，或 48%甲硫•戊唑醇悬浮剂 50～60 倍液，或 48%甲硫•戊唑醇可湿性粉剂 50～60 倍液，或 55%甲硫•戊唑醇可湿性粉剂 50～60 倍液，或 60%甲硫•戊唑醇可湿性粉剂 50～60 倍液，或 80%甲硫•戊唑醇可湿性粉剂 50～60 倍液涂抹病斑。生长期喷涂枝干时，一般使用与早春喷洒枝干相同的药剂浓度，涂抹主干及较大主枝、侧枝，或向主干及较大主枝、侧枝定向喷雾。

防治苹果轮纹病、炭疽病、套袋果斑点病、斑点落叶病、褐斑病、黑星病，首先从苹果落花后 7～10 天开始，每隔 10 天左右喷 1 次，连喷 3 次药后套袋，防治轮纹病、炭疽病、套袋果斑点病，兼防春梢期斑点落叶病、幼果期黑星病及褐斑病；然后继续喷药，每隔 10～15 天喷 1 次，连喷 3～5 次，防治褐斑病、秋梢期斑点落叶病，兼防黑星病及不套果的轮纹病与炭疽病。具体喷药时，与不同类型药剂轮换，可选用 30%甲硫•戊唑醇悬浮剂 500～600 倍液，或 35%甲硫•戊唑醇悬浮剂或 41%甲硫•戊唑醇悬浮剂 800～1000 倍液，或 43%甲硫•戊唑醇悬浮剂或 48%甲硫•戊唑醇悬浮剂或 48%甲硫•戊唑醇可湿性粉剂或 55%甲硫•戊唑醇可湿性粉剂或 60%甲硫•戊唑醇可湿性粉剂或 80%甲硫•戊唑醇可湿性粉剂 1000～1200 倍液喷雾。

防治梨黑星病、轮纹病、炭疽病、黑斑病、白粉病，从梨树落花后 10 天左右开始，每隔 10～15 天喷 1 次，直到果实采收前一周左右，与不同类型药剂轮换，防治白粉病时，重点喷叶片背面。药剂喷施倍数同苹果轮纹病。

防治葡萄黑痘病、炭疽病、褐斑病、白腐病，开花前、落花 80%及落花后 10～15 天各喷 1 次，有效防治黑痘病；从果粒基本长成大小时再次开始喷药，每隔 10 天左右喷 1 次，直到采收前一周左右，有效防治炭疽病。药剂喷施倍数同苹果轮纹病。

防治枣轮纹病、炭疽病、锈病，从枣果坐住后半月左右开始，每隔

10～15 天喷 1 次，连喷 5～7 次，与不同类型药剂轮换，药剂喷雾倍数同苹果轮纹病。

防治桃黑星病、缩叶病，防治缩叶病时，在花芽露红期和落花后各喷 1 次。防治黑星病时，从落花后 20 天左右开始，每隔 10～15 天喷 1 次，连喷 2～3 次，如往年病害发生严重，则连续喷药到采收前一个月，药剂喷雾倍数同苹果轮纹病。

防治柿炭疽病、圆斑病、角斑病，从落花后 10 天左右开始，每隔 10～15 天喷 1 次，连喷 2 次，即可防治圆斑病、角斑病和幼果期炭疽病；往年炭疽病严重的柿园，仍需继续喷药 3～4 次。药剂喷雾倍数同苹果轮纹病。

防治核桃炭疽病，从核桃落花后 20～30 天开始，每隔 10～15 天喷 1 次，连喷 2～4 次。药剂喷雾倍数同苹果轮纹病。

防治石榴炭疽病、褐斑病、麻皮病，石榴开花前、落花后、幼果期、膨大期及果实转色期各喷 1 次，药剂喷施浓度同苹果轮纹病。

防治柑橘疮痂病、炭疽病、黑星病，春梢萌发初期、春梢转绿期、谢花 2/3、幼果期、果实膨大期至转色期是防病关键期，分别需喷药 1 次、1 次、1 次、2 次、2～3 次，每隔 10～15 天喷 1 次。可选用 30%甲硫·戊唑醇悬浮剂 400～600 倍液，或 35%甲硫·戊唑醇悬浮剂或 41%甲硫·戊唑醇悬浮剂 800～1000 倍液，或 43%甲硫·戊唑醇悬浮剂或 48%甲硫·戊唑醇悬浮剂或 48%甲硫·戊唑醇可湿性粉剂或 55%甲硫·戊唑醇可湿性粉剂或 60%甲硫·戊唑醇可湿性粉剂或 80%甲硫·戊唑醇可湿性粉剂 1000～1200 倍液喷雾。与不同类型药剂轮换。

防治芒果炭疽病、白粉病，花蕾初期、开花期及小幼果期各喷药 1 次，往年炭疽病较重的果园果实膨大期再喷药 2～3 次，每隔 10～15 天喷 1 次，药剂喷施浓度同柑橘疮痂病。

● **注意事项**

（1）不能与碱性、强酸性农药混用，也不宜与无机铜农药混用。

（2）连续使用易产生抗药性，甲基硫菌灵与多菌灵、苯菌灵等都属于苯并咪唑类杀菌剂，因此应注意与其他药剂轮用。

（3）不少地区用此药防治灰霉病、菌核病等已难奏效，需改用其他适合药剂防治。

（4）悬浮剂可能会有一些沉淀，摇匀后使用不影响药效。

（5）对蜜蜂、鱼类等生物、家蚕有影响，施药期间应避免对周围蜂群的影响，蜜源作物花期、蚕室和桑园附近禁用。

（6）远离水产养殖区、河塘等水体施药，禁止在河塘等水体中清洗施药器具，虾、蟹套养稻田禁用，施药后的田水不得直接排入水体。

三唑酮（triadimefon）

$C_{14}H_{16}ClN_3O_2$，293.75

● **其他名称** 粉锈宁、粉锈清、粉锈通、粉菌特、优特克、唑菌酮、农家旺、剑福、立菌克、代世高、去锈、菌灭清、菌克灵、丰收乐。

● **主要剂型** 5%、8%、10%、15%、25%可湿性粉剂，10%、15%、20%、25%、250 克/升乳油，8%、25%、44%悬浮剂，8%、10%、12%高渗乳油，8%高渗可湿性粉剂，12%增效乳油，20%糊剂，25%胶悬剂，0.5%、1%、10%粉剂，15%烟雾剂。

● **毒性** 低毒。

● **作用机理** 三唑酮可抑制菌体麦角甾醇的生物合成，因而抑制或干扰菌体附着孢及吸器的发育，以及菌丝的生长和孢子的形成。三唑酮对某些病菌在活体中活性很强，但离体效果很差。对菌丝的活性比对孢子强。

● **产品特点**

（1）三唑酮属三唑类内吸治疗性杀菌剂。对人、畜低毒。对病害具有内吸、预防、铲除、治疗、熏蒸等杀菌作用。被植物的各部分吸收后，能在植物体内传导。对锈病和白粉病有较好防效。在低剂量下就能达到明显的药效，且持效期较长。可用作喷雾、拌种和土壤处理。

（2）三唑酮可以与许多杀菌剂、杀虫剂、除草剂等现混现用。

（3）在病菌体内还原成"三唑醇"而增加了毒力。对卵菌纲的疫霉

（不产生麦角甾醇）无效。

（4）鉴别要点

① 物理鉴别（感官鉴别） 纯品为无色结晶体，原药为白色至淡黄色固体。难溶于水，易溶于大多数有机溶剂。15%三唑酮可湿性粉剂为灰白色，25%三唑酮可湿性粉剂的颜色更浅。15%三唑酮烟剂为棕红色油状液体，20%三唑酮乳油为浅棕红色油状液体。三唑酮的气味比较特殊，和清凉油的气味相似，气味浓烈，有凉爽感。

② 生物鉴别 选取带有小麦锈病的叶片若干个，用 25%三唑酮可湿性粉剂 3.5 克兑水 7.5 千克对有病菌群落的叶片喷雾（同时留未喷药叶片对照），数小时后在显微镜下观察喷药叶片上病菌孢子情况并对照观察未喷药叶片上病菌孢子的变化情况。若喷药叶片上病菌孢子活动明显受到抑制且有致死孢子，则说明该药品合格，否则为不合格。

⊛ 应用

（1）单剂应用 防治草莓白粉病，用 25%三唑酮可湿性粉剂或 250 克/升三唑酮乳油 1800～2000 倍液，或 20%三唑酮乳油 1500～1800 倍液，或 15%三唑酮可湿性粉剂 1200～1500 倍液喷雾，在花蕾期、盛花期、末花期、幼果期各喷 1 次。

防治苹果树和山楂树的白粉病、锈病和黑星病，可选用 15%三唑酮可湿性粉剂或 15%三唑酮水乳剂 1200～1500 倍液，或 20%三唑酮乳油 1500～2000 倍液，或 25%三唑酮可湿性粉剂 2000～2500 倍液，或 44%三唑酮悬浮剂 4000～5000 倍液喷雾，防治白粉病、锈病，在发芽后开花前和落花后各喷 1 次，严重果园落花后 10～15 天再喷 1 次，防治黑星病，发病初期，每隔 10～15 天喷 1 次，连喷 2～3 次。

防治梨树白粉病、黑星病和梨锈病，于花后用 15%三唑酮可湿性粉剂 1000～1500 倍液喷雾，每隔 10～15 天喷 1 次，连喷 2～3 次。

防治葡萄白粉病，发芽前后，用 15%三唑酮可湿性粉剂 600～1000 倍液各喷 1 次。

防治葡萄炭疽病，在果实着色前，用 15%三唑酮可湿性粉剂喷雾，每隔 7～10 天喷 1 次，连喷 3～4 次。

防治芒果白粉病，发病初期，用 20%三唑酮乳油 1000 倍液喷雾。

此外，还可防治桃树白粉病、锈病、黑星病，板栗白粉病，核桃白粉病，枣树锈病，枸杞白粉病，药剂喷施倍数同苹果树白粉病。

（2）复配剂应用　三唑酮可以与许多杀菌剂、杀虫剂、除草剂等现混现用。常与硫黄、多菌灵、吡虫啉、代森锰锌、噻嗪酮、腈菌唑、辛硫磷、三环唑、氰戊菊酯、咪鲜胺、福美双、烯唑醇、戊唑醇、百菌清、乙蒜素、井冈霉素等杀菌成分混配，生产复配杀菌剂，也常与一些内吸性杀虫剂混配，生产复合拌种剂。

如唑酮·乙蒜素，由三唑酮与乙蒜素混配的广谱中毒复合杀菌剂，具保护和治疗作用。防治西瓜、甜瓜等瓜类的枯萎病，首先在定植时浇灌定植药液；然后从定植后 1～1.5 个月或田间初显病株时开始用药液灌根，每隔半个月灌 1 次，连灌 2～3 次，可选用 32%唑酮·乙蒜素乳油300～400 倍液，或 16%唑酮·乙蒜素可湿性粉剂 150～200 倍液浇灌，每次每株浇灌药液 250～300 毫升。

● **注意事项**

（1）可与许多非碱性的杀菌剂、杀虫剂、除草剂混用。

（2）对作物有抑制或促进作用。要按规定用药量使用，否则作物易受药害。使用不当会抑制茎、叶、芽的生长。用于拌种时，应严格掌握用量和充分拌匀，以防药害。持效期长，叶菜类应在收获前 10～15 天停止使用。

（3）不宜长期单一使用本剂，应注意与不同类型杀菌剂混合或交替使用，以避免产生抗药性。若用于种子处理，有时会延迟出苗 1～2 天，但不影响出苗率及后期生长。

（4）该药已使用多年，一些地区抗药性较重，用药时不要随意加大药量，以避免药害。出现药害后常表现植株生长缓慢、叶片变小、颜色深绿或生长停滞等，遇到药害要停止用药，并加强肥水管理。

（5）连续阴雨或湿度较大的环境中，或者当病情较重的情况下，建议使用较高剂量。避免在极端温度和湿度下，或作物长势较弱的情况下使用本品。

（6）不要在水产养殖区施用本品，禁止在河塘等水体中清洗施药器具。药液及废液不得污染各类水域、土壤等环境。本品对家蚕有风险，蚕室及桑园附近禁止使用。

（7）对蜜蜂、家蚕有毒，花期蜜源作物周围禁用，施药期间应密切注意对附近蜂群的影响，蚕室及桑园附近禁用；对鱼类等水生生物有毒，远离水产养殖区施药，禁止在河塘等水域内清洗施药器具。

腈苯唑（fenbuconazole）

$$C_{19}H_{17}ClN_4, 336.82$$

● **其他名称**　应得、初秋。

● **主要剂型**　24%悬浮剂。

● **毒性**　低毒。

● **作用机理**　腈苯唑为具有内吸传导性广谱高效低毒杀菌剂，具有预防保护和内吸治疗双重功效。作用机理是通过抑制甾醇脱甲基化，能抑制病原菌菌丝伸长，抑制病菌孢子侵染作物组织。在病菌潜伏期使用，能阻止病菌发育；在发病后使用，能使下一代孢子发育畸形，失去侵染能力，对病害既有预防作用又有治疗作用。

● **应用**　防治桃、李、杏褐腐病，谢花后和采收前是褐腐病侵染的两个高峰期，可用 24%腈苯唑悬浮剂 2500～3200 倍液各喷 1～2 次；也可在花芽露红时喷 1 次，防治花期褐腐病，安全间隔期 14 天，每季最多施用 3 次。

防治香蕉叶斑病、黑星病，在香蕉下部叶片出现叶斑之前或出现叶斑时，或发病初期，用 24%腈苯唑悬浮剂 1000～1200 倍液喷雾，每隔15～22 天喷 1 次，连喷 1～3 次，安全间隔期 42 天，每季最多施用 3 次。

防治梨褐腐病，仅适用于不套袋梨果，从果实采收前 1～1.5 个月开始，用 24%腈苯唑悬浮剂 2000～3000 倍液喷雾，每隔 10～15 天喷 1 次，连喷 2～3 次。

防治苹果花腐病、白粉病、黑星病，用 24%腈苯唑悬浮剂 2000～3000倍液喷雾，首先在花序分离期、落花后及落花后半月左右各喷 1 次，有效防治花腐病、白粉病及黑星病的早期病害，往年白粉病发生严重的，在 8～9 月的花芽分化期再喷 2 次左右。往年花腐病发生较重果区，开花前、落花后各喷 1 次，病害特别严重的果园，落花后半月左右再喷 1 次。

防治葡萄白粉病，发病初期，用 24%腈苯唑悬浮剂 2000～3000 倍液喷雾，每隔 10～15 天喷 1 次，连喷 2～3 次。

防治核桃白粉病，发病初期，用 24%腈苯唑悬浮剂 2000～3000 倍液喷雾，每隔 10～15 天喷 1 次，连喷 1～2 次。

● **注意事项**

（1）不能与碱性农药及肥料混用。

（2）为防止抗药性产生，本品应与其他不同作用机制的药剂轮换使用，避免在整个生长季节使用单一药剂。

（3）对鱼类等水生生物有毒，应远离水产养殖区施药，禁止在河塘等水体中清洗施药器具，应避免药液流入湖泊、河流或鱼塘中污染水源。

腈菌唑（myclobutanil）

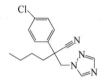

$C_{15}H_{17}ClN_4$，288.775

● **其他名称** 信生、乐邦、生花、耘翠、耕耘、灭菌强、菌枯、迈可尼、上宝、势冠、华邦、黑白立消。

● **主要剂型** 5%、6%、10%、12%、12.5%、25%、40%乳油，5%高渗乳油，20%、40%悬浮剂，40%水分散粒剂，12.5%、40%可湿性粉剂，5%、12.5%、20%微乳剂。

● **毒性** 低毒

● **作用机理** 腈菌唑属内吸性广谱高效低毒三唑类杀菌剂，具有预防、治疗双重作用。主要对病原菌麦角甾醇的生物合成起抑制作用，导致细胞膜不能形成，从而杀死病原菌。

● **产品特点**

（1）该药剂持效期长，对作物安全，有一定刺激生长作用。具有强内吸性、药效高、对作物安全、持效期长等特点。

（2）鉴别要点

① 物理鉴别（感官鉴别）　腈菌唑乳油外观为棕褐色透明液体。可与水直接混合成乳白色液体，乳液稳定。

② 生物鉴别　选取两片感染白粉病病菌的蔬菜（黄瓜、西葫芦）叶片，将其中一片用 25%腈菌唑乳油 6000 倍液喷雾，数小时后在显微镜下观察喷药叶片上病菌孢子情况并对照观察未喷药叶片上病菌孢子的变化情况。若喷药叶片上病菌孢子活动明显受阻且有致死孢子，则该药品质量合格，否则为不合格。

● 应用

（1）单剂应用　防治梨树黑星病、锈病、白粉病、黑斑病、炭疽病，可选用 5%腈菌唑乳油 800～1000 倍液，或 12%腈菌唑乳油或 12.5%腈菌唑乳油或 12.5%腈菌唑微乳剂 2000～3000 倍液，或 25%腈菌唑乳油 4000～5000 倍液，或 40%腈菌唑可湿性粉剂或 40%腈菌唑水分散粒剂或 40%腈菌唑悬浮剂 7000～8000 倍液喷雾。开花前、后各喷 1 次，有效防治锈病及黑星病；而后从出现黑星病病梢或病叶开始继续喷药，每隔 10～15 天喷 1 次，与其他类型药剂轮换，连喷 6～8 次，防控黑星病、炭疽病、白粉病；防治白粉病时，从出现病叶时开始，每隔 10～15 天喷 1 次，连喷 2～3 次。

防治香蕉叶斑病，发病初期，可选用 25%腈菌唑乳油 800～1000 倍液，或 12%腈菌唑乳油 600～800 倍液喷雾，连喷 2～3 次，每隔 10 天左右喷 1 次，安全间隔期 20 天，每季最多施用 3 次。

防治香蕉黑星病，发病初期，用 25%腈菌唑乳油 2500～3000 倍液喷雾，每隔 10～20 天喷 1 次，连喷 3 次，安全间隔期 20 天，每季最多施用 3 次。

防治柑橘树疮痂病、柑橘树炭疽病，发病前或发病初期，用 40%腈菌唑水分散粒剂 4000～4800 倍液喷雾，安全间隔期 14 天，每季最多施用 3 次。

防治苹果树斑点落叶病，发病前或发病初期，用 40%腈菌唑水分散粒剂 6000～7000 倍液喷雾，安全间隔期 14 天，每季最多施用 3 次。

防治苹果树白粉病，发病前或发病初期，用 40%腈菌唑可湿性粉剂

6000～8000 倍液喷雾，每隔 10 天左右喷 1 次，连喷 3 次，安全间隔期 14 天，每季最多施用 3 次。

防治桃、杏、李的黑星病、白粉病、炭疽病。防治黑星病、炭疽病时，从落花后 20～30 天开始，每隔 10～15 天喷 1 次，连喷 2～4 次；防治白粉病时，从病害发生初期开始，每隔 10～15 天喷 1 次，连喷 1～2 次。药剂喷施倍数同梨树黑星病。

防治荔枝树炭疽病，开花前施药，用 40%腈菌唑可湿性粉剂 4000～6000 倍液喷雾，每隔 10 天左右喷 1 次，连喷 3 次，安全间隔期 14 天，每季最多施用 3 次。

防治葡萄炭疽病，发病初期，用 40%腈菌唑可湿性粉剂 4000～6000 倍液喷雾，每隔 10～15 天喷 1 次，安全间隔期 21 天，每季最多施用 3 次。

防治葡萄黑痘病、白腐病，在 4 月下旬葡萄抽新梢时第一次施药，用 12.5%腈菌唑可湿性粉剂 2500 倍液喷雾，以后分别在 7 月中旬果实膨大期和 8 月上旬结果后期，用 12.5%腈菌唑可湿性粉剂 2000 倍液喷雾。

此外，还可防治山楂白粉病、黑星病、锈病，核桃、板栗白粉病、炭疽病，柿树圆斑病、角斑病、黑星病、炭疽病，枣树锈病、炭疽病，草莓白粉病，药剂喷施倍数同梨树黑星病。

（2）复配剂应用　腈菌唑常与福美双、代森锰锌、三唑酮、咪鲜胺、丙森锌、甲基硫菌灵、戊唑醇等混配。

① 腈菌·福美双。由腈菌唑与福美双混配的一种广谱低毒复合杀菌剂，具保护和治疗双重作用。

防治梨黑星病、白粉病。以防治黑星病为主，兼防白粉病，多从梨树落花后 10 天左右开始，可选用 20%腈菌·福美双可湿性粉剂 400～500 倍液，或 40%腈菌·福美双可湿性粉剂 800～1000 倍液，或 62.25%腈菌·福美双可湿性粉剂 600～800 倍液喷雾，每隔 10～15 天喷 1 次，与不同类型药剂轮换，直到采收前一周左右。防治白粉病时，重点喷洒叶片背面。

防治葡萄白粉病，从病害发生初期开始，每隔 10 天左右喷 1 次，连喷 2 次左右，药剂喷施倍数同梨黑星病。

② 腈菌·咪鲜胺。由腈菌唑与咪鲜胺混配的一种广谱低毒复合杀菌剂，具有预防保护、内吸治疗及铲除多种作用。防治香蕉叶斑病、黑星病等，发病初期，可选用 12.5%腈菌·咪鲜胺乳油 600～800 倍液，或 15%

腈菌·咪鲜胺乳油 600～900 倍液，或 25%腈菌·咪鲜胺乳油 1200～1500 倍液喷雾，每隔 15 天左右喷 1 次，连喷 3～5 次，与不同类型药剂轮换。

③ 腈菌·三唑酮。由腈菌唑与三唑酮混配的一种低毒复合杀菌剂，内吸性好，具有一定治疗作用。

防治草莓白粉病，发病初期，用 12%腈菌·三唑酮乳油 600～800 倍液喷雾，每隔 7～10 天喷 1 次，连喷 2～3 次。

防治葡萄白粉病，发病初期，用 12%腈菌·三唑酮乳油 600～800 倍液喷雾，每隔 10 天喷 1 次，连喷 2～3 次。

防治梨白粉病，发病初期，用 12%腈菌·三唑酮乳油 600～800 倍液喷雾，每隔 10～15 天喷 1 次，连喷 2～3 次。

● **注意事项**

（1）对蜜蜂有毒，施药期间应避免对周围蜂群的影响，开花作物花期禁用，桑园及蚕室附近禁用，赤眼蜂等天敌放飞区域禁用；远离水产养殖区用药，禁止在河塘等水体中清洗施药器具，避免药液污染水源地。

（2）在日光下本品水溶液会降解，药液应现用现配，以防分解失效；大风天或预计 1 小时内降雨，请勿施药。

（3）不可与碱性农药等物质混合使用。

（4）与其他不同使用机制的杀菌剂轮换使用。

氰霜唑（cyazofamid）

$C_{13}H_{13}ClN_4O_2S$，324.78

● **其他名称**　科佳、世君、氰唑磺菌胺。
● **主要剂型**　10%、100 克/升、20%悬浮剂，40%颗粒剂。
● **毒性**　低毒。
● **作用机理**　氰霜唑是氰基咪唑类杀菌剂，对卵菌纲病原菌如疫霉菌、霜霉菌、假霜霉菌、腐霉菌等具有很高的活性，能阻碍病原菌在各个生育阶段的发育，属超级保护型杀菌剂。其作用机理是通过有效成分与植物病原菌细胞线粒体内膜的结合，阻碍膜内电子传递，干扰能量供应，从而起到杀灭病原菌的作用。

产品特点

（1）针对性强，效果好。对甜瓜等的霜霉病有特效。

（2）用量低，持效期长，安全。持效期长达10～14天，可减少用药次数。对其他有益微生物、植物和高等动物无影响，对作物和环境高度安全。

（3）耐雨水冲刷，收益高。施药后1小时降雨，不影响药效。使用后，果菜表面不留药斑，提高果菜品质，增加收益。

（4）超级保护性杀菌剂。在病原孢子的各个生育阶段，都能阻碍其萌发和形成，有效抑制病原菌基数，预防和控制病害的发生和蔓延。

（5）全新作用机理，无交互抗性。作用位点与其他杀菌剂不同，能有效防治对常用杀菌剂霜脲·锰锌、噁霜灵、甲霜灵等已产生抗性的病原菌，可与其他杀虫、杀菌剂等混用。

应用

（1）单剂应用　防治西瓜疫病，发病前或发病初期，每亩用10%氰霜唑悬浮剂55～75毫升兑水40～60千克（阴雨天多时药剂兑水量可适当减少为25～35千克）喷雾，每隔7～10天喷1次，连喷3～4次，安全间隔期7天，每季最多施用4次。

防治葡萄霜霉病，发病前或发病初期，可选用20%氰霜唑悬浮剂4000～5000倍液，或100克/升氰霜唑悬浮剂2000～2500倍液喷雾，每隔7～10天喷1次，连喷3～4次，安全间隔期7天，每季最多施用4次；或25%氰霜唑可湿性粉剂4000～5000倍液喷雾，每隔7～10天喷1次，安全间隔期14天，每季最多施用3次；或50%氰霜唑水分散粒剂10000～12500倍液喷雾，每隔7～10天喷1次，安全间隔期7天，每季最多施用2次。

防治荔枝树霜疫霉病，发病前或发病初期，用100克/升氰霜唑悬浮剂2000～2500倍液喷雾，每隔7～10天喷1次，连喷3～4次，安全间隔期7天，每季最多施用4次。

防治柑橘贮藏期炭疽病、蒂腐病、青绿霉病，在采果后防腐保鲜处理，于常温下，用25%氰霜唑乳油500～1000倍液浸果1分钟后捞起晾干。

防治芒果炭疽病，采收前在芒果花蕾期至收获期，可选用25%氰霜唑乳油 500～1000 倍液喷洒 5 次。

芒果保鲜，用 25%氰霜唑乳油 250～500 倍液，当天采收的果实当天用药处理完毕，常温药液浸果 1 分钟后捞起晾干。

（2）复配剂应用

① 精甲霜·氰霜唑。由精甲霜灵与氰霜唑复配而成。具有用量较低、持效期较长、耐雨水冲刷等特点。防治西瓜疫病，发病前或发病初期，每亩用 28%精甲霜·氰霜唑悬浮剂 15～19 毫升兑水 30 千克喷雾，安全间隔期 7 天，每季最多施用 2 次。

② 氨基寡糖素·氰霜唑。防治葡萄霜霉病，发病初期，用 12%氨基寡糖素·氰霜唑悬浮剂 2000～3000 倍液喷雾，每隔 7 天左右喷 1 次，安全间隔期 7 天，每季最多施用 3 次。

此外，还有氰霜·百菌清、吡唑·氰霜唑、氟吡菌胺·氰霜唑等复配剂。

● **注意事项**

（1）必须在发病前或发病初期使用，施药间隔期 7～10 天。

（2）悬浮剂在使用前必须充分摇匀，并采用 2 次稀释法。

（3）本剂有一定的内吸性，但不能传导到新叶，施药时应均匀喷雾到植株全部叶片的正反面，喷药量应根据对象作物的生长情况、栽培密度等进行调整。

（4）对卵菌纲病菌以外的病害没有防效，如其他病害同时发生，要与其他药剂混合使用。

（5）为防止抗药性产生，建议与其他杀菌剂轮用。

丙环唑（propiconazol）

$C_{15}H_{17}Cl_2N_3O_2$，342.22

● **其他名称**　敌力脱、必扑尔、赛纳松、敌速净、科惠、绿株、绿苗、盛唐、康露、赛纳松、施力科、叶显秀、斑无敌、世尊、斑锈、斑圣、快杰、金士力、秀特。

● **主要剂型** 156 克/升、25%、250 克/升、50%、62%、70%乳油，25%可湿性粉剂，20%、40%、45%、48%、50%、55%微乳剂，30%、40%悬浮剂，25%、40%、45%、50%水乳剂。

● **毒性** 低毒。

● **作用机理** 丙环唑影响甾醇的生物合成，使病原菌的细胞膜功能受到破坏，最终导致细胞死亡，从而起到杀菌、防病和治病的功效。是一种具有保护和治疗作用的内吸性三唑类杀菌剂，可被根、茎、叶吸收，并能很快地在植株体内向上传导，防治子囊菌、担子菌和半知菌引起的病害，但对卵菌病害无效。

● **产品特性**

（1）杀菌活性高，对多种作物上由高等真菌引发的病害疗效好，对西瓜蔓枯病、草莓白粉病有特效。但对霜霉病、疫病无效。

（2）既可以对地上植物部分进行喷雾使用，也可以作为种子处理剂防治种传病害、土传病害。

（3）内吸性强，具有双向传导性能，施药 2 小时后即可将入侵的病原体杀死，1～2 天控制病情扩展，阻止病害的流行发生，渗透力及附着力极强，特别适合在雨季使用。

（4）具有极高的杀菌活性，持效期长达 15～35 天，比常规药剂节省2～3 次用药。

（5）具独有的"汽相活性"，即使喷药不均匀，药液也会在作物的叶片组织中均匀分布，起到理想的防治效果。

（6）耐药性风险较低，耐药性群体形成和发展速度慢；同时，耐药性菌株通常繁殖率下降，适应度降低。

（7）具有渗透性和内吸性，对环境友好，对作物安全。

（8）采收后，保鲜作用明显，卖相靓，果品货价期长。

（9）鉴别要点：原药为淡黄色黏稠液体，易溶于有机溶剂。丙环唑乳油产品应取得农药生产批准证书（HNP），选购时应注意识别该产品的农药登记证号、农药生产批准证书号、执行标准号。

● 应用

（1）单剂应用　防治西瓜蔓枯病，在西瓜膨大期，可选用 25%丙环唑乳油 5000 倍液喷雾，或 25%丙环唑乳油 2500 倍液灌根，每株灌 250 毫升药液，连灌 2～3 次。

防治甜瓜蔓枯病，发病初期，每亩用 25%丙环唑乳油 10～20 毫升兑水 40～50 千克喷雾。

防治草莓白粉病、褐斑病，发病初期，用 25%丙环唑乳油 4000 倍液喷雾，每隔 14 天喷 1 次，连喷 2～3 次。

防治葡萄白粉病、炭疽病，如果用于保护性防治，发病初期，用 25%丙环唑乳油 250 倍液喷雾。如果用于治疗性防治，发病中期，用 25%丙环唑乳油 3000 倍液喷雾，间隔期可达 14～18 天。

防治香蕉叶斑病、黑星病，在病害发生初期或初见病斑时，可选用 25%丙环唑微乳剂 500～600 倍液，或 25%丙环唑乳油或 250 克/升丙环唑乳油 500～1000 倍液，或 40%丙环唑微乳剂 1000～1500 倍液，或 50%丙环唑乳油 1300～1500 倍液喷雾，每隔 7～10 天喷 1 次，连喷 2～3 次，安全间隔期 42 天。

防治荔枝炭疽病，可选用 20%丙环唑微乳剂 600～800 倍液，或 25%丙环唑乳油或 250 克/升丙环唑乳油 800～1000 倍液喷雾，落花后、幼果期和果实转色期各喷药 1 次。

防治苹果树褐斑病，在苹果落花后 1～1.5 个月或田间初见病斑时，可选用 20%丙环唑微乳剂 800～1000 倍液，或 25%丙环唑乳油或 250 克/升丙环唑乳油 1500～2500 倍液喷雾叶片正反面，直至滴水为止，每隔半月左右喷 1 次，连喷 3～5 次。

防治枇杷树胡麻叶斑病，发病前或发病初期，用 25%丙环唑乳油 500～750 倍液喷雾，每隔 10 天喷 1 次，连喷 2 次。

防治冬枣叶斑病，发病前或发病初期，用 250 克/升丙环唑乳油 1500～3000 倍液喷雾，安全间隔期 28 天，每季最多施用 3 次。

（2）复配剂应用　可与苯醚甲环唑、三环唑、福美双、咪鲜胺、嘧菌酯、戊唑醇、多菌灵、井冈霉素等复配。

① 丙环·咪鲜胺。由丙环唑与咪鲜胺混配的一种低毒广谱复合杀菌剂，具保护和一定的治疗作用。防治香蕉叶斑病、黑星病，从病害发

生初期开始，可选用 25%丙环·咪鲜胺乳油 1000～1200 倍液，或 490 克/升丙环·咪鲜胺乳油 1500～2000 倍液喷雾，每隔 15～20 天喷 1 次，连喷 3～4 次，与不同类型药剂轮换。

② 丙环·嘧菌酯。由丙环唑与嘧菌酯混配的一种内吸性低毒复合杀菌剂，具有诱导抗性、预防保护和内吸传导（向顶）多重作用。

防治香蕉叶斑病、黑星病，发病初期或初见病斑时，可选用 18.7%丙环·嘧菌酯悬浮剂 700～1000 倍液，或 25%丙环·嘧菌酯悬浮剂 800～1000 倍液，或 32%丙环·嘧菌酯悬浮剂 1000～1200 倍液，或 40%丙环·嘧菌酯悬浮剂 1200～1500 倍液喷雾，每隔 20 天左右喷 1 次，连喷 3～5 次。

防治葡萄白粉病、炭疽病，可选用 18.7%丙环·嘧菌酯悬浮剂 600～800 倍液，或 25%丙环·嘧菌酯悬浮剂 800～1000 倍液，或 28%丙环·嘧菌酯悬浮剂或 30%丙环·嘧菌酯悬浮剂或 32%丙环·嘧菌酯悬浮剂 1000～1200 倍液，或 40%丙环·嘧菌酯悬浮剂 1200～1500 倍液喷雾。防治白粉病时，发病初期，每隔 10～15 天喷 1 次，连喷 2～3 次。防治炭疽病，套袋葡萄于套袋前喷 1 次即可，不套袋葡萄从果粒膨大中期开始，每隔 10～15 天喷 1 次，与不同类型药剂轮换，直到采收前 1 周左右。

此外，还可以防治核桃白粉病，药剂喷施倍数同葡萄白粉病。

③ 丙环·多菌灵。由丙环唑与多菌灵混配的内吸性广谱低毒复合杀菌剂，对多种高等真菌性病害具有较好的防控效果。

防治苹果腐烂病、枝干轮纹病。防治腐烂病和枝干轮纹病时，用 25%丙环·多菌灵悬浮剂或 35%丙环·多菌灵悬浮剂或 36%丙环·多菌灵悬浮剂 200～300 倍液，于早春喷洒枝干清园；发病较重的，也可用 25%丙环·多菌灵悬浮剂或 35%丙环·多菌灵悬浮剂或 36%丙环·多菌灵悬浮剂 100～150 倍液，在发芽前或套袋后（7～9 月份）分别涂刷枝干。治疗病斑时，在手术刮治病斑的基础上，用 25%丙环·多菌灵悬浮剂或 35%丙环·多菌灵悬浮剂或 36%丙环·多菌灵悬浮剂 50～70 倍液涂抹病疤，1 个月后再涂 1 次。

防治苹果褐斑病、轮纹烂果病、炭疽病，用 25%丙环·多菌灵悬浮剂或 35%丙环·多菌灵悬浮剂或 36%丙环·多菌灵悬浮剂 600～800 倍液喷雾。防治褐斑病时，从落花后 1 个月左右或初见褐斑病病叶时或套袋前开始，每隔 10～15 天喷 1 次，连喷 4～6 次。防治轮纹烂果病及炭疽病时，从落花后 7～10 天开始，每隔 10 天左右喷 1 次，连喷 3 次后套袋（套袋后结束喷药），不套袋苹果需继续喷 4～6 次，每隔 10～15 天喷 1 次，与不同类型药剂轮换使用。

防治葡萄白粉病、炭疽病，用 25%丙环·多菌灵悬浮剂或 35%丙环·多菌灵悬浮剂或 36%丙环·多菌灵悬浮剂 600～800 倍液喷雾。防治白粉病时，从病害发生初期开始，每隔 10～15 天喷 1 次，连喷 2～3 次。防治炭疽病时，套袋葡萄于套袋前喷 1 次即可，不套袋葡萄从果粒膨大中期开始，每隔 10～15 天喷 1 次，与不同类型药剂轮换使用，直至采收前 1 周左右。

防治桃白粉病，发病初期，用 25%丙环·多菌灵悬浮剂或 35%丙环·多菌灵悬浮剂或 36%丙环·多菌灵悬浮剂 600～800 倍液喷雾，每隔 10～15 天喷 1 次，连喷 2 次左右。

● **注意事项**

（1）由于丙环唑具有很明显的抑制生长作用，因此，在使用中必须严格注意。丙环唑易在农作物的花期、苗期、幼果期、嫩梢期产生药害，使用时应注意不能随意加大使用浓度，并在植保技术人员的指导下使用。丙环唑叶面喷雾常见的药害症状是幼嫩组织硬化、发脆、易折，叶片变厚，叶色变深，植株生长滞缓（一般不会造成生长停止）、矮化、组织坏死、褪绿、穿孔等，心叶、嫩叶出现坏死斑。种子处理会延缓种子萌发。在苗期使用易使幼苗僵化，抑制生长，花期和幼果期影响最大，灼伤幼果。要注意选择喷药时期，不要在果实膨大期喷施。

（2）丙环唑残效期在 1 个月左右，注意不要连续施用。丙环唑高温下不稳定，使用温度最好不要超过 28℃。

（3）大风或预计 1 小时内降雨，不宜施药。连续喷药时，注意与不同类型药剂交替使用。有些作物可能对该药敏感，高浓度下抑制植株生长，用药时应严格控制好用药量。

（4）能与多种杀菌剂、杀虫剂、杀螨剂混用，可在病害不同时期使用。

（5）应在通风干燥、阴凉安全处贮存，防止潮湿、日晒，不得与食物、种子、饲料混放。贮存温度不得超过 35℃。

（6）对鱼和水生生物有毒，勿将制剂及其废液弃于池塘、沟渠和湖泊等，以免污染水源。禁止在河塘等水域清洗施药器具。

（7）对蜜蜂、家蚕高毒，对天敌赤眼蜂具极高风险性，施药期间应避免对周围蜂群的影响，蜜源作物花期、蚕室和桑园附近及天敌赤眼蜂等放飞区域禁用。

抑霉唑（imazalil）

$C_{14}H_{14}Cl_2N_2O$，297.18

● **其他名称**　万利得、仙亮、美亮、美妞、双行道、烯菌灵、伊迈唑、上格美艳。

● **主要剂型**　0.1%涂抹剂，3%膏剂，15%烟剂，10%、20%、22%水乳剂，22.2%、50%、500克/升乳油。

● **毒性**　低毒。

● **作用机理**　抑霉唑主要影响细胞膜的渗透性、生理功能和脂类合成代谢，从而破坏霉菌的细胞膜，同时抑制霉菌孢子的形成和萌发。

● **产品特点**

（1）本品为内吸性广谱杀菌剂，也是一种内吸性专业防腐保鲜剂，施药后不但可有效抑制环境中的霉菌侵入果实，保护果实采后不受霉菌侵害，还能消灭存在于果实内的病菌，防止果实由内而外的腐烂。

（2）具有杀灭霉菌、不易产生抗药性等优点。

● **应用**

（1）单剂应用　防治柑橘绿霉病、青霉病，果实成熟度80%～85%时采收，在采收后24小时内，用20%抑霉唑水乳剂400～800倍液浸果1分钟，然后捞起晾干；或用50%抑霉唑乳油1000～1400倍液浸果2分钟，捞起晾干后贮存。对于短期贮藏至春节前销售的柑橘，稀释1400倍液浸果2分钟；对于需贮藏3个月以上的柑橘，稀释1000倍液浸果2

分钟。有酸腐病（湿塌烂）发生的地区，需浸果 2 分钟。经过药剂处理的柑橘必须在 60 天后上市销售，每季最多使用 1 次。

防治柑橘蒂腐病、黑腐病、炭疽病，在采收后 24 小时内，用 20% 抑霉唑水乳剂 400～800 倍液浸果 1 分钟，然后捞起晾干、包装、贮藏。

防治葡萄炭疽病，发病前或发病初期，用 20% 抑霉唑水乳剂 800～1200 倍液喷雾，每隔 7～10 天喷 1 次，每季最多施用 3 次，安全间隔期 10 天。

防治苹果炭疽病，发病前或发病初期，用 10% 抑霉唑水乳剂 500～700 倍液，或 20% 抑霉唑水乳剂 800～1200 倍液喷雾，每隔 10 天喷 1 次，连喷 2 次，安全间隔期 21 天，每季最多施用 2 次。

防治苹果树腐烂病，彻底刮除病疤后，每亩用 3% 抑霉唑膏剂（无需稀释）133～200 千克涂抹于发病处，或用 10% 抑霉唑水乳剂 500～700 倍液喷雾苹果树枝干，安全间隔期 14 天，每季最多使用 1 次。

防治杨梅树褐斑病，发病前或发病初期，用 20% 抑霉唑水乳剂 600～800 倍液喷雾，每隔 7～10 天喷 1 次，连喷 2～3 次，每季最多施用 3 次，安全间隔期 14 天。

防治香蕉轴腐病，用 50% 抑霉唑乳油 1000～1500 倍液浸果 1 分钟，捞出晾干，贮藏。

防治苹果、梨贮藏期的青霉病、绿霉病，采后用 50% 抑霉唑乳油 100 倍液浸果 30 秒，捞出晾干后装箱，入贮。

（2）复配剂应用　抑霉唑有时与咪鲜胺、苯醚甲环唑、咯菌腈、双胍三辛烷基苯磺酸盐等混配。如抑霉唑・咯菌腈，由抑霉唑与咯菌腈混配而成。

防治草莓灰霉病，发病初期，用 25% 抑霉唑・咯菌腈悬浮剂 1200～1500 倍液喷雾，每隔 7～10 天喷 1 次，连喷 2 次，安全间隔期 3 天，每季最多施用 3 次。

防治苹果树炭疽病，发病初期，用 25% 抑霉唑・咯菌腈悬浮剂 800～1200 倍液喷雾。

防治柑橘青霉病、绿霉病、蒂腐病、黑腐病，用 25% 抑霉唑・咯菌腈悬浮剂 400～800 倍液浸果。

注意事项

（1）不能与碱性农药混用，使用时应采取安全防护措施。

（2）供处理的柑橘应该是健康、无病、无机械磨损的新鲜果实。

（3）与其他作用机制不同的杀菌剂轮换使用，以延缓抗性的产生。

（4）避免在暑天中午高温烈日下操作，避免高温期采用高浓度。

（5）避免在阴湿天气或露水未干前施药，以免产生药害，喷药24小时内遇大雨补喷。

（6）对鱼类、水蚤等水生生物有毒，施药时应远离水产养殖区、河塘等水体。严禁在河塘等水体中清洗施药器具，禁止将残液倒入湖泊、河流或池塘等，以免污染水源。对家蚕、蜜蜂有毒，应避开开花植物花期施药，蚕室和桑园附近禁用，赤眼蜂等天敌放飞区和鸟类保护区域禁用。

噻霉酮（benziothiazolinone）

C_7H_5NOS，151.2

● **其他名称**　菌立灭、立杀菌、细刹、辉润、西大华特、金霉唑、好立挺、好愉快、易除。

● **主要剂型**　1.60%涂抹剂，1.50%水乳剂，3%可湿性粉剂，3%微乳剂，3%水分散粒剂，5%悬浮剂。

● **毒性**　低毒。

● **作用机理**　噻霉酮是内吸性广谱杀菌剂，对真菌性病害有预防和治疗作用。其作用机理是破坏病菌细胞核结构，干扰病菌细胞的新陈代谢，使其生理紊乱，最终导致病菌死亡。将病菌彻底杀死，而达到铲除病害的理想效果。该药剂既可以抑制病原孢子的萌发及产生，也可以控制菌丝体的生长，对病原真菌生活史的各发育阶段均有影响。

● **产品特点**

（1）高效性。对植物的防治用很低的浓度，就可以达到高浓度同类产品的防治效果，并对植物的病原有杀灭作用。

（2）广谱性。噻霉酮系列产品对多种细菌、真菌性病害均有特效。

（3）低残留。人每天要摄取大量的蔬菜、水果以及农副产品，而残留在这些农副产品表面的农药在人体中若累积到一定数量，人就会中毒，噻霉酮系列产品不含国家规定检测的 S、Cl、Hg 等对人体有害的元素，对人畜安全。

（4）使用安全。噻霉酮系列产品均为水乳剂，其剂型先进、散热性好、环保、不污染环境，是无公害农业生产的首选杀菌剂。

（5）保护和铲除双重作用。在病害发生初期使用可有效保护植株不受病原物侵染，病害发生后酌情增加用药量可明显控制病菌的蔓延，从而达到保护和铲除的双重作用。

● **应用** 防治梨树霜霉病、黑星病。发病前或发病初期，用 1.5%噻霉酮水乳剂 800～1000 倍液喷雾，每隔 7～10 天喷 1 次，每季最多施用 4 次，安全间隔期 14 天。

防治梨树腐烂病、干腐病，在病斑手术治疗的基础上于病疤表面涂药，用 1.6%噻霉酮涂抹剂直接涂抹病疤表面，一般每平方米用制剂 80～120 克。

防治梨树火疫病，在早春发芽前，可选用 1.5%噻霉酮水乳剂 200～300 倍液，或 3%噻霉酮可湿性粉剂或 3%噻霉酮水分散粒剂或 3%噻霉酮微乳剂 400～600 倍液，或 5%噻霉酮悬浮剂 800～1000 倍液喷雾枝干，进行清园，然后再在发芽后开花前、落花后 10～15 天各喷 1 次。

防治苹果树轮纹病，发病前或发病初期，用 1.5%噻霉酮水乳剂 600～750 倍液喷雾，每隔 7～10 天喷 1 次，每季最多施用 4 次，安全间隔期 14 天。

防治苹果树腐烂病，在早春或者果实采收后的秋冬季节，每平方米用 1.6%噻霉酮涂抹剂 80～120 克涂抹，每季最多施用 1 次。

防治桃树黑星病、炭疽病、穿孔病，从落花后半月左右开始，可选用 1%噻霉酮水剂 600 倍液，或 1.5%噻霉酮水乳剂 500～600 倍液，或 3%噻霉酮可湿性粉剂或 3%噻霉酮水分散粒剂或 3%噻霉酮微乳剂 1000～1200 倍液，或 5%噻霉酮悬浮剂 1500～2000 倍液喷雾，每隔 10～15 天喷 1 次，喷施次数根据病情灵活掌握。

防治葡萄黑痘病、炭疽病。防治黑痘病，在幼穗开花前、落花后及落花后 10～15 天各喷 1 次。防治炭疽病，从果粒膨大中期开始，每隔 10 天左右喷 1 次，连喷 3～4 次。药剂喷施倍数同桃树黑星病。

防治枸杞黑果病，发病初期，用 1.5%噻霉酮水乳剂 800～1000 倍液喷雾，每隔 5～7 天喷 1 次，连喷 2～3 次。

● **注意事项**

（1）建议与其他作用机制不同的杀菌剂轮换使用，以延缓病菌抗药性产生。

（2）该药剂对蜂、蚕低毒，对鸟中等毒，鸟类放飞区禁用，蚕室及桑园附近禁用。

氟噻唑吡乙酮（oxathiapiprolin）

$C_{24}H_{22}F_5N_5O_2S$，539.52

● **其他名称**　增威、增威赢绿等。

● **主要剂型**　10%可分散油悬浮剂。

● **毒性**　微毒。

● **作用机理**　氟噻唑吡乙酮为氧化固醇结合蛋白（OSBP）抑制剂，通过阻碍细胞内脂的合成、甾醇转运及信号传导而致病原菌死亡。

● **产品特点**

（1）氟噻唑吡乙酮是一种哌啶基噻唑异噁唑啉类新型高效微毒杀菌剂，专用于防控霜霉病、晚疫病、疫病等卵菌纲病原菌，具有保护、治疗和抑制病菌产孢等多种功效，与常规防控低等真菌性病害药剂无交互抗性。

（2）内吸性好。具有很好的内吸传导性，药剂喷施后在植物表面能快速被蜡质层吸收，并可在植物体内输导，跨层传导和向顶传导能力较强，对新生组织保护作用更佳。

（3）持效期长。适用于病菌发育的各个阶段，药效稳定，耐雨水冲刷，持效期较长，可达 10 天以上，是控制卵菌纲病害时间最长的药剂。使用安全。

（4）低毒环保。该药剂属于微毒杀菌剂，用量极低，对环境不会造成任何影响。

● **应用**

（1）单剂应用　防治葡萄霜霉病，首先在幼穗开花前和落花后各喷 1 次，防止幼穗受害；然后从叶片上初见病斑时开始，用 10%氟噻唑吡乙酮可分散油悬浮剂 2000～3000 倍液喷雾，每隔 10 天左右喷 1 次，直到生长后期（雨、雾、露等高湿环境结束时），与不同作用机理药剂轮换使用或混用，安全间隔期 14 天，每季最多使用 2 次。

防治苹果疫腐病，发病初期或初见病果时，用 10%氟噻唑吡乙酮可分散油悬浮剂 2000～3000 倍液喷雾，每隔 10 天左右喷 1 次，连喷 1～2 次。

防治梨疫腐病，发病初期或初见病果时，用 10%氟噻唑吡乙酮可分散油悬浮剂 2000～3000 倍液喷雾，每隔 10 天左右喷 1 次，连喷 1～2 次。

（2）复配剂应用

① 氟噻唑·锰锌。由氟噻唑吡乙酮与代森锰锌混配而成，具有双重作用机理，难以产生抗药性，杀菌谱广。可以有效防治葡萄霜霉病，助力作物长势更好，产量更高。可以保护新生组织，阻击病菌侵染。在葡萄霜霉病发病前保护性用药，可以有效防止葡萄霜霉病侵染葡萄的新梢、幼果等部位。还具有良好的向顶内吸传导性，药剂覆盖分布更均匀。耐雨水冲刷，药效持久稳定，防病省心省力。防治葡萄霜霉病，发病前保护性用药，用 60.6%氟噻唑·锰锌水分散粒剂 400～500 倍液喷雾，每隔 7 天左右喷 1 次，连喷 2 次，安全间隔期 28 天，每季最多施用 2 次。

② 氟噻唑吡乙酮+噁酮·锰锌。具保护、治疗和抑制产孢作用，对卵菌纲病害具优异杀菌活性。可以快速被蜡质层吸收，耐雨水冲刷，具有向顶传导、保护新生组织的特点。防治葡萄霜霉病，按 10%氟噻唑吡乙酮可分散油悬浮剂 30 毫升+68.75%噁酮·锰锌水分散粒剂 90 克，稀释成 2000～3000 倍液喷雾。

● **注意事项**

（1）不能与碱性农药及强酸性农药混用。为预防抗药性产生，建议与其他不同作用机制杀菌剂轮换使用。

（2）残余药液及清洗药械的废液严禁污染河流、湖泊、池塘等水域。

噻菌灵（thiabendazole）

C₁₀H₇N₃S，201.19

* **其他名称**　特克多、噻苯灵、涕必灵、腐绝、保唑霉、霉得克。
* **主要剂型**　40%、60%、90%可湿性粉剂，15%、42%、45%、450克/升、500克/升悬浮剂，60%水分散粒剂，42%胶悬剂。
* **毒性**　低毒。
* **作用机理**　噻菌灵药剂与真菌细胞的 β-微管蛋白结合而影响纺锤体的形成，继而影响细胞分裂，抑制真菌线粒体的呼吸作用和细胞增殖，与苯灵等苯并咪唑药剂有交互抗性，具有内吸传导作用，能向顶传导，但不能向基传导。
* **产品特点**

（1）高效、广谱、内吸性杀菌剂，兼有保护和治疗作用。

（2）杀菌活性限于子囊菌、担子菌、半知菌，对卵菌无效。对柑橘绿霉病、柑橘青霉病、柑橘保鲜、柑橘防腐、苹果树轮纹病、葡萄黑痘病、香蕉冠腐病、香蕉贮藏期病害等有效。

* **应用**　防治柑橘绿霉病，可选用 450 克/升噻菌灵悬浮剂 300～450倍液，或 42%噻菌灵悬浮剂 280～420 倍液，或 500 克/升噻菌灵悬浮剂 400～600 倍液浸果，浸果 1 分钟后取出晾干贮存，每季最多使用 1 次，安全间隔期 10 天。

防治柑橘青霉病，可选用 42%噻菌灵悬浮剂 280～420 倍液，或 450克/升噻菌灵悬浮剂 300～450 倍液，或 500 克/升噻菌灵悬浮剂 400～600倍液浸果，用药最佳时期为采收后当天，果实经过清洗后，浸果 1～2分钟，每季最多施用 1 次，安全间隔期 10 天。

柑橘保鲜、柑橘防腐，果实经过清洗后，用 42%噻菌灵悬浮剂 280～420 倍液浸果约 30 秒，每季最多施用 1 次，安全间隔期 10 天。

防治苹果树轮纹病，在 4 月下旬或 5 月上旬谢花后幼果形成期，用 40%噻菌灵可湿性粉剂 1000～1500 倍液喷雾，每隔 10～14 天喷 1 次，每季最多施用 3 次，安全间隔期 14 天；或于发病初期，用 60%噻菌灵水分散粒剂 1500～2000 倍液喷雾，每季最多施用 3 次，安全间隔期 21 天。

防治葡萄黑痘病，发病前或发病初期，用 40%噻菌灵可湿性粉剂 1000～1500 倍液喷雾，每隔 10～14 天喷 1 次，每季最多施用 3 次，安全间隔期 7 天。

香蕉贮藏防腐，可选用 450 克/升噻菌灵悬浮剂 600～900 倍液，或 40%噻菌灵可湿性粉剂 500～1000 倍液浸果，浸泡 1 分钟，晾干、装箱，每季最多施用 1 次，安全间隔期 10 天。

苹果、梨、草莓保鲜，采收后的果实，在 40%噻菌灵悬浮剂 800 倍液中浸没 30 秒，取出晾干后贮藏，可有效预防腐烂。

● **注意事项**

（1）避免与其他药剂混用。

（2）对鱼有毒，注意不要污染池塘和水源。

（3）建议与其他不同作用机制的杀菌剂轮换使用。

苯醚甲环唑（difenoconazole）

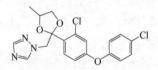

$C_{19}H_{17}Cl_2N_3O_3$，406.26

● **其他名称**　世高、世浩、世冠、世佳、世亮、世泽、世典、世标、世爵、世鹰、势克、蓝仓、双苯环唑、噁醚唑、敌萎丹、高翠、瀚生更胜、禾欣、厚泽、华丹。

● **主要剂型**　10%、15%、20%、30%、37%、60%水分散粒剂，10%、20%、25%、30%微乳剂，5%、10%、20%、25%水乳剂，3%、30 克/升悬浮种衣剂，25%、250 克/升、30%乳油，3%、10%、15%、25%、30%、40%、45%悬浮剂，10%、12%、30%可湿性粉剂，5%超低容量液剂，10%热雾剂。

- **毒性** 低毒（对鱼及水生生物有毒）。
- **作用机理** 苯醚甲环唑对植物病原菌的孢子形成具有强烈抑制作用，并能抑制分生孢子成熟，从而控制病情进一步发展。苯醚甲环唑的作用方式是通过干扰病原菌细胞的 C-14 脱甲基化作用，抑制麦角甾醇的生物合成，从而使甾醇滞留于细胞膜内，损坏了膜的生理作用，导致真菌死亡。
- **产品特点**

（1）内吸传导，杀菌谱广。苯醚甲环唑属三唑类杀菌剂，是一种高效、安全、低毒、广谱性杀菌剂，可被植物内吸，渗透作用强，施药后2 小时内，即被作物吸收，并有向上传导的特性，可使新生的幼叶、花、果免受病菌为害。能一药多治，对子囊菌（如白粉菌科）、担子菌（如锈菌目）和半知菌（包括链格孢属、壳二孢属、尾孢霉属、刺盘孢属、球座菌属、茎点霉属、柱隔孢属、壳针孢属、黑星菌属等）及某些种传病原菌有持久的保护和治疗作用。能有效防治褐斑病、锈病、叶斑病、白粉病，兼具预防和治疗作用。

（2）耐雨水冲刷、药效持久。黏着在叶面的药剂耐雨水冲刷，从叶片挥发极少，即使在高温条件下也表现较持久的杀菌活性，比一般杀菌剂持效期长 3～4 天。

（3）剂型先进，作物安全。水分散粒剂由有效成分、分散剂、湿润剂、崩解剂、消泡剂、黏合剂、防结块剂等，通过微细化、喷雾干燥等工艺造粒而成。投入水中可迅速崩解分散，形成高悬浮分散体系，无粉尘影响，对使用者及环境安全。不含有机溶剂，对推荐作物安全。

（4）在土壤中移动性小，缓慢降解，持效期长。

（5）苯醚甲环唑叶面处理或种子处理可提高作物的产量，保证品质。

- **应用**

（1）单剂应用 防治西瓜蔓枯病，每亩用 10%苯醚甲环唑水分散粒剂 50～80 克兑水 60～75 千克喷雾。

防治西瓜炭疽病，发病前或发病初期，每亩可选用 40%苯醚甲环唑悬浮剂 15～20 毫升，或 37%苯醚甲环唑水分散粒剂 20～25 克，或 10%苯醚甲环唑水分散粒剂 50～75 克，兑水 40～60 千克喷雾，每隔 7～10天喷 1 次，安全间隔期为 14 天，每季最多施用 3 次。

防治草莓白粉病、轮纹病、叶斑病和黑斑病，兼治其他病害时，用10%苯醚甲环唑水分散粒剂2000～2500倍液喷雾；防治草莓炭疽病、褐斑病，兼治其他病害时，用10%苯醚甲环唑水分散粒剂1500～2000倍液喷雾；防治草莓灰霉病为主，兼治其他病害时，用10%苯醚甲环唑水分散粒剂1000～1500倍液喷雾。药液用量，根据草莓植株大小而异，每亩用药液40～66升。用药适期和间隔天数：育苗期于6～9月，喷药2次，每隔10～14天喷1次；大田期在覆膜前，喷药1次；花果期在大棚内喷药1～2次，每隔10～14天喷1次。

防治香蕉叶斑病，发病前或发病初期，用40%苯醚甲环唑悬浮剂3200～4000倍液喷雾，每隔7～10天喷1次，连喷2～3次，每季最多施用3次，安全间隔期35天；或用37%苯醚甲环唑水分散粒剂3000～4000倍液喷雾，每季最多施用3次，安全间隔期42天；或用25%苯醚甲环唑乳油2000～3000倍液喷雾，用足够的稀释药液全株叶部喷雾，每隔10天再喷1次。

防治香蕉黑星病，叶片发病初期，用25%苯醚甲环唑乳油2000～3000倍液喷雾，用足够的稀释药液全株叶部喷雾，每隔10天再喷1次。

防治梨黑星病，发病初期，可选用37%苯醚甲环唑水分散粒剂20000～25000倍液，或10%苯醚甲环唑水分散粒剂6000～7000倍液喷雾。保护性用药：从嫩梢至幼果直径10毫米，每隔7～10天喷1次，随后根据病情轻重，隔12～18天再喷1次。治疗性用药：病发4天内喷1次药，每隔7～10天再喷1次，每季最多施用3次，安全间隔期14天。发病严重时可提高浓度，建议用10%苯醚甲环唑水分散粒剂3000～5000倍液喷雾，间隔7～14天，连续喷药2～3次。

防治梨果实轮纹病，用25%苯醚甲环唑乳油2000～3000倍液喷雾。

防治苹果病害，可选用10%苯醚甲环唑水分散粒剂或10%苯醚甲环唑可湿性粉剂或10%苯醚甲环唑水乳剂或10%苯醚甲环唑微乳剂1500～2000倍液，或20%苯醚甲环唑水分散粒剂或20%苯醚甲环唑水乳剂或20%苯醚甲环唑微乳剂3000～4000倍液，或250克/升苯醚甲环唑乳油或25%苯醚甲环唑乳油或25%苯醚甲环唑悬浮剂或25%苯醚甲环唑微乳剂4000～5000倍液，或30%苯醚甲环唑水分散粒剂或30%苯醚甲环唑可湿性粉剂或30%苯醚甲环唑乳油或30%苯醚甲环唑悬浮剂或30%

苯醚甲环唑微乳剂 5000～6000 倍液，或 37%苯醚甲环唑水分散粒剂 6000～7000 倍液，或 40%苯醚甲环唑悬浮剂 6000～8000 倍液，或 60% 苯醚甲环唑水分散粒剂 10000～12000 倍液喷雾。开花前、后各喷 1 次，可防治锈病、白粉病、花腐病；从落花后 10 天左右开始，每隔 10～15 天喷 1 次，与不同类型药剂轮换，连喷 6～9 次，可防治斑点落叶病、炭疽病、轮纹病、黑星病及褐斑病等。

防治葡萄黑痘病，发病前或发病初期，可选用 10%苯醚甲环唑水分散粒剂 800～1200 倍液喷雾，每季最多施用 3 次，安全间隔期 21 天；或 40%苯醚甲环唑水乳剂 4000～5000 倍液整株喷雾，每隔 7～10 施药 2 次，每季最多施用 2 次，安全间隔期 21 天。

防治葡萄炭疽病，发病前或发病初期，可选用 40%苯醚甲环唑悬浮剂 4000～5000 倍液全株喷雾，每季最多施用 3 次，安全间隔期 14 天；或 10%苯醚甲环唑水分散粒剂 800～1000 倍液整株喷雾，每隔 7～10 天喷 1 次，每季最多施用 3 次，安全间隔期 21 天。

防治葡萄白腐病，用 10%苯醚甲环唑水分散粒剂 1500～2000 倍液喷雾。

防治柑橘炭疽病，发病初期，可选用 10%苯醚甲环唑水分散粒剂 4000～5000 倍液，或 20%苯醚甲环唑水乳剂 4000 倍液喷雾，每隔 7～10 天喷 1 次，连喷 3～4 次。

防治柑橘疮痂病，发病前或发病初期，可选用 40%苯醚甲环唑悬浮剂 3200～3600 倍液喷雾，每季最多施用 2 次，安全间隔期 30 天；或 10% 苯醚甲环唑水分散粒剂 667～2000 倍液整株喷雾，每隔 10 天左右喷 1 次，每季最多施用 3 次，安全间隔期 28 天。

防治荔枝炭疽病，发病前或发病初期，用 10%苯醚甲环唑水分散粒剂 667～1000 倍液整株喷雾，每隔 7～10 天喷 1 次，每季最多施用 3 次，安全间隔期 3 天。

防治青梅黑星病，用 10%苯醚甲环唑水分散粒剂 3000 倍液喷雾。

防治龙眼炭疽病，用 10%苯醚甲环唑水分散粒剂 800～1000 倍液喷雾。

防治石榴麻皮病，发病前或发病初期，用 10%苯醚甲环唑水分散粒剂 1000～2000 倍液整株喷雾，每隔 10 天左右喷 1 次，每季最多施用 3

次，安全间隔期 14 天。

防治樱桃叶斑病，果实收获后发病初期，用 10%苯醚甲环唑水分散粒剂 1000～1500 倍液喷雾，每隔 7～10 天喷 1 次，每季最多施用 2 次。

防治枸杞白粉病，发病前或发病初期，可选用 10%苯醚甲环唑水分散粒剂 1500～2000 倍液，或 37%苯醚甲环唑水分散粒剂 5550～7400 倍液喷雾，每季最多施用 3 次，安全间隔期 14 天。

此外，还可防治桃、李、杏黑星病、炭疽病及真菌性穿孔病，枣树褐斑病、锈病、炭疽病、轮纹病及果实斑点病，芒果白粉病、炭疽病，药剂喷施倍数同苹果病害。

（2）复配剂应用　苯醚甲环唑可与丙环唑、嘧菌酯、多菌灵、甲基硫菌灵、咯菌腈、醚菌酯、咪鲜胺、氟环唑、精甲霜灵、己唑醇、代森锰锌、抑霉唑、霜霉威盐酸盐、丙森锌、吡唑醚菌酯、多抗霉素、中生菌素、井冈霉素、噻霉酮、噻呋酰胺、戊唑醇、嘧啶核苷类抗生素、福美双、吡虫啉、溴菌腈、噻虫嗪等复配。

① 苯甲·丙环唑。由苯醚甲环唑与丙环唑混配的一种内吸治疗性广谱低毒复合杀菌剂，具有保护、治疗和内吸传导作用。

防治瓜类白粉病、叶斑病、炭疽病、蔓枯病，发病初期，可选用 30%苯甲·丙环唑悬浮剂或 30%苯甲·丙环唑微乳剂 2000～2500 倍液，或 500 克/升苯甲·丙环唑乳油 3000～4000 倍液均匀喷雾。

防治香蕉叶斑病、黑星病，发病初期，可选用 30%苯甲·丙环唑乳油或 30%苯甲·丙环唑悬浮剂或 30%苯甲·丙环唑微乳剂或 30%苯甲·丙环唑水乳剂或 300 克/升苯甲·丙环唑乳油 1000～1500 倍液，或 50%苯甲·丙环唑乳油或 50%苯甲·丙环唑水乳剂或 500 克/升苯甲·丙环唑乳油 2000～2500 倍液，或 60%苯甲·丙环唑乳油 2500～3000 倍液喷雾，每隔 20 天左右 1 次，与其他类型药剂交替使用，连喷 4～6 次。

防治葡萄白粉病、炭疽病、黑痘病，发病初期，可选用 30%苯甲·丙环唑乳油或 30%苯甲·丙环唑悬浮剂或 30%苯甲·丙环唑微乳剂或 30%苯甲·丙环唑水乳剂或 300 克/升苯甲·丙环唑乳油 2500～3000 倍液，或 40%苯甲·丙环唑微乳剂 3500～4000 倍液，或 50%苯甲·丙环唑乳油或 50%苯甲·丙环唑水乳剂或 500 克/升苯甲·丙环唑乳油 4000～5000 倍液，或 60%苯甲·丙环唑乳油 5000～6000 倍液喷雾。防治白粉病、炭疽病时，从病害发生初期开始喷药，每隔10～15天喷1次，连喷2～3次。防治黑痘病时，在花蕾期、落花70%～80%时及落花后10天左右各喷药1次。

防治苹果褐斑病、斑点落叶病，可选用30%苯甲·丙环唑乳油或30%苯甲·丙环唑悬浮剂或30%苯甲·丙环唑微乳剂或30%苯甲·丙环唑水乳剂或300克/升苯甲·丙环唑乳油2000～2500倍液，或40%苯甲·丙环唑微乳剂3000～3500倍液，或50%苯甲·丙环唑乳油或50%苯甲·丙环唑水乳剂或500克/升苯甲·丙环唑乳油3500～4000倍液，或60%苯甲·丙环唑乳油4000～5000倍液喷雾。防治褐斑病，从落花后1个月左右开始，每隔10～15天喷1次，连喷4～6次。防治斑点落叶病，春梢期用药，每隔10～15天喷1次，连喷2次。

②苯甲·嘧菌酯。由苯醚甲环唑和嘧菌酯混配的一种预防及治疗性广谱低毒复合杀菌剂。

防治西瓜蔓枯病、西瓜炭疽病，每亩用32.5%苯甲·嘧菌酯悬浮剂30～50毫升兑水30～50千克喷雾，安全间隔期14天，每季最多施用3次。

防治西瓜白粉病，每亩用40%苯甲·嘧菌酯悬浮剂30～40毫升兑水30～50千克喷雾，安全间隔期14天，每季最多施用3次。

防治香蕉黑星病、叶斑病，在病害发生初期或田间初见病斑时，可选用30%苯甲·嘧菌酯悬浮剂或32.5%苯甲·嘧菌酯悬浮剂或325克/升苯甲·嘧菌酯悬浮剂1500～2000倍液，或40%苯甲·嘧菌酯悬浮剂2000～2500倍液，或48%苯甲·嘧菌酯悬浮剂2500～3000倍液喷雾，在药液中混加有机硅类或石蜡油类农药助剂可以显著提高药效，每隔10～15天喷1次，连喷2～3次。

防治葡萄白腐病、炭疽病、白粉病，可选用30%苯甲·嘧菌酯悬浮剂或32.5%苯甲·嘧菌酯悬浮剂或325克/升苯甲·嘧菌酯悬浮剂2000～2500倍液，或40%苯甲·嘧菌酯悬浮剂2500～3000倍液，或48%苯甲·嘧菌酯悬浮剂3000～4000倍液喷雾。防治白腐病、炭疽病时，套袋葡萄在套袋前喷1次即可，不套袋葡萄从果粒基本长成大小时开始，每隔10天左右喷1次，连喷2～4次。防治白粉病时，发病初期，每隔10天左右喷1次，连喷2次左右。

防治苹果轮纹病、炭疽病、斑点落叶病、褐斑病、黑星病，用 325 克/升苯甲·嘧菌酯悬浮剂 1500～2000 倍液喷雾。防治轮纹病、炭疽病时，从苹果落花后 7～10 天开始喷药，每隔 10 天左右喷 1 次，连喷 3 次药后套袋；不套袋苹果需连续喷药 6～8 次，每隔 10～15 天喷 1 次，与其他不同类型药剂交替使用。防治斑点落叶病时，在春梢生长期和秋梢生长期各喷药 2 次左右，每隔 10～15 天喷 1 次。防治褐斑病时，从落花后 1 个月开始喷药，每隔 10～15 天喷 1 次，连喷 3～5 次，注意与不同类型药剂交替使用。防治黑星病时，从发病初期开始，每隔 10～15 天喷 1 次，与不同类型药剂交替使用。

防治石榴炭疽病、褐斑病，在开花前、落花后、幼果期、套袋前及套袋后，用 325 克/升苯甲·嘧菌酯悬浮剂 1500～2000 倍液各喷 1 次，与不同类型药剂轮换使用。

防治枣轮纹病、炭疽病、褐斑病。防治轮纹病、炭疽病时，用 325 克/升苯甲·嘧菌酯悬浮剂 1500～2000 倍液喷雾，从坐住果后 10 天左右开始喷药，每隔 10～15 天喷 1 次，与不同类型药剂轮换使用，防治褐斑病时，从初见病斑时开始喷药，每隔 10～15 天喷 1 次，连喷 2 次。

③ 苯甲·吡唑酯。由苯醚甲环唑与吡唑醚菌酯复配而成。生产上被称为"万能杀菌剂"，实际上只是一款广谱性保护性杀菌剂。该组合对一些比较容易防治的病害（如炭疽病、叶斑病）等发生初期有效，发生后期必须加量使用才能保证效果，但用量过大，因吡唑醚菌酯活性高易产生药害，同时对很多高抗性的病害，如白粉病、霜霉病等，只能起到预防作用，发病以后单独用该药即使加量也治不住。在果树上使用预防叶斑病，可以用 30%苯甲·吡唑酯悬浮剂 2000～2500 倍液喷雾。防治霜霉病，在发生以后使用建议搭配烯酰吗啉、氰霜唑等。防治白粉病，只有在初期使用有一定的抑制保护效果，大发生时需搭配乙嘧酚、硫黄等，才能保证治疗效果。

防治西瓜炭疽病、蔓枯病等病害，每亩用 30%苯甲·吡唑酯悬浮剂 20～25 毫升兑水 30 千克均匀喷雾。

④ 苯甲·咪鲜胺。由苯醚甲环唑与咪鲜胺混配的一种内吸治疗性广谱低毒复合杀菌剂。

防治香蕉叶斑病、黑星病，发病初期，可选用 20%苯甲·咪鲜胺水乳剂或 20%苯甲·咪鲜胺微乳剂 600～800 倍液，或 25%苯甲·咪鲜胺悬浮剂 1000～1200 倍液，或 28%苯甲·咪鲜胺悬浮剂 1000～1500 倍液，或 35%苯甲·咪鲜胺水乳剂 1200～1500 倍液，或 70%苯甲·咪鲜胺可湿性粉剂 3000～4000 倍液喷雾，每隔 15～20 天喷 1 次，连喷 3～5 次。

防治苹果轮纹病、炭疽病，落花后 7～10 天开始，可选用 20%苯甲·咪鲜胺水乳剂或 20%苯甲·咪鲜胺微乳剂 800～1000 倍液，或 25%苯甲·咪鲜胺悬浮剂 1200～1500 倍液，或 28%苯甲·咪鲜胺悬浮剂 1200～1500 倍液，或 35%苯甲·咪鲜胺水乳剂 1800～2000 倍液，或 70%苯甲·咪鲜胺可湿性粉剂 5000～6000 倍液喷雾，每隔 10 天左右喷 1 次，连喷 3 次后套袋；不套袋的继续喷 3～5 次，每隔 10～15 天喷 1 次。

此外，还可防治梨树黑星病、炭疽病、轮纹病，枣树炭疽病、轮纹病，桃树炭疽病、黑星病，药剂喷施倍数同苹果轮纹病。

防治柑橘疮痂病、炭疽病、黑星病，可选用 20%苯甲·咪鲜胺水乳剂或 20%苯甲·咪鲜胺微乳剂 600～800 倍液，或 25%苯甲·咪鲜胺悬浮剂 1000～1200 倍液，或 28%苯甲·咪鲜胺悬浮剂 1000～1500 倍液，或 35%苯甲·咪鲜胺水乳剂 1500～2000 倍液，或 70%苯甲·咪鲜胺可湿性粉剂 4000～5000 倍液喷雾，新梢生长期防治疮痂病，幼果期防治疮痂病、炭疽病、黑星病。与不同类型药剂轮换。

⑤ 苯甲·肟菌酯。由苯醚甲环唑与肟菌酯复配而成。可通过植物叶片和根系吸收并在体内传导，杀菌活性高，内吸性强，持效期长，耐雨水冲刷，具有保护、治疗、铲除、渗透、内吸作用。

防治西瓜炭疽病，可增加作物抗逆性，全面提高作物品质，每亩用 50%苯甲·肟菌酯水分散粒剂 15～25 克兑水 30～50 千克喷雾，每隔 7 天喷 1 次，连喷 2～3 次，安全间隔期 7 天，每季最多施用 3 次。

防治苹果树褐斑病、轮纹病、炭疽病，可选用 32%苯甲·肟菌酯悬浮剂 3000～3500 倍液，或 40%苯甲·肟菌酯悬浮剂 3000～4000 倍液，或 40%苯甲·肟菌酯水分散粒剂 4000～5000 倍液，或 50%苯甲·肟菌酯水分散粒剂 4500～5000 倍液喷雾。防治褐斑病时，从落花后 1 个月左右或初见褐斑病病叶时开始，每隔 10～15 天喷 1 次，连喷 4～6 次；防治轮纹病、炭疽病，从落花后 7～10 天开始，每隔 10 天左右喷 1 次，连喷 3 次后套袋（套袋后结束喷药），不套袋苹果需继续喷 4～6 次，每隔

10～15 天喷 1 次，与不同类型药剂轮换。

此外，还可防治梨树黑星病、炭疽病、轮纹病、白粉病，桃树黑星病、炭疽病，葡萄黑痘病、炭疽病、白粉病，药剂喷施倍数同苹果树褐斑病。

⑥ 苯甲·氟酰胺。由苯醚甲环唑与氟唑菌酰胺复配而成。新一代广谱性杀菌剂，对叶部斑点病、白粉病、早疫病等防效突出。药效持久，兼具预防及早期治疗作用。

防治西瓜蔓枯病、叶枯病，发病前或发病初期，每亩用 12%苯甲·氟酰胺悬浮剂 40～67 毫升兑水 30～50 千克喷雾，每隔 7～10 天喷 1 次，连喷 2～3 次，安全间隔期 10 天，每季最多施用 3 次。

防治苹果树斑点落叶病，用 12%苯甲·氟酰胺悬浮剂 1500～2000 倍液喷雾，在春梢生长期内和秋梢生长期内各喷 2 次左右，发病初期，每隔 10～15 天喷 1 次。

防治梨树黑星病、黑斑病、白粉病，以防治黑星病为主，兼防黑斑病、白粉病，从落花后开始，用 12%苯甲·氟酰胺悬浮剂 1500～2000 倍液喷雾，每隔 10～15 天喷 1 次，与不同类型药剂轮换，直到生长后期。

⑦ 苯甲·溴菌腈。由苯醚甲环唑与溴菌腈复配而成。防治西瓜炭疽病，发病前或发病初期，每亩用 25%苯甲·溴菌腈可湿性粉剂 60～80 克兑水 30～50 千克喷雾，安全间隔期 7 天，每季最多施用 2 次。

⑧ 苯甲·多菌灵。由苯醚甲环唑和多菌灵复配而成的广谱治疗性低毒复合杀菌剂。

防治苹果轮纹病、炭疽病、斑点落叶病、褐斑病、黑星病，用 30%苯甲·多菌灵可湿性粉剂或 32.8%苯甲·多菌灵可湿性粉剂 1000～1500 倍液喷雾。防治轮纹病、炭疽病时，从落花后 7～10 天开始喷药，每隔 10 天左右喷 1 次，连喷 3 次后套袋；不套袋苹果，需 10～15 天喷 1 次，直到 9 月上旬，注意与不同作用机理药剂交替使用。防治斑点落叶病、黑星病时，从病害发生初期或初见病斑时，每隔 10 天左右喷 1 次，连喷 2～3 次。防治褐斑病时，从落花后 1 个月左右开始，每隔 10～15 天喷 1 次，连喷 3～5 次。

防治梨黑星病、炭疽病、轮纹病、褐斑病、黑斑病，用 30%苯甲·多菌灵可湿性粉剂或 32.8%苯甲·多菌灵可湿性粉剂 1000～1500 倍液喷雾。

防治黑星病时，在落花后 1.5 个月内喷药 2～3 次，每隔 10～15 天喷 1 次；不套袋果在采收前 1.5 个月内喷药 3～4 次，每隔 10 天左右喷 1 次；两段时期中间喷药 2～3 次，每隔 15～20 天喷 1 次。防治炭疽病、轮纹病时，从落花后 15 天左右开始，每隔 10～15 天喷 1 次，连续喷洒到套袋或不套袋果的采收前半月左右。防治褐斑病、黑斑病时，从初见病斑时开始，每隔 10～15 天喷 1 次，连喷 2～3 次，与不同类型药剂交替使用。

防治桃、杏黑星病。从落花后 15～20 天开始，用 30%苯甲·多菌灵可湿性粉剂或 32.8%苯甲·多菌灵可湿性粉剂 1000～1500 倍液喷雾，隔 10～15 天喷 1 次，到采收前 1 个月结束。

防治李红点病。从叶芽开放时开始，用 30%苯甲·多菌灵可湿性粉剂或 32.8%苯甲·多菌灵可湿性粉剂 1000～1500 倍液喷雾，每隔 10 天左右喷 1 次，连喷 2 次。

防治葡萄炭疽病、褐斑病、黑痘病。防治炭疽病、褐斑病时，发病初期，用 30%苯甲·多菌灵可湿性粉剂或 32.8%苯甲·多菌灵可湿性粉剂 1000～1500 倍液喷雾，每隔 10 天左右喷 1 次，连喷 3～4 次。防治黑痘病时，在蕾穗期、落花 70%～80%时及落花后半月各喷药 1 次即可。

防治核桃炭疽病，发病初期，用 30%苯甲·多菌灵可湿性粉剂或 32.8%苯甲·多菌灵可湿性粉剂 1000～1500 倍液喷雾，每隔 10 天左右喷 1 次，连喷 2～3 次。

防治枣炭疽病、轮纹病、褐斑病，从小幼果期开始，用 30%苯甲·多菌灵可湿性粉剂或 32.8%苯甲·多菌灵可湿性粉剂 1000～1500 倍液喷雾，每隔 10～15 天喷 1 次，连喷 5～7 次，与不同类型药剂交替使用。

防治香蕉叶斑病、黑星病，初见病斑时或发病初期，用 30%苯甲·多菌灵可湿性粉剂或 32.8%苯甲·多菌灵可湿性粉剂 800～1000 倍液喷雾，每隔 15 天左右喷 1 次，连喷 3 次左右。

防治柑橘疮痂病、炭疽病、黑星病，发病初期，用 30%苯甲·多菌灵可湿性粉剂或 32.8%苯甲·多菌灵可湿性粉剂 1000～1500 倍液喷雾，每隔 10～15 天喷 1 次，连喷 2～3 次。

⑨ 苯醚·甲硫。由苯醚甲环唑与甲基硫菌灵复配的广谱治疗性低毒复合杀菌剂。

防治西瓜、甜瓜的炭疽病、蔓枯病，从病害发生初期开始，用 40%

苯醚·甲硫可湿性粉剂或 45%苯醚·甲硫可湿性粉剂或 65%苯醚·甲硫可湿性粉剂 600～800 倍液喷雾，每隔 7～10 天喷 1 次，连喷 2～3 次。

防治苹果炭疽病、轮纹病、斑点落叶病、黑星病，可选用 40%苯醚·甲硫可湿性粉剂或 45%苯醚·甲硫可湿性粉剂或 65%苯醚·甲硫可湿性粉剂 600～800 倍液，或 40%苯醚·甲硫悬浮剂或 50%苯醚·甲硫可湿性粉剂 800～1000 倍液，或 50%苯醚·甲硫悬浮剂或 70%苯醚·甲硫可湿性粉剂 1000～1200 倍液喷雾。防治炭疽病、轮纹病时，从苹果落花后 7～10 天开始，每隔 10 天左右喷 1 次，套袋前需喷 3 次；不套袋苹果，3 次药后还需继续喷 3～5 次，每隔 10～15 天喷 1 次。防治斑点落叶病时，在春梢生长期和秋梢生长期各喷药 2 次左右。防治黑星病时，从病害发生初期开始，每隔 10～15 天喷 1 次，连喷 2～3 次。具体用药时，与不同类型药剂轮换使用。

此外，还可防治梨黑星病、轮纹病、炭疽病，桃黑星病、炭疽病、真菌性穿孔病，李红点病，葡萄炭疽病，柿炭疽病、角斑病，枣炭疽病、轮纹病，柑橘黑星病、炭疽病，芒果炭疽病、白粉病，药剂喷施倍数同苹果炭疽病。

⑩ 苯醚·戊唑醇。由苯醚甲环唑与戊唑醇混配的一种低毒广谱内吸治疗性复合杀菌剂。

防治梨黑星病、轮纹病、炭疽病、黑斑病、褐斑病、白粉病、锈病，用 20%苯醚·戊唑醇可湿性粉剂 1500～2000 倍液喷雾，梨树整个生长期均可喷施。开花前、后是防治锈病的关键期，兼防黑星病梢形成；从落花后 10 天左右开始连续喷药防治各种病害，每隔 10～15 天喷 1 次，与不同药剂交替使用。

防治苹果轮纹病、炭疽病、黑星病、褐斑病、斑点落叶病，用 20%苯醚·戊唑醇可湿性粉剂 1200～1500 倍液喷雾。防治轮纹病、炭疽病时，从落花后 7～10 天开始，每隔 10 天左右喷 1 次，连喷 3 次药后套袋；不套袋苹果则 3 次药后 10～15 天喷一次，再连喷 3～5 次。防治黑星病时，从病害发生初期开始，连喷 2～3 次。防治斑点落叶病时，在春梢生长期内和秋梢生长期内各喷 2～3 次。防治褐斑病时，从落花后 1 个月左右开始，每隔 10～15 天喷 1 次，连喷 3～5 次。

防治桃黑星病，从落花后 20 天左右开始，用 20%苯醚·戊唑醇可湿性粉剂 1200～1500 倍液喷雾，每隔 10～15 天喷 1 次，连喷 2～3 次，往年病害发生严重桃园，需喷药至采收前 1 个月。

防治枣锈病、轮纹病、炭疽病，从枣坐住果后 10 天左右开始，用 20%苯醚·戊唑醇可湿性粉剂 1200～1500 倍液喷雾，每隔 10～15 天喷 1 次，与不同类型药剂轮换，连喷 5～7 次。

防治石榴炭疽病、疮痂病、褐斑病，在开花前、落花后、幼果期、套袋前及套袋后，用 20%苯醚·戊唑醇可湿性粉剂 1500～2000 倍液各喷药 1 次，与不同类型药剂轮换。

防治柑橘疮痂病、炭疽病、黑星病，用 20%苯醚·戊唑醇可湿性粉剂 1500～2000 倍液喷雾，萌芽 1/3 厘米、谢花 2/3 及幼果期是防治疮痂病、炭疽病的关键期，果实膨大期至转色期是防治黑星病关键期，果实转色期是防治急性炭疽病关键期，每隔 10～15 天喷 1 次，与不同类型药剂轮换。

防治香蕉叶斑病、黑星病，从病害发生初期开始，用 20%苯醚·戊唑醇可湿性粉剂 1000～1500 倍液喷雾，每隔 10～15 天喷 1 次，与不同类型药剂轮换。在药液中加入有机硅类农药助剂效果更好。

⑪ 苯甲·锰锌。由苯醚甲环唑与代森锰锌混配的一种低毒复合杀菌剂，具有保护和治疗双重杀菌作用。几乎对所有高等真菌性病害都有很好的保护和治疗作用，被称为杀菌剂中的"万金油"，对由半知菌、鞭毛菌、担子菌、子囊菌、接合菌等病菌引起的霜霉病、炭疽病、疫病、晚疫病、早疫病、蔓枯病、立枯病、猝倒病、白粉病、锈病等几乎所有真菌性病害都有很好的预防和治疗效果。

防治梨树黑星病、炭疽病、黑斑病、轮纹病、锈病，以防治黑星病为主，兼防其他病害。可选用 30%苯甲·锰锌悬浮剂 2000～2500 倍液，或 45%苯甲·锰锌可湿性粉剂 800～1000 倍液，或 55%苯甲·锰锌可湿性粉剂 1500～2000 倍液，或 64%苯甲·锰锌可湿性粉剂 2000～2500 倍液喷雾。在花序呈铃铛球期喷 1 次，然后从落花后 7～10 天开始，每隔 15 天左右喷 1 次，与不同类型药剂轮换，直到采收前 10 天左右。

防治苹果锈病、斑点落叶病、黑星病、炭疽病、轮纹病，可选用 30%苯甲·锰锌悬浮剂 1500～2000 倍液，或 45%苯甲·锰锌可湿性粉剂 600～800 倍液，或 55%苯甲·锰锌可湿性粉剂 1000～1200 倍液，或

64%苯甲·锰锌可湿性粉剂 1500～2000 倍液喷雾。防治锈病时，在开花前、落花后各喷 1 次。防治斑点落叶病时，在春梢生长期内和秋梢生长期内各喷 2 次左右，每隔 10～15 天喷 1 次。防治黑星病，发病初期，每隔 10～15 天喷 1 次，连喷 2～3 次。防治炭疽病、轮纹病，落花后 7～10 天开始，每隔 10 天左右喷 1 次，连喷 3 次后套袋；不套袋苹果，3 次药后仍需继续喷药，每隔 10～15 天喷 1 次，再喷 4～6 次。不同类型药剂轮换使用。

此外，还可防治桃树黑星病，枣树锈病、轮纹病、炭疽病，石榴炭疽病、褐斑病，药剂喷施倍数同苹果锈病。

防治柑橘黑星病、炭疽病，谢花 2/3 至幼果期及转色期是防治炭疽病关键期，果实膨大期至转色期是防治黑星病关键期，可选用 30%苯甲·锰锌悬浮剂 2000～2500 倍液，或 45%苯甲·锰锌可湿性粉剂 800～1000 倍液，或 55%苯甲·锰锌可湿性粉剂 1000～1500 倍液，或 64%苯甲·锰锌可湿性粉剂 1500～2000 倍液喷雾。均需每隔 10～15 天喷 1 次，与不同类型药剂轮换。

防治香蕉叶斑病、黑星病，发病初期，可选用 30%苯甲·锰锌悬浮剂 1500～2000 倍液，或 45%苯甲·锰锌可湿性粉剂 600～800 倍液，或 55%苯甲·锰锌可湿性粉剂 1000～1200 倍液，或 64%苯甲·锰锌可湿性粉剂 1200～2000 倍液喷雾。每隔 15 天左右喷 1 次，连喷 3～5 次，与不同类型药剂轮换。

⑫ 苯甲·丙森锌。由苯醚甲环唑与丙森锌混配的一种低毒复合杀菌剂，具有保护和治疗双重杀菌作用。

防治苹果锈病、黑星病、轮纹病、炭疽病、斑点落叶病，可选用 50%苯甲·丙森锌可湿性粉剂 1000～1200 倍液，或 70%苯甲·丙森锌可湿性粉剂 1200～1500 倍液喷雾。防治锈病，在开花前、落花后各喷 1 次。防治黑星病，发病初期，每隔 10～15 天喷 1 次，连喷 2～3 次。防治轮纹病、炭疽病，从落花后 7～10 天开始，每隔 10 天左右喷 1 次，连喷 3 次药后套袋；不套袋苹果，3 次药后仍需继续喷 4～6 次，每隔 10～15 天喷 1 次。防治斑点落叶病，在春梢生长期内和秋梢生长期内各喷 2 次，每隔 10～15 天喷 1 次。

防治梨树锈病、黑星病、轮纹病、炭疽病、黑斑病、白粉病，可选用 50%苯甲·丙森锌可湿性粉剂 1000～1500 倍液，或 70%苯甲·丙森锌可湿性粉剂 1200～1800 倍液喷雾。以防治黑星病为主，兼防其他病害。首先在花序铃铛球期喷 1 次，然后从落花后 7～10 天开始，每隔 15 天左右喷 1 次，与不同类型药剂轮换使用，直到采收前 10 天左右。中后期防治白粉病时，注意喷叶片背面。

此外，还可防治桃树黑星病、真菌性穿孔病，枣树锈病、轮纹病、炭疽病，石榴炭疽病、褐斑病，药剂喷施倍数同苹果锈病。

防治柑橘炭疽病、黑星病，可选用 50%苯甲·丙森锌可湿性粉剂 800～1000 倍液，或 70%苯甲·丙森锌可湿性粉剂 1000～1200 倍液喷雾。谢花 2/3 至幼果期及转色期是防治炭疽病关键期，果实膨大期至转色期是防治黑星病关键期，每隔 10～15 天喷 1 次，与不同类型药剂轮换。

⑬ 苯醚·噻霉酮。由苯醚甲环唑与噻霉酮混配而成。防治梨树炭疽病，发病前或发病初期，用 12%苯醚·噻霉酮水乳剂 4000～5000 倍液喷雾，每隔 7 天左右喷 1 次，连喷 3 次，安全间隔期 14 天，每季最多施用 3 次。

⑭ 苯甲·啶氧。由苯醚甲环唑和啶氧菌酯复配而成。

防治西瓜炭疽病，每亩用 40%苯甲·啶氧悬浮剂 30～40 毫升兑水 30～50 千克喷雾，安全间隔期 14 天，每季最多施用 3 次。

防治草莓白粉病，每亩用 40%苯甲·啶氧悬浮剂 20～40 毫升兑水 30～50 千克喷雾。

⑮ 苯甲·代森联。由苯醚甲环唑与代森联混配的广谱低毒复合杀菌剂，具有预防保护和内吸治疗双重活性。

防治苹果树斑点落叶病、褐斑病、锈病、黑星病、轮纹病、炭疽病，可选用 45%苯甲·代森联可湿性粉剂或 45%苯甲·代森联水分散粒剂 800～1000 倍液，或 68%苯甲·代森联可湿性粉剂 1500～2000 倍液喷雾。防治斑点落叶病，在春梢生长期内和秋梢生长期内各喷 2 次左右，每隔 10～15 天喷 1 次；防治褐斑病，从落花后 1 个月左右或初见褐斑病病叶时开始，每隔 10～15 天喷 1 次，连喷 4～6 次；防治锈病，在花序分离期和落花后各喷 1 次；防治黑星病，从落花后 7～10 天开始，每隔 10 天左右喷 1 次，连喷 3 次后套袋，不套袋苹果需继续喷 4～6 次，每隔 10～15 天喷 1 次。与不同类型药剂轮换。

此外，还可防治梨树黑星病、锈病、炭疽病、轮纹病、白粉病，葡萄黑痘病、炭疽病、房枯病、褐斑病，桃树缩叶病、黑星病、炭疽病、真菌性穿孔病、锈病，核桃炭疽病、褐斑病，柿树炭疽病、黑星病、角斑病、圆斑病，枣树褐斑病、锈病、轮纹病、炭疽病，药剂喷施倍数同苹果树斑点落叶病。

⑯ 苯甲·克菌丹。由苯醚甲环唑与克菌丹混配的广谱低毒复合杀菌剂，对多种高等真菌性病害具有保护和治疗双重作用。

防治苹果树斑点落叶病、褐斑病、锈病、黑星病、轮纹病、炭疽病，可选用 50%苯甲·克菌丹水分散粒剂 2000～2500 倍液，或 55%苯甲·克菌丹水分散粒剂 1000～1200 倍液喷雾。防治斑点落叶病，在春梢生长期内和秋梢生长期内各喷 2 次左右，每隔 10～15 天喷 1 次；防治褐斑病，从落花后 1 个月左右或初见褐斑病病叶时开始，每隔 10～15 天喷 1 次，连喷 4～6 次；防治黑星病，发病初期，每隔 10～15 天喷 1 次，连喷 2～3 次；防治炭疽病、轮纹病，落花后 7～10 天开始，每隔 10 天左右喷 1 次，连喷 3 次后套袋，不套袋苹果需继续喷 4～6 次，每隔 10～15 天喷 1 次；防治霉污病，从果实膨大后期或转色前开始，每隔 10～15 天喷 1 次，连喷 2～3 次，与不同类型药剂轮换。

此外，还可防治梨树黑星病、黑斑病、褐斑病、炭疽病、轮纹病、霉污病，桃树黑星病、炭疽病、真菌性穿孔病，药剂喷施倍数同苹果树斑点落叶病。

⑰ 苯甲·醚菌酯。由苯醚甲环唑与醚菌酯混配的内吸治疗性广谱低毒复合杀菌剂。

防治苹果树斑点落叶病、黑星病、白粉病，可选用 23%苯甲·醚菌酯悬浮剂 1200～1500 倍液，或 30%苯甲·醚菌酯悬浮剂或 30%苯甲·醚菌酯可湿性粉剂 1500～2000 倍液，或 40%苯甲·醚菌酯悬浮剂 2000～2500 倍液，或 40%苯甲·醚菌酯可湿性粉剂或 40%苯甲·醚菌酯水分散粒剂 1800～2000 倍液，或 50%苯甲·醚菌酯水分散粒剂或 52%苯甲·醚菌酯水分散粒剂或 72%苯甲·醚菌酯水分散粒剂或 60%苯甲·醚菌酯可湿性粉剂 3500～4000 倍液，或 80%苯甲·醚菌酯可湿性粉剂 5000～6000 倍液喷雾。防治斑点落叶病，在春梢生长期内和秋梢生长期内各喷 2 次左右，每隔 10～15 天喷 1 次；防治黑星病，发病初期，每隔 10～15

天喷 1 次，连喷 2 次左右；防治白粉病，在花序分离期、落花 80% 和落花后 10 天左右各喷 1 次，可防治白粉病的早期发生，往年白粉病发生重的，再于 8～9 月花芽分化期喷 1～2 次，与不同类型药剂轮换使用。

此外，还可以防治梨树黑星病、白粉病，葡萄白粉病，枸杞白粉病，药剂喷施倍数同苹果树斑点落叶病。

⑱ 苯甲·中生。由苯醚甲环唑与中生菌素混配的广谱低毒复合杀菌剂，具有保护和治疗作用。

防治苹果树斑点落叶病、轮纹病、炭疽病，可选用 8% 苯甲·中生可湿性粉剂 1500～2000 倍液，或 16% 苯甲·中生可湿性粉剂 2500～3000 倍液喷雾。防治斑点落叶病，在春梢生长期内和秋梢生长期内各喷 2 次左右，每隔 10～15 天喷 1 次；防治轮纹病、炭疽病，从落花后 7～10 天开始，每隔 10 天左右喷 1 次，连喷 3 次后套袋（套袋后不再喷药），不套袋苹果需继续喷 4～6 次，每隔 10～15 天喷 1 次，与不同类型药剂轮换使用。

防治桃树、杏树及李树的疮痂病、真菌性穿孔病、细菌性穿孔病，从落花后 20 天左右开始，可选用 8% 苯甲·中生可湿性粉剂 1000～1200 倍液，或 16% 苯甲·中生可湿性粉剂 2000～2500 倍液喷雾，每隔 10～15 天喷 1 次，与不同类型药剂轮换，连喷 2～5 次。

防治核桃黑斑病、炭疽病，从黑斑病发生初期或果实膨大中期开始，可选用 8% 苯甲·中生可湿性粉剂 1000～1500 倍液，或 16% 苯甲·中生可湿性粉剂 2000～2500 倍液喷雾，每隔 10～15 天喷 1 次，连喷 2～4 次。

◉ **注意事项**

（1）对刚刚侵染的病菌防治效果特别好。因此，在降雨后及时喷施苯醚甲环唑，能够铲除初发菌源，最大限度地发挥苯醚甲环唑的杀菌特点。这对生长后期病害的发展将起到很好的控制作用。

（2）不能与含铜药剂混用，如果确需混用，则苯醚甲环唑使用量要增加 10%。可以和大多数杀虫剂、杀菌剂等混合施用，但必须在施用前做混配试验，以免出现负面反应或发生药害。与"天达 2116"混用，可提高药效，减少药害发生。

（3）为防止病菌对苯醚甲环唑产生抗药性，建议每个生长季节喷施苯醚甲环唑不应超过 4 次。应与其他农药交替使用。

（4）发病初期，用低剂量，间隔期长；病重时，用高剂量，间隔期短；植株生长茂盛，温度适宜、湿度高、雨水多的病害流行期，可用高剂量，间隔期短，增加用药次数，保证防病增产效果。

（5）西瓜、草莓喷液量为每亩人工 50 千克。果树可根据果树大小确定喷液量。施药应选早晚气温低、无风时进行。晴天空气相对湿度低于65%、气温高于 28℃、风速大于 5 米/秒时应停止施药。

（6）对蜜蜂、鸟类、家蚕、天敌赤眼蜂等有毒，勿污染水源。施药时应远离蜂群，避免蜜源作物花期，桑园和蚕室附近禁用，鸟类放飞区禁用，赤眼蜂等天敌放飞区域禁用。

（7）本品对鱼类、水蚤、藻类等有毒。施药时应远离水产养殖区和河塘等水域；禁止在河塘等水体中清洁施药器具；鱼或虾蟹套养稻田禁用；施药后的田水不得直接排入水体，禁止将残液倒入湖泊、河流或池塘等，以免污染水源。

（8）避免在低于 10℃和高于 30℃条件下贮存。

戊唑醇（tebuconazole）

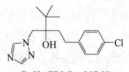

$C_{16}H_{22}ClN_3O$，307.82

● **其他名称**　好力克、立克秀、欧利思、菌力克、富力库、秀丰、益秀、奥宁、普果、得惠、科胜、翠好、戊康。

● **主要剂型**　3%、12.5%、25%、30%、43%、430 克/升、45%、50%悬浮剂，1.5%、12.5%、25%、250 克/升、430 克/升水乳剂，25%、250克/升乳油，12.5%、25%、40%、80%可湿性粉剂，30%、50%、70%、80%、85%水分散粒剂，0.2%、0.25%、2%、6%、60 克/升、80 克/升悬浮种衣剂，0.2%、60 克/升、6%种子处理悬浮剂，6%、12.5%微乳剂，2%干拌种剂，2%湿拌种剂，2%种子处理可分散粉剂，5%悬浮拌种剂，1%糊剂，6%胶悬剂等。

● **毒性**　低毒。

● **作用机理**　戊唑醇可迅速通过植物的叶片和根系吸收，并在体内传导和进行均匀分布，主要通过抑制病原真菌体内麦角甾醇的脱甲基化，导致生物膜的形成受阻而发挥杀菌活性。

● **产品特点**

（1）戊唑醇是新型高效、广谱型、内吸性三唑类杀菌剂。快速渗透、吸收和传导，不留药渍。

（2）兼具保护、治疗和铲除作用，活性高、用量低，持效期长，耐雨水冲刷。

（3）不仅具有杀菌活性，还可调节作物生长，使之根系发达、叶色浓绿、植株健壮、有效分蘖增加，从而提高产量。

（4）用于叶面喷雾、种子处理。适用于防治多种真菌病害，对黑斑病、黑星病、轮纹病、白粉病、褐斑病、早疫病、多种叶斑病、炭疽病、菌核病、锈病等均有较好防效。能达到一次用药兼治多种病害的效果。

● **应用**

（1）单剂应用　防治西瓜蔓枯病，发病初期，用 43%戊唑醇悬浮剂 5000 倍液+芸苔素内酯（云大-120）1500 倍液喷雾。

防治草莓炭疽病，在发病前或初出现病斑时，每亩用 25%戊唑醇水乳剂 20～28 毫升兑水 30～50 千克喷雾，每隔 7 天喷 1 次，安全间隔期 5 天，每季最多施用 3 次，或每亩用 430 克/升戊唑醇悬浮剂 10～16 毫升兑水 30～50 千克喷雾，每隔 7～10 天喷 1 次，连喷 2～3 次。

防治草莓白粉病，发病初期，用 43%戊唑醇悬浮剂 4000～5000 倍液喷雾。草莓不同生育期对药剂的敏感度也有差异，一般在生长前期，特别在扣棚初期最为敏感，应用低浓度施药，随着时间的推迟，其敏感度逐渐降低，可采用高浓度施药。

防治草莓灰霉病，发病初期，每亩用 25%戊唑醇水乳剂 25～30 毫升兑水 40～50 千克喷雾。

防治苹果病害，可选用 12.5%戊唑醇水乳剂或 12.5%戊唑醇微乳剂 1000～1200 倍液，或 250 克/升戊唑醇水乳剂或 25%戊唑醇乳油或 25%戊唑醇可湿性粉剂 2000～2500 倍液，或 30%戊唑醇悬浮剂或 30%戊唑醇水分散粒剂 2500～3000 倍液，或 430 克/升戊唑醇悬浮剂或 43%戊唑醇悬浮剂 3000～4000 倍液，或 50%戊唑醇水分散粒剂或 50%戊唑醇悬浮剂 4000～5000 倍液，或 80%戊唑醇可湿性粉剂或 80%戊唑醇水分散粒剂 6000～7000 倍液，或 85%戊唑醇水分散粒剂 6000～8000 倍液喷雾。开花前、后各喷 1 次，可防治锈病、白粉病及花腐病，兼防黑星病。以后从落花后 10 天左右开始，每隔 10～15 天喷 1 次，与不同类型药剂轮换，连喷 6～8 次，可防治炭疽病、轮纹病、黑星病、斑点落叶病及褐斑病。斑点落叶病防治关键期为春梢生长期和秋梢生长期，褐斑病防治关键期为 5 月底 6 月初至 8 月中旬左右。

防治梨树黑星病，发病初期，可选用 430 克/升戊唑醇悬浮剂 2000～4000 倍液喷雾，每隔 15 天喷 1 次，连喷 3 次；或 25%戊唑醇水乳剂 2000～3000 倍液喷雾，每隔 10～14 天喷 1 次，每季最多施用 3 次，安全间隔期 35 天；或 80%戊唑醇可湿性粉剂 5600～7400 倍液喷雾，每隔 7～10 天喷 1 次，每季最多施用 3 次，安全间隔期 21 天。

防治葡萄白腐病，发病初期，可选用 250 克/升戊唑醇水乳剂 2000～3300 倍液喷雾，每隔 7～10 天喷 1 次，每季最多施用 3 次，安全间隔期 28 天；或 80%戊唑醇水分散粒剂 8000～9000 倍液喷雾，每隔 7～14 天喷 1 次，每季最多施用 2 次，安全间隔期 35 天。

防治香蕉叶斑病、黑星病。发病初期，可选用 250 克/升戊唑醇水乳剂 1000～1500 倍液，或 80%戊唑醇可湿性粉剂 2500～4000 倍液，或 25%戊唑醇乳油 800～1250 倍液，或 12.5%戊唑醇微乳剂 600～800 倍液，或 80%戊唑醇水分散粒剂 3200～4800 倍液喷雾，每隔 7～10 天喷 1 次，每季最多施用 3 次，安全间隔期 42 天。

防治枇杷炭疽病，发病前或初出现病斑时，用 25%戊唑醇水乳剂 3000～4000 倍液喷雾，每隔 7～10 天喷 1 次，连喷 2～3 次。

防治冬枣炭疽病，发病初期，可选用 430 克/升戊唑醇悬浮剂 2000～3000 倍液，或 50%戊唑醇悬浮剂 2400～3400 倍液，或 80%戊唑醇可湿性粉剂 3700～5500 倍液喷雾，每隔 10 天喷 1 次，每季最多施用 3 次，安全间隔期 21 天。

防治柑橘疮痂病、炭疽病、黑星病、黄斑病及砂皮病，可选用 12.5%戊唑醇水乳剂或 12.5%戊唑醇微乳剂 800～1000 倍液，或 250 克/升戊唑醇水乳剂或 25%戊唑醇乳油或 25%戊唑醇可湿性粉剂 1500～2000 倍液，或 30%戊唑醇悬浮剂或 30%戊唑醇水分散粒剂 2000～2500 倍液，或 430

克/升戊唑醇悬浮剂或 43%戊唑醇悬浮剂 2500～3000 倍液，或 50%戊唑醇水分散粒剂或 50%戊唑醇悬浮剂 3000～4000 倍液，或 80%戊唑醇可湿性粉剂或 80%戊唑醇水分散粒剂 5000～6000 倍液，或 85%戊唑醇水分散粒剂 5500～7000 倍液喷雾。在春梢生长期、幼果期、秋梢生长期各喷 2 次，开花前、落花后及果实转色期各喷 1 次。

防治芒果炭疽病、白粉病，花蕾期、落花后、幼果期及果实转色期各喷 1 次。药剂喷施倍数同上述柑橘病害。

防治桃、李、杏黑星病、炭疽病、白粉病，从落花后 20～30 天开始，每隔 10～15 天喷 1 次，连喷 2～4 次。药剂喷施倍数同苹果病害。

防治枣树病害，开花前、落花后各喷 1 次，防控褐斑病，兼防果实斑点病；然后从 6 月下旬开始连续喷药，与不同类型药剂轮换，连喷 4～7 次，防控锈病、炭疽病、轮纹病、果实斑点病及褐斑病等，喷施倍数同苹果病害。

防治核桃白粉病、炭疽病，发病初期及初见病斑时开始，每隔 10～15 天喷 1 次，连喷 2～3 次。药剂喷施倍数同苹果病害。

防治柿树角斑病、圆斑病、白粉病，从落花后 15～20 天开始，每隔 15～20 天喷 1 次，连喷 2 次。主防白粉病时，在初见病斑时喷药 1 次即可；主防炭疽病时，从落花后半月左右开始，每隔 10～15 天喷 1 次，连喷 2～3 次（南方柿区需喷 4～6 次），药剂喷施倍数同苹果病害。

防治山楂白粉病、锈病、炭疽病，开花前、落花后各喷 1 次，可防控白粉病、锈病。防控炭疽病时，从果实膨大期开始，每隔 10～15 天喷 1 次，连喷 2 次左右。药剂喷施倍数同苹果病害。

防治石榴褐斑病、炭疽病、麻皮病，开花前喷 1 次；然后从一茬花落花后 10～15 天开始，每隔 10～15 天喷 1 次，连喷 3～5 次。药剂喷施倍数同苹果病害。

（2）复配剂应用　因戊唑醇最近几年大量使用，目前很多作物对戊唑醇的抗药性已很明显，对多作物病害效果下降，因此，尽量不要单用，复配使用能够降低植物病害抗性的产生速度，如戊唑醇和咪鲜胺、吡唑醚菌酯等搭配。戊唑醇可以与其他一些杀菌剂如抑霉唑、福美双等制成杀菌剂混剂使用，也可以与一些杀虫剂如辛硫磷等混用，制成包衣剂拌种用于防治地上、地下害虫和土传、种传病害。

① 戊唑·丙森锌。由戊唑醇与丙森锌混配的广谱低毒复合杀菌剂，具保护和治疗双重作用。

防治西瓜及甜瓜的炭疽病、叶斑病，发病初期，用65%戊唑·丙森锌可湿性粉剂600～800倍液喷雾，每隔10天左右喷1次，连喷3～4次。

防治苹果轮纹病、炭疽病、斑点落叶病、褐斑病、黑星病等，用65%戊唑·丙森锌可湿性粉剂600～800倍液喷雾。防治轮纹病、炭疽病时，从苹果落花后7～10天开始，每隔10天左右喷1次，连喷3次药后套袋；不套袋苹果继续喷药，每隔10～15天喷1次，仍需喷药4～6次。防治斑点落叶病时，在春梢生长期内和秋梢生长期内各喷药2次左右，每隔10～15天喷1次。防治褐斑病时，套袋前第三次药为兼防褐斑病的第一次药，以后每隔10～15天喷1次，连喷4～6次。防治黑星病时，发病初期，每隔10～15天喷1次，连喷2～3次。

防治梨黑星病、炭疽病、轮纹病、褐斑病、黑斑病等，从梨树落花后10～15天开始，用65%戊唑·丙森锌可湿性粉剂600～800倍液喷雾，每隔10～15天喷1次，连喷8～10次，与不同类型药剂轮换。

防治葡萄炭疽病、褐斑病，从褐斑病发生初期或果粒基本长成时开始，用65%戊唑·丙森锌可湿性粉剂600～800倍液喷雾，每隔10～15天喷1次，直到葡萄采收前一周左右。

防治桃黑星病、炭疽病，从桃树落花后25～30天开始，用65%戊唑·丙森锌可湿性粉剂600～800倍液喷雾，重点喷果实，每隔10～15天喷1次，连喷2～4次。

防治枣轮纹病、炭疽病、褐斑病，从枣果坐住后开始，用65%戊唑·丙森锌可湿性粉剂600～800倍液喷雾，重点喷果实，每隔10～15天喷1次，连喷6～8次。

防治柿炭疽病、角斑病、圆斑病，从落花后10天左右开始，用65%戊唑·丙森锌可湿性粉剂600～800倍液喷雾，重点喷果实，每隔10～15天喷1次，连喷4～6次。

防治石榴炭疽病、褐斑病、麻皮病，在开花前、落花后、幼果期、套袋前及套袋后，用65%戊唑·丙森锌可湿性粉剂600～800倍液各喷药1次。

防治柑橘疮痂病、炭疽病、黑星病。萌芽1/3厘米、谢花2/3及幼果期是防治疮痂病、炭疽病关键期，果实膨大期至转色期是防治黑星病关键期，果实转色期是防治急性炭疽病关键期。用65%戊唑·丙森锌可湿性粉剂600～800倍液喷雾，每隔10～15天喷1次，与不同类型药剂轮换。

防治香蕉叶斑病、黑星病，发病初期，用65%戊唑·丙森锌可湿性粉剂400～500倍液喷雾，每隔15天左右喷1次，连喷3～4次。

② 戊唑·多菌灵。由戊唑醇与多菌灵混配的广谱低毒复合杀菌剂，具保护和治疗双重作用。

防治瓜类的炭疽病、蔓枯病、白粉病，坐住瓜（果）后发病初期，用30%戊唑·多菌灵悬浮剂800～1000倍液，或30%戊唑·多菌灵可湿性粉剂800～1000倍液喷雾，每隔10天左右喷1次，连喷3～4次。

防治苹果病害。在萌芽前喷施1次30%戊唑·多菌灵悬浮剂600～800倍液，或30%戊唑·多菌灵可湿性粉剂400～500倍液，铲除枝干轮纹病菌、腐烂病菌及干腐病菌等。开花前、后各喷施1次30%戊唑·多菌灵悬浮剂1000～1200倍液，或30%戊唑·多菌灵可湿性粉剂800～1000倍液，防治锈病、白粉病，兼防斑点落叶病。盛花期至盛花末期（必须晴天、无风）喷施1次30%戊唑·多菌灵悬浮剂600～800倍液，防治果实霉心病。从落花后10天左右开始喷施30%戊唑·多菌灵悬浮剂1000～1200倍液，或30%戊唑·多菌灵可湿性粉剂700～900倍液，每隔10天左右喷1次，至苹果套袋前或幼果期（落花后1～1.5个月），防治果实病害（轮纹烂果病、炭疽病、套袋果斑点病等），兼防锈病、白粉病、黑星病、褐斑病及斑点落叶病。苹果套袋后或果实膨大期，继续喷施30%戊唑·多菌灵悬浮剂1000～1200倍液，或30%戊唑·多菌灵可湿性粉剂600～800倍液，每隔10～15天喷1次，防治褐斑病、斑点落叶病，兼防黑星病、白粉病。苹果摘袋后2天，喷施1次30%戊唑·多菌灵悬浮剂1000～1200倍液，防治果实斑点病。

防治梨树病害。萌芽前喷施1次30%戊唑·多菌灵悬浮剂600～800倍液，或30%戊唑·多菌灵可湿性粉剂400～500倍液，铲除枝干轮纹病菌和腐烂病菌等。在风景绿化区，开花前、后各喷施1次30%戊唑·多菌灵悬浮剂1000～1200倍液，或30%戊唑·多菌灵可湿性粉剂800～1000倍液，防治锈病，兼防黑星病。酥梨、香梨铃铛球期，喷施1次

30%戊唑・多菌灵悬浮剂 800～1000 倍液，具有促进脱萼作用，减少形成公梨。从落花后 10 天左右至梨果套袋前或幼果期（落花后 1～1.5 个月），开始喷施 30%戊唑・多菌灵悬浮剂 1000～1200 倍液，或 30%戊唑・多菌灵可湿性粉剂 700～900 倍液，每隔 10～15 天喷 1 次，防治黑星病、果实轮纹病、炭疽病、套袋果黑点病等，兼防锈病、黑斑病、褐斑病。梨果中后期，继续喷施 30%戊唑・多菌灵悬浮剂 1000～1200 倍液，或 30%戊唑・多菌灵可湿性粉剂 600～800 倍液，每隔 10～15 天喷 1 次，防治黑星病、黑斑病，兼防白粉病、褐斑病等。

防治葡萄病害。发芽前喷施 1 次 30%戊唑・多菌灵悬浮剂 600～800 倍液，或 30%戊唑・多菌灵可湿性粉剂 400～500 倍液，铲除枝蔓表面携带病菌。开花前、后各喷施 1 次 30%戊唑・多菌灵悬浮剂 800～1000 倍液，有效防治穗轴褐枯病、黑痘病。生长中、后期喷施 30%戊唑・多菌灵悬浮剂 800～1000 倍液，或 30%戊唑・多菌灵可湿性粉剂 600～800 倍液，每隔 10 天左右喷 1 次，有效防治炭疽病、褐斑病、白腐病、白粉病、房枯病、黑腐病等。

防治枣树病害。防治小枣病害时，从落花后半月左右开始，每隔 10～15 天喷 1 次，连喷 6～8 次；防治冬枣病害时，从刚落花后即开始，每隔 10～15 天喷 1 次，连喷 8～10 次。用 30%戊唑・多菌灵悬浮剂 1000～1200 倍液，或 30%戊唑・多菌灵可湿性粉剂 700～900 倍液喷雾，病害发生后适当加大用药量。

防治桃树及杏树病害。萌芽前喷施 1 次 30%戊唑・多菌灵悬浮剂 600～800 倍液，或 30%戊唑・多菌灵可湿性粉剂 400～500 倍液，铲除树体带菌部分，防治真菌性流胶病、腐烂病等。从落花后 20 天左右开始，用 30%戊唑・多菌灵悬浮剂 1000～1200 倍液，或 30%戊唑・多菌灵可湿性粉剂 700～900 倍液喷雾，每隔 10～15 天喷 1 次，连喷 2～3 次，有效防治黑星病（疮痂病）、炭疽病，兼防褐腐病、真菌性流胶病。果实成熟前 1 个月内再喷 1～2 次，有效防治褐腐病。

防治李红点病、真菌性流胶病，在萌芽前喷施 1 次 30%戊唑・多菌灵悬浮剂 600～800 倍液，或 30%戊唑・多菌灵可湿性粉剂 400～500 倍液；然后从李落花后 10～15 天开始继续喷施 30%戊唑・多菌灵悬浮剂 1000～1200 倍液，或 30%戊唑・多菌灵可湿性粉剂 700～900 倍液，每隔 10～15 天喷 1 次，连喷 2～3 次。

防治核桃炭疽病、白粉病，从核桃落花后半月左右开始，用 30%戊唑·多菌灵悬浮剂 1000～1200 倍液，或 30%戊唑·多菌灵可湿性粉剂 800～1000 倍液喷雾，每隔 10～15 天喷 1 次，连喷 2～4 次。

防治柿黑星病、炭疽病、角斑病、圆斑病，可选用 30%戊唑·多菌灵悬浮剂 1000～1200 倍液，或 30%戊唑·多菌灵可湿性粉剂 700～900 倍液喷雾。南方柿区首先在柿树开花前喷药 1 次，然后从落花后 10 天左右开始连续喷药，每隔 10～15 天喷 1 次，与不同类型药剂轮换；北方柿区仅在落花后喷 2～3 次即可。

防治石榴炭疽病、褐斑病、麻皮病，在开花前、落花后、幼果期、套袋前及套袋后，可选用 30%戊唑·多菌灵悬浮剂 1000～1200 倍液，或 30%戊唑·多菌灵可湿性粉剂 800～1000 倍液各喷 1 次，即可有效控制该病发生。

柑橘疮痂病、炭疽病、黑星病，可选用 30%戊唑·多菌灵悬浮剂 800～1000 倍液，或 30%戊唑·多菌灵可湿性粉剂 700～800 倍液喷雾。若黑点病发生较重，建议与 80%代森锰锌（全络合态）可湿性粉剂混喷效果较好。柑橘萌芽 1/3 厘米、谢花 2/3 是防治疮痂病的关键期，同时兼防前期叶片炭疽病。谢花 2/3、幼果期是防治炭疽病并保果的关键期，同时兼防疮痂病。果实膨大期至转色期是防治黑星病关键期，同时兼防炭疽病。

防治香蕉黑星病、叶斑病，发病初期，用 30%戊唑·多菌灵悬浮剂 800～1000 倍液喷雾，每隔 15 天左右喷 1 次，连喷 3～5 次。

防治芒果炭疽病、白粉病，首先从开花前开始，可选用 30%戊唑·多菌灵悬浮剂 1000～1200 倍液，或 30%戊唑·多菌灵可湿性粉剂 800～1000 倍液喷雾，每隔 10～15 天喷 1 次，连喷 3～4 次；然后从果实膨大后期再次开始喷药，每隔 10～15 天喷 1 次，连喷 2 次左右。

防治荔枝炭疽病、叶斑病，可选用 30%戊唑·多菌灵悬浮剂 800～1000 倍液，或 30%戊唑·多菌灵可湿性粉剂 700～900 倍液喷雾，春梢生长期内、夏梢生长期内、秋梢生长期内各喷 2 次左右，或在新梢生长期内发病初期，每隔 10 天左右喷 1 次，连喷 2 次。

③ 戊唑·咪鲜胺。由戊唑醇与咪鲜胺混配的广谱低毒复合杀菌剂，

具预防保护和内吸治疗双重活性。

防治西瓜炭疽病，坐住瓜后开始使用，从病害发生初期开始喷药，用 400 克/升戊唑•咪鲜胺水乳剂 1200～1500 倍液喷雾，每隔 10 天左右喷 1 次，连喷 3～4 次。

防治香蕉黑星病，发病初期，用 400 克/升戊唑•咪鲜胺水乳剂 1000～1500 倍液喷雾，每隔 15 天左右喷 1 次，连喷 3～5 次。

④ 戊唑•异菌脲。由戊唑醇与异菌脲混配的一种广谱低毒复合杀菌剂，具有预防保护和内吸治疗双重作用。

防治苹果斑点落叶病、霉心病，可选用 20%戊唑•异菌脲悬浮剂 800～1000 倍液，或 25%戊唑•异菌脲悬浮剂 1000～1200 倍液，或 30%戊唑•异菌脲悬浮剂 1000～1500 倍液喷雾。往年霉心病严重的，在苹果花序分离后开花前和落花 80%时各喷 1 次，兼防斑点落叶病。防治斑点落叶病时，在春梢生长期内喷 1～2 次，在秋梢生长期内喷 2～3 次，每隔 10～15 天喷 1 次。

防治梨树黑斑病，发病初期，每隔 10～15 天喷 1 次，连喷 3～5 次。药剂喷施倍数同苹果斑点落叶病。

防治葡萄穗轴褐枯病、灰霉病，开花前和落花后各喷 1 次，可防治穗轴褐枯病和幼穗期的灰霉病。在果穗套袋前再喷 1 次，防治套袋后的果穗灰霉病。不套袋葡萄，在果穗近成熟期至采收前喷 2 次左右，每隔 10 天左右喷 1 次，防治果穗灰霉病。药剂喷施倍数同苹果斑点落叶病。

防治柑橘砂皮病，从果实膨大期开始喷药，可选用 20%戊唑•异菌脲悬浮剂 600～800 倍液，或 25%戊唑•异菌脲悬浮剂 800～1000 倍液，或 30%戊唑•异菌脲悬浮剂 800～1000 倍液喷雾，每隔 10～15 天喷 1 次，连喷 3～5 次。

防治香蕉黑星病、叶斑病，发病初期，可选用 20%戊唑•异菌脲悬浮剂 500～600 倍液，或 25%戊唑•异菌脲悬浮剂 600～800 倍液，或 30%戊唑•异菌脲悬浮剂 800～1000 倍液喷雾，每隔 15 天左右喷 1 次，连喷 3～5 次。

⑤ 戊唑•醚菌酯。由戊唑醇与醚菌酯混配的一种新型低毒复合杀菌剂，具有良好的预防和治疗作用，持效期长，使用安全。

防治苹果褐斑病、斑点落叶病，可选用 30%戊唑·醚菌酯悬浮剂或30%戊唑·醚菌酯水分散粒剂 2000～3000 倍液，或 45%戊唑·醚菌酯可湿性粉剂 3000～4000 倍液，或 70%戊唑·醚菌酯水分散粒剂 5000～6000 倍液喷雾。防治褐斑病时，从落花后 1 个月左右开始，每隔 10～15 天喷 1 次，连喷 4～6 次；防治斑点落叶病时，春梢生长期内喷 2 次左右，秋梢生长期内喷 2～3 次，每隔 10～15 天喷 1 次。

防治梨树黑星病、白粉病，以防治黑星病为主，兼防白粉病。从黑星病发生初期或初见黑星病病叶或病果或病梢时开始，每隔 15 天左右喷 1 次，连喷 6～8 次，与不同类型药剂轮换，药剂喷施倍数同苹果褐斑病。

防治葡萄白粉病，发病初期，每隔 10～15 天喷 1 次，连喷 2～4 次。药剂喷施倍数同苹果褐斑病。

⑥ 戊唑·嘧菌酯。由戊唑醇与嘧菌酯混配的一种新型低毒复合杀菌剂，具有良好的预防、治疗和诱抗作用，持效期较长。

防治葡萄白腐病、炭疽病，可选用 22%戊唑·嘧菌酯悬浮剂 1000～1500 倍液，或 30%戊唑·嘧菌酯悬浮剂 1500～1800 倍液，或 45%戊唑·嘧菌酯悬浮剂或 45%戊唑·嘧菌酯水分散粒剂 2500～3000 倍液，或 50%戊唑·嘧菌酯悬浮剂或 50%戊唑·嘧菌酯水分散粒剂 3000～4000 倍液，或 75%戊唑·嘧菌酯水分散粒剂 5000～6000 倍液喷雾。套袋葡萄在套袋前喷 1 次；不套袋葡萄，从果粒基本长成时开始，每隔 10 天左右喷 1 次，连喷 3～4 次。

防治柑橘炭疽病、黑星病、砂皮病，可选用 22%戊唑·嘧菌酯悬浮剂 1000～1200 倍液，或 30%戊唑·嘧菌酯悬浮剂 1200～1500 倍液，或 45%戊唑·嘧菌酯悬浮剂或 45%戊唑·嘧菌酯水分散粒剂 2000～2500 倍液，或 50%戊唑·嘧菌酯悬浮剂或 50%戊唑·嘧菌酯水分散粒剂 2500～3000 倍液，或 75%戊唑·嘧菌酯水分散粒剂 4000～5000 倍液喷雾。从果实膨大期开始，每隔 10～15 天喷 1 次，连喷 3～5 次，与不同类型药剂轮换。

防治香蕉叶斑病、黑星病，发病初期或初见病斑时开始，可选用 22%戊唑·嘧菌酯悬浮剂 1000～1200 倍液，或 30%戊唑·嘧菌酯悬浮剂 1200～1500 倍液，或 45%戊唑·嘧菌酯悬浮剂或 45%戊唑·嘧菌酯水分散粒剂 2000～2500 倍液，或 50%戊唑·嘧菌酯悬浮剂或 50%戊唑·嘧菌酯水分散粒剂 2500～3000 倍液，或 75%戊唑·嘧菌酯水分散粒剂 4000～5000 倍液喷雾，每隔 15～20 天喷 1 次，连喷 3～5 次。

⑦ 喹啉·戊唑醇。由喹啉铜与戊唑醇混配而成。

防治杨梅树白腐病，发病初期，用 36%喹啉·戊唑醇悬浮剂 800～1200 倍液喷雾，安全间隔期 14 天，每季最多施用 2 次。

防治苹果树斑点落叶病，发病初期，用 36%喹啉·戊唑醇悬浮剂 2000～2500 倍液喷雾，安全间隔期 14 天，每季最多施用 3 次。

防治枇杷叶斑病，发病初期，用 36%喹啉·戊唑醇悬浮剂 800～1200 倍液喷雾，安全间隔期 21 天，每季最多施用 2 次。

⑧ 戊唑·噻唑锌。由戊唑醇与噻唑锌混配而成，内吸性强，持效期较长，具有保护、治疗和铲除病害作用。防治桃树细菌性穿孔病，发病初期，用 40%戊唑·噻唑锌悬浮剂 800～1200 倍液喷雾，安全间隔期 14 天，每季最多施用 3 次。

⑨ 氟菌·戊唑醇。由氟吡菌酰胺与戊唑醇混配，具有保护作用和一定的治疗作用，杀菌活性较高，内吸性较强，持效期较长。

防治苹果树斑点落叶病、褐斑病，用 35%氟菌·戊唑醇悬浮剂 2000～3000 倍液喷雾。防治斑点落叶病，在春梢生长期内和秋梢生长期内各喷 2 次左右，每隔 10～15 天喷 1 次。防治褐斑病，从落花后 1 个月左右或初见褐斑病病叶时或套袋前开始，每隔 10～15 天喷 1 次，连喷 4～6 次，与不同类型药剂轮换。

防治梨树褐腐病、黑斑病、白粉病、褐斑病，从相应病害发生初期开始，用 35%氟菌·戊唑醇悬浮剂 2000～3000 倍液喷雾，每隔 10～15 天喷 1 次，连喷 2～3 次。

防治柑橘树黑斑病、树脂病，发病初期，用 35%氟菌·戊唑醇悬浮剂 1000～1500 倍液喷雾。

防治西瓜白粉病，发病初期，用 35%氟菌·戊唑醇悬浮剂 1000～1500 倍液喷雾。

防治香蕉灰霉病，发病初期，用 35%氟菌·戊唑醇悬浮剂 1000～1500 倍液喷雾。

● **注意事项**

（1）施药方法是在病害发生初期，每隔 10~15 天施药 1 次。使用43%戊唑醇悬浮剂时应避开作物的花期及幼果期等敏感期，以免造成药害。

（2）戊唑醇有一定的控旺作用，控旺抑制植物生长，改变养分的流动过程，使更多的养分流向开花坐果进程。高剂量下对植物有明显的抑制生长作用，在果实膨大期谨慎使用。

对于苗期作物要慎用，因苗期作物体内生长素合成旺盛，但是戊唑醇会抑制生长素的合成，从而影响生长。

对处于花芽分化关键时期的作物慎用，即使施用需注意控制戊唑醇的用量和使用次数，特别该时期若遇低温或者光照不足，会导致光合作用效率下降、代谢功能减弱、作物授粉不良等情况出现。尤其是此时正处于生殖生长的花期，可能会导致"花而不实"等不可逆的后果。

（3）建议与其他作用机制不同的杀菌剂轮换使用。

（4）该药剂对鱼类等水生生物有毒，应远离水产养殖区施药，禁止在河塘等水体中清洗施药器具。

己唑醇（hexaconazole）

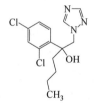

$C_{14}H_{17}Cl_2N_3O$，314.21

● **其他名称** 赤艳、势美、开美、致盈、星点、星秀、齐锐、剑华、品信。

● **主要剂型** 50 克/升、5%、10%、25%、30%、40%悬浮剂，30%、40%、50%、60%、70%、80%水分散粒剂，5%、10%微乳剂，50%可湿性粉剂，10%乳油。

● **毒性** 低毒。

● **作用机理** 己唑醇属广谱内吸性杀菌剂，有内吸活性、保护和治疗作用，是甾醇脱甲基化抑制剂。作用机理是破坏和阻止病菌细胞膜的重要组成成分麦角甾醇的生物合成，导致细胞膜不能形成，使病菌死亡，还能够抑制病原菌菌丝伸长，阻止已发芽的病菌孢子侵入作物组织。

● **产品特点**　内吸性好，耐雨水冲刷，并且具有刺激植物生长作用。

● **应用**

（1）单剂应用　防治葡萄白粉病、褐斑病，发病初期，用 5%己唑醇微乳剂 1500～2500 倍液喷雾，每隔 7～10 天喷 1 次，连喷 2～3 次，每季最多施用 3 次，安全间隔期 35 天。

防治梨树黑星病，发病初期，用 5%己唑醇微乳剂 1000～1250 倍液喷雾，每隔 10～15 天喷 1 次，连喷 2～3 次，每季最多施用 3 次，安全间隔期 28 天。

防治苹果白粉病、黑星病，发病初期，用 10%己唑醇悬浮剂 2000～2500 倍液喷雾，每隔 7～10 天喷 1 次，连喷 2～3 次，每季最多施用 3 次，安全间隔期 21 天。

防治苹果斑点落叶病，发病初期，用 5%己唑醇悬浮剂 1000～1500 倍液喷雾，每隔 7～10 天喷 1 次，连喷 2～3 次，每季最多施用 3 次，安全间隔期 14 天。

防治桃树褐腐病，发病初期，用 5%己唑醇悬浮剂 800～1000 倍液喷雾。

防治香蕉叶斑病、黑星病，发病初期或初见病斑时，可选用 50 克/升己唑醇悬浮剂或 5%己唑醇悬浮剂或 5%己唑醇微乳剂 500～600 倍液，或 10%己唑醇悬浮剂或 10%己唑醇乳油或 10%己唑醇微乳剂 1000～1200 倍液，或 250 克/升己唑醇悬浮剂或 25%己唑醇悬浮剂 2500～3000 倍液，或 30%己唑醇悬浮剂或 30%己唑醇水分散粒剂 3000～4000 倍液，或 40%己唑醇悬浮剂或 40%己唑醇水分散粒剂 4000～5000 倍液，或 50%己唑醇水分散粒剂或 50%己唑醇可湿性粉剂 5000～6000 倍液，或 70%己唑醇水分散粒剂 7000～8000 倍液，或 80%己唑醇水分散粒剂 8000～10000 倍液喷雾，每隔 1～20 天喷 1 次，连喷 3～5 次。

（2）复配剂应用　己唑醇可与多菌灵、甲基硫菌灵、苯醚甲环唑、咪鲜胺、咪鲜胺锰盐、丙森锌、井冈霉素、三环唑、醚菌酯、嘧菌酯、腐霉利等混配。

如己唑·多菌灵，由己唑醇与多菌灵混配而成。防治葡萄白粉病、褐斑病、白腐病、黑腐病、黑痘病，发病初期，用45%己唑·多菌灵悬浮剂600~1000倍液喷雾。

◉ **注意事项**

（1）对鱼类及水生生物有毒，远离水产养殖区施药，禁止在河塘等水体中清洗施药器具。

（2）不得与碱性农药等物质混用。喷雾时不要随意增加药量或提高药液浓度，以免发生药害。应与其他作用机制不同的杀菌剂轮换使用，以延缓抗性产生。

（3）悬浮剂、微乳剂相对较安全，乳油在果树幼果期使用可能会刺激幼果表面产生果锈，需要慎重。

（4）对本品敏感的苹果品种禁止使用。使用本品，连续阴雨或湿度较大的环境中，或者当病害较重的情况下，建议使用较高剂量。避免在极端温度和湿度下，或作物长势较弱的情况下使用本品。

氟硅唑（flusilazole）

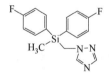

$C_{16}H_{15}F_2N_3Si$，315.4

◉ **其他名称**　福星、农星、新星、杜邦新星、世飞、克菌星、护矽得、帅星、稳歼菌。

◉ **主要剂型**　40%、400克/升乳油，5%、8%、10%、20%、25%、30%微乳剂，20%可湿性粉剂，10%、15%、16%、20%、25%水乳剂，2.5%、10%水分散粒剂，2.5%、8%热雾剂。

◉ **毒性**　低毒（对鱼类有毒）。

◉ **作用机理**　氟硅唑乳油为棕色液体。主要作用是破坏和阻止病原菌的细胞膜重要成分麦角甾醇的生物合成，导致细胞膜不能形成，使菌丝不能生长，从而达到杀菌作用。药剂喷到植物上后，能迅速被吸收，并进行双向传导，把已侵入的病原菌和孢子杀死，为具预防兼治疗作用的新型、高效、低毒、广谱、内吸性杀菌剂。

● **产品特性**

（1）速效、药效期长。氟硅唑在病害的初发期使用效果非常突出，喷药后数小时就渗入植物体，且药剂的再分布性强，氟硅唑的迅速渗透性能避免雨水冲刷且达到全面保护、杀菌的效果，持效期可达 10～15 天。

（2）低毒、广谱。氟硅唑是一种高效、低毒、广谱、内吸性三唑类杀菌剂，对作物、人畜毒性低，对有益动物和昆虫较安全，对各种作物的疮痂病、炭疽病、立枯病、黑星病、白粉病、锈病、蔓枯病、叶斑病、根腐病、褐斑病、轮纹病等有优异防效，对作物的枯萎病、黄萎病也有强烈的抑菌效果。

（3）超低用量。氟硅唑在很低的有效浓度下就可以对病原微生物有很强的抑制作用，应用倍数为 6000～10000 倍，是一般药剂的 10～20 倍。

（4）增产提质。氟硅唑含有机硅，用该药处理的叶片浓绿，果实着色好，糖分提高，减少生理落果。具有生长调节作用，增加产量，提高作物品质。

（5）氟硅唑内吸双向传导，均匀分布，渗透力超强，杀菌快，耐雨水冲刷，对作物安全。

（6）增产提质。氟硅唑含有机硅，用该药处理的叶片浓绿，果实着色好，糖分提高，减少生理落果。具有生长调节作用，可增加产量，提高作物品质。

（7）氟硅唑一般采用喷雾的方法就可以达到最佳效果。

（8）质量鉴别

① 物理鉴别　40%乳油由有效成分、溶剂和乳化剂组成，外观为棕色液体，乳液稳定性符合要求，冷、热贮存稳定性良好，室温贮存稳定性为 4 年 10 个月，水分含量＜0.1%，pH 6.37（5%的水溶液）。

② 生物鉴别　选择一棵感染黑星病的梨树，用 40%氟硅唑乳油8000 倍液喷雾，隔 10 天喷 1 次药。其间观察病害的变化，对已发病的病斑，在喷乳油稀释液后，其病斑上的霉层消失（分生孢子干死），只留下小干斑，且结出的果实果面光洁，表明该药剂质量可靠，否则药剂质量有问题。也可利用感染黑星病的黄瓜及感染白粉病的葡萄进行药效试

验，用 40%氟硅唑乳油 8000 倍液喷雾，观察药效和质量进行判别。

应用

（1）单剂应用　防治子囊菌亚门、担子菌亚门和半知菌亚门真菌引起的多种病害，如白粉病等。

防治甜瓜、西瓜、南瓜等瓜类白粉病，发病初期，用 40%氟硅唑乳油 6000～8000 倍液喷雾，每隔 10 天左右喷 1 次，连喷 2～4 次。

防治甜瓜炭疽病，发病初期，每亩用 40%氟硅唑乳油 4.67～6.25 毫升兑水 40～50 千克喷雾，每隔 7 天喷 1 次，连喷 3 次。

防治草莓白粉病，在移栽前和扣棚时用药预防能减轻药剂对草莓花、果的伤害，用 40%氟硅唑乳油 6000 倍液喷雾；发病初期，用 40%氟硅唑乳油 6000 倍液喷雾，每隔 5～7 天喷 1 次，连喷 2～3 次。

防治草莓蛇眼病，发病初期，用 30%氟硅唑微乳剂 4000 倍液喷淋，每隔 7～10 天灌 1 次，连灌 3 次。

防治梨树黑星病、锈病、白粉病、炭疽病，可选用 400 克/升氟硅唑乳油或 40%氟硅唑乳油 7000～8000 倍液，或 30%氟硅唑微乳剂 5000～6000 倍液，或 25%氟硅唑微乳剂或 25%氟硅唑水乳剂 4000～5000 倍液，或 20%氟硅唑可湿性粉剂或 20%氟硅唑水乳剂 3500～4000 倍液，或 15%水乳剂 2500～3000 倍液，或 10%氟硅唑水乳剂 1500～2000 倍液，或 8%氟硅唑微乳剂 1200～1500 倍液喷雾。花序分离期、落花后各喷 1 次，可防治锈病和黑星病病梢形成；然后从初见黑星病病梢或病叶、病果时开始继续喷药，每隔 10～15 天喷 1 次，连喷 5～7 次，防治黑星病，兼防白粉病、炭疽病。安全间隔期 21 天。

防治苹果斑点落叶病、锈病、轮纹病和炭疽病等病害，可选用 40%氟硅唑乳油 8000～10000 倍液，或 20%氟硅唑可湿性粉剂 2000～3000 倍液，于谢花后 7～10 天喷雾，安全间隔期 30 天，每季最多施用 3 次。

防治葡萄白粉病、黑痘病和房枯病等病害，发病初期至采收前，用 400 克/升氟硅唑乳油 8000～10000 倍液喷雾，每隔 10 天左右喷 1 次，每季最多施用 3 次，安全间隔期 28 天。

防治柑橘炭疽病、树脂病，在柑橘各次新梢抽发期、谢花 2/3、幼果发病前或发病初期，防治炭疽病用 20%氟硅唑可湿性粉剂 2000～4000 倍液，防治树脂病（砂皮病）用 20%氟硅唑可湿性粉剂 2000～3000 倍液，每隔 7～14 天喷 1 次，连喷 3 次，安全间隔期 28 天，每季最多施用 3 次。

防治枸杞白粉病，发病初期，用 400 克/升氟硅唑乳油 8000～10000 倍液均匀喷雾，每个生长周期可施用 1 次，安全间隔期 7 天。

此外，还可防治桃、李、杏黑星病、疮痂病，枣树锈病、轮纹病、炭疽病，药剂喷施倍数同梨树黑星病。

防治香蕉黑星病、叶斑病，发病初期或初见病斑时，可选用 400/克升氟硅唑乳油或 40%氟硅唑乳油 5000～6000 倍液，或 30%氟硅唑微乳剂 4000～4500 倍液，或 25%氟硅唑微乳剂或 25%氟硅唑水乳剂 3500～4000 倍液，或 20%氟硅唑可湿性粉剂或 20%氟硅唑水乳剂 2500～3000 倍液，或 15%氟硅唑水乳剂 2000～2500 倍液，或 10%氟硅唑水乳剂 1200～1500 倍液，或 8%氟硅唑微乳剂 1000～1200 倍液喷雾，每隔 15 天左右喷 1 次，连喷 3～4 次。

（2）复配剂应用　氟硅唑有时与噁唑菌酮、多菌灵、代森锰锌、咪鲜胺等杀菌剂成分混配，用于生产复配杀菌剂。

① 硅唑·多菌灵。由氟硅唑与多菌灵混配的低毒复合杀菌剂，具保护和治疗双重作用。

防治甜瓜炭疽病、甜瓜白粉病，发病初期，每亩可选用 21%硅唑·多菌灵悬浮剂 50～60 升，或 40%硅唑·多菌灵悬浮剂 20～30 毫升，或 55%硅唑·多菌灵可湿性粉剂 50～60 克，兑水 60～75 千克均匀喷雾，每隔 7～10 天喷 1 次，连喷 2～4 次。

防治苹果轮纹病、炭疽病、套袋果斑点病、黑星病，防治轮纹病、炭疽病、套袋果斑点病时，从苹果落花后 7～10 天开始，每隔 10 天左右喷 1 次，连喷 3 次药后套袋，套袋前 5～7 天果实表面必须有药剂保护；不套袋苹果仍继续喷 3～5 次，每隔 10～15 天喷 1 次，与其他类型药剂轮换。防治黑星病时，发病初期，每隔 10～15 天喷 1 次，与不同类型药剂轮换。可选用 21%硅唑·多菌灵悬浮剂 800～1000 倍液，或 40%硅唑·多菌灵悬浮剂 2000～2500 倍液，或 50%硅唑·多菌灵可湿性粉剂 1000～1200 倍液，或 55%硅唑·多菌灵可湿性粉剂 800～1200 倍液喷雾。

此外，还可防治梨黑星病、黑斑病、白粉病、炭疽病、轮纹病，葡萄白腐病、炭疽病，枣锈病、轮纹病、炭疽病，柑橘炭疽病、黑星病，核桃炭疽病，药剂喷施倍数同苹果轮纹病。

防治石榴褐斑病、炭疽病，在开花前、落花后、幼果期、套袋前，可选用 21%硅唑·多菌灵悬浮剂 800～1000 倍液，或 40%硅唑·多菌灵悬浮剂 2000～2500 倍液，或 55%硅唑·多菌灵悬浮剂 800～1000 倍液各喷 1 次，与不同类型药剂轮换。

防治香蕉叶斑病、黑星病，发病初期或初见病斑时，可选用 21%硅唑·多菌灵悬浮剂 500～600 倍液，或 40%硅唑·多菌灵悬浮剂 1200～1500 倍液，或 50%硅唑·多菌灵可湿性粉剂 600～700 倍液，或 55%硅唑·多菌灵可湿性粉剂 600～800 倍液喷雾，每隔 15～20 天喷 1 次，连喷 3～4 次。

② 硅唑·咪鲜胺。由氟硅唑与咪鲜胺混配的广谱低毒复合杀菌剂，具保护和治疗双重作用。

防治甜瓜等瓜类炭疽病，发病初期，每亩可选用 20%硅唑·咪鲜胺水乳剂 60～80 毫升，或 25%硅唑·咪鲜胺可溶液剂 50～70 克，兑水 45～60 千克均匀喷雾，每隔 7～10 天喷 1 次，连喷 2～4 次。

防治苹果炭疽病，从苹果落花后 10 天左右开始，可选用 20%硅唑·咪鲜胺水乳剂 600～800 倍液，或 25%硅唑·咪鲜胺可溶液剂 800～1000 倍液喷雾，与不同类型药剂轮换，每隔 10～15 天喷 1 次，连喷 3 次后套袋，不套袋苹果仍需喷 4～6 次。

此外，还可防治梨炭疽病、葡萄炭疽病，药剂喷施倍数同苹果炭疽病。

● 注意事项

（1）氟硅唑使用浓度过高，对作物生长有明显的抑制作用，应严格按要求使用。

（2）在同一个生长季节内使用次数不要超过 4 次，以免产生抗药性，造成药效下降。为避免病原菌产生抗性，应与其他保护性杀菌剂交替使用，如在瓜类和草莓等作物白粉病常发病区，应做到氟硅唑与其他杀菌剂，如乙嘧酚、氰菌唑等交替轮换使用。

（3）在病原菌（如白粉病）对三唑酮、烯唑醇、多菌灵等杀菌剂已产生抗药性的地区，可换用本剂。在施药过程中要注意安全防护。

（4）酥梨类品种在幼果期对本品敏感，应注意勿让药液飘移到上述作物。

（5）该药混用性能好，可与大多数杀菌剂、杀虫剂混用，但不能与强酸和强碱性药剂混用。

（6）喷药时水量要足，尽可能叶片正反面都喷到，喷雾时加入优质的展着剂，防效更佳。

（7）应在通风干燥、阴凉、远离火源处安全贮存。

（8）本品对鱼类和水生生物有毒，切记不可污染水井、池塘和水源。

氟环唑（epoxiconazole）

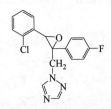

C$_{17}$H$_{13}$ClFN$_3$O，329.8

● **其他名称**　欧博、环氧菌唑、欧霸、欧宝、欧抑、米拓、雷切、至丰、凯威、多米妙彩。

● **主要剂型**　50%、70%水分散粒剂，12.5%、20%、25%、30%、40%、50%、125 克/升悬浮剂，75 克/升乳油。

● **毒性**　低毒。

● **作用机理**　氟环唑主要通过对 C-14 脱甲基化酶的抑制作用，抑制病菌麦角甾醇的合成，破坏细胞膜的结构与功能，导致菌体生长停滞甚至死亡。

● **产品特点**　不仅具有很好的保护、治疗和铲除活性，而且具有内吸和较佳的残留活性，具药效持效期长等特点。既能有效控制病害，又能通过调节酶的活性提高作物自身生化抗病性，大大增强作物本身的抗病性能，能够使叶色更绿，从而保证作物光合作用最大化，提高产量及改善品质。

● **应用**

（1）单剂应用　防治柑橘树炭疽病，发病前或发病初期，用 12.5%氟环唑悬浮剂 2000～3000 倍液喷雾，直至叶片两面都布满药滴，每季最多施用 3 次，安全间隔期 21 天。

防治苹果树褐斑病、斑点落叶病，发病初期，用 12.5%氟环唑悬浮剂 500～600 倍液，或 30%氟环唑悬浮剂 2000～3000 倍液，或 50%氟环唑水分散粒剂 4000～5000 倍液喷雾，每隔 10～14 天喷 1 次，连喷 3 次，每季最多施用 3 次，安全间隔期 48 天。

防治葡萄炭疽病、褐斑病、白粉病，发病初期，用 30%氟环唑悬浮剂 1600～2300 倍液喷雾，每季最多施用 2 次，安全间隔期 30 天。

防治香蕉叶斑病，发病初期，可选用 50%氟环唑悬浮剂 2000～4000 倍液，或 30%氟环唑悬浮剂 1800～2000 倍液，或 12.5%氟环唑悬浮剂 750～1000 倍液，或 25%氟环唑悬浮剂 1500～3000 倍液，或 125 克/升氟环唑悬浮剂 500～1200 倍液喷雾，每隔 7～10 天施 1 次，连喷 3 次，每季最多施用 3 次，安全间隔期 35 天。或 40%氟环唑悬浮剂 2000～3000 倍液喷雾，每季最多施用 2 次；或 75 克/升氟环唑乳油 400～750 倍液喷雾，每隔 7～10 天喷 1 次，每季最多施用 4 次，安全间隔期 35 天；或 70%氟环唑水分散粒剂 4000～5000 倍液喷雾，每隔 7～10 天喷 1 次，每季最多施用 3 次，安全间隔期 42 天。

防治香蕉黑星病，发病初期，用 75 克/升氟环唑乳油 500～750 倍液喷雾，每隔 7～10 天喷 1 次，每季最多施用 4 次，安全间隔期 35 天。

（2）复配剂应用　氟环唑可与多菌灵、甲基硫菌灵、苯醚甲环唑、三环唑、氟菌唑、嘧菌酯、醚菌酯、吡唑醚菌酯、烯肟菌酯、氟唑菌酰胺、井冈霉素、福美双等混配。

① 氟环·嘧菌酯。由氟环唑与嘧菌酯混配而成。防治香蕉叶斑病，发病初期，用 28%氟环·嘧菌酯悬浮剂 1000～1500 倍液喷雾，每隔 7～10 天左右喷 1 次，连喷 3 次，安全间隔期 42 天，每季最多施用 3 次。

② 烯肟·氟环唑。由烯肟菌酯与氟环唑混配的一种广谱低毒复合杀菌剂。

防治苹果斑点落叶病，在春梢生长期内和秋梢生长期内，发病初期，用 18%烯肟·氟环唑悬浮剂 1000～1500 倍液喷雾，每隔 10～15 天喷 1 次，每期各喷药 2 次左右即可。

防治香蕉黑星病、叶斑病，发病初期，用 18%烯肟·氟环唑悬浮剂 800～1000 倍液喷雾，每隔 15 天左右喷 1 次，连喷 3～5 次。

● **注意事项**

（1）不可与呈碱性的农药等物质混合使用。

（2）对藻类、水蚤等水生生物有毒，应远离水产养殖区用药，禁止在河塘等水体中清洗施药器具，避免药液污染水源地。

（3）与其他不同作用机制的杀菌剂轮换使用，以延缓抗药性产生。

（4）某些梨品种幼果期对本品敏感，施药时应避免药液飘移到上述作物上，以免产生药害。

氟菌唑（triflumizole）

$C_{15}H_{15}ClF_3N_3O$，345.7473

● **其他名称** 特富灵、贝加尔、冠多康、可米达、显赫、永农。

● **主要剂型** 30%、35%、40%可湿性粉剂。

● **毒性** 低毒。

● **作用机理** 氟菌唑为麦角甾醇脱甲基化抑制剂，抗菌谱广，具有保护、治疗、铲除作用，内吸传导性好，耐雨水冲刷，能有效杀死侵入植物体内的病原菌。

● **应用** 防治草莓白粉病，发病初期，每亩用30%氟菌唑可湿性粉剂15～30克兑水30～50千克均匀喷雾，每隔7～10天喷1次，安全间隔期3天，每季最多施用2次。

防治西瓜白粉病，每亩用30%氟菌唑可湿性粉剂15～18克兑水40～60千克均匀喷雾，安全间隔期7天，每季最多施用3次。

防治梨树锈病、黑星病、白粉病，可选用30%氟菌唑可湿性粉剂3000～3500倍液，或35%氟菌唑可湿性粉剂3500～4000倍液，或40%氟菌唑可湿性粉剂4000～5000倍液喷雾，先在花序分离期、落花后及落花后10～15天各喷1次，防治锈病和黑星病的早期为害，然后从初见黑星病病梢或病叶或病果时开始，每隔 10～15 天喷 1 次，与不同类型药剂轮换，可防治黑星病，兼防白粉病。白粉病发生重的，从初见病斑时再次开始喷药，每隔 10～15 天喷 1 次，连喷 2 次左右。

防治葡萄白粉病，每亩用 30%氟菌唑可湿性粉剂 15～18 克兑水 40～60 千克喷雾，安全间隔期 7 天，每季最多施用 3 次。

此外，还可防治桃树白粉病、锈病、褐腐病，柿树白粉病，药剂喷施倍数同梨树锈病。

● **注意事项**

（1）与其他不同作用机制的杀菌剂轮换使用，以延缓抗药性产生。

（2）本品对鸟、家蚕、水蚤、藻类等水生生物有毒，蚕室和桑园附近禁用。天敌放飞区域禁用。远离水产养殖区、河塘等水体施药，禁止在河塘等水体中清洗施药器具。

（3）不能与碱性农药等物质混用。

四氟醚唑（tetraconazole）

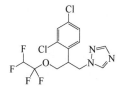

$C_{13}H_{11}Cl_2F_4N_3O$，372.15

● **其他名称**　朵麦可、意莎可、汤普森、粉霸、稳妥、上格、宇龙美杰。

● **主要剂型**　4%、12.5%、25%水乳剂。

● **毒性**　低毒。

● **作用机理**　四氟醚唑通过抑制真菌麦角甾醇的生物合成，从而阻碍真菌菌丝生长和分生孢子的形成，导致细胞膜不能形成，使病菌死亡。

● **产品特点**

（1）四氟醚唑属于新一代三唑类杀菌剂，杀菌活性更强，同时对一些三唑类有抗性的病菌同样高效，并且持效期更长，可达 4～6 周，具有保护和治疗作用，并有很好的内吸传导性能，四氟醚唑良好的内吸传导性主要归功于其水溶性和脂溶性的良好平衡。

（2）增强内吸性。四氟醚唑在三唑类产品中独一无二，得益于四氟乙氧基的存在；它优秀的水溶性、脂溶性以及蒸气压，增强了其内吸性。

（3）优秀的选择性。四氟醚唑不会扰乱生物一些重要的生化过程，在正常的使用技术下，对赤霉素生物合成没有影响；对于植物固醇的生物合成没有影响。

（4）活性高。预防加治疗，可以为种植者提供优异可靠、持续性的表现，是活跃的病害防控预防剂和治疗剂，使作物更健康，能够获得更高的产量。

（5）安全性高。四氟醚唑是所有三唑类杀菌剂中最安全的，可以用于幼苗、幼果期的真菌性病害的防治，而其他三唑类杀菌剂一般不建议在作物的生长早期使用。四氟醚唑是对生态和环境友好的活性成分；它具有很高的通用性、兼容性，适用于大多数产品、肥料或农药桶混。

● **应用**

（1）单剂应用　防治草莓白粉病，发病初期，每亩可选用25%四氟醚唑水乳剂10～12克兑水30～50千克喷雾，每隔7～10天喷1次，安全间隔期7天，每季最多施用3次；或每亩用12.5%四氟醚唑水乳剂21～27毫升兑水30～50千克喷雾，每隔10天左右喷1次，安全间隔期5天，每季最多施用2次。

防治甜瓜白粉病，发病初期，每亩用4%四氟醚唑水乳剂67～100克兑水40～60千克喷雾，每隔10天左右施1次，安全间隔期7天，每季最多施用3次。

防治梨树黑星病、白粉病，可选用4%四氟醚唑水乳剂1000～1200倍液，或12.5%四氟醚唑水乳剂3000～4000倍液，或25%四氟醚唑水乳剂6000～8000倍液喷雾。首先在花序分离期和落花后各喷1次，防治黑星病早期发生；然后从初见黑星病病梢或病叶或病果时开始连续用药，每隔10～15天喷1次，与不同类型药剂交替使用，连喷5～7次。防治白粉病，发病初期，每隔10～15天喷1次，连喷2次左右，重点喷叶背。

防治葡萄白粉病、炭疽病、黑痘病，用4%四氟醚唑水乳剂2000～

3000 倍液喷雾，搭配其他保护性杀菌剂一起使用。

防治香蕉叶斑病、黑星病，用 4%四氟醚唑水乳剂 1000 倍液喷雾。

（2）复配剂应用　四氟醚唑常与肟菌酯、醚菌酯、乙嘧酚磺酸酯等混配。

① 四氟·肟菌酯。由四氟醚唑与肟菌酯混配的杀菌剂，杀菌谱广，内吸传导。防治草莓白粉病，发病初期，每亩用 20%四氟·肟菌酯水乳剂 13～16 毫升兑水 30～50 千克喷雾，每隔 5～7 天喷 1 次，安全间隔期 7 天，每季最多施用 3 次。

② 四氟·醚菌酯。由四氟醚唑与醚菌酯混配的杀菌剂，具有内吸传导、预防保护和铲除作用，耐雨水冲刷。防治草莓白粉病，发病初期，每亩用 20%四氟·醚菌酯悬浮剂 40～50 毫升兑水 30～50 千克喷雾，每隔 7～10 天左右喷 1 次，安全间隔期 7 天，每季最多施用 3 次。在病害严重时，使用登记高剂量。或用 1.5%苦参·蛇床素水剂 100 克+20%四氟·醚菌酯悬浮剂 100 克的组合，可以防治抗性白粉病，杀菌谱广，耐雨水冲刷。

③ 四氟唑·乙嘧酯。由四氟醚唑与乙嘧酚磺酸酯混配的杀菌剂。

防治草莓白粉病，发病初期，用 30%四氟唑·乙嘧酯水乳剂 800～1000 倍液喷雾。

防治葡萄白粉病，用 30%四氟唑·乙嘧酯水乳剂 1000～1500 倍液喷雾。

防治苹果白粉病，用 30%四氟唑·乙嘧酯水乳剂 1500～2000 倍液喷雾。

防治芒果白粉病，用 30%四氟唑·乙嘧酯水乳剂 1000～1500 倍液喷雾。

⊛ **注意事项**

（1）不能与波尔多液等碱性药剂、强碱性药剂及强酸性药剂混用。连续喷施时，建议与其他不同作用机制的杀菌剂轮换使用，以延缓抗药性。

（2）对鸟、鱼类、水蚤、藻类、赤眼蜂毒性高，水产养殖区、河塘等水体附近禁用，禁止有河塘等水体中清洗施药器具；鸟、赤眼蜂等天敌放飞区禁用。

溴菌腈（bromothalonil）

$$C_6H_6Br_2N_2，265.94$$

- **其他名称** 炭特灵、托球。
- **主要剂型** 25%微乳剂，25%可湿性粉剂，25%乳油。
- **毒性** 低毒。
- **作用机理** 溴菌腈具有独特的保护、内吸治疗和铲除作用，药剂能够迅速被菌体细胞吸收，在菌体细胞内传导干扰菌体细胞的正常发育，从而达到抑菌、杀菌作用，并能刺激作物体内多种酶的活性，增强光合作用，提高作物品质和产量，适用于防治作物上的真菌性、细菌性病害。可用于防治柑橘疮痂病、苹果树炭疽病等。
- **应用**

（1）单剂应用　防治柑橘疮痂病、炭疽病，发病初期和中期，用25%溴菌腈微乳剂1500～2500倍液喷雾，每隔7～10天喷1次，每季最多施用2次，安全间隔期21天。

防治苹果树炭疽病，用25%溴菌腈可湿性粉剂或25%溴菌腈乳油或25%溴菌腈微乳剂600～800倍液喷雾，从落花后半月左右开始，每隔10～15天喷1次，与不同类型药剂轮换，连喷5～7次，安全间隔期14天。

防治梨炭疽病，从落花后半月左右开始，每隔10～15天喷1次，与不同类型药剂轮换，连喷5～7次，药剂喷施倍数同苹果炭疽病。

防治桃、李炭疽病，从落花后1个月左右开始，每隔10～15天喷1次，与不同类型药剂轮换，连喷2～4次，药剂喷施倍数同苹果炭疽病。

防治葡萄炭疽病，套袋葡萄在套袋前喷1次，不套袋葡萄从果粒基本长成时开始，每隔10天左右喷1次，直到采收前一周。药剂喷施倍数同苹果炭疽病。

防治核桃炭疽病，发病初期，每隔10～15天喷1次，连喷2～3次，药剂喷施倍数同苹果炭疽病。

防治枣炭疽病，从枣果坐住后 20 天左右开始，每隔 10～15 天喷 1 次，与不同类型药剂轮换，连喷 4～6 次。药剂喷施倍数同苹果炭疽病。

（2）复配剂应用　溴菌腈可与多菌灵、福美双、苯醚甲环唑、咪鲜胺等混配。

① 溴菌·多菌灵。由溴菌腈与多菌灵混配的一种广谱低毒复合杀菌剂，具有保护和治疗双重作用，对炭疽病有特效。

防治柑橘炭疽病，用 25%溴菌·多菌灵可湿性粉剂 400～500 倍液喷雾。萌芽 1/3 厘米、谢花 2/3 及幼果期是防治炭疽病关键期，需喷 3～5 次；果实转色期是防治急性炭疽病关键期，需喷 2 次左右。

防治苹果炭疽病，从苹果落花后 10 天左右开始，用 25%溴菌·多菌灵可湿性粉剂 500～600 倍液喷雾，每隔 10～15 天喷 1 次，连喷 6～8 次，套袋苹果仅喷施前 2～3 次即可（套袋后不再喷药）。

防治梨炭疽病，从梨树落花后 10～15 天开始，用 25%溴菌·多菌灵可湿性粉剂 500～600 倍液喷雾，每隔 10～15 天喷 1 次，连喷 6～8 次，套袋梨仅喷施前 2～3 次即可（套袋后不再喷药）。

防治西瓜、甜瓜等瓜类炭疽病，发病初期，用 25%溴菌·多菌灵可湿性粉剂 400～500 倍液喷雾，每隔 7～10 天喷 1 次，连喷 3～5 次。

② 溴菌·咪鲜胺。由溴菌腈与咪鲜胺混配而成。

防治西瓜炭疽病，发病初期，用 30%溴菌·咪鲜胺可湿性粉剂 1000～1500 倍液喷雾，安全间隔期 7 天，每季最多施用 3 次。

防治草莓、葡萄炭疽病、白粉病，发病初期，用 30%溴菌·咪鲜胺可湿性粉剂 1000～1500 倍液喷雾。

防治苹果、香蕉、柑橘树炭疽病、叶斑病，发病初期，用 30%溴菌·咪鲜胺可湿性粉剂 1000～1500 倍液喷雾。

防治梨树炭疽病、黑星病，发病初期，用 30%溴菌·咪鲜胺可湿性粉剂 1000～1500 倍液喷雾。

③ 溴菌·戊唑醇。由溴菌腈与戊唑醇混配，提高抗菌毒力，减轻病菌抗药性产生。防治苹果树炭疽病，发病前或发病初期，用 35%溴菌·戊唑醇乳油 1200～1400 倍液喷雾，每隔 7～15 天喷 1 次，安全间隔期 28 天，每季最多施用 3 次。

◉ 注意事项

（1）宜晴天午后用药，避免在高温下使用。

（2）建议与不同作用机制的杀菌剂轮换使用，以延缓抗药性的产生。

（3）不得与碱性物质混合使用。

（4）对鱼、鸟中毒，对蜂、蚕低毒，使用时应注意对其不利影响，赤眼蜂等天敌放飞区域禁用。

嘧霉胺（pyrimethanil）

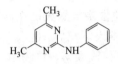

$C_{12}H_{13}N_3$，199.25

◉ 其他名称　施佳乐、灰佳宁、灰雄、灰捷、灰克、灰落、灰卡、灰劲特、灰标、嘧施立、标正灰典、沪联灰飞、菌萨、蓝潮。

◉ 主要剂型　20%、30%、37%、40%、400 克/升悬浮剂，20%、25%、40%可湿性粉剂，12.5%、25%乳油，40%、70%、80%水分散粒剂，25%乳油。

◉ 毒性　低毒。

◉ 作用机理　嘧霉胺杀菌作用机理独特，通过抑制病菌侵染酶的分泌从而阻止病菌侵染，并杀死病菌。主要抑制灰葡萄孢霉的芽管伸长和菌丝生长，在一定的用药时间内对灰葡萄孢霉的孢子萌芽也有一定抑制作用。

◉ 产品特点

（1）嘧霉胺悬浮剂为灰棕色液体。嘧霉胺同三唑类、二硫代氨基甲酸酯类、苯并咪唑类及乙霉威等无交互抗性，对灰霉病有特效，可有效防治已产生抗药性的灰霉病菌。

（2）能迅速被植物吸收，内吸性好兼可外用熏蒸。嘧霉胺对温度不敏感，在相对较低的温度下施用不影响药效。施药后能迅速到达植株的花、幼果等不易喷到的部位，杀死已侵染的病菌，药效更快、更稳定，具有铲除、治疗及保护三重作用。

（3）嘧霉胺专门用于防治草莓等的灰霉病，也可用于防治菌核病、褐腐病、黑星病、叶斑病等多种病害，有时与多菌灵、福美双等药剂混用，安全性好、黏着性好、持效期长、低毒、低残留、药效快，对温度不敏感，低温时用药效果也好。

● **应用**

（1）单剂应用　防治甜瓜灰霉病，发病初期，用40%嘧霉胺悬浮剂1000倍液喷雾，每隔7～10天喷1次，连喷2～3次。

防治草莓灰霉病，分别在初花期、盛花期、末花期，每亩可选用40%嘧霉胺悬浮剂或400克/升嘧霉胺悬浮剂30～50毫升，或20%嘧霉胺可湿性粉剂80～120克，或70%嘧霉胺水分散粒剂25～35克，兑水30～45千克各喷药一次，安全间隔期3天，每季最多施用3次。

防治葡萄、桃、李、樱桃灰霉病，苹果花腐病、黑星，梨树黑星病，可选用20%嘧霉胺悬浮剂（可湿性粉剂）500～700倍液，或30%嘧霉胺悬浮剂800～1000倍液喷雾，重点喷洒果穗。葡萄灰霉病在开花前、落花后各喷药1次，果穗套袋前喷药1次，不套袋葡萄果粒转色期或采收前1个月喷药1～2次，间隔10天左右。桃、李、樱桃灰霉病，从病害发生初期开始，每隔7天左右喷1次，连喷1～2次。苹果花腐病、黑星病，在苹果开花前、落花后各喷药1次，有效防治花腐病，兼防黑星病，然后从黑星病发生初期开始，每隔10～15天喷1次，连喷2～3次。梨树黑星病，从病害发生初期，或田间初见黑星病病梢或病叶或病果时开始，每隔10～15天喷1次，与不同类型药剂交替使用，连喷5～7次。

（2）复配剂应用　嘧霉胺常与多菌灵、福美双、百菌清、异菌脲、乙霉威、中生菌素、氨基寡糖素等杀菌剂成分混配，用于生产复配杀菌剂。

① 嘧霉·百菌清。由嘧霉胺与百菌清混配的低毒复合杀菌剂，以保护作用为主。

防治草莓灰霉病，发病初期，或连续阴天2天时，用40%嘧霉·百菌清悬浮剂200～300倍液喷雾，每隔7天左右喷1次，连喷2～3次。

防治葡萄灰霉病，在葡萄开花前后遇连阴天时，于开花前、后各喷1次，防治幼果穗受害；套袋葡萄套袋前喷1次，预防果穗受害；不套袋葡萄在近成熟期遇连阴天时或病害发生初期立即开始喷药，每隔5～7天喷1次，连喷2次。用40%嘧霉·百菌清悬浮剂300～400倍液喷洒果穗。注意，红提葡萄果粒对百菌清敏感，不能使用，以免造成药害。

② 嘧霉·多菌灵。由嘧霉胺与多菌灵混配的低毒复合杀菌剂，具保护和治疗双重作用。

防治草莓灰霉病，发病初期，或连续阴天 2 天时，可选用 40%嘧霉·多菌灵悬浮剂 300～400 倍液，或 30%嘧霉·多菌灵悬浮剂 250～300 倍液喷雾，每隔 7 天左右喷 1 次，连喷 2～3 次。

防治葡萄灰霉病，在葡萄开花前后遇连阴天时，于开花前、后各喷 1 次，防治幼果穗受害；套袋葡萄套袋前喷 1 次，预防果穗受害；不套袋葡萄在近成熟期遇连阴天时或病害发生初期立即开始喷药，每隔 5～7 天喷 1 次，连喷 2 次。可选用 40%嘧霉·多菌灵悬浮剂 300～400 倍液，或 30%嘧霉·多菌灵悬浮剂 250～300 倍液喷雾，重点喷洒果穗。

③ 嘧霉·乙霉威。由嘧霉胺与乙霉威混配的低毒复合杀菌剂，专用于防治灰霉病类病害，具内吸、保护、治疗和熏蒸等多重作用，喷药后对作物各部位灰霉病菌有较好防治效果。

防治草莓灰霉病，发病初期，或连续阴天 2 天时，用 26%嘧霉·乙霉威水分散粒剂 300～400 倍液喷雾，每隔 7 天左右喷 1 次，连喷 2～3 次。

防治葡萄灰霉病，在葡萄开花前后遇连阴天时，于开花前、后各喷 1 次，防治幼果穗受害；套袋葡萄套袋前喷 1 次，预防果穗受害；不套袋葡萄在近成熟期遇连阴天时或病害发生初期立即开始喷药，每隔 5～7 天喷 1 次，连喷 2 次。用 26%嘧霉·乙霉威水分散粒剂 300～400 倍液，重点喷洒果穗。

④ 嘧霉·异菌脲。由嘧霉胺与异菌脲复配而成。防治葡萄灰霉病，发病初期，用 40%嘧霉·异菌脲悬浮剂 750～1000 倍液喷雾。

⑤ 嘧霉·福美双。由嘧霉胺与福美双混配而成。防治草莓灰霉病，发病初期，用 30%嘧霉·福美双悬浮剂 700～800 倍液喷雾。防治果树灰霉病、黑星病，发病初期，用 30%嘧霉·福美双悬浮剂 700～800 倍液喷雾。

● **注意事项**

（1）在植株矮小时，用低药量和低水量，当植株高大时，用高药量和高水量。一个生长季节防治灰霉病需施药 4 次以上时，应与其他杀菌剂轮换使用，避免产生抗性。

（2）70%嘧霉胺水分散粒剂不可与呈强碱性或强酸性的农药物质、铜制剂、汞制剂混用和先后紧接使用。

（3）对鱼类有毒，施药时应远离水产养殖区用药，禁止在河塘等水体中清洗施药器具，避免药液污染水源地。

烯唑醇（diniconazole）

$C_{15}H_{17}Cl_2N_3O$，326.22

● **其他名称**　速保利、特普唑、达克利、禾果利、黑白清、灭黑灵、特灭唑、病除净、壮麦灵。

● **主要剂型**　2%、2.5%、5%、12.5%可湿性粉剂，5%、10%、12.5%、25%乳油，5%微乳剂，5%干粉种衣剂，12.5%超微可湿性粉剂。

● **毒性**　低毒。

● **作用机理**　烯唑醇抑制菌体麦角甾醇生物合成，特别强烈地抑制24-亚甲基二氢羊毛甾醇 C-14 的脱甲基作用，导致病菌死亡。

● **产品特点**

（1）烯唑醇属三唑类杀菌剂，是甾醇脱甲基化抑制物，具有广谱和内吸活性，有预防和治疗作用。除碱性物质外，可与大多数农药混用。对人、畜为中等毒性，对眼睛有轻度刺激作用，对鸟安全，对鱼类、蜜蜂有毒。对病害具有保护、治疗、铲除等杀菌作用，并有内吸向上传导作用。

（2）可与多种农药混用，以延缓病菌产生耐药性。

（3）鉴别要点：烯唑醇原药为无色结晶固体，水中溶解度很小，溶于大多数有机溶剂。可湿性粉剂外观为浅黄色细粉。烯唑醇单剂及复配制剂产品应取得农药生产批准证书（HNP），选购时应注意识别该产品的农药登记证号、农药生产批准证书号、执行标准号。

● 应用

（1）单剂应用　防治草莓白粉病，发病初期，用12.5%烯唑醇可湿性粉剂或12.5%烯唑醇乳油1000～1500倍液喷雾，每隔7～10天喷1次，连喷2～3次。

防治梨树黑星病、锈病、白粉病，梨树落花后10天开始，或发病初期，可选用12.5%烯唑醇可湿性粉剂3000～4000倍液，或5%烯唑醇微乳剂1000～2000倍液喷雾，每隔10～15天喷1次，连喷2～3次，安全间隔期21天，每季最多施用3次。或10%烯唑醇乳油2000～3000倍液，或25%烯唑醇乳油5000～7000倍液喷雾，每隔15天喷1次，安全间隔期21天，每季最多施用2次。或50%烯唑醇水分散粒剂10000～15000倍液喷雾，每隔10～15天喷1次，安全间隔期30天，每季最多施用2次。

防治苹果白粉病、锈病、黑星病、斑点落叶病，发病初期，用12.5%烯唑醇可湿性粉剂1000～2500倍液喷雾，每隔10～14天喷1次，安全间隔期14天，每季最多施用4次。

防治桃树黑星病，可选用12.5%烯唑醇可湿性粉剂2000～2500倍液，或10%烯唑醇乳油1800～2000倍液，或25%烯唑醇乳油4000～5000倍液，或30%烯唑醇悬浮剂5000～6000倍液，或50%烯唑醇水分散粒剂8000～10000倍液喷雾，从桃树落花后20～30天开始，每隔15天左右喷1次，连喷2～4次。

防治葡萄黑痘病、白腐病，在4月下旬葡萄抽新梢时第一次施药，或发病初期，用12.5%烯唑醇可湿性粉剂2000～3000倍液喷雾，以后分别在7月中旬果实膨大期和8月上旬结果后喷施2000倍液防治，安全间隔期14天。

防治葡萄炭疽病，发病初期，用12.5%烯唑醇可湿性粉剂2000～3000倍液喷雾，每隔10～14天喷1次，安全间隔期14天，每季最多施用2次。

防治香蕉叶斑病、黑星病，发病初期，可选用12.5%烯唑醇可湿性粉剂1200～1500倍液，或10%烯唑醇乳油1000～1200倍液，或25%烯唑醇乳油2500～3000倍液，或30%烯唑醇悬浮剂3000～4000倍液，或50%烯唑醇水分散粒剂5000～6000倍液喷雾，每隔7～10天喷1次，安全间隔期35天，每季最多施用3次。

防治枣树锈病，从田间初见锈病病叶开始，每隔 15 天左右喷 1 次，连喷 3～5 次，药剂喷施倍数同桃树黑星病。

（2）复配剂应用　烯唑醇常与福美双、代森锰锌、三唑酮、甲基硫菌灵、多菌灵、三环唑等杀菌剂成分混配。

① 烯唑·多菌灵。由烯唑醇与多菌灵混配的一种广谱低毒复合杀菌剂，具有内吸治疗和预防保护双重作用。

防治梨黑星病，从梨园内初见黑星病梢时或落花后一周左右开始，可选用 30%烯唑·多菌灵可湿性粉剂 800～1000 倍液，或 27%烯唑·多菌灵可湿性粉剂 600～800 倍液，或 32%烯唑·多菌灵可湿性粉剂 600～800 倍液喷雾，每隔 10～15 天喷 1 次，与不同类型药剂轮换，直到采收前一周左右。

防治苹果黑星病，发病初期或初见病斑时开始，药剂喷施倍数同梨黑星病，每隔 10～15 天喷 1 次，连喷 2～4 次。

防治桃、杏黑星病，从落花后 20 天左右开始，药剂喷施倍数同梨黑星病，每隔 10～15 天喷 1 次，连喷 2～3 次。往年病害严重果园，可连续喷药到采收前一个月。

② 烯唑·甲硫。由烯唑醇与甲基硫菌灵混合的一种广谱低毒复合杀菌剂，具有内吸治疗和预防保护双重作用。

防治梨黑星病，发病初期或初见病梢时，用 47%烯唑·甲硫灵可湿性粉剂 1200～1500 倍液喷雾，每隔 10～15 天喷 1 次，与不同类型药剂轮换，直到采收前一周左右。

防治苹果黑星病，发病初期或初见病斑时，用 47%烯唑·甲硫灵可湿性粉剂 1200～1500 倍液喷雾，每隔 10～15 天喷 1 次，连喷 2～4 次。

防治桃黑星病。从落花后 20 天左右开始，用 47%烯唑·甲硫灵可湿性粉剂 1200～1500 倍液喷雾，每隔 10～15 天喷 1 次，连喷 2～3 次。往年病害严重桃园，可连续喷药到采收前 1 个月。

防治柑橘黑星病，从果实膨大期开始，用 47%烯唑·甲硫灵可湿性粉剂 1000～1200 倍液喷雾，每隔 10～15 天喷 1 次，至转色期结束。

③ 烯唑·三唑酮。由烯唑醇与三唑酮混配的一种低毒复合杀菌剂，具有预防、治疗、铲除等多种作用，内吸传导性好。

防治梨白粉病，发病初期或初见病斑时，用 15%烯唑·三唑酮乳油

1000～1200 倍液喷雾，重点喷叶片背面，每隔 10 天左右喷 1 次，连喷 2～3 次。

防治葡萄白粉病，发病初期或初见病斑时，用 15%烯唑·三唑酮乳油 1000～1200 倍液喷雾，每隔 10 天左右喷 1 次，连喷 2～3 次。

防治草莓白粉病，发病初期，用 15%烯唑·三唑酮乳油 800～1000 倍液喷雾，重点喷叶片背面，每隔 7～10 天左右喷 1 次，连喷 2～4 次。

防治甜瓜、西瓜等瓜类白粉病，初见病斑时，用 15%烯唑·三唑酮乳油 800～1000 倍液喷雾，每隔 10 天左右喷 1 次，连喷 2～4 次。

● **注意事项**

（1）不能与石硫合剂、波尔多液等碱性农药混用。

（2）喷药应在发病前，最迟也应在发病初期使用。

（3）三唑类杀菌剂易产生抗药性，不宜长期单一使用，应与其他类型杀菌剂轮换使用。

（4）拌种处理后的种子不得用作饲料或食用。

（5）应在通风干燥、阴凉处贮存。

腐霉利（procymidone）

$C_{13}H_{11}Cl_2NO_2$，284.14

● **其他名称**　速克灵、扑灭宁、必克灵、消霉灵、克霉宁、灰霉灭、灰霉星、齐秀、二甲菌核利、杀霉利、菌核酮。

● **主要剂型**　50%、80%可湿性粉剂，10%、15%烟剂，20%、25%、35%胶悬剂，80%水分散粒剂，20%、35%、43%悬浮剂，30%颗粒熏蒸剂。

● **毒性**　低毒（对蜜蜂、鱼类有毒）。

● **作用机理**　腐霉利具有保护和治疗双重作用，对孢子萌发抑制力强于对菌丝生长的抑制，表现为使孢子的芽管和菌丝膨大，甚至胀破，原生质流出，使菌丝畸形，从而阻止早期病斑形成和病斑扩大。

● **产品特点**

（1）腐霉利属有机杂环类杀菌剂，可湿性粉剂外观为浅棕色粉末，对人、畜、鸟类低毒，对眼、皮肤有刺激作用，对蜜蜂、鱼类有毒。

（2）腐霉利具有一定内吸性，能向新叶传导，具有保护和治疗作用。对病害具有接触型保护和治疗等杀菌作用。对灰霉病、菌核病有特效，对多菌灵、苯菌灵等苯并咪唑类农药产生抗药性的病菌，用腐霉利防治有很好的效果。

（3）连年单一使用腐霉利，易使灰霉病产生抗药性。

（4）鉴别要点。纯品为白色片状结晶体，原药为白色或浅棕色结晶。溶于大多数有机溶剂，几乎不溶于水，腐霉利产品应取得农药生产批准证书。选购时应注意识别该产品的农药登记证号、农药生产批准证书号、执行标准号。

● **应用**

（1）单剂应用　防治草莓灰霉病，在初花期、盛花期、末花期，可选用 50%腐霉利可湿性粉剂 800～1000 倍液，或 80%腐霉利可湿性粉剂（水分散粒剂）1200～1500 倍液各喷 1 次。

防治葡萄、桃、杏、樱桃、草莓等保护地果树的灰霉病，既可喷雾预防，又可密闭熏烟防治。可选用 50%腐霉利可湿性粉剂 1000～1500 倍液或 80%腐霉利可湿性粉剂 1800～2500 倍液喷雾。或每亩棚室每次使用 15%腐霉利烟剂 300～400 克，或 10%腐霉利烟剂 500～600 克，从内向外均匀分多点依次点燃，而后密闭一夜，第二天通风后才能进入进行农事活动。

防治葡萄灰霉病、白腐病，可选用 50%腐霉利可湿性粉剂 1000～1500 倍液，或 20%腐霉利悬浮剂 400～500 倍液，或 43%腐霉利悬浮剂 1000～1200 倍液，或 35%腐霉利悬浮剂 800～1000 倍液，或 80%腐霉利水分散粒剂 1500～2000 倍液喷雾，开花前、落花后各喷 1 次，以后从果粒基本长成时或增糖转色期开始继续喷药，每隔 7～10 天喷 1 次，直到采收前 1 周，安全间隔期 14 天。

防治苹果花腐病、褐腐病、斑点落叶病，梨褐腐病，枇杷花腐病，用 50%腐霉利可湿性粉剂 1000～1500 倍液或 80%腐霉利可湿性粉剂（水分散粒剂）1500～2000 倍液喷雾，重点喷洒果穗即可。苹果在开花前、落花后各喷药 1 次，春梢生长期、秋梢生长期各喷药 1～2 次。梨从病害发生初期开始，每隔 7～10 天喷 1 次，连喷 2～3 次。枇杷在开花前、落花后各喷药 1 次即可。

防治桃、杏、李灰霉病、花腐病、褐腐病，开花前、落花后各喷 1 次；防治褐腐病时，从初见病斑时或果实采收前 1～1.5 个月开始，每隔 7～10 天喷 1 次，连喷 2～3 次。药剂喷施倍数同葡萄灰霉病。

防治樱桃褐腐病，开花前、落花后、成熟前 10 天左右各喷 1 次即可，药剂喷施倍数同葡萄灰霉病。

防治梨褐腐病，发病初期，每隔 7～10 天喷 1 次，连喷 2～3 次。药剂喷施倍数同葡萄灰霉病。

防治柑橘灰霉病、枇杷花腐病，开花前、落花后各喷 1 次即可，药剂喷施倍数同葡萄灰霉病。

防治枣树锈病、黑斑病、灰斑病等，发病初期，用 50%腐霉利可湿性粉剂 1000 倍液+"天达 2116"（果树专用型）1000 倍液喷雾 1～2 次，防治效果达 95%以上。

（2）复配剂应用　腐霉利常与福美双、多菌灵、百菌清、异菌脲、己唑醇、嘧菌酯、乙霉威等混配。

如腐霉·百菌清，是腐霉利与百菌清复配的混剂。防治葡萄灰霉病，发病初期，用 50%腐霉·百菌清可湿性粉剂 500～600 倍液喷雾，重点喷果穗，每隔 7 天左右喷 1 次，连喷 2 次。

◉ **注意事项**

（1）不能与强碱性药物如波尔多液、石硫合剂混用，也不要与有机磷农药混配。建议与其他作用机制的农药轮换使用，以延缓抗药性的产生。

（2）药液应随配随用，不宜久存。防治病害应尽早用药，最好在发病前，最迟也要在发病初期使用。

（3）不宜长期单一使用，在无明显抗药性地区应与其他杀菌剂轮换使用，但不能与结构相似的异菌脲、乙烯菌核利轮换，已产生抗性地区应暂停腐霉利使用，用硫菌·霉威或多·霉威代替。

（4）对蜜蜂、鱼类等水生生物、家蚕有毒，施药期间应避免对周围蜂群的影响，禁止在植物开花期、蚕室和桑园附近使用。远离水产养殖区、河塘等水域施药，鱼、虾、蟹套养稻田禁用，施药后的药水禁止排入水体（水田）。

（5）赤眼蜂等天敌放飞区禁用。

异菌脲（iprodione）

$C_{13}H_{13}Cl_2N_3O_3$，330.17

● **其他名称** 扑海因、抑霉星、鲜果星、冠龙、蓝丰、奇星、美星、勤耕、丰灿、灰腾、辉铲、福露、咪唑霉、异菌咪、桑迪思、依普同、异丙定。

● **主要剂型** 50%可湿性粉剂，23.5%、25%、25.5%、255克/升、45%、50%、500克/升悬浮剂，3%、5%粉尘剂，5%、25%油悬浮剂，10%乳油。

● **毒性** 低毒。

● **作用机理** 异菌脲属二羧酰亚胺类杀菌剂。异菌脲通过抑制蛋白酶，控制多种细胞功能的细胞信号，干扰碳水化合物进入真菌细胞而致敏。

● **产品特点**

（1）为广谱、触杀型、保护性杀菌剂，高效低毒，对环境无污染，对人畜安全，对蜜蜂无毒。

（2）主要用于预防发病，药效期较长，一般10～15天。因此，它既可抑制真菌孢子的萌发及产生，也可抑制菌丝生长，对病原菌生活史中的各个发育阶段均有影响。可以防治对苯并咪唑类内吸杀菌剂（如多菌灵、噻菌灵）有抗性的菌种，也可防治一些通常难以控制的菌种。

● **应用**

（1）单剂应用 防治草莓灰霉病、草莓叶斑病，在发病前或发病初期开始喷药，每亩用50%异菌脲可湿性粉剂或50%异菌脲悬浮剂50～100毫升，兑水50千克均匀喷雾，每隔7～10天喷1次，连喷2～3次。

防治西瓜叶枯病，用50%异菌脲可湿性粉剂1000倍液，浸种2小时。

防治西瓜叶斑病，发病初期，每亩用500克/升异菌脲悬浮剂60～90

毫升兑水 40～60 千克均匀喷雾，安全间隔期 14 天，每季最多施用 3 次。

防治苹果树褐斑病，发病初期，用 50%异菌脲可湿性粉剂 1000～1500 倍液喷雾，安全间隔期 7 天，每季最多施用 3 次。

防治苹果树轮斑病，发病初期，用 50%异菌脲可湿性粉剂 1000～1500 倍液喷雾，安全间隔期 7 天，每季最多施用 3 次。

防治苹果树斑点落叶病，苹果树春梢生长期初发病时，可选用 50%异菌脲可湿性粉剂 1000～1500 倍液，或 500 克/升异菌脲悬浮剂 1000～2000 倍液整株喷雾，10～15 天后及秋梢生长期再各喷 1 次，安全间隔期 14 天，每季最多使用 3 次。

防治葡萄灰霉病，开花前（萌芽现蕾期），可选用 50%异菌脲可湿性粉剂 750～1000 倍液，或 500 克/升异菌脲悬浮剂 750～1000 倍液喷雾，每隔 10～15 天喷 1 次，连喷 2 次，安全间隔期 14 天，每季最多施用 3 次。

防治梨黑星病，发病初期，用 50%异菌脲可湿性粉剂 1000～1200 倍液喷雾。

防治杏、樱桃、李等花腐病、灰星病、灰霉病，果树始花期和盛花期，每亩用 50%异菌脲可湿性粉剂 65～100 毫升兑水 75～100 千克各喷药 1 次。

防治柑橘贮藏期病害，柑橘采收后，用清水将果实洗干净，选取没有破损的柑橘，用 50%异菌脲可湿性粉剂 1000 毫克/升药液浸果 1 分钟，晾干后，室温下保存，可以控制柑橘青、绿霉菌的危害，有条件的放在冷库内保存，可以延长保存时间。

防治香蕉冠腐病，香蕉果实成熟度为 80%～85%时采收，去掉有机械损伤、有疤痕的香蕉，洗去香蕉上的尘土，采收当天用 255 克/升异菌脲悬浮剂 100～170 倍液浸果 1 分钟后取出，将水果表面的药液晾干后包装，置于普通仓库常温贮藏，每季最多用药 1 次，安全间隔期 4 天。

防治香蕉轴腐病，采收当天，可选用 255 克/升异菌脲悬浮剂 170～255 倍液，或 25%异菌脲悬浮剂 125～170 倍液，或 45%异菌脲悬浮剂 250～300 倍液浸果 1 分钟后取出，将水果表面的药液晾干后包装，置于普通仓库常温贮藏。每季最多用药 1 次，安全间隔期 4 天。

（2）复配剂应用　异菌脲常与百菌清、腐霉利、戊唑醇、嘧霉胺、嘧菌环胺、氟啶胺、福美双、代森锰锌、烯酰吗啉、甲基硫菌灵、丙森锌、肟菌酯、咪鲜胺、多菌灵等杀菌剂成分混配，用于生产复配杀菌剂。

① 异菌·多菌灵。由异菌脲与多菌灵混配的一种广谱低毒复合杀菌剂，具有保护和治疗双重作用。

防治苹果轮纹病、炭疽病、斑点落叶病，可选用20%异菌·多菌灵悬浮剂400~500倍液，或52.5%异菌·多菌灵可湿性粉剂1000~1200倍液喷雾。防治轮纹病、炭疽病时，从苹果落花后7~10天开始，每隔10天左右喷1次，连喷3次药后套袋；不套袋苹果需继续喷药5~6次。防治斑点落叶病时，在春梢生长期内和秋梢生长期内各喷2次左右，每隔10~15天喷1次。

此外，还可防治葡萄穗轴褐枯病、灰霉病，梨树黑斑病，柑橘炭疽病、黑星病，药剂喷施倍数同苹果轮纹病。

防治香蕉黑星病、叶斑病，发病初期，可选用20%异菌·多菌灵悬浮剂300~400倍液，或52.5%异菌·多菌灵可湿性粉剂600~800倍液喷雾，每隔15~20天喷1次，连喷3~4次。

② 异菌·福美双。由异菌脲与福美双混合的广谱低毒复合杀菌剂，以保护作用为主。

防治苹果斑点落叶病，在春梢生长期内和秋梢生长期内，发病初期，用50%异菌·福美双可湿性粉剂600~800倍液喷雾，每隔10~15天喷1次，各需喷2次左右。

防治梨黑斑病，发病初期，用50%异菌·福美双可湿性粉剂600~800倍液喷雾，每隔10~15天喷1次，连喷2~4次。

防治葡萄穗轴褐枯病，在葡萄开花前后，遇阴雨潮湿天气时开始，用50%异菌·福美双可湿性粉剂500~700倍液喷雾，每隔10天左右喷1次，连喷2次，重点喷幼果穗。

③ 异菌·氟啶胺。由异菌脲和氟啶胺复配而成。主要防治根腐病、枯萎病、菌核病等。防治草莓根腐病、灰霉病、炭疽病、红根病，每亩用40%异菌·氟啶胺悬浮剂30~50克兑水30~45千克灌根或喷雾。

此外，还有啶酰·异菌脲、异菌·腐霉利、嘧霉·异菌脲、异菌·氟啶胺、咪鲜·异菌脲等复配剂。

● **注意事项**

（1）须按照规定的稀释倍数进行使用，不可任意提高浓度。配制药液时，先灌入半喷雾器水，然后加入异菌脲制剂并搅拌均匀，最后将水灌满并混匀；叶面喷雾应力求均匀、周到，使植株充分着液又不滴液为宜。悬浮剂可能会有一些沉淀，摇匀后使用不影响药效。大风天或预计1小时内有雨，请勿施药。

（2）异菌脲是一种以保护性为主的触杀型杀菌剂，应在病害发生初期施药，使植株均匀着药。

（3）随配随用，不能与碱性物质和强酸性药剂混用。避免在暑天中午高温烈日下操作，避免高温期采用高浓度。避免在阴湿天气或露水未干前施药，以免发生药害，喷药24小时内遇大雨补喷。

（4）不宜长期连续使用，以免产生抗药性，应与其他类型的药剂交替使用或混用，但不要与本药剂作用机制相同的农药如腐霉利、乙烯菌核利等混用或轮用。

为预防抗性菌株的产生，作物全生育期异菌脲的使用次数控制在 3 次以内，在病害发生初期和高峰使用，可获得最佳效果。一般叶部病害 2 次喷药间隔 7～10 天，根茎部病害间隔 10～15 天，都在发病初期用药。

（5）对鱼类等水生生物有毒，应远离水产养殖区施药，禁止在河塘等水体中清洗施药器具。

啶酰菌胺（boscalid）

$C_{18}H_{12}Cl_2N_2O$，343.21

● **其他名称**　凯泽、灰秀、毕亮、洁打、涂冠、美邦、标正、霉易克、世科姆、宇龙美泽。

● **主要剂型**　50%水分散粒剂，25%、30%、43%、50%、500 克/升悬浮剂。

● **毒性**　低毒。

● **作用机理**　啶酰菌胺是新型烟酰胺类杀菌剂，属于线粒体呼吸链中琥珀酸辅酶Q还原酶抑制剂。通过叶面渗透在植物中转移，抑制线粒体琥珀酸酯脱氢酶，阻碍三羧酸循环，使氨基酸、糖缺乏，导致能量降低，干扰细胞的分裂和生长，对病害有神经活性，具有保护和治疗作用。抑制孢子萌发、细菌管延伸、菌丝生长和孢子母细胞形成等真菌生长和繁殖的主要阶段，杀菌作用由母体活性物质直接引起，没有相应代谢活性。对孢子的萌发有很强的抑制能力，杀菌谱较广，几乎对所有类型的真菌病害都有活性，可以有效防治对甾醇抑制剂、双酰亚胺类、苯并咪唑类、苯胺嘧啶类、苯基酰胺类和甲氧基丙烯酸酯类杀菌剂产生抗性的病害。

● **产品特点**

（1）该产品可以通过木质部向顶传输至植株的叶尖和叶缘；还具有垂直渗透作用，可以通过叶部组织，传递到叶子的背面；不过，该产品在蒸汽下再分配作用很小。

（2）对防治白粉病、灰霉病、菌核病和各种腐烂病等非常有效，并且对其他药剂的抗性菌亦有效，与多菌灵、腐霉利等无交互抗性。

● **应用**

（1）单剂应用　防治草莓灰霉病、白粉病，发病前或发病初期，每亩用50%啶酰菌胺水分散粒剂30～45克兑水45～75千克喷雾，每隔7～10天喷1次，连喷2～3次，每季最多施用3次，安全间隔期7天。

防治西瓜灰霉病，初见病变或连阴2天后，可选用50%啶酰菌胺水分散粒剂1000～1500倍液，或50%啶酰菌胺水分散粒剂1000倍液混50%异菌脲可湿性粉剂1000倍液喷雾，每隔10天左右喷1次，连喷2～3次。

防治葡萄灰霉病，发病前或发病初期，可选用50%啶酰菌胺水分散粒剂500～1500倍液喷雾，每隔7～10天喷1次，每季最多施用3次，安全间隔期10天；或30%啶酰菌胺悬浮剂300～900倍液喷雾，每季最多施用3次，安全间隔期14天。

防治苹果白粉病，苹果开花前、落花后及落花后15天左右各喷1次，有效防控白粉病病梢形成及白粉病早期传播扩散；往年病害严重果园，在8、9月份再喷1～2次，有效防控病菌侵染芽，降低芽的带菌率，减少第二年病梢。药剂喷施倍数同葡萄灰霉病。

防治香蕉叶斑病、黑星病，发病初期或初见病斑时，可选用50%啶酰菌胺水分散粒剂或 50%啶酰菌胺悬浮剂或 500 克/升啶酰菌胺悬浮剂 800~1000 倍液，或 25%啶酰菌胺悬浮剂 400~500 倍液喷雾，每隔 15~20 天喷 1 次，连喷 3~5 次。

防治果树白、紫根霉病，由白纹羽病和紫纹羽病引起的白、紫根霉病是危害果树最严重的疾病，它往往导致果树根部腐烂。尽管杀菌剂啶酰菌胺对白、紫根霉病等病害具有良好的防效，但以前通常采用土壤处理防治法，这需要挖掘受感染的果树周围的土地，耗用大量的劳力和时间。为了避免这一艰苦的工作，日本石原公司开发了使用啶酰菌胺的新方法，即采用土壤喷射器可更有效地防除该病害。

挖掘法即围绕着树干挖一个半径为 50~100 厘米、深度为 30 厘米的坑，移去坏死的根和根表面的菌丝。再在坑中灌入 50~100 升啶酰菌胺稀释药液（1000 毫克/升），并培入足量的土壤与之混匀。

土壤喷射法采用一种土壤喷射器，将兑好的药液放入其中，然后在树的周围进行喷洒，此法的关键是土壤喷射器。该方法省工、省时，而且防治效果比挖掘法更佳，为杀菌剂啶酰菌胺提供了一条高效、便捷的推广应用之路。

（2）复配剂应用　二元复配制剂为对病原菌具有不同类型作用机制的杀菌剂混用，具多作用点位，除具有内吸性、影响细胞结构和功能外，还兼具影响呼吸作用，如嘧霉·啶酰菌、啶酰·乙嘧酚、啶酰菌胺·氟菌唑、唑醚·啶酰菌、吡唑·啶酰菌、醚菌·啶酰菌、啶酰·嘧菌酯、啶酰·肟菌酯、啶酰菌胺·硫黄等。混用不仅协同、增效、速效作用优异，有效扩大杀菌谱，而且能显著延长施药适期和持效期，提高杀菌、抑制效果，降低对作物的药害，减少用药剂量和残留活性，延缓杀菌剂抗药性的发生与发展。

如啶酰·氟菌唑，由啶酰菌胺和氟菌唑复配而成。可防治作物的白粉病、灰霉病、叶霉病、靶斑病、早疫病等。

防治葡萄灰霉病，发病初期，用 35%啶酰·氟菌唑悬浮剂 250~750 倍液喷雾。

防治草莓灰霉病，发病初期，每亩用 35%啶酰·氟菌唑悬浮剂 60~90 克兑水 30~50 千克喷雾。

防治梨树黑星病，发病初期，用 35%啶酰·氟菌唑悬浮剂 1000~

1200 倍液喷雾。

注意事项

（1）预防处理时使用低剂量；发病时使用高剂量；应与其他不同作用机制的药剂交替使用。

（2）该药不能与石硫合剂、波尔多液等碱性农药混用。建议与其他作用机制不同的杀菌剂轮换使用，以延缓产生抗药性。

（3）使用本品时，避免吸入有害气体、雾液或粉尘。

（4）对蜜蜂、家蚕以及鱼类等水生生物有毒，施药期间应避免对周围蜂群的影响，蜜源作物花期、蚕室和桑园附近禁用；远离水产养殖区施药，禁止在河塘等水体中清洗施药器具。

啶氧菌酯（picoxystrobin）

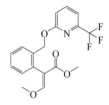

C$_{18}$H$_{16}$F$_3$NO$_4$，367.32

● **其他名称**　杜邦阿砣，Acanto。

● **主要剂型**　22.5%、25%悬浮剂，50%、70%水分散粒剂。

● **毒性**　低毒。

● **作用机理**　啶氧菌酯为线粒体呼吸抑制剂，其作用机理是同线粒体的细胞色素 b 结合，阻碍细胞色素 b 和 c 之间的电子传递来抑制真菌细胞的呼吸作用；作用方式是通过药剂在叶面蜡质层扩散后的渗透作用及传导作用迅速被植物吸收，阻断植物病原菌细胞的呼吸作用，抑制病菌孢子萌发和菌丝生长。

● **应用**

（1）单剂应用　啶氧菌酯对卵菌、子囊菌和担子菌引起的作物病害均有良好的防治作用。

防治西瓜炭疽病和蔓枯病，发病前或发病初期开始施药，每亩用

22.5%啶氧菌酯悬浮剂 40～50 毫升兑水 40～60 千克喷雾，每隔 7～10 天喷 1 次，连喷 2～3 次，安全间隔期 7 天，每季最多施用 3 次。

防治葡萄黑痘病、霜霉病、白粉病、白腐病，可选用 22.5%啶氧菌酯悬浮剂 1500～2000 倍液，或 30%啶氧菌酯悬浮剂 2000～2500 倍液，或 50%啶氧菌酯水分散粒剂 3000～4000 倍液，或 70%啶氧菌酯水分散粒剂 5000～6000 倍液喷雾，先在花蕾穗期、落花后及落花后 10～15 天各喷 1 次，防治黑痘病及霜霉病为害幼穗，然后从叶片上初见霜霉病病斑时开始继续喷施，每隔 10 天左右喷 1 次，直到生长中后期，与不同类型药剂轮换，安全间隔期 14 天，每季最多施用 3 次。

防治苹果黑星病、炭疽病。防治黑星病，发病初期或初见病斑时开始，每隔 10～15 天喷 1 次，连喷 2～3 次，防治炭疽病，从落花后 10～15 天开始，每隔 10～15 天喷 1 次，连喷 2～3 次后套袋（套袋后停止喷药），不套袋苹果继续喷 3～5 次，每隔 10～15 天喷 1 次，与不同类型药剂轮换，药剂喷施倍数同葡萄黑痘病。

防治香蕉叶斑病、黑星病，发病前或发病初期，可选用 22.5%啶氧菌酯悬浮剂 1500～1750 倍液，或 30%啶氧菌酯悬浮剂 2000～2500 倍液茎叶喷雾，每隔 10～15 天喷 1 次，安全间隔期 28 天，每季最多施用 3 次。

防治枣树锈病，发病前或发病初期，用 22.5%啶氧菌酯悬浮剂 1500～2000 倍液喷雾，每隔 10～15 天喷 1 次，连喷 2～3 次，安全间隔期 21 天，每季最多施用 3 次。

防治芒果炭疽病，在谢花后小果期施药，用 22.5%啶氧菌酯悬浮剂 1500～2000 倍液全株喷雾，每隔 7～10 天喷 1 次，安全间隔期 21 天，每季最多施用 3 次。

（2）复配剂应用

① 啶氧菌酯·溴菌腈。由啶氧菌酯与溴菌腈复配而成。防治西瓜炭疽病，每亩用 30%啶氧菌酯·溴菌腈水乳剂 60～80 毫升兑水 30～50 千克喷雾。

② 啶氧菌酯·二氰蒽醌。由啶氧菌酯与二氰蒽醌复配而成。具有清洁果面、亮果提质的作用，抗逆更增产，且治疗与保护作用兼具。防治西瓜等瓜类的炭疽病、叶斑病、蔓枯病等，瓜蔓 1 米以后采收期，每亩

用 36%啶氧菌酯·二氰蒽醌悬浮剂 20～30 克兑水 30 千克喷雾。

● **注意事项**

（1）避免与强酸、强碱性农药混用。

（2）注意与不同类型的药剂轮换使用。

（3）不推荐与有机硅等表面活性剂及其他产品桶混使用。

（4）对鱼、溞类、藻类毒性高，水产养殖区、河塘等水体附近禁用，禁止在河塘等水体中清洗施药器具。周围开花植物花期禁用，蚕室及桑园附近禁用，赤眼蜂等天敌放飞区禁用。

（5）温室大棚环境复杂，不建议在温室大棚使用本品。

咪鲜胺（prochloraz）

$C_{15}H_{16}Cl_3N_3O_2$，376.67

● **其他名称**　施保克、扑霉灵、扑菌唑、使百克、百使特、果鲜灵、果鲜宝、保禾利、天立、金雨、采杰、扑霉唑、胜炭、丙灭菌、咪鲜安、扑克拉、斑炭宁。

● **主要剂型**　25%、250 克/升、41.5%、45%、50 克/升乳油，10%、250 克/升、450 克/升、50%悬浮剂，30%微囊悬浮剂，50%可溶液剂，10%、20%、24%、25%、40%、45%、450 克/升水乳剂，10%、15%、20%、25%、45%微乳剂，0.05%、45%水剂，25%、50%、60%可湿性粉剂，0.5%、1.5%水乳种衣剂，0.5%悬浮种衣剂。

● **毒性**　低毒。

● **作用机理**　咪鲜胺是一种咪唑类广谱高效杀菌剂，具有向顶性传导活性，其作用机理是通过抑制麦角甾醇的生物合成，从而使菌体细胞膜功能受破坏而起作用，在植物体内有一定的内吸传导作用，对子囊菌和半知菌引起的多种病害防效极佳。

● 产品特点

（1）咪鲜胺对病害具有内吸性传导、预防、治疗、铲除等杀菌作用。内吸性强，速效性好，持效期长。

（2）咪鲜胺在土壤中主要降解为易挥发的代谢产物，易被土壤颗粒吸附，不易被雨水冲刷，对土壤生物低毒，但对某些土壤真菌有抑制作用。对人、畜、鸟类低毒，对鱼类中等毒性。

（3）质量鉴别。制剂为黄棕色，有芳香味，可与水直接混合成乳白色液体，乳液稳定。

生物鉴别：摘取轻度感染炭疽病的柑橘、芒果病果，用 800 毫克/升浓度的咪鲜胺溶液浸果 1 分钟，捞起晾干，放置 1 天与没有浸药的病果对照，如有明显抑制炭疽病效果的则表明该药剂质量合格，否则质量不合格。也可利用咪鲜胺制剂防治甜菜褐斑病来判断质量优劣。

● 应用

（1）单剂应用　咪鲜胺适用作物非常广泛，对许多真菌性病害特别是水果采后病害（防腐保鲜）均具有很好的防治效果。

防治西瓜炭疽病，发病初期，每亩可选用 45%咪鲜胺乳油或 450 克/升咪鲜胺水乳剂 40～50 毫升，或 25%咪鲜胺乳油或 250 克/升咪鲜胺乳油 60～80 毫升，兑水 45～60 千克喷雾，以使植物充分着药又不滴液为宜，每隔 10～15 天喷 1 次，连喷 3 次可获最佳防效。

防治西瓜枯萎病，在瓜苗定植期、缓苗后和坐果初期或发病初期开始，用 50%咪鲜胺乳油 800～1500 倍液喷雾，每隔 7～14 天喷 1 次，连喷 2～3 次，每季最多施用 3 次，安全间隔期 14 天。

防治草莓褐色轮斑病，发病初期，用 25%咪鲜胺乳油 1000 倍液或 20%松脂酸铜·咪鲜胺乳油 750～1000 倍液喷雾，每隔 10 天左右喷 1 次，连喷 2～3 次。

防治柑橘绿霉病，可选用 50%咪鲜胺可湿性粉剂 1000～2000 倍液浸果，应于柑橘采收后，选取无伤的果实在配制好的药液中浸果 2 分钟，捞起后晾干贮藏，最多只可浸果 1 次，安全间隔期 15 天；或用 250 克/升咪鲜胺悬浮剂 500～1000 倍液，或 25%咪鲜胺乳油 500 倍液，或 10%咪鲜胺微乳剂 300～450 倍液，或 15%咪鲜胺微乳剂 500～750 倍液浸果，在鲜果采摘后 24 小时内浸果 1 分钟，浸果后及时晾干贮藏，每季最多使用 1 次，安全间隔期 14 天。或 45%咪鲜胺微乳剂 1500～2000 倍液浸果 1 分钟后捞起晾干，处理时加适量 2,4-D，以保持蒂部新鲜。

防治柑橘青霉病，柑橘采收后，选取无伤的果实，可选用 50%咪鲜胺可湿性粉剂 1000～2000 倍液浸果 2 分钟，捞起后晾干贮藏，最多只可浸果 1 次，安全间隔期 15 天；或 250 克/升咪鲜胺悬浮剂 500～1000 倍液，或 25%咪鲜胺乳油 500 倍液，防腐保鲜处理应选取当天采收的无病、无伤果实，最多用药 1 次，安全间隔期 14 天。或 45%咪鲜胺微乳剂 1500～2000 倍液浸果 1 分钟后捞起晾干，处理时加适量 2,4-D，以保持蒂部新鲜。

防治柑橘蒂腐病，可选用 250 克/升咪鲜胺悬浮剂 500～1000 倍液，或 25%咪鲜胺乳油 500～750 倍液，或 15%咪鲜胺微乳剂 500～750 倍液浸果，防腐保鲜处理应选取当天采收的无病、无伤果实，当天用药处理完毕，浸果前务必将药剂搅拌均匀，浸果 1 分钟后捞起晾干，最多用药 1 次，安全间隔期 14 天；或 25%咪鲜胺水乳剂 1000～2000 倍液浸果 1 分钟，捞起晾干，浸果前剔除有病、有虫、无果柄及受伤，最多用药 1 次，安全间隔期 21 天；或 45%咪鲜胺微乳剂 1500～2000 倍液浸果 1 分钟后捞起晾干，处理时加适量 2,4-D，以保持蒂部新鲜。

防治柑橘炭疽病，可选用 250 克/升咪鲜胺乳油 500～1000 倍液，或 45%咪鲜胺水乳剂 1000～1500 倍液浸果。柑橘防腐处理，挑选当天采收无伤口和无病斑的好果，用清水洗去果面上的灰尘和药渍后用本品稀释液浸 1～2 分钟，捞起晾干即可，最多用药 1 次，安全间隔期 14 天；或选用 40%咪鲜胺水乳剂 1000～1500 倍液，或 50%咪鲜胺可湿性粉剂 1000～1500 倍液浸果，柑橘采后浸果 1 分钟捞起晾干，当天采收的果实需当天用药处理完毕，最多用药 1 次，安全间隔期 15 天。

防治柑橘黑腐病，用 15%咪鲜胺微乳剂 500～750 倍液浸果，在鲜果采摘后 24 小时内浸果 1 分钟，浸果后及时晾干贮藏，最多用药 1 次，安全间隔期 14 天。

防治柑橘树脂病（砂皮病），用 25%咪鲜胺乳油 1000～1500 倍液喷雾，高温多雨季节的各次新梢抽发期、幼果期、果实膨大期，尚未发病前进行喷施，以后视病情发生情况，每隔 10～15 天喷 1 次，每季最多施用 3 次，安全间隔期 21 天。

防治芒果炭疽病，采前喷雾处理：在芒果花蕾期和始花期，用 25%

咪鲜胺乳油 500～1000 倍液或 45%咪鲜胺微乳剂 750～1000 倍液各喷雾施药 1 次，以后每隔 7～10 天喷 1 次，根据发病情况，连续施用 3～4 次。采后浸果处理：挑选当天采收无病无伤口的好果，清水洗去果面上的灰尘和药渍，可选用 250 克/升咪鲜胺乳油 250～500 倍液浸果，或 25%咪鲜胺乳油 500～1000 倍液喷雾，常温药液浸果 1 分钟后捞起晾干，当天采收的果实，需当天用药处理完毕，对薄皮品种等慎用，以免出现药斑。

防治香蕉果实的炭疽病，可选用 25%咪鲜胺水乳剂 500～750 倍液，或用 450 克/升咪鲜胺水乳剂 900～1200 倍液浸果，于天晴时采收七至八成熟的香蕉，当天浸药 1 次，浸入药液 1～2 分钟，取出晾干，每季最多施用 1 次，安全间隔期 7 天。

防治香蕉果实的冠腐病，可选用 450 克/升咪鲜胺悬浮剂 450～900 倍液浸果，香蕉八成熟时采收，之后选取无伤的果实在配制好的本品药液中浸果 2 分钟，每季最多施用 1 次，安全间隔期 7 天；或 25%咪鲜胺水乳剂 250～500 倍液浸果，每季最多施用 1 次，安全间隔期 10 天；或 45%咪鲜胺水乳剂 450～900 倍液浸果，浸果 1～2 分钟，捞起晾干，应贮于通风良好的环境中，每季最多施用 1 次，安全间隔期 7 天。

防治荔枝炭疽病，用 45%咪鲜胺乳油或 450 克/升咪鲜胺乳油或 450 克/升咪鲜胺水乳剂或 45%咪鲜胺水乳剂或 45%咪鲜胺微乳剂 1500～2000 倍液，或 25%咪鲜胺水乳剂或 25%咪鲜胺微乳剂或 25%咪鲜胺乳油或 250 克/升咪鲜胺乳油 1000～1200 倍液，或 15%咪鲜胺微乳剂 500～700 倍液喷雾，幼果期、果实转色期各喷 1 次。

防治贮藏期荔枝黑腐病，采收后用 45%咪鲜胺水乳剂 1500～2000 倍液浸果 1 分钟后贮藏。

用 25%咪鲜胺乳油 1000 倍液浸采收后的苹果、梨、桃果实 1～2 分钟，可防治青霉病、绿霉病、褐腐病，延长果品保鲜期。

对霉心病较多的苹果，可在采收后试用 25%咪鲜胺乳油 1500 倍液往萼心注射 0.521 毫升，防治霉心病菌所致的果腐效果非常明显。

防治苹果炭疽病，病害侵染初期落花后 10 天左右，果实膨大期，可选用 50%咪鲜胺悬浮剂 1500～2000 倍液喷雾，每隔 15 天喷 1 次，每季最多施用 5 次，安全间隔期 14 天；或 25%咪鲜胺可湿性粉剂 600～1000 倍液，或 60%咪鲜胺可湿性粉剂 1500～2500 倍液喷雾，发病初期施药 3

次，每隔 10～15 天喷 1 次，每季最多施用 3 次，安全间隔期 21 天；或 20%咪鲜胺水乳剂 600～800 倍液喷雾，每隔 10～20 天喷 1 次，每季最多施用 2 次，安全间隔期 24 天；或 40%咪鲜胺水乳剂 1000～1500 倍液喷雾，每隔 10 天左右喷 1 次，每季最多施用 3 次，安全间隔期 30 天。

防治梨炭疽病，从落花后 20 天左右开始，每隔 10～15 天喷 1 次，与不同类型药剂轮换，连喷 5～7 次（套袋果直至套袋前），药剂喷施倍数同苹果炭疽病。

防治桃褐腐病、炭疽病，从采收前 2 个月左右开始，每隔 10～15 天喷 1 次，连喷 3～4 次。药剂喷施倍数同苹果炭疽病。

防治葡萄黑痘病，发病前或发病初期，用 50%咪鲜胺可湿性粉剂 1500～2000 倍液喷雾，每隔 10～14 天喷 1 次，每季最多施用 2 次，安全间隔期 10 天。

防治葡萄炭疽病，发病前或发病初期，用 25%咪鲜胺乳油 800～1200 倍液喷雾，每季最多施用 2 次，安全间隔期 9 天。

防治龙眼炭疽病，在龙眼第一次生理落果时，用 25%咪鲜胺乳油 1200 倍液喷雾，每隔 7 天喷施 1 次，连喷 4 次。

防治杨梅树褐斑病，发病初期，用 450 克/升咪鲜胺水乳剂 900～1350 倍液喷雾，每隔 7～10 天喷 1 次，每季最多施用 2 次，安全间隔期 14 天。

防治冬枣炭疽病，冬枣谢花后，发病初期，可选用 450 克/升咪鲜胺悬浮剂 1000～1500 倍液，或 40%咪鲜胺水乳剂 900～1200 倍液，或 45%咪鲜胺水乳剂 1000～1500 倍液，或 25%咪鲜胺水乳剂 600～800 倍液喷雾，每隔 10～14 天喷 1 次，安全间隔期 28 天，每季最多施用 3 次。

（2）复配剂应用　咪鲜胺可以与大多数杀菌剂、杀虫剂、除草剂混用，均有较好的防治效果。咪鲜胺常与甲霜灵、异菌脲、三唑酮、三环唑、丙环唑、腈菌唑、苯醚甲环唑、抑霉唑、戊唑醇、稻瘟灵、嘧菌酯、噁霉灵、福美双、丙森锌、百菌清、溴菌腈、烯酰吗啉、己唑醇、甲基硫菌灵、几丁聚糖、井冈霉素、噻呋酰胺、吡虫啉、腈菌唑、氟硅唑、多菌灵等复配。

① 咪鲜·多菌灵。由咪鲜胺与多菌灵混配的广谱低毒复合杀菌剂，具保护和治疗双重作用。

防治西瓜炭疽病，用 50%咪鲜·多菌灵可湿性粉剂 500～1000 倍液喷雾，每隔 7～10 天喷 1 次，连喷 3 次，安全间隔期 14 天，每季最多施用 3 次。

防治芒果炭疽病，首先从坐果期开始，可选用 25%咪鲜·多菌灵可湿性粉剂 600～800 倍液，或 50%咪鲜·多菌灵可湿性粉剂 800～1000 倍液喷雾，每隔 10 天左右喷 1 次，连喷 2～3 次；然后从转色期再次开始喷药，每隔 7～10 天喷 1 次，连喷 2 次左右。

防治柑橘炭疽病，首先从落花后一周左右开始，每隔 10 天左右喷 1 次，连喷 2～3 次；然后从膨大后期至转色期再次开始喷药，每隔 10 天左右喷 1 次，连喷 2～3 次。药剂喷施倍数同芒果炭疽病。

防治葡萄炭疽病，不套袋葡萄从果粒基本长成时开始，可选用 25%咪鲜·多菌灵可湿性粉剂 400～500 倍液，或 50%咪鲜·多菌灵可湿性粉剂 500～600 倍液喷雾，重点喷果穗，每隔 10 天左右喷 1 次，与不同类型药剂轮换，直到采收前一周左右。

防治柿炭疽病，从落花后 10 天左右开始，每隔 10～15 天喷 1 次，连喷 3～5 次。药剂喷施倍数同葡萄炭疽病。

防治梨炭疽病，从落花后 10 天左右开始，每隔 10～15 天喷 1 次，与不同类型药剂轮换，直到采收前一周左右，药剂喷施倍数同葡萄炭疽病。

② 咪鲜·甲硫灵。由咪鲜胺与甲基硫菌灵混配的广谱低毒复合杀菌剂，具保护、治疗和铲除多种活性。

防治西瓜及甜瓜的炭疽病，发病初期，用 42%咪鲜·甲硫灵可湿性粉剂 300～500 倍液喷雾，每隔 7～10 天喷 1 次，连喷 3～4 次。

防治葡萄炭疽病，不套袋葡萄从果粒基本长成时开始，用 42%咪鲜·甲硫灵可湿性粉剂 400～500 倍液喷雾，重点喷果穗，每隔 10 天左右喷 1 次，与不同类型药剂轮换，直到采收前一周左右。

③ 咪鲜·异菌脲。由咪鲜胺与异菌脲混配的一种广谱低毒复合杀菌剂，以预防保护作用为主。

防治香蕉冠腐病、炭疽病，在香蕉包装运输前，用 16%咪鲜·异菌脲悬浮剂 300～500 倍液浸果 1 分钟，而后晾干、包装。

防治香蕉叶斑病，发病初期，用 16%咪鲜·异菌脲悬浮剂 600～800 倍液喷雾，每隔 10～15 天喷 1 次，连喷 3～5 次。

④ 咪鲜·抑霉唑。由咪鲜胺与抑霉唑混配的一种低毒复合杀菌剂，

具有保护、治疗及铲除等多重杀菌活性，可用于柑橘类水果的防腐保鲜，使用安全，病菌不易产生抗药性。主要用于防治柑橘类水果的青霉病、绿霉病、蒂腐病、酸腐病。香蕉的冠腐病、炭疽病，芒果的蒂腐病、炭疽病。水果采收后，首先严格挑选，彻底汰除病、虫、伤果，然后进行药剂处理，一般用14%咪鲜·抑霉唑乳油600～800倍液浸果1分钟，捞出晾干后包装、贮运。

⑤ 咪鲜·几丁糖。由咪鲜胺与几丁聚糖混配而成。防治柑橘炭疽病，在柑橘采收后，选取无伤的果实，用46%咪鲜·几丁糖水乳剂2000～3000倍液浸果1～2分钟后，捞出晾干后贮藏，安全间隔期14天，每季最多施用1次。

◉ **注意事项**

（1）可与多种农药混用，但不宜与强酸、强碱性农药混用。

（2）瓜类苗期减半用药，若喷施咪鲜胺产生了药害，解救的措施是：叶片喷施芸苔素内酯（云大120或硕丰481）10毫升，兑水15千克，最好加上细胞分裂素25克。也可以用3毫升复硝酚钠（爱多收）+甲壳素20克，兑水15千克喷雾。

（3）药物应置于通风干燥、阴凉处贮存。

（4）对鱼、蜜蜂、蚕有毒，桑园及蚕室附近禁用，开花植物花期禁用，施药期间应密切注意对附近蜂群的影响；天敌赤眼蜂等放飞区域禁用。

（5）有水产养殖的稻田禁用，远离水产养殖区施药，禁止在河塘等水体中清洗施药器具。药液及其废液不得污染各类水域、土壤等环境。

烯酰吗啉（dimethomorph）

$C_{21}H_{22}ClNO_4$，387.8567

◉ **其他名称** 安克、专克、雄克、安玛、绿捷、破菌、瓜隆、上品、灵品、世耘、良霜、霜爽、异瓜香。

● **主要剂型** 25%、30%、50%可湿性粉剂,25%微乳剂,10%、20%、40%、50%悬浮剂,40%、50%、80%水分散粒剂,50%泡腾片剂,10%、15%水乳剂。

● **作用机理** 烯酰吗啉是德国巴斯夫公司研制的专杀卵菌纲真菌的杀菌剂,主要是从以下三方面对病菌起作用:一是预防作用,能阻止病菌孢子的萌发和侵入;二是治疗作用,能渗入植物组织中,杀灭真菌菌丝;三是抗孢子作用,阻止病菌孢子的形成,减少侵染源。这种独特的作用机制和多作用阶段的特点,使烯酰吗啉对霜霉病和疫病有极好的防治效果。

● **产品特点** 作用机制独特,有效作用于卵菌纲真菌的各个生育阶段,对各种霜霉病和疫病有特效;既有预防作用又有治疗作用,还有抗产孢作用;持效期长,减少用药次数,烯酰吗啉的施药间隔期通常为7~10天左右,比其他药剂长3~4天,减少了用药次数,节省工时及成本;超水溶性及分散性,渗透作用强,可快速渗透叶片并局部扩散,耐雨水冲刷,喷后1小时遇雨药效几乎不受影响;与甲霜灵、霜脲氰等其他杀菌剂无交互抗性,混用性强,可迅速杀死对其他杀菌剂产生抗性的病菌,保证药效稳定发挥;增强植物的光合作用,使果蔬色泽更加鲜艳亮泽,全面提高作物产量和品质;安全性好,即使在花期及果实膨大期使用,同样十分安全;含量超高,用量更少,使用成本更低。

● **应用**

(1)单剂应用 防治甜瓜霜霉病,发病前或发病初期开始施药,每亩可选用 50%烯酰吗啉水分散粒剂或 50%烯酰吗啉可湿性粉剂 30~40克,或 80%烯酰吗啉水分散粒剂 20~25 克,或 40%烯酰吗啉水分散粒剂 40~50 克,或 25%烯酰吗啉可湿性粉剂 60~80 克,或 10%烯酰吗啉水乳剂 150~200 毫升,兑水 45~75 千克喷雾,每隔 7~10 天喷 1 次,与不同类型药剂交替使用,重点喷洒叶片背面,连续施用 3 次。

防治草莓腐霉根腐病,生长期用 50%烯酰吗啉可湿性粉剂 2000 倍液喷淋。

防治草莓红中柱疫霉根腐病,可选用 50%烯酰吗啉可湿性粉剂 2000倍液,或 69%烯酰·锰锌可湿性粉剂 600~800 倍液浇灌。

防治葡萄霜霉病,可选用 80%烯酰吗啉水分散粒剂或 80%烯酰吗啉可湿性粉剂 4000～5000 倍液，或 50%烯酰吗啉悬浮剂或 50%烯酰吗啉可湿性粉剂或 50%烯酰吗啉水分散粒剂 2000～3000 倍液，或 40%烯酰吗啉悬浮剂或 40%烯酰吗啉水分散粒剂或 40%烯酰吗啉可湿性粉剂 2000～2500 倍液，或 25%烯酰吗啉微乳剂或 25%烯酰吗啉悬浮剂或 25%烯酰吗啉可湿性粉剂 1000～1500 倍液，或 10%烯酰吗啉水乳剂或 10%烯酰吗啉悬浮剂 500～600 倍液喷雾。葡萄开花前、落花后各喷 1 次，防控细果穗发病，然后从叶片上初见病斑时开始，每隔 10 天左右喷 1 次，与不同类型药剂轮换，直到生长后期，安全间隔期 20 天。

防治荔枝霜疫霉病，发病前或发病初期，每亩用 69%烯酰吗啉可湿性粉剂 167 克兑水 80～100 千克喷雾，每隔 7～10 天喷 1 次，连喷 3～4 次。

防治苹果疫腐病，发病初期，每隔 10 天左右喷 1 次，连喷 2 次左右，重点喷中下部果实。药剂喷施倍数同葡萄霜霉病。

防治梨疫腐病，发病初期，每隔 10 天左右喷 1 次，连喷 2 次左右，重点喷中下部果实。药剂喷施倍数同葡萄霜霉病。

防治柑橘褐腐病，发病初期，每隔 10 天左右喷 1 次，连喷 2 次左右，重点喷中下部果实。药剂喷施倍数同葡萄霜霉病。

（2）复配剂应用　烯酰吗啉可与唑嘧菌胺、嘧菌酯、霜脲氰、代森锰锌、丙森锌、醚菌酯、福美双、百菌清、三乙膦酸铝、吡唑醚菌酯、氨基寡糖素、咪鲜胺、甲霜灵、中生菌素、异菌脲等复配。

①　烯酰·丙森锌。由烯酰吗啉与丙森锌混配的具有保护和治疗双重作用的杀菌剂。

防治甜瓜霜霉病等瓜类的霜霉病，从田间初见病斑时立即开始喷药，每亩用 72%烯酰·丙森锌可湿性粉剂 120～150 克兑水 60～75 千克喷雾，每隔 7～10 天喷 1 次，连喷 4～5 次。

防治葡萄霜霉病，用 72%烯酰·丙森锌可湿性粉剂 500～600 倍液喷雾，中后期用药重点喷叶片背面。首先在葡萄开花前、后各喷 1 次，预防幼果穗受害；然后从叶片上初见病斑时立即开始连续喷药，每隔 10 天左右喷 1 次，与不同类型药剂轮换，直到生长后期。

防治荔枝霜疫霉病，用 72%烯酰·丙森锌可湿性粉剂 500～600 倍液喷雾，花蕾期、幼果期、果实近成熟期各喷药 1 次，即可控制该病。

②　烯酰·吡唑酯。由烯酰吗啉与吡唑醚菌酯混配的一种低毒复合

杀菌剂。

防治甜瓜、西瓜等瓜类霜霉病，从田间初见病斑时开始，每亩次用 18.7%烯酰·吡唑酯水分散粒剂 75～125 克兑水 45～75 千克喷雾，重点喷叶片背面，每隔 7～10 天喷 1 次，与不同类型药剂轮换，直到生长后期。

防治葡萄霜霉病，可选用 18.7%烯酰·吡唑酯水分散粒剂 600～800 倍液，或 45%烯酰·吡唑酯悬浮剂 1500～2000 倍液喷雾，重点喷叶片背面。首先在葡萄开花前、后各喷 1 次，预防幼果穗受害；然后从叶片上初见病斑时立即开始喷药，每隔 10 天左右喷 1 次，与不同类型药剂轮换，直到生长后期。

此外，还可防治荔枝、龙眼的霜疫霉病，柑橘褐腐病，苹果和梨的疫腐病，药剂喷施倍数同葡萄霜霉病。

③ 烯酰·福美双。由烯酰吗啉与福美双混配的一种低毒复合杀菌剂，具有保护和治疗双重作用。

防治甜瓜等瓜类霜霉病，从定植缓苗后或病害发生初期开始，每亩次可选用 35%烯酰·福美双可湿性粉剂 200～280 克，或 55%烯酰·福美双可湿性粉剂 100～160 克，兑水 45～75 千克喷雾，重点喷叶片背面，每隔 7～10 天喷 1 次，与不同类型药剂轮换，直到生长后期。

防治葡萄霜霉病，可选用 35%烯酰·福美双可湿性粉剂 300～400 倍液，或 55%烯酰·福美双可湿性粉剂 600～800 倍液喷雾。首先在葡萄开花前、后各喷 1 次，预防幼果穗受害；然后从叶片上初见病斑时开始喷药，每隔 10 天左右喷 1 次，直到生长后期，重点喷叶片背面。

④ 烯酰·锰锌。由烯酰锰锌与代森锰锌混配的一种低毒复合杀菌剂，具有内吸治疗和预防保护双重活性。

防治甜瓜等瓜类霜霉病，从定植缓苗后或病害发生初期开始，每亩次可选用 69%烯酰·锰锌可湿性粉剂 120～150 克，或 50%烯酰·锰锌可湿性粉剂 150～200 克，兑水 45～75 千克喷雾，重点喷洒叶片背面，每隔 7～10 天喷 1 次，与不同类型药剂轮换，直到生长后期。

防治葡萄霜霉病，首先在葡萄开花前、后各喷 1 次，预防幼果穗受害；然后从叶片上初见病斑时开始连续喷药，每隔 10 天左右喷 1 次，直到生长后期，重点喷叶片背面。可选用 69%烯酰·锰锌可湿性粉剂或 69%烯酰·锰锌水分散粒剂 600～700 倍液，或 50%烯酰·锰锌可湿性粉剂 400～500 倍液，或 80%烯酰·锰锌可湿性粉剂 700～800 倍液喷雾。

此外，还可防治荔枝霜疫霉病，柑橘褐腐病，苹果和梨的疫腐病，药剂喷施倍数同葡萄霜霉病。

⑤ 烯酰·乙膦铝。由烯酰吗啉与三乙膦酸铝混配的一种低毒复合杀菌剂，具有内吸治疗和预防保护双重作用。

防治甜瓜等瓜类霜霉病，从定植缓苗后或病害发生初期开始喷药，每亩次用 50%烯酰·乙膦铝可湿性粉剂 140～180 克，兑水 45～75 千克喷雾，重点喷叶片背面，每隔 7～10 天喷 1 次，与不同类型药剂轮换，直到生长后期。

防治葡萄霜霉病，首先在葡萄开花前、后各喷 1 次，预防幼果穗受害；然后从叶片上初见病斑时开始连续喷药，每隔 10 天左右喷 1 次，直到生长后期，重点喷叶片背面。用 50%烯酰·乙膦铝可湿性粉剂 600～700 倍液喷雾。

⑥ 烯酰·霜脲氰。由烯酰吗啉与霜脲氰混配的一种内吸治疗性低毒复合杀菌剂，具有良好的内吸治疗活性。

防治葡萄霜霉病，可选用 25%烯酰·霜脲氰可湿性粉剂 700～800 倍液，或 35%烯酰·霜脲氰悬浮剂 1000～1500 倍液，或 40%烯酰·霜脲氰悬浮剂 1500～2000 倍液，或 48%烯酰·霜脲氰悬浮剂 2000～2500 倍液，或 70%烯酰·霜脲氰水分散粒剂 2500～3000 倍液喷雾。在开花前和落花后各喷 1 次，预防幼果穗受害。从叶片上初见病斑时或发病初期，每隔 10 天左右喷 1 次，与不同类型药剂轮换，直到生长后期或雨露雾高湿环境不再出现时。

还可防治荔枝、龙眼的霜疫霉病，柑橘褐腐病，苹果和梨的疫腐病，药剂喷施倍数同葡萄霜霉病。

⑦ 烯酰·氰霜唑。由烯酰吗啉与氰霜唑混配的内吸治疗性低毒复合杀菌剂，专用于防治低等真菌性病害，具有持效期长、耐雨水冲刷等作用，还具有一定的内吸和治疗活性，对霜霉病具有较好的防治效果。

防治西瓜霜霉病，每亩用 40%烯酰·氰霜唑悬浮剂 22～35 毫升兑水 30～50 千克喷雾。

防治葡萄霜霉病，可选用 30%烯酰·氰霜唑悬浮剂 1200～1500 倍液，或 40%烯酰·氰霜唑悬浮剂 2000～2500 倍液，或 48%烯酰·氰霜唑悬浮剂 2500～3000 倍液喷雾，先在葡萄花蕾穗期和落花后各喷 1 次，防止幼穗受害，再从叶片上初见霜霉病病斑时开始，每隔 10 天左右喷 1 次，与不同类型药剂轮换，直到生长后期或雨雾露等高湿环境不再出现时。

⑧ 烯酰·唑嘧菌。由烯酰吗啉与唑嘧菌酯混配。防治葡萄霜霉病，发病初期，用 47%烯酰·唑嘧菌悬浮剂 1000～2000 倍液喷雾，安全间隔期 7 天，每季最多施用 3 次。

⑨ 烯酰·喹啉铜。由烯酰吗啉与喹啉铜混配而成。防治葡萄霜霉病，发病前或发病初期，用 40%烯酰·喹啉铜悬浮剂 1500～2000 倍液喷雾，安全间隔期 14 天，每季最多施用 2 次，喷叶片正反面、茎秆和果穗，以不滴水为度。

⑩ 精甲霜灵·烯酰吗啉。由精甲霜灵与烯酰吗啉混配而成。

防治葡萄霜霉病，发病初期，每亩用 40%精甲霜灵·烯酰吗啉悬浮剂 38～50 毫升兑水 30～50 千克喷雾。

防治苹果树霉疫病，每亩用 40%精甲霜灵·烯酰吗啉悬浮剂 38～50 毫升兑水 30～50 千克喷雾。

防治柑橘疫病，每亩用 40%精甲霜灵·烯酰吗啉悬浮剂 39～50 毫升兑水 30～50 千克喷雾。

⑪ 烯酰·甲霜灵。由烯酰吗啉与甲霜灵混配而成。防治葡萄霜霉病，发病前或发病初期，用 30%烯酰·甲霜灵水分散粒剂 750～1000 倍液喷雾，安全间隔期 7 天，每季最多施用 2 次。

⑫ 烯酰·咪鲜胺。由烯酰吗啉与咪鲜胺混配而成。防治荔枝树霜疫霉病，在始花期、坐果期、中果期，用 30%烯酰·咪鲜胺悬浮剂 600～800 倍液各喷 1 次，安全间隔期 14 天，每季最多施用 3 次。

⑬ 烯酰·铜钙。由烯酰吗啉与硫酸铜钙混配的低毒复合杀菌剂，专用于防控低等真菌性病害，具有预防保护和内吸治疗双重作用，黏着性强，耐雨水冲刷，持效期较长。防治葡萄霜霉病，用 75%烯酰·铜钙可湿性粉剂 600～800 倍液喷雾，先在葡萄花蕾穗期和落花后各喷 1 次，防止幼穗受害，再从葡萄叶片上初显霜霉病病斑时开始，每隔 10 天左右喷 1 次，与不同类型药剂轮换，连续喷至生长后期或雨雾露高湿环境不再出现时。

◉ 注意事项

（1）该药剂不可与呈碱性的农药等物质混合使用。

（2）病害轻度发生或作为预防处理时，使用低剂量，病害发生较重或发病后使用高剂量。

（3）使用本品，连续阴雨或湿度较大的环境中，或者当病情较重的情况下，建议使用较高剂量。避免在极端温度和湿度下，或作物长势较弱的情况下使用本品。

（4）避免在阴湿天气或露水未干前施药，以免产生药害，喷药 24 小时内遇大雨补喷。

（5）单用抗性风险高，常与代森锰锌等保护性杀菌剂复配使用，延缓抗性的产生。

（6）在施药期间应避免对周围蜂群的影响，蜜源作物花期、蚕室和桑园附近禁用。远离水产养殖区施药，禁止在河塘等水体中清洗施药器具。

吡唑醚菌酯（pyraclostrobin）

$C_{19}H_{18}ClN_3O_4$，387.82

◉ 其他名称　凯润、唑菌胺酯、百克敏。

◉ 主要剂型　20%、25%、250 克/升、30%乳油，10%、15%、25%微乳剂，20%、25%、30%、50%水分散粒剂，9%、15%、25%、30%、40%悬浮剂，20%、25%可湿性粉剂，9%、20%、25%微囊悬浮剂，18%悬浮种衣剂。

◉ 毒性　低毒。

◉ 作用机理　吡唑醚菌酯主要通过抑制病原细胞线粒体呼吸作用中的细胞色素 b 和 c_1 间电子传递，使线粒体不能正常提供细胞代谢所需能量，从而达到杀菌效果。此外，吡唑醚菌酯还是一种激素型杀菌剂，具有诱导作物尤其是谷物的生理变化作用，如能增强硝酸盐（硝化）还原酶的活性，提高对氮的吸收，降低乙烯的生物合成，延缓作物衰老，当作物受到病毒袭击时，它还能加速抵抗蛋白的形成，促进作物生长。

● **产品特点** 吡唑醚菌酯属甲氧基丙烯酸酯类杀菌剂，为新型、高效、广谱杀菌剂，具有保护、治疗、叶片渗透传导作用。比其他同类杀菌剂活性更高，可有效防治瓜果蔬菜的白粉病、霜霉病、叶斑病等。

（1）作用快速、药效持久。用药后几分钟就起作用，渗入叶内，并在上表皮蜡质层形成沉降药膜，预防作用非常好。吡唑醚菌酯在叶片上形成的沉降药膜与蜡质层粘连紧密，可显著减少有效成分因水分蒸发和雨水冲刷而造成的流失，用药一次有效期达 12～15 天。持效期是常规杀菌剂的 2 倍，并具有免疫功能。

（2）强效可靠、杀菌谱广。能阻止病菌侵入，防止病菌扩散和清除体内病菌，具有治疗和预防效果，能有效控制子囊菌、担子菌、半知菌和卵菌中的多种真菌病害。杀菌范围广，在 60 多种作物上体现出广谱特性，对病毒病和细菌性病害有预防和抵制作用。

（3）改善作物生理机能、增强抗逆性。使作物生理活性提高，延缓衰老，可通过改善氮的作用增加产量，在干旱条件下，可以抵制乙烯的产生，防止作物早熟，确保最佳成熟度。

（4）低生物毒性。由于该药具有特异的作用机制，同时具备较高的选择性，只对靶标生物有效，无论对药剂使用者还是对用药环境均呈现安全友好状态。

（5）使用方便。不仅可制成液体剂型，还可以制成水性药剂，如悬浮剂、膏剂、可湿性粉剂等多种剂型，同时还可与其他种类的杀菌剂混配使用。

● **应用**

（1）单剂应用 防治西瓜蔓枯病、炭疽病，发病初期，用 25%吡唑醚菌酯乳油 1800～2000 倍液喷雾，每隔 3～4 天喷 1 次，连喷 2～3 次。

防治甜瓜叶枯病、霜霉病，发现病株后，用 25%吡唑醚菌酯乳油 3000 倍液喷雾。

防治草莓白粉病，发病初期，每亩用 20%吡唑醚菌酯水分散粒剂 38～50 克兑水 30～50 千克喷雾，每隔 7～10 天喷 1 次，每季最多施用 3 次。

防治草莓灰霉病，每亩用 50%吡唑醚菌酯水分散粒剂 15～25 克兑水 30～50 千克喷雾，每隔 7～10 天喷 1 次，每季最多施用 3 次，安全间隔期 5 天。

防治草莓蛇眼病，发病初期，用 25%吡唑醚菌酯乳油 3000 倍液喷雾，对病害能进行治疗和铲除，一般使用 2 次，每 15 千克药液加 2 克芸苔素内酯，可快速促进植株生长和减轻病害对植株的伤害。草莓白粉病、灰霉病、炭疽病均极易产生抗药性，生产中应交替用药，可用 25%吡唑醚菌酯乳油 3000 倍液喷雾，每一季使用次数不超过 3 次。

防治柑橘树脂病（砂皮病），在嫩梢期、幼果期，用 25%吡唑醚菌酯可湿性粉剂 1000～2000 倍液喷雾，每隔 10 天喷 1 次，连喷 1～2 次，每季最多施用 4 次，安全间隔期 14 天。

防治柑橘炭疽病、黄斑病、疮痂病、黑星病，可选用 250 克/升吡唑醚菌酯乳油 2000～2500 倍液，或 30%吡唑醚菌酯乳油或 30%吡唑醚菌酯悬浮剂 2500～3000 倍液，或 15%吡唑醚菌酯悬浮剂 1000～1500 倍液喷雾。春梢生长期、幼果期、果实膨大期、果实转色期各喷 1～2 次，每隔 10～15 天喷 1 次，与不同类型药剂轮换。

防治苹果树腐烂病，苹果休眠期彻底刮除病疤后，用 250 克/升吡唑醚菌酯乳油 1000～1500 倍液喷淋或涂抹 1 次，安全间隔期 28 天。

防治苹果树褐斑病，发病初期，用 30%吡唑醚菌酯悬浮剂 5000～6000 倍液喷雾，每隔 7～10 天喷 1 次，每季最多施用 3 次，安全间隔期 21 天。

防治苹果树斑点落叶病，发病初期，可选用 30%吡唑醚菌酯悬浮剂 3000～4000 倍液，或 20%吡唑醚菌酯可湿性粉剂 1500～2000 倍液喷雾，每季施药 3 次，安全间隔期 28 天。

防治葡萄霜霉病、白粉病、灰霉病、炭疽病，先在葡萄开花前、落花后各喷 1 次，防止幼穗期病害；然后从叶片上初现霜霉病病斑时开始，每隔 10 天左右喷 1 次，与不同类型药剂轮换，直到生长中后期。可选用 250 克/升吡唑醚菌酯乳油 1500～2000 倍液，或 25%吡唑醚菌酯水分散粒剂 1000～1500 倍液，或 30%吡唑醚菌酯乳油或 30%吡唑醚菌酯悬浮剂 2000～2500 倍液，或 15%吡唑醚菌酯悬浮剂 800～1000 倍液喷雾，每隔 7 天喷 1 次，每季最多施用 3 次，安全间隔期 14 天。

防治香蕉叶斑病、黑星病，发病初期或初见病斑时，可选用 250 克/升吡唑醚菌酯乳油 1000～2000 倍液，或 30%吡唑醚菌酯乳油或 30%吡唑醚菌酯悬浮剂 1200～2400 倍液，或 15%吡唑醚菌酯悬浮剂 600～1000 倍液喷雾。

防治香蕉炭疽病、轴腐病，香蕉采收后，可选用 250 克/升吡唑醚菌酯乳油 1000～2000 倍液，或 30%吡唑醚菌酯乳油或 30%吡唑醚菌酯悬浮剂 1500～2400 倍液，或 15%吡唑醚菌酯悬浮剂 600～1000 倍液浸果 1 分钟，而后晾干、包装、贮运。

防治芒果树炭疽病，在嫩梢抽生 3～5 厘米时开始，用 250 克/升吡唑醚菌酯乳油 1000～2000 倍液喷雾，每隔 7～10 天喷 1 次，连喷 2～3 次，安全间隔期 7 天。

防治枸杞白粉病，发病初期，可选用 25%吡唑醚菌酯悬浮剂 1250～2100 倍液，或 30%吡唑醚菌酯悬浮剂 1500～2500 倍液喷雾，每隔 10～15 天喷 1 次，连喷 3 次。

防治梨树黑星病、黑斑病、炭疽病、褐斑病、白粉病，以防治黑星病为主，兼防其他病害，从落花后开始，每隔 10～15 天喷 1 次，连喷 3 次后套袋，套袋后继续喷 3～5 次；中后期白粉病较重果园，需增喷 1～2 次。药剂喷施倍数同柑橘炭疽病。

防治枣树炭疽病，从枣树一茬花落花坐果后 20 天左右开始，每隔 10～15 天喷 1 次，连喷 4～6 次，药剂喷施倍数同柑橘炭疽病。

（2）复配剂应用　吡唑嘧菌酯的抗性是一种非可逆性的，它抗性水平的发生不像三唑类杀菌剂是 5 倍、10 倍的发生，吡唑醚菌酯的抗性一旦发生，抗性水平直接是 1000 倍。所以当抗性出现，再增加用量是没有意义的。解决抗性的一个主要方法是混剂，如与代森联、丙森锌、苯醚甲环唑、烯酰吗啉、喹啉铜、啶酰菌胺、氟环唑、氟唑菌酰胺等混配。

① 唑醚·代森联。由吡唑醚菌酯与代森联复配而成的广谱低毒复合杀菌剂，以保护作用为主。

防治西瓜疫病、西瓜炭疽病，以防治霜霉病为主，兼防其他病害即可，从定植缓苗后或初见病斑时立即开始，每亩用 60%唑醚·代森联水分散粒剂 60～100 克兑水 45～75 千克喷雾，每隔 7～10 天喷 1 次。

防治甜瓜霜霉病、甜瓜炭疽病，从病害发生初期开始，每亩用 60%

唑醚·代森联水分散粒剂 100～120 克兑水 60～75 千克喷雾，每隔 7～10 天喷 1 次，连喷 3～4 次。

防治荔枝霜疫霉病，花蕾期、幼果期、果实近成熟期，用 60%唑醚·代森联水分散粒剂 1000～1200 倍液各喷 1 次。

防治葡萄霜霉病、白腐病、炭疽病、褐斑病，用 60%唑醚·代森联水分散粒剂 1000～1200 倍液喷雾，首先在开花前、后各喷 1 次，预防幼果穗受害；然后从叶片上初见病斑时开始连续喷药，每隔 10 天左右喷 1 次，与不同类型药剂轮换，直到生长后期。

防治苹果轮纹病、炭疽病、斑点落叶病，从苹果落花后 7～10 天开始，用 60%唑醚·代森联水分散粒剂 1000～1500 倍液喷雾，防治轮纹病、炭疽病时，每隔 10 天左右喷 1 次，连喷 3 次药后套袋；不套袋苹果需继续喷 4～6 次，每隔 10～15 天喷 1 次。

防治柑橘疮痂病、炭疽病，萌芽 1/3 厘米、谢花 2/3 及幼果期是防治疮痂病和慢性炭疽病关键期，果实转色期是喷药防治急性炭疽病关键期，用 60%唑醚·代森联水分散粒剂 1000～1500 倍液喷雾，每隔 10～15 天喷 1 次，与不同类型药剂轮换。

防治香蕉黑星病、叶斑病，发病初期，用 60%唑醚·代森联水分散粒剂 1000～1500 倍液喷雾，每隔 15 天左右喷 1 次，连喷 3～4 次。

防治梨树炭疽病、轮纹病、套袋果黑点病、黑斑病、白粉病，落花后 10 天左右开始，用 60%唑醚·代森联水分散粒剂 1000～1500 倍液喷雾，每隔 10 天左右喷 1 次，连喷 2～3 次药后套袋，可防治套袋梨的炭疽病、轮纹病及套袋果黑点病，兼防黑斑病；套袋后（不套袋梨连续喷药即可）继续喷 4 次左右，每隔 10～15 天喷 1 次，与不同类型药剂轮换，可防治黑斑病、白粉病及不套袋梨的炭疽病、轮纹病。

防治桃树真菌性穿孔病、黑星病、炭疽病，落花后 15～20 天开始，60%唑醚·代森联水分散粒剂 1000～1500 倍液喷雾，每隔 10～15 天喷 1 次，连喷 2～3 次。往年发病重的，需继续喷 1～2 次，连喷 5～7 次，与不同类型药剂轮换。

防治枣树炭疽病、轮纹病，从枣果坐住后 10 天左右开始，用 60%唑醚·代森联水分散粒剂 1000～1500 倍液喷雾，每隔 10～15 天喷 1 次，连喷 5～7 次，与不同类型药剂轮换。

防治核桃炭疽病，落花后 20 天左右开始，用 60%唑醚·代森联水分散粒剂 1000～1500 倍液喷雾，每隔 10～15 天喷 1 次，连喷 2～3 次。

防治柿树炭疽病、圆斑病、角斑病，用 60%唑醚·代森联水分散粒剂 1000～1500 倍液喷雾。南方柿树种植区，首先在柿树开花前喷 1 次，然后从落花后 7～10 天开始，每隔 10～15 天喷 1 次，连喷 6～8 次，与不同类型药剂轮换。北方柿产区，在落花后 15 天左右开始，每隔 10～15 天喷 1 次，连喷 2～3 次即可。

防治石榴炭疽病、褐斑病，开花前、落花后、幼果期、套袋前及套袋后，用 60%唑醚·代森联水分散粒剂 1000～1500 倍液各喷 1 次，与不同类型药剂轮换。

② 唑醚·戊唑醇。由吡唑醚菌酯与戊唑醇复配而成。被称为"杀菌霸主"，能防多种病害。对几乎所有真菌类（子囊菌亚门、担子菌亚门、鞭毛菌亚门卵菌纲和半知菌亚门）病害都显示出很好的活性，如对霜霉病、疫病等具有很好的活性，对疫病的防治更显重要。

防治西瓜炭疽病、蔓枯病等病害，可每亩用 45%唑醚·戊唑醇悬浮剂 20～25 毫升，或 43%戊唑醇悬浮剂（6～8 毫升）+25%吡唑醚菌酯悬浮剂（40～60 毫升），兑水 30～50 千克均匀喷雾，可快速控制病害的发展和蔓延。

防治苹果轮纹病、炭疽病、套袋果斑点病、斑点落叶病、褐斑病、炭疽叶枯病、黑星病、白粉病，可选用 30%唑醚·戊唑醇悬浮剂 1500～2000 倍液，或 38%唑醚·戊唑醇悬浮剂或 40%唑醚·戊唑醇悬浮剂或 40%唑醚·戊唑醇水分散粒剂 2000～3000 倍液，或 45%唑醚·戊唑醇悬浮剂或 48%唑醚·戊唑醇悬浮剂 3000～4000 倍液，或 36%唑醚·戊唑醇乳油或 42%唑醚·戊唑醇乳油 2500～3000 倍液，或 60%唑醚·戊唑醇水分散粒剂 3500～4000 倍液，或 45%唑醚·戊唑醇可湿性粉剂 2500～3000 倍液喷雾，防治轮纹病、炭疽病、套袋果斑点病，从落花后 7～10 天开始，每隔 10 天左右喷 1 次，连喷 3 次后套袋（套袋后停止喷），不套袋苹果需继续喷 4～6 次，每隔 10～15 天喷 1 次。防治斑点落叶病，在春梢生长期内和秋梢生长期内各喷 2 次左右，每隔 10～15 天喷 1 次。防治褐斑病，从落花后 1 个月左右或初见褐斑病病叶或套袋前开始，每隔 10～15 天喷 1 次，连喷 4～6 次。防治炭疽叶枯病，在雨季（7～8 月）

的降雨前 2 天开始，每隔 10 天左右喷 1 次，连喷 2～3 次。防治黑星病，发病初期，隔 10～15 天喷 1 次，连喷 2～4 次。防治白粉病，在花序分离期、落花 80%及落花后 10 天左右各喷 1 次，往年白粉病发生较重的，于 8～9 月花芽分化期增喷 1～2 次。与不同类型药剂轮换。

此外，还可以防治梨树黑星病、轮纹病、炭疽病、套袋果黑点病、黑斑病、褐斑病、白粉病，山楂白粉病、锈病、炭疽病、轮纹病、叶斑病、葡萄炭疽病、褐斑病、白粉病，桃树黑星病、炭疽病、真菌性穿孔病、锈病、白粉病，李树红点病、炭疽病、真菌性穿孔病，核桃炭疽病、角斑病、圆斑病、黑星病，枣树锈病、炭疽病、轮纹病，石榴炭疽病、褐斑病、麻皮病，枸杞白粉病等，喷药倍数同苹果轮纹病。

③ 唑醚·氟酰胺。由吡唑醚菌酯和氟唑菌酰胺混配的广谱低毒复合杀菌剂，具有保护和治疗作用，内吸传导性好，耐雨水冲刷，持效期较长。

防治葡萄白粉病、灰霉病，用 42.4%唑醚·氟酰胺悬浮剂 2000～3000 倍液喷雾，防治白粉病，发病初期，每隔 10 天左右喷 1 次，连喷 2～3 次。防治灰霉病，从花蕾穗期和落花后各喷 1 次，防止幼穗受害，套袋葡萄，在套袋前喷 1 次，防治袋内果穗受害，不套袋葡萄，于近成熟期果穗上初见灰霉病病粒时开始，每隔 7～10 天喷 1 次，连喷 1～2 次。

防治草莓白粉病、灰霉病，从初花期或相应病害发生初期，每亩用 42.4%唑醚·氟酰胺悬浮剂 25～35 毫升兑水 30～45 千克喷雾，每隔 10 天左右喷 1 次，与不同类型药剂轮换，直至采收中后期，安全间隔期 7 天，每季最多施用 3 次。

④ 吡唑醚菌酯·溴菌腈。防治西瓜炭疽病，发病前或发病初期，用 30%吡唑醚菌酯·溴菌腈水乳剂 50～60 毫升兑水 30～50 千克喷雾，安全间隔期 7 天，每季最多施用 2 次。

⑤ 唑醚·啶酰菌。由吡唑醚菌酯和啶酰菌胺混配的广谱低毒复合杀菌剂，具有保护和治疗双重作用，速效性好，渗透性较强，持效期较长。

防治草莓灰霉病、白粉病，可选用 30%唑醚·啶酰菌悬浮剂或 33%唑醚·啶酰菌悬浮剂或 35%唑醚·啶酰菌悬浮剂或 38%唑醚·啶酰菌悬浮剂 40～60 毫升，或 38%唑醚·啶酰菌水分散粒剂或 40%唑醚·啶酰菌水分散粒剂 40～60 克，兑水 30～45 千克喷雾，从初花期或相应病害发生初期开始，每隔 10 天左右喷 1 次，与不同类型药剂轮换，直到果实采收后期，安全间隔期 3 天，每季最多施用 3 次。

防治葡萄灰霉病、白腐病、白粉病，可选用 30%唑醚·啶酰菌悬浮剂或 35%唑醚·啶酰菌悬浮剂或 38%唑醚·啶酰菌悬浮剂或 38%唑醚·啶酰菌水分散粒剂 1000～1500 倍液，或 33%唑醚·啶酰菌悬浮剂 800～1000 倍液，或 40%唑醚·啶酰菌水分散粒剂 1200～1500 倍液喷雾。防治灰霉病，先在葡萄花蕾穗期和落花后各喷 1 次，防治幼穗受害，套袋葡萄在套袋前喷 1 次，防治果穗受害，不套袋葡萄于葡萄近成熟期果穗上初见灰霉病病粒时开始，每隔 7～10 天喷 1 次，连喷 1～2 次。防治白腐病，套袋葡萄于套袋前喷 1 次即可，不套袋葡萄多从果粒膨大后期开始，每隔 7～10 天喷 1 次，直至采收前 1 周左右。防治白粉病，发病初期，每隔 10 天左右喷 1 次，连喷 2～3 次。

⑥ 唑醚·甲硫菌。由吡唑醚菌酯与甲基硫菌灵混配而成。

防治苹果树轮纹病、斑点落叶病、炭疽病，发病初期，用 45%唑醚·甲硫菌悬浮剂 1000～2000 倍液喷雾，安全间隔期 24 天，每季最多施用 3 次。

防治柑橘炭疽病，发病初期，用 45%唑醚·甲硫菌悬浮剂 1000～2000 倍液喷雾，安全间隔期 14 天，每季最多施用 3 次。

⑦ 吡唑醚菌酯·喹啉铜。防治柑橘树树脂病（砂皮病），发病前或发病初期，用 40%吡唑醚菌酯·喹啉铜悬浮剂 1500～2000 倍液喷雾，每隔 7 天左右喷 1 次，连喷 2～3 次，安全间隔期 14 天，每季最多施用 3 次。

⑧ 唑醚·锰锌。由吡啉醚菌酯与代森锰锌混配。防治香蕉叶斑病，发病前或发病初期，用 33%唑醚·锰锌悬浮剂 550～600 倍液喷雾，安全间隔期 42 天，每季最多施用 2 次。

⑨ 吡唑酯·乙嘧酯。由吡唑醚菌酯与乙嘧酚磺酸酯混配。防治葡萄白粉病，发病初期，用 25%吡唑酯·乙嘧酯微乳剂 1000～1667 倍液喷雾，每隔 10 天喷 1 次，安全间隔期 14 天，每季最多施用 3 次。

⑩ 吡唑·氰霜唑。由吡唑醚菌酯与氰霜唑混配，具有预防、保护和治疗作用。防治葡萄霜霉病，发病前或发病初期，用 30%吡唑·氰霜唑悬浮剂 3000～3500 倍液喷雾，每隔 7～10 天喷 1 次，安全间隔期 7 天，每季最多施用 3 次。

⑪ 吡唑·福美双。由吡唑醚菌酯与福美双混配。防治葡萄霜霉病，发病初期，用 30%吡唑·福美双悬浮剂 800～1000 倍液喷雾，每隔 10 天喷 1 次，安全间隔期 7 天，每季最多施用 3 次。

⑫ 唑醚·咪鲜胺。由吡唑醚菌酯与咪鲜胺混配的广谱低毒复合杀菌剂，具有保护和治疗作用及较好的渗透性，耐雨水冲刷，持效期较长。

防治苹果炭疽病、炭疽叶枯病，用 40%唑醚·咪鲜胺水乳剂 1500～2000 倍液喷雾，防治炭疽病，多从落花后 7～10 天开始，每隔 10 天左右喷 1 次，连喷 3 次后套袋（套袋后停止喷），不套袋苹果需继续喷 4～6 次，每隔 10～15 天喷 1 次。防治炭疽叶枯病，在 7～8 月雨季降雨前 2 天开始，每隔 10 天左右喷 1 次，连喷 2～3 次，与不同类型药剂轮换。

防治梨炭疽病，用 40%唑醚·咪鲜胺水乳剂 1500～2000 倍液喷雾，从落花后 10 天左右开始，每隔 10 天左右喷 1 次，连喷 2～3 次后套袋（套袋后停止喷），不套袋梨需继续喷 4～6 次，每隔 10～15 天喷 1 次，与不同类型药剂轮换。

防治葡萄黑痘病，用 40%唑醚·咪鲜胺水乳剂 1500～2000 倍液喷雾，在葡萄花蕾穗期、落花 80%和落花后 10～15 天各喷 1 次。

防治枣炭疽病，用 40%唑醚·咪鲜胺水乳剂 1500～2000 倍液喷雾，从枣果坐住后半月开始，每隔 10～15 天喷 1 次，与不同类型药剂轮换，连喷 4～6 次。

⑬ 唑醚·丙森锌。由吡唑醚菌酯与丙森锌混配的广谱低毒复合杀菌剂，具有保护和治疗作用。

防治苹果树斑点落叶病、褐斑病、轮纹病、炭疽病，用 50%唑醚·丙森锌水分散粒剂或 59%唑醚·丙森锌水分散粒剂或 65%唑醚·丙森锌水分散粒剂或 67%唑醚·丙森锌水分散粒剂或 70%唑醚·丙森锌水分散粒剂或 70%唑醚·丙森锌可湿性粉剂 800～1000 倍液，或 75%唑醚·丙森锌可湿性粉剂 1000～1200 倍液喷雾。防治斑点落叶病，在春梢生长期内和秋梢生长期内各喷 2 次左右，每隔 10～15 天喷 1 次。防治褐斑病，从落花后 1 个月左右或初见褐斑病病叶时或套袋前开始，每隔 10～15 天喷 1 次，连喷 4～6 次。防治轮纹病、炭疽病，从落花后 7～10 天开始，每隔 10 天左右喷 1 次，连喷 3 次后套袋（套袋后停止喷药），不套袋苹果需继续喷 4～6 次，每隔 10～15 天喷 1 次，与不同类型药剂轮换。

此外，还可以防治梨树黑斑病、褐斑病、轮纹病、炭疽病，葡萄霜霉病、褐斑病，桃树炭疽病、黑星病、真菌性穿孔病，枣树炭疽病、轮纹病，药剂喷施倍数同苹果树斑点落叶病。

⑭ 唑醚·丙环唑。由吡唑醚菌酯与丙环唑混配。防治香蕉叶斑病，发病前或发病初期，用 50%唑醚·丙环唑乳油 2000～3000 倍液喷雾，每隔 7～10 天喷 1 次，安全间隔期 42 天，每季最多施用 2 次。

⑮ 寡糖·吡唑酯。由氨基寡糖素与吡唑醚菌酯混配。防治葡萄霜霉病，发病初期，用 27%寡糖·吡唑酯水乳剂 2000～3000 倍液喷雾，每隔 7～10 天左右喷 1 次，安全间隔期 14 天，每季最多施用 3 次。

● **注意事项**

（1）必须掌握在发病前或发病初期使用，在病害已经大发生时，建议搭配其他药剂一起施用，否则可能会因治不住病而导致病害蔓延，损失加剧。每季作物从病害症状开始出现到采收，最多使用 3 次。

（2）发病轻或作为预防处理时使用低剂量，发病重或作为治疗处理时使用高剂量。生长季节需要多次用药时，应与其他种类杀菌剂轮换使用。近些年，吡唑醚菌酯的使用量及使用频率都非常高，病害的抗性严重，药效也在逐渐下降。为确保药效、延缓抗性产生，最好不要单独使用，应根据作物具体情况选择复配成分，如吡唑醚菌酯+戊唑醇、吡唑醚菌酯+喹啉铜、吡唑醚菌酯+氟环唑、吡唑醚菌酯+丙森锌、吡唑醚菌酯+烯酰吗啉、吡唑醚菌酯+苯醚甲环唑、吡唑醚菌酯+二氰蒽醌、吡唑醚菌酯+乙嘧酚等，实践应用后效果都非常好。

（3）吡唑醚菌酯有非常好的渗透性，所以不宜与乳油类、碱性药剂和有机硅混用，更易出现药害。

（4）喷雾时雾滴要细，水量要足，最好早晚用药，夏天高温不要在中午用药，喷雾要仔细、周到，作物的叶片、果实、主干都要喷到，防止漏喷。

（5）对有些未注明的作物喷药时，尤其在真叶期，要先小范围试验，待取得效果后再大面积推广应用。

（6）吡唑醚菌酯有促进作物生长的作用，一般不需要加叶面肥。吡唑醚菌酯可以和磷酸二氢钾、芸苔素内酯、复硝酚钠及其他一些植物生长调节剂混用，混配时的浓度一定要根据作物的生长周期确定，前期一定要低浓度剂量使用，中后期可以适当扩大。吡唑醚菌酯还可以和三唑类杀菌剂及其他杀菌剂混配使用，这样可以提高防病的效果，还可以延缓抗性的产生。

（7）本品对蜜蜂、鱼类等水生生物、家蚕有毒，施药期间应避免对周围蜂群的影响；周围开花植物花期、蚕室和桑园附近禁用。远离水产养殖区河塘等水体施药，禁止在河塘等水体中清洗施药器具。赤眼蜂等天敌放飞区禁用。禁止在养殖鱼、虾、蟹的稻田使用。

噁唑菌酮（famoxadone）

$C_{22}H_{18}N_2O_4$，374.4

● **产品特点**

噁唑菌酮是新型高效、广谱杀菌剂，具有保护、治疗、铲除、渗透、内吸活性。喷施在作物叶片上后，易黏附，不易被雨水冲刷。噁唑菌酮在生产中主要以复配剂的形式使用，常和其他药剂混配形成新的制剂，更能达到有效防病的目的。

● **应用**

（1）68.75%噁酮·锰锌水分散粒剂　噁酮·锰锌为噁唑菌酮与代森锰锌混配的一种广谱保护性低毒复合杀菌剂，防病范围广，耐雨水冲刷，持效期较长。

防治西瓜炭疽病、叶斑病、茎枯病等，发病初期，用 68.75%噁酮·锰锌水分散粒剂 1000～1500 倍液喷雾。

防治草莓疫病、炭疽病、白粉病，发病初期，用 68.75%噁酮·锰锌水分散粒剂 1000～1500 倍液喷雾。

防治苹果轮纹病、炭疽病、斑点落叶病、褐腐病，从苹果落花后 7～10 天开始，用 68.75%噁酮·锰锌水分散粒剂 800～1000 倍液喷雾，每隔 10 天左右喷 1 次，连喷 3 次药后套袋。套袋后继续喷药防治斑点落叶病及不套袋苹果的轮纹病，每隔 10～15 天喷 1 次，连喷 4～6 次。注意与相应治疗性药剂交替使用。

防治梨树炭疽病、轮纹病、黑星病、黑斑病，从梨树落花后 10 天左右开始，用 68.75%噁酮·锰锌水分散粒剂 1000～1200 倍液喷雾，每隔 10 天左右喷 1 次，连喷 2～3 次药后套袋。不套袋果，幼果期 2～3 次药后仍需继续喷药 4～6 次，间隔期 10～15 天，注意与相应治疗性药剂交替使用。

防治葡萄霜霉病、黑痘病、炭疽病，用 68.75%噁酮·锰锌水分散粒剂 800～1000 倍液喷雾，首先在开花前、落花后及落花后 10～15 天各喷药 1 次，然后从叶片上初显霜霉病斑时立即开始喷药，每隔 10 天左右喷 1 次，直到生长后期。注意与不同类型药剂或相应治疗性药剂交替使用。

防治枣树轮纹病、炭疽病，从枣果坐住后半月左右开始，用 68.75%噁酮·锰锌水分散粒剂 1000～1500 倍液喷雾，每隔 10～15 天喷 1 次，连喷 5～7 次，与不同类型药剂交替使用。

防治石榴炭疽病、褐斑病，在开花前、落花后、幼果期、套袋前及套袋后，用 68.75%噁酮·锰锌水分散粒剂 1000～1200 倍液各喷 1 次，与不同类型药剂交替使用。

防治柑橘疮痂病、炭疽病、黑星病、黑点病，用 68.75%噁酮·锰锌水分散粒剂 1000～1500 倍液喷雾，萌芽期、谢花 2/3 及幼果期主防疮痂病、炭疽病，果实膨大期至转色期喷药防治黑星病、黑点病。转色期防治急性炭疽病，每隔 10～15 天喷 1 次，与不同类型药剂交替使用。

防治香蕉叶斑病、黑星病，从病害发生初期或初见病斑时开始，用 68.75%噁酮·锰锌水分散粒剂 800～1000 倍液喷雾，每隔 15 天左右喷 1 次，连喷 3～4 次，与不同类型药剂交替使用。

（2）20.67%噁酮·氟硅唑乳油 由噁唑菌酮和氟硅唑两种杀菌剂组成，这两种杀菌剂具有不同的作用机制，可以延缓抗性菌株的产生。

防治西瓜枯萎病，发病初期，用 20.67%噁酮·氟硅唑乳油 2000 倍液灌根，或 20.67%噁酮·氟硅唑乳油 2500 倍液叶面喷雾，连喷带灌效果更佳。

防治苹果轮纹病、炭疽病，从苹果落花后 7～10 天开始，用 206.7 克/升噁酮·氟硅唑乳油 2000～3000 倍液喷雾，连续喷药时，注意与不同类型药剂交替使用，每隔 10 天左右喷 1 次，连喷 3 次药后套袋；不套袋苹果继续喷药 4～6 次，每隔 10～15 天喷 1 次。

防治香蕉叶斑病、黑星病，从病害发生初期或初见病斑时开始，用 206.7 克/升噁酮·氟硅唑乳油 2000～2500 倍液均匀喷雾，连续喷药时，注意与不同类型药剂交替使用，每隔 15 天左右喷 1 次，连喷 3～4 次。

防治枣树锈病、轮纹病、炭疽病，从枣果坐住后半月左右开始，用 206.7 克/升噁酮·氟硅唑乳油 2000～2500 倍液均匀喷雾，连续喷药时，注意与不同类型药剂交替使用，每隔 10～15 天喷 1 次，连喷 5～7 次。

防治草莓白粉病，发病初期，用 20.67%噁酮·氟硅唑乳油 2000～3000 倍液喷雾，以后视不利天气和病害发展情况每隔 15 天再喷 1 次。

（3）52.5%噁酮·霜脲氰水分散粒剂　为噁唑菌酮和霜脲氰混配的一种内吸治疗性低毒复合杀菌剂，具有保护与治疗作用。

防治甜瓜等瓜类的霜霉病，霜霉病病斑尚未出现时，用 52.5%噁酮·霜脲氰水分散粒剂 2500～3000 倍液喷雾，每隔 7～9 天喷 1 次，直到控制霜霉病发生。叶面出现病斑后，用 52.5%噁酮·霜脲氰水分散粒剂 1800～2500 倍液喷雾，每隔 5～7 天喷 1 次，连续 3～4 次可控制病斑发展。病情较严重时，用 52.5%噁酮·霜脲氰水分散粒剂 1800 倍液喷雾，每隔 5 天喷 1 次，连喷 3 次以上，可达到预防和治疗的目的。

防治葡萄霜霉病，首先在开花前、落花后，用 52.5%噁酮·霜脲氰水分散粒剂 1500～2000 倍液各喷药 1 次，预防幼果穗受害；然后从叶片上初见病斑时或病害发生初期开始连续喷药，每隔 10 天左右喷 1 次，与不同类型药剂交替使用，直到生长后期或雨露雾高湿环境不再出现时。

防治荔枝、龙眼的霜疫霉病，在花蕾期、幼果期、果实近成熟期，用 52.5%噁酮·霜脲氰水分散粒剂 1500～2000 倍液各喷药 1 次。

防治柑橘褐腐病，在果实膨大后期至转色期，从田间初见病果时立即开始，用 52.5%噁酮·霜脲氰水分散粒剂 1500～2000 倍液喷雾，每隔 10 天左右喷 1 次，连喷 1～2 次，重点喷洒中下部果实及地面。

防治苹果和梨的疫腐病，适用于不套袋的苹果或梨，在果实膨大后期的多雨季节，从果园内初见病果时立即开始，用 52.5%噁酮·霜脲氰水分散粒剂 1500～2000 倍液喷雾，每隔 10 天左右喷 1 次，连喷 1～2 次，重点喷洒植株中下部果实及地面。

（4）31%噁酮·氟噻唑悬浮剂　由噁唑菌酮和氟噻唑吡乙酮两种药剂复配而成。氟噻唑吡乙酮对病原菌具有保护、治疗和抑制产孢作用，尤其是对卵菌纲病害具有优异的杀菌活性。噁唑菌酮对卵菌纲病害及早疫病等病菌都具有优异的杀菌活性。二者复配使用，具有内吸向顶传导、保护新生组织的作用。

防治葡萄霜霉病，发病前预防，用31%噁酮·氟噻唑悬浮剂1500～2000倍液喷雾，每隔7天左右喷1次，连喷2～3次，安全间隔期14天，每季最多施用3次。

（5）30%噁酮·吡唑酯水分散粒剂　由噁唑菌酮与吡唑醚菌酯混配的低毒复合杀菌剂，对多种真菌性病害具有预防保护和一定的治疗作用，黏着性好，耐雨水冲刷。

防治葡萄霜霉病、炭疽病、白腐病，用30%噁酮·吡唑酯水分散粒剂2000～2500倍液喷雾，防治霜霉病，首先在葡萄花蕾期和落花后各喷1次，预防幼穗受害，然后从初见霜霉病病叶时开始连续喷，每隔10天左右喷1次，与不同类型药剂轮换，直至生长后期。防治炭疽病、白腐病，套袋葡萄在套袋前喷1次即可，不套袋葡萄多从果粒膨大中期开始，每隔10～15天喷1次，与不同类型药剂轮换，直到采收前1周左右。

防治苹果树斑点落叶病、褐斑病、套袋果斑点病，用30%噁酮·吡唑酯水分散粒剂2000～2500倍液喷雾，防治斑点落叶病，在春梢生长期内和秋梢生长期内各喷2次左右，每隔10～15天喷1次。防治褐斑病，从落花后1个月左右或初见褐斑病病叶时或套袋前开始，每隔10～15天喷1次，与不同类型药剂轮换，连喷4～6次。防治套袋果斑点落叶病，在套袋前5天内喷1次即可。

噻唑锌（zinc-thiazole）

$C_2H_3N_3S_2Zn$，198.59

◉ **其他名称**　新农、碧生、碧火。

- **主要剂型**　20%、30%、40%悬浮剂。
- **毒性**　低毒。
- **作用机理**　噻唑锌由两个基团组成，一是噻唑基团，在植物体外对细菌无抑制力，但在植物体内却是高效的治疗剂，药剂在植株的孔纹导管中，细菌受到严重损害，其细胞壁变薄继而瓦解，导致细菌死亡。二是锌离子，具有既杀真菌又杀细菌的作用，锌离子与病原菌细胞膜表面上的阳离子（H^+、K^+等）交换，可致病菌细胞膜上的蛋白质凝固而杀死病菌；部分锌离子渗透进入病原菌细胞内，与某些酶结合，影响其活性，导致机能失调，病菌因而衰竭死亡。在两个基团的共同作用下，杀病菌更彻底，防治效果更好，防治对象更广泛。正常使用技术下对作物安全，能有效防治桃树细菌性穿孔病、柑橘树溃疡病等。
- **应用**　防治柑橘溃疡病，发病初期，可选用20%噻唑锌悬浮剂300～500倍液，或30%噻唑锌悬浮剂500～750倍液，或40%噻唑锌悬浮剂670～1000倍液喷雾，每隔10～15天喷1次，安全间隔期21天，每季最多施用3次。

　　防治桃树细菌性穿孔病，发病初期，用40%噻唑锌悬浮剂600～1000倍液喷雾，每隔7天左右喷1次，安全间隔期21天，每季最多施用3次。

- **注意事项**

（1）对鱼类等水生生物有毒，为避免药液污染，水源和养殖场所、水产养殖区、河塘等水体附近禁用，禁止在河塘等水体清洗施药器具。

（2）不能与碱性农药等物质混用。建议与其他不同作用机制的杀菌剂轮换使用。

甲霜灵（metalaxyl）

$C_{15}H_{21}NO_4$，279.3315

- **其他名称**　雷多米尔、阿普隆、瑞毒霉、立达霉、灭霜灵、甲霜安、灭达乐、瑞霉霜、氨丙灵。

- **主要剂型** 35%种子处理干粉剂，25%种子处理悬浮剂，25%悬浮种衣剂，5%颗粒剂，25%、50%可湿性粉剂，30%粉剂。

- **毒性** 低毒。

- **作用机理** 甲霜灵最初的作用方式是抑制 rRNA 生物合成。若甲霜灵作用靶标的 rRNA 聚合酶发生突变，靶标病原菌将对甲霜灵产生高水平的耐药性。甲霜灵单独使用极易导致靶标病原菌产生耐药性，生产上除了单独处理土壤外，一般与其他杀虫剂和杀菌剂混用，或制成复配制剂。

- **产品特点**

（1）甲霜灵为内吸性杀菌剂，适用于空气和土壤带菌病害的预防和治疗，特别适合于防治各种条件下由霜霉目真菌引起的病害。

（2）甲霜灵属苯基酰胺类内吸性特效杀菌剂，具有保护和治疗作用，对霜霉、疫霉、腐霉等病原真菌引起的病害有良好的治疗和预防作用。

（3）喷洒后能被植株的根、茎、叶各部分吸收，在植株体内具有向顶性和向基性双向传导作用。

（4）在发病前和发病初期用药都能收到防病和治疗效果。

（5）持效期 10～14 天，土壤处理持效期可超过 2 个月。

（6）可用于叶面喷洒、种子处理和苗床土壤处理。

（7）鉴别要点。纯品为白色结晶。水中溶解度较好，溶于大多数有机溶剂。工业品为黄色至褐色粉末，无味，不易燃，不爆炸，无腐蚀性。可湿性粉剂应取得农药生产许可证；其他产品应取得农药生产批准证书。选购时注意识别该产品的"三证"。

- **应用**

（1）单剂应用 防治苹果和梨的疫腐病、根瘤病和茎腐病，发病初期，将根茎发病部位的树皮刮除，或用刀尖沿病斑纵向划道，深达木质部，划道间隔 0.3～0.5 厘米，边缘超过病部边缘 2 厘米左右，然后涂抹 25%甲霜灵可湿性粉剂 30 倍液，或 50%甲霜灵可湿性粉剂 50～100 倍液。

防治葡萄苗期霜霉病，发病初期，用 25%甲霜灵可湿性粉剂 300～500 倍液灌根，连喷 2～3 次。对成株，田间开始发病时，立即用 25%甲霜灵可湿性粉剂 700～800 倍液喷雾，每隔 10～15 天喷 1 次，连喷 3～4 次。

防治柑橘脚腐病，3～4 月间，用 25%甲霜灵可湿性粉剂 250～300 倍液喷雾，隔 10～20 天再喷 1 次。也可土壤施药。

防治荔枝霜霉病。在花蕾期、幼果期、成熟期，用 25%甲霜灵可湿性粉剂 400～500 倍液各喷 1 次。

防治草莓疫腐病，发病初期，往植株基部喷 25%甲霜灵可湿性粉剂 800～1000 倍液，隔 7～10 天再喷 1 次。

涂抹防治果树疫病、疫腐病及柑橘脚腐病时，首先将根颈部的病部树皮刮除，或用快刀在病部上下方向划道（切割病斑），深达木质部，刀口间隔 0.5 厘米左右，并边缘超过病部 2 厘米左右，然后用 25%甲霜灵可湿性粉剂 50～100 倍液充分涂抹病部表面。

（2）复配剂应用　与代森锰锌、三乙膦酸铝、琥胶肥酸铜、福美双、醚菌酯、噁霉灵、代森锌、百菌清、霜霉威、福美锌、波尔多液、王铜、霜脲氰、咪鲜胺、咪鲜胺锰盐、多菌灵、丙森锌、烯酰吗啉等混配。

① 甲霜·噁霉灵。由甲霜灵和噁霉灵复配。对腐霉菌、镰刀菌以及丝核菌等均有极显著的效果。为内吸性高效杀菌剂，通过根系吸收，除叶面喷雾外，还用于土壤处理和种子处理。

防治甜瓜、西瓜等瓜类枯萎病，从坐住瓜后或发病初期开始用药液灌根，用 3%甲霜·噁霉灵水剂 150～200 倍液，或 45%甲霜·噁霉灵可湿性粉剂 800～1000 倍液灌根，每株次顺茎基部浇灌药液 250 毫升，每隔 15 天左右灌 1 次，连灌 2～3 次。

② 甲霜·锰锌。由甲霜灵和代森锰锌混配的一种广谱低毒复合杀菌剂，可防治霜霉病、疫病等低等真菌引起的病害，集保护、治疗于一体的内吸性杀菌剂，除叶面喷雾外，还可灌根处理。主要用来防治霜霉病、疫病等。

防治甜瓜霜霉病等瓜类霜霉病，于发病初期开始施药，每亩用 58%甲霜·锰锌可湿性粉剂 150～188 克兑水 45～60 千克喷雾，每隔 7～10 天喷 1 次，连喷 3～4 次，安全间隔期为 3 天，每季最多使用 3 次。

防治葡萄霜霉病，可选用 58%甲霜·锰锌可湿性粉剂 500～700 倍液，或 72%甲霜·锰锌可湿性粉剂 600～800 倍液，或 70%甲霜·锰锌可湿性粉剂 600～700 倍液喷雾，防治叶片受害时重点喷洒叶片背面。首先在开花前、后各喷 1 次，防止幼果穗受害；然后从叶片发病初期开始，每隔 10 天左右喷 1 次，与不同类型药剂轮换，直到生长后期。

防治荔枝霜疫霉病，开花前、幼果期、果实近成熟期各喷 1 次，药剂喷施倍数同葡萄霜霉病。

防治柑橘褐腐病，在果实膨大后期至转色期，田间初见病果时，每隔 10 天左右喷 1 次，连喷 1～2 次，重点喷植株中下部果实及地面，药剂喷施倍数同葡萄霜霉病。

防治苹果疫腐病，适用于不套袋苹果，在果实膨大后期的多雨季节，田间初见病果时，每隔 10 天左右喷 1 次，连喷 1～2 次，重点喷植株中下部果实及地面，药剂喷施倍数同葡萄霜霉病。

防治梨疫病，适用于不套袋梨。在果实膨大后期的多雨季节，田间初见病果时，每隔 10 天左右喷 1 次，连喷 1～2 次，重点喷植株中下部果实及地面，药剂喷施倍数同葡萄霜霉病。

③ 甲霜·霜霉威。由甲霜灵与霜霉威或霜霉威盐酸盐混合的低毒复合杀菌剂，具保护和治疗双重作用。防治葡萄霜霉病，从病害发生初期开始喷药，用 25%甲霜·霜霉威可湿性粉剂 600～800 倍液喷雾，重点喷叶片背面，每隔 10 天左右喷 1 次，与不同类型药剂轮换，直到生长后期。

④ 甲霜·霜脲氰。由甲霜灵与霜脲氰混配的内吸治疗性低毒复合杀菌剂。

防治甜瓜等瓜类的霜霉病，从病害发生初期开始喷药，用 25%甲霜·霜脲氰可湿性粉剂 500～700 倍液喷雾，每隔 7～10 天喷 1 次，连喷 3～5 次，重点喷洒叶片背面。

防治葡萄霜霉病，发病初期，用 25%甲霜·霜脲氰可湿性粉剂 500～600 倍液喷雾，防治叶片病害时重点喷洒叶片背面，每隔 10 天左右喷 1 次，与不同类型药剂轮换，直到生长后期。

防治荔枝霜疫霉病，在花蕾期、幼果期、果实近成熟期，用 25%甲霜·霜脲氰可湿性粉剂 500～600 倍液各喷 1 次。

⑤ 甲霜·百菌清。由甲霜灵与百菌清混配的低毒复合杀菌剂，具保

护和治疗双重作用。

防治甜瓜、西瓜等瓜类的霜霉病、疫病，以防治霜霉病为主，兼治疫病，从移栽缓苗后开始喷药，每亩可选用81%甲霜·百菌清可湿性粉剂100～120克，或72%甲霜·百菌清可湿性粉剂110～150克，兑水60～75千克喷雾，每隔10天左右喷1次，重点喷洒叶片背面及茎基部，如果茎基部疫病开始发生，则用上述药液喷淋茎基部及其周围地表，7～10天后再喷淋1次。

防治葡萄霜霉病，在病害发生初期或田间初见病斑时，可选用81%甲霜·百菌清可湿性粉剂600～800倍液，或72%甲霜·百菌清可湿性粉剂500～700倍液喷雾，重点喷叶片背面，每隔10天左右喷1次，与不同类型药剂轮换，直到生长后期。

防治柑橘褐腐病，在果实膨大后期至转色期，田间初见病果时，用81%甲霜·百菌清可湿性粉剂600～700倍液，或72%甲霜·百菌清可湿性粉剂500～600倍液喷雾，每隔10～15天喷1次，连喷1～2次，重点喷洒植株中下部果实及地面。

防治荔枝霜疫霉病，花蕾期、幼果期、果实转色期各喷1次，药剂喷施倍数同柑橘褐腐病。

防治苹果疫腐病，适用于不套袋苹果。在果实膨大后期的多雨季节，初见病果时，可选用81%甲霜·百菌清可湿性粉剂600～800倍液，或72%甲霜·百菌清可湿性粉剂500～700倍液喷雾，每隔10天左右喷1次，连喷1～2次。

防治梨疫病，适用于不套袋梨。在果实膨大后期的多雨季节，初见病果时，用81%甲霜·百菌清可湿性粉剂600～800倍液，或72%甲霜·百菌清可湿性粉剂500～700倍液喷雾，每隔10天左右喷1次，连喷1～2次，重点喷植株中下部果实及地面。

⑥ 甲霜·福美双。由甲霜灵与福美双混配的低毒复合杀菌剂，具保护和治疗双重活性。

防治西瓜等瓜果类苗床的立枯病、猝倒病，既可苗床撒药土，又可苗床喷淋药液。苗床撒施药土时，播种前每平方米用3.3%甲霜·福美双粉剂25～35克，加干细土1～1.5千克，混匀后均匀撒施于苗床表面。苗床喷淋时，多在播种后或初见病株时立即开始用药，每隔7天左右喷淋 1 次，连用 2 次。每平方米可选用 38%甲霜・福美双可湿性粉剂 2～3克，或 40%甲霜・福美双可湿性粉剂 1.5～2 克，兑水 1～2 千克均匀喷淋苗床，或用 35%甲霜・福美双可湿性粉剂 400～500 倍液，或 45%甲霜・福美双可湿性粉剂 400～600 倍液均匀喷淋苗床。

防治荔枝霜疫霉病，在开花前、幼果期、果实近成熟期，可选用 70%甲霜・福美双可湿性粉剂 700～900 倍液，或 58%甲霜・福美双可湿性粉剂 600～800 倍液，或 50%甲霜・福美双可湿性粉剂 500～600 倍液，或 45%甲霜・福美双可湿性粉剂 500～600 倍液各喷药 1 次，重点喷叶片背面。

防治葡萄霜霉病，开花前、后各喷药 1 次防止幼果穗受害；然后从叶片发病初期开始，每隔 10 天左右喷 1 次，与不同类型药剂轮换，直到生长后期，药剂喷施倍数同荔枝霜疫霉病。

⑦ 甲霜・乙膦铝。由甲霜灵与三乙膦酸铝混配的一种内吸治疗性低毒复合杀菌剂。

防治葡萄霜霉病，首先在开花前、后各喷药 1 次，防止幼果穗受害；然后从叶片上初显病斑时再次喷药，每隔 10 天左右喷 1 次，与不同类型药剂轮换，直到生长后期，用 50%甲霜・乙膦铝可湿性粉剂 750～1000 倍液喷雾，防治叶部病害时喷洒叶片背面。

防治荔枝霜疫霉病，在花蕾期、幼果期、果实近成熟期，用 50%甲霜・乙膦铝可湿性粉剂 600～800 倍液各喷药 1 次。

● **注意事项**

（1）可与保护性杀菌剂代森类、铜制剂混合使用。不能与石硫合剂或波尔多液等强碱性物质混用。

（2）该药常规施药量不会产生药害，也不会影响果蔬等的风味品质。

（3）单一长期使用该药，病菌易产生抗性，应与其他杀菌剂混合使用。

（4）如施药后遇雨，应在雨后 3 天补充施药一次。

（5）对蜜蜂、鱼类等水生生物、家蚕有毒，施药期间应避免对周围蜂群的影响，开花作物盛花期、蚕室和桑园附近禁用。

（6）用药次数每季不得超过 3 次。

乙嘧酚（ethirimol）

$C_{11}H_{19}N_3O$，209.29

- **其他名称**　乙嘧醇、灭霉定、乙菌定、乙氨哒酮、胺嘧啶。
- **主要剂型**　25%乙嘧酚悬浮剂，25%乙嘧酚磺酸酯微乳剂，25%乙嘧酚磺酸酯水乳剂。
- **作用机理**　乙嘧酚与病原菌接触以后，对菌丝体、分生孢子、受精丝有非常强的杀灭效果，强力抑制孢子的形成，阻断病菌再次侵染的来源和途径；对白粉病的作用位点很多，杀菌效果更加全面、彻底；具有保护和治疗功能，发病前或发病初期使用乙嘧酚，能保护未发病作物不受白粉病菌的侵染，对于已经发病的作物能起很好的治疗作用，铲除已经侵入植物体内的病菌，抑制病菌的扩展。
- **产品特点**

（1）白粉病是一种较难防治的世界性病害，在许多重要农作物上发生普遍，并易暴发流行，给农业生产造成巨大损失。25%乙嘧酚水悬浮剂是防治白粉病的特效药剂。

（2）乙嘧酚属酚类化合物，与常规药剂相比作用机制不同，无交互抗性；内吸性强，植物根、叶均可吸收，并可向新叶传导；具有铲除治疗、全面保护功效；若作拌种处理，植物根可以从土壤持续吸收药剂，因而在整个生长期中都具有保护作用；水悬浮剂型具有有效成分粒子小、活性表面大、药效高、耐雨水冲刷、对环境安全的特点，并且用后不流污渍；对人畜低毒，对作物高度安全，整个生育期均可使用，能促进作物生长，田间农作物叶片叶色浓绿、光滑、厚大，促进果实增产，果实卖相好。

（3）可与嘧菌酯、甲基硫菌灵等复配，如40%嘧菌·乙嘧酚悬浮剂、70%甲硫·乙嘧酚可湿性粉剂。

- **应用**　防治草莓白粉病，发病前或发病初期，用25%乙嘧酚悬浮剂

1000 倍液喷雾，在发病中心及周围重点喷施，每隔 7～10 天喷 1 次，连喷 2～3 次。

防治葡萄白粉病，发病前或发病初期，用 25%乙嘧酚磺酸酯微乳剂 500～700 倍液喷雾，每隔 7～10 天喷 1 次，连喷 2～3 次，安全间隔期 21 天，每季最多施用 3 次。

● **注意事项**

（1）不可与强碱性农药混用。

（2）与其他作用机制不同的杀菌剂轮换使用，有利于预防产生抗药性或抗性治理。

（3）施药严格掌握浓度，不可随意提高浓度，中午高温和风大时不宜施药，避免高温期采用高浓度。

（4）避免在阴湿天气或露水未干前施药，以免发生药害，喷药 24 小时内遇大雨补喷。

（5）对鸟类风险性较高，鸟类保护区及其附近禁止施用本品。对蜜蜂风险性较高，（周围）开花植物花期禁用，使用时应密切关注对附近蜂群的影响。

（6）对水生生物有毒，蚕室和桑园附近禁用，远离河塘水产养殖区施药，禁止在河塘等水体中清洗施药器具。赤眼蜂等天敌放飞区域禁用。

氟啶胺（fluazinam）

$C_{13}H_4Cl_2F_6N_4O_4$，465.1

● **其他名称**　福帅得、福将得。

● **主要剂型**　40%、50%、500 克/升悬浮剂，50%可湿性粉剂，70%水分散粒剂。

● **毒性**　低毒。

● **作用机理**　氟啶胺在较低的浓度下，通过作用于 ATP 合成酶的多个特异性位点，在呼吸链的尾端解除氧化与磷酸化的关联，最大程度消耗电子传递积累的电化学势能，阻断病菌能量（ATP）的形成，从而使病菌死亡。作用于植物病原菌从孢子萌发到孢子形成的各个生长阶段，阻止孢子萌发及侵入器官。

● 产品特点

（1）氟啶胺属吡啶类广谱性杀菌剂，其效果优于常规保护性杀菌剂。例如对交链孢属、葡萄孢属、疫霉属、单轴霉属、核盘菌属和黑星菌属等病菌非常有效，对抗苯并咪唑类和二羧酰亚胺类杀菌剂的灰葡萄孢也有良好效果。

（2）对各种病害的各个生育阶段都能发挥很好的抑制作用，对作物实行全面保护，不易产生抗性，提前预防能确保果蔬品质好。

（3）作用机理独特，抗性风险极低，与其他药剂无交互抗性，对产生抗药性的病菌有良好的防除效果。

（4）活性高，速效性好，低剂量下有优良和稳定的防效，持效期长达 10～14 天，可减少用药次数，省时、省力。

（5）对天敌低风险，受气候影响小，对人、畜、天敌和环境安全，为环保型药剂。

● 应用

（1）单剂应用　防治柿炭疽病，在柿树谢花后 10～30 天，用 50% 氟啶胺悬浮剂 1500 倍液喷雾，每隔 7～10 天喷 1 次，连喷 2～3 次，6 月下旬初再喷施 1 次。

防治柑橘树红蜘蛛，在卵孵盛期和低龄若螨期，用 500 克/升氟啶胺悬浮剂 1000～2000 倍液喷雾，每季最多施用 4 次，安全间隔期 28 天。

防治苹果树褐斑病，发病初期，用 500 克/升氟啶胺悬浮剂 2000～3000 倍液喷雾，每隔 10～15 天喷 1 次，每季最多施用 2 次，安全间隔期 21 天。

（2）复配剂应用　主要是与烯酰吗啉、氰霜唑、嘧菌酯复配，除此之外还有与阿维菌素、异菌脲、霜脲氰、霜霉威盐酸盐、精甲霜灵、噁唑菌酮、吡唑醚菌酯等的复配，但是比较少。

● 注意事项

（1）使用前要充分摇匀。为了保证药效，必须在发病前或发病初期使用。喷药时要将药液均匀地喷雾到植株全部叶片的正反面，以保证药效。

（2）氟啶胺对水生生物和家蚕有毒，施药期间在蚕室和桑园附近禁用。远离水产养殖区施药，禁止在河塘等水体中清洗施药器具；赤眼蜂等害虫天敌放飞区域禁用。药液及其废液不得污染各类水域、土壤等环境。

嘧菌酯（azoxystrobin）

$C_{22}H_{17}N_3O_5$，403.3875

● **其他名称** 阿米西达、阿米瑞特、艾嘧西达、龙灯垄优、多米尼西、西普达、阿米佳、优必佳、好为农、金嘧、卓旺、安灭达、绘绿。

● **主要剂型** 25%、250克/升、30%、35%、50%悬浮剂，25%乳油，20%、25%、50%、60%、70%、80%水分散粒剂，20%、40%可湿性粉剂，10%微囊悬浮剂，5%超低容量液剂，10%、15%悬浮种衣剂，0.1%颗粒剂，25%胶悬剂。

● **毒性** 低毒。

● **作用机理** 嘧菌酯是以源于蘑菇的天然抗菌素为模板，通过人工仿生合成的一种全新的β-甲氧基丙烯酸酯类杀菌剂，具有保护、治疗和铲除三重功效，但治疗效果属于中等。通过抑制细胞色素b向c_1间电子转移而抑制线粒体的呼吸，破坏病菌的能量形成，最终导致病菌死亡。通过抑制孢子萌发、菌丝生长及孢子产生而发挥防病作用。对14α-脱甲基化酶抑制剂、苯甲酰胺类、二羧酰胺类和苯并咪唑类产生抗性的菌株有效。另外，该药在一定程度上还可诱导寄主植物产生免疫特性，防止病菌侵染。

● **产品特点** 嘧菌酯纯品为白色固体。嘧菌酯为甲氧基丙烯酸酯类杀菌剂的第一个产品，系线粒体呼吸抑制剂。杀菌活性高，抗菌谱广，与现有的所有杀菌剂之间不存在交互抗性。因为它是仿生合成的，所以低毒、低残留，是生产无公害食品的理想用药。

（1）杀菌谱广　嘧菌酯是一个防治真菌病害的药剂，能防治几乎所有的作物真菌病害。

（2）持效期长　持效期15天，可减少用药次数。

（3）作用独特　嘧菌酯在发病全过程均有良好的杀菌作用，病害发生前阻止病菌的侵入，病菌侵入后可清除体内的病菌，发病后期可减少新孢子的产生，对作物提供全程的防护作用。

（4）改善品质　能够显著地改善西瓜等果实品质，使用嘧菌酯后，能够促进植物叶片叶绿素的含量增加，作物叶面更绿、叶面更大、绿叶的保持时间更长，刺激作物对逆境的反应，延缓作物衰老，能够提高植物的抗寒和抗旱能力。这种综合的对植物的促壮作用，使得植物始终处于一个非常健康的状态，叶片能够制造更多养分，根系能够吸收更多的养分供应植物形成更高的产量，是一个真正意义上的既能杀菌又能增产的新型多功能杀菌剂。

（5）嘧菌酯除了用于茎叶喷雾、种子处理外，也可进行土壤处理。

● **应用**

（1）单剂应用　防治西瓜炭疽病，发病初期，用50%嘧菌酯水分散粒剂1667～3333倍液喷雾，安全间隔期7天，每季最多施用3次；或用25%嘧菌酯悬浮剂600～1660倍液喷雾，每隔10天左右喷1次，安全间隔期10天，每季最多施用3次。

防治草莓蛇眼病，发病初期，喷淋25%嘧菌酯悬浮剂900倍液，每隔7～10天喷1次，共喷3次。

防治草莓炭疽病，发病前或发病初期，每亩用25%嘧菌酯悬浮剂40～60毫升兑水30～50千克喷雾，每隔7～10天喷1次，连喷2～3次。

防治香蕉叶斑病、黑星病，病害发生前或初见零星病斑时，用250克/升嘧菌酯悬浮剂1000～1250倍液喷雾，视天气变化和病情发展，每隔7～10天喷1次，连喷1～2次。

防治柑橘疮痂病，发病前或发病初期，可选用250克/升嘧菌酯悬浮剂800～1200倍液喷雾，每季最多施用3次，安全间隔期30天；或用25%嘧菌酯悬浮剂800～1000倍液喷雾，每隔7～10天喷1次，每季最多施用3次，安全间隔期14天。

防治柑橘炭疽病，发病前或初见零星病斑时，可选用250克/升嘧菌酯悬浮剂 600～1000 倍液喷雾，每隔 7～10 天喷 1 次，每季最多施用 3 次，安全间隔期 14 天；或 50%嘧菌酯水分散粒剂 1500～3000 倍液喷雾，每隔 7 天喷 1 次，每季最多施用 3 次，安全间隔期 21 天。

防治葡萄霜霉病，发病前或初见零星病斑时，可选用 25%嘧菌酯 1000～1500 倍液，或用 30%嘧菌酯悬浮剂 1000～2000 倍液喷雾，每隔 7～10 天喷 1 次，每季最多施用 3 次，安全间隔期 21 天；或 50%嘧菌酯水分散粒剂 2000～4000 倍液喷雾，每隔 7～10 天喷 1 次，连喷 1～2 次，每季最多施用 2 次，安全间隔期 14 天；或 80%嘧菌酯水分散粒剂 3500～5000 倍液喷雾，每季最多施用 2 次，安全间隔期 21 天；或 20% 嘧菌酯可湿性粉剂 1000～2000 倍液喷雾，每季最多施用 3 次，安全间隔期 14 天。

防治葡萄黑痘病，发病前或发病初期，可选用 250 克/升嘧菌酯悬浮剂 830～1250 倍液喷雾，每隔 7～10 天喷 1 次，每季最多施用 3 次，安全间隔期 21 天；或 25%嘧菌酯悬浮剂 850～1450 倍液喷雾，每隔 7～10 天喷 1 次，每季最多施用 4 次，安全间隔期 14 天。

防治葡萄白腐病，发病前或初见零星病斑时，用 250 克/升嘧菌酯悬浮剂 830～1250 倍液喷雾，每隔 7～10 天喷 1 次，每季最多施用 4 次，安全间隔期 14 天。

防治芒果炭疽病、白粉病，发病前或发病初期，用 250 克/升嘧菌酯悬浮剂 1250～1667 倍液喷雾，每隔 7～10 天喷 1 次，每季最多施用 3 次，安全间隔期 14 天。

防治荔枝霜疫霉病，在开花前、谢花后和幼果期，可选用 250 克/升嘧菌酯悬浮剂 1250～1667 倍液，或 20%嘧菌酯水分散粒剂 1000～1200 倍液，或 30%嘧菌酯悬浮剂 1500～1800 倍液，或 35%嘧菌酯悬浮剂 1800～2200 倍液，或 50%嘧菌酯水分散粒剂 2500～3000 倍液，或 60% 嘧菌酯水分散粒剂 3000～4000 倍液，或 80%嘧菌酯水分散粒剂 4000～5000 倍液喷雾，每隔 7～10 天喷 1 次，每季最多施用 3 次，安全间隔期 14 天。

防治枣炭疽病、轮纹病、锈病，从落花后半月左右或初见锈病时，可选用 20%嘧菌酯水分散粒剂 1200～2000 倍液，或 25%嘧菌酯悬浮剂或 250 克/升嘧菌酯悬浮剂或 25%嘧菌酯水分散粒剂 1500～2500 倍液喷雾，每隔 15 天左右喷 1 次，每季最多施用 3 次，安全间隔期 14 天。

防治梨套袋果黑点病，在果实套袋前，可选用 20%嘧菌酯水分散粒剂 1500～2000 倍液，或 25%嘧菌酯悬浮剂或 250 克/升嘧菌酯悬浮剂 2500～3000 倍液喷雾 1 次即可，但必须单独喷洒，不能与其他药剂混合喷施。

防治梨树炭疽病，发病初期，用 25%嘧菌酯悬浮剂 800～1500 倍液喷雾，每季最多施用 3 次，安全间隔期 14 天。

防治枇杷角斑病，发病前或初见零星病斑时，可选用 250 克/升嘧菌酯悬浮剂 1000～2000 倍液，或 50%嘧菌酯悬浮剂 2000～2500 倍液喷雾，每隔 7～10 天喷 1 次，连喷 1～2 次，每季最多施用 3 次，安全间隔期 42 天；或 20%嘧菌酯水分散粒剂 800～1200 倍液喷雾，每隔 7～10 天喷 1 次，连喷 1～2 次，每季最多施用 3 次，安全间隔期 35 天。

防治香蕉叶斑病、黑星病，发病初期或初见病斑时，可选用 20%嘧菌酯水分散粒剂 800～1000 倍液，或 25%嘧菌酯悬浮剂或 250 克/升嘧菌酯悬浮剂或 25%嘧菌酯水分散粒剂 1000～1200 倍液，或 30%嘧菌酯悬浮剂 1200～1500 倍液，或 35%嘧菌酯悬浮剂 1400～1700 倍液，或 50%嘧菌酯水分散粒剂 2000～2500 倍液，或 60%嘧菌酯水分散粒剂 2500～3000 倍液，或 80%嘧菌酯水分散粒剂 3500～4000 倍液喷雾，每隔 15～20 天喷 1 次，连喷 3～4 次。

（2）复配剂应用　嘧菌酯可与百菌清、苯醚甲环唑、丙环唑、戊唑醇、烯酰吗啉、精甲霜灵、咪鲜胺、甲霜灵、甲基硫菌灵、霜脲氰、己唑醇、噻唑锌、噻霉酮、霜霉威盐酸盐、丙森锌、多菌灵、乙嘧酚、宁南霉素、四氟醚唑、几丁聚糖、氟环唑、噻呋酰胺、粉唑醇、氰霜唑、咯菌腈、氨基寡糖素、腐霉利、氟酰胺、吡唑萘菌胺等杀菌剂成分复配，用于生产复配杀菌剂。

①嘧菌·百菌清。由嘧菌酯与百菌清复配而成。为广谱、保护性杀菌剂。防治西瓜蔓枯病，发病前或发病初期，每亩用 560 克/升嘧菌·百菌清悬浮剂 75～120 毫升兑水 45 千克喷雾，每隔 7～10 天喷 1 次，安全间隔期 14 天，每季最多施用 3 次。

②嘧菌·噁霉灵。由嘧菌酯和噁霉灵复配而成。防治草莓土传病害，母苗繁殖时，每亩用 1%嘧菌·噁霉灵颗粒剂 5～7.5 千克拌土 5～

10 千克提苗肥撒施（选择雨天撒施），8 月下旬～9 月初，每亩用 1%嘧菌·噁霉灵颗粒剂 5～7.5 千克，在草莓定植后撒施 1 次，盖地膜前撒施 1 次。

③ 嘧酯·噻唑锌。由嘧菌酯与噻唑锌混配而成。防治草莓炭疽病，发病初期，每亩用 50%嘧酯·噻唑锌悬浮剂 40～60 毫克兑水 30～50 千克喷雾。

④ 精甲·嘧菌酯。为精甲霜灵与嘧菌酯的复配剂。防治草莓根腐病（疫霉根腐病、腐皮根腐病）、红中柱根腐病、猝倒病、立枯病及根茎部炭疽病导致的死棵烂苗现象，一是可以于苗期蘸根，按 39%精甲·嘧菌酯悬浮剂 15 毫升兑水 15 千克蘸根，每亩用药液 30～40 千克。二是灌根，移栽后 5～7 天，按 39%精甲·嘧菌酯悬浮剂 15 毫升兑水 20 千克淋灌根，每亩用药液 2000 千克。三是灌淋第二次，7～10 天后，按 39%精甲·嘧菌酯悬浮剂 15 毫升兑水 20 千克蘸根，每亩用药液 300 千克。四是随水浇灌（滴灌最好），15 天后，每亩用 39%精甲·嘧菌酯悬浮剂 200 毫升随水滴灌。

⑤ 吡萘·嘧菌酯。由吡唑萘菌胺与嘧菌酯复配而成。可防治西瓜白粉病，刚发病时或零星发病，每亩用 29%吡萘·嘧菌酯悬浮剂 30～60 毫升，兑水 30～50 千克喷雾，每隔 7～10 天喷 1 次，每季最多施用 3 次。

● **注意事项**

（1）一定要在发病前或发病初期使用。嘧菌酯是一种具有预防兼治疗作用的杀菌剂，但它最强的优势是预防保护作用，而不是它的治疗作用。它的预防保护效果是普通保护性杀菌剂的十几倍到 100 多倍，而它的治疗作用和普通的内吸治疗性杀菌剂几乎没有多大差别。

（2）不推荐与其他药剂混合使用。嘧菌酯化学性质是比较稳定的，在正常情况下与一般的农药现混现用都不会有问题，但不推荐嘧菌酯与其他药剂混合使用，特别是不要与一些低质量的药剂混用，以免降低药效或发生其他反应。需要混合时要提前做好试验，在确信不会发生反应后再正式混合使用。

（3）最好与其他药剂轮换使用。本药剂使用次数不可过多，不可连续用药，为防止病菌产生抗药性，要根据病害种类与其他药剂交替使用（如百菌清、苯醚甲环唑、精甲霜·锰锌、嘧霉胺、氢氧化铜等）。

（4）苹果和樱桃的一些品种对本品敏感，切勿使用。在其附近草坪上施用嘧菌酯时，应避免雾滴飘移到邻近苹果和樱桃树上。应避免与乳油类农药和有机硅类助剂混用，以免发生药害。施用本品后45天内，勿在施药地块种植食用植物。

（5）对藻类、鱼类等水生生物有毒，应避免药液流入湖泊、河流或鱼塘中。鱼、虾、蟹套养稻田禁用，鸟类保护区、赤眼蜂天敌等放飞区禁用。清洗喷药器械或弃置废料时，切忌污染水源。应远离水产养殖区域用药。

醚菌酯（kresoxim-methyl）

$C_{18}H_{19}NO_4$，313.35

● **其他名称** 翠贝、苯氧菌酯、品劲、白粉速净、白粉克星、白大夫、隔日清、粉病康、护翠、豆粉锈、止白、百润、百美、粉翠。

● **主要剂型** 50%干悬浮剂，10%、250克/升、30%、40%、50%悬浮剂，10%微乳剂，10%水乳剂，30%、50%、60%、80%水分散粒剂，30%、50%可湿性粉剂，30%悬浮种衣剂。

● **毒性** 低毒。

● **作用机理** 醚菌酯属甲氧基丙烯酸酯类杀菌剂，其杀菌机理是通过抑制细胞色素 b 向 c_1 电子转移而抑制线粒体的呼吸，破坏病菌能量（ATP）的形成，最终导致病菌死亡。该药可作用于病害发生的各个过程，通过抑制孢子萌发、菌丝生长及孢子产生而发挥防病作用。对其他三唑类、苯甲酰胺类和苯并咪唑类产生抗性的病菌有效。具有保护、治疗、铲除、渗透、内吸活性。

● **产品特点** 醚菌酯原药为白色粉末结晶体，干悬浮剂为暗棕色颗粒，具轻微的硫黄气味。醚菌酯是一种由自然界提取的新型仿生杀菌剂，杀菌谱广，活性高，用量极低，持效时间长，作用机制独特，毒性低，对环境安全，可与其他杀菌剂混用或轮用。同时，该药在一定程度上还可诱导寄主植物产生免疫特性，防止病菌侵染。

（1）对真菌有很高的活性，杀菌谱广。对白粉病有特效，具治疗和铲除功能。同时对炭疽病、灰霉病、黑星病、叶斑病、霜霉病、疫病等病害高效。它与常规杀菌剂有着完全不同的杀菌机理，与常规杀菌剂无交互抗性。

（2）预防和治疗兼备。醚菌酯喷在作物体上，其有效成分醚菌酯以气态形式扩散，既可阻止叶片、果实表面的病菌孢子萌发、芽管伸长和侵入，起到预防保护作用，又能穿透蜡质层和表皮或通过气孔进入体内，抑制已入侵病菌生长，使菌丝萎缩，抑制产孢，使已产生的孢子不能萌发，达到治疗铲除的目的，有效控制病害的发生为害。

（3）耐冲刷，持效期较长，使用方便。醚菌酯干悬浮剂型，喷药后微小颗粒沉积于作物上，其有效成分可被叶片、果实脂质外表皮吸附，不易被雨水冲刷。有效成分以扩散的形式缓慢释放，持效期长达 10～14天。可按需要灵活掌握用药时机，药剂有层移性及叶面穿透功能，如果仅仅叶片的一面有药，有效成分可穿透叶片，几小时后没处理的叶片表面同样有效。

（4）毒性低、残留量少。醚菌酯对真菌活性很高，但对动物、植物毒性极低，对鸟、蜜蜂及有益生物（天敌）无毒。但水生生物鱼和绿藻对其比较敏感，有一定毒性。

（5）安全性好。在作物幼苗期、开花期、幼果期都能使用，在安全间隔期后，残留很低，使用安全。

（6）延缓衰老。醚菌酯能对作物产生积极的生理调节作用，它能抑制乙烯的产生，帮助作物有更长的时间储备生物能量确保成熟度。施用醚菌酯后的作物比对照蛋白质减少 65%，叶绿素分解减少 71%，可延长采收期 7～15 天。施用醚菌酯 2～3 天后的作物比对照叶色明显浓绿，光合作用能力增强。能显著提高作物的硝化还原酶的活性，当作物受到病毒袭击时，它能加速抵抗病毒中蛋白的形成。

（7）作用位点非常单一，抗性起得比较快，一个生长季最多使用 3次，不宜长期使用单剂作为治疗手段，最好混配其他杀菌剂使用或者使用复配剂。

● **应用**

（1）单剂应用　防治西瓜及甜瓜的炭疽病、白粉病，从病害发生初期或初见病斑时开始，可选用 250 克/升醚菌酯悬浮剂 1000～1500 倍液，或 50%醚菌酯水分散粒剂 2000～3000 倍液喷雾，每隔 10 天左右喷 1 次，与不同类型药剂交替使用，连喷 3～4 次。

防治草莓白粉病、灰霉病，从病害发生初期开始，可选用 50%醚菌酯水分散粒剂 3000～4000 倍液，或 30%醚菌酯可湿性粉剂 2000～2500 倍液喷雾，每隔 10～15 天喷 1 次，连喷 2～3 次，每季最多施用 3 次，安全间隔期 3 天。

防治苹果斑点落叶病，分别于春梢和秋梢生长期发病前或发病初期，可选用 50%醚菌酯水分散粒剂 3000～4000 倍液，或 80%醚菌酯水分散粒剂 5000～6000 倍液喷雾，每隔 10～15 天喷 1 次，每季最多施用 3 次，安全间隔期 21 天；或 30%醚菌酯悬浮剂 2000～3000 倍液喷雾，每隔 10 天喷 1 次，每季最多施用 3 次，安全间隔期 14 天；或 40%醚菌酯悬浮剂 2400～3200 倍液喷雾，每隔 10～14 天喷 1 次，每季最多施用 3 次，安全间隔期 28 天；或 50%醚菌酯可湿性粉剂 3000～4000 倍液喷雾，每隔 10～15 天喷 1 次，每季最多施用 3 次，安全间隔期 45 天。

防治苹果树白粉病，发病初期，用 10%醚菌酯悬浮剂 600～1000 倍液喷雾，每隔 7～14 天喷 1 次，每季最多施用 3 次，安全间隔期 14 天。

防治苹果树黑星病，发病初期，用 50%醚菌酯水分散粒剂 5000～7000 倍液喷雾，每隔 7～14 天喷 1 次，每季最多施用 4 次，安全间隔期 45 天。

防治葡萄霜霉病，发病初期，用 30%醚菌酯悬浮剂 2200～3200 倍液喷雾，每隔 10 天喷 1 次，每季最多施用 3 次，安全间隔期 7 天。

防治香蕉叶斑病、黑星病，可选用 10%醚菌酯水乳剂或 10%醚菌酯悬浮剂 300～400 倍液，或 30%醚菌酯悬浮剂或 30%醚菌酯可湿性粉剂 800～1000 倍液，或 40%醚菌酯悬浮剂 1000～1500 倍液，或 50%醚菌酯水分散粒剂或 50%醚菌酯可湿性粉剂 1500～2000 倍液，或 60%醚菌酯水分散粒剂 1800～2200 倍液，或 80%醚菌酯水分散粒剂 2000～3000 倍液喷雾，每隔 15～20 天喷 1 次，每季最多施用 3 次，安全间隔期 42 天。

防治梨树黑星病、黑斑病、炭疽病、套袋果黑点病、白粉病，可选用 10%醚菌酯水乳剂或 10%醚菌酯悬浮剂 500～600 倍液，或 30%醚菌酯悬浮剂或 30%醚菌酯可湿性粉剂 1500～2000 倍液，或 40%醚菌酯悬浮剂 2000～2500 倍液，或 50%醚菌酯水分散粒剂或 50%醚菌酯可湿性粉剂 2500～3000 倍液，或 60%醚菌酯水分散粒剂 3000～4000 倍液，或 80%醚菌酯水分散粒剂 4000～5000 倍液喷雾，以防控黑星病为主，兼防其他病害。初见黑星病梢或病叶、病果时开始，每隔 15 天左右喷 1 次，与其他不同类型药剂轮换，连喷 5～7 次。

（2）复配剂应用　醚菌酯常与苯醚甲环唑、乙嘧酚、百菌清、甲霜灵、氟硅唑、咪鲜胺、烯酰吗啉、己唑醇、戊唑醇、多菌灵、甲基硫菌灵、氟环唑、氟菌唑、丙森锌、啶酰菌胺、腈菌唑、丙环唑等杀菌成分复配。如与乙嘧酚复配而形成的高活性、内吸性药剂，对多种作物的白粉病、黑星病、霜霉病、炭疽病、锈病、疫病、叶斑病等效果显著。

① 醚菌·啶酰菌。由醚菌酯与啶酰菌胺复配而成。具预防和治疗作用。

防治甜瓜、西瓜白粉病，草莓白粉病等，一般从病害发生初期见粉斑时开始喷药，每隔 7～10 天喷 1 次，连喷 2～3 次，每亩用 300 克/升醚菌·啶酰菌悬浮剂 45～60 毫升，兑水 45～60 千克均匀喷雾。

防治甜瓜白粉病，发病前或发病初期，每亩用 300 克/升醚菌·啶酰菌悬浮剂 45～60 毫升兑水 45～60 千克喷雾，每隔 7～14 天喷 1 次，连喷 3 次，安全间隔期 3 天，每季最多施用 3 次。

防治草莓白粉病，发病前或发病初期，每亩用 300 克/升醚菌·啶酰菌悬浮剂 25～50 毫升兑水 45～60 千克喷雾，每隔 7～14 天喷 1 次，连喷 3～4 次，安全间隔期 7 天，每季最多施用 3 次。

防治苹果白粉病，从园内初见白粉病梢时或落花后开始，用 300 克/升醚菌·啶酰菌悬浮剂 2000～3000 倍液喷雾，每隔 10 天左右喷 1 次，连喷 2～3 次。

防治葡萄白粉病，发病初期，用 300 克/升醚菌·啶酰菌悬浮剂 2000～3000 倍液喷雾，每隔 10 天左右喷 1 次，连喷 2～3 次。

防治梨白粉病，从初见白粉病斑时开始，用 300 克/升醚菌·啶酰菌悬浮剂 2000～3000 倍液喷雾，每隔 10 天左右喷 1 次，连喷 2 次，重点喷叶片背面。

② 四氟·醚菌酯。由四氟醚唑与醚菌酯复配而成。具内吸传导、预防保护、治疗和铲除作用，在正常使用技术条件下，有效防治各个发育阶段白粉病，同时在作物体表具有沉积作用，较耐雨水冲刷，对作物和环境安全。防治草莓白粉病，在发病前或发病初期，每亩用 20%四氟·醚菌酯悬浮剂 40～50 毫升兑水 45～60 千克喷雾，在病害发生严重时，使用登记高剂量，每隔 7～10 天喷 1 次，安全间隔期 7 天，每季最多施用 3 次。

⊛ **注意事项**

（1）主要应用于喷雾，在病害发生前或发生初期开始用药，能充分发挥药效、保证防治效果，且喷药应及时均匀周到。

（2）可在湿的叶片上使用，提倡与其他杀菌剂轮用和混用，不要连续使用，每季作物在连续使用 2 次后，应更换其他不同类型的杀菌剂。

（3）可与其他杀虫剂、杀菌剂、杀螨剂、植物生长调节剂和叶面肥混合使用，避免与乳油混用。不能与碱性药剂混用。

（4）防治白粉病效果非常好，由于白粉病菌容易产生抗药性，用醚菌酯防治白粉病时，需与甲基硫菌灵或硫黄混用，也可与三唑类药剂轮换使用。

（5）果实成熟采收前用药尽量选择干悬剂（或水分散粒剂），不要选择可湿性粉剂，以免污染果实，影响外观。

（6）苗期注意减少用量，以免对新叶产生危害。

（7）本品对蜜蜂、鱼类等水生生物、家蚕有毒。施药期间应避免对周围蜂群的影响，禁止在开花植物花期、蚕室和桑园附近使用。远离水产养殖区、河塘等水域施药，鱼、虾、蟹套养稻田禁用，施药后的药水禁止排入水体。赤眼蜂等天敌放飞区域禁用。

（8）用于包衣后的种子不得食用和不得作为饲料。

（9）播种时不能用手直接接触有毒种子。

（10）包衣后的种子不得摊晾在阳光下暴晒，以免发生光解而影响药效。

肟菌酯（trifloxystrobin）

$C_{20}H_{19}F_3N_2O_4$，408.4

⚫ **其他名称** 肟草酯、三氟敏、奇约、耕耘。

⚫ **主要剂型** 25%、30%、40%、50%、60%悬浮剂，7.5%、12.5%乳油，45%干悬浮剂，45%、50%可湿性粉剂，50%、60%、75%水分散粒剂。

⚫ **毒性** 低毒，对鱼类和水生生物高毒。

⚫ **作用机理** 肟菌酯是一种呼吸抑制剂，通过抑制细胞色素 b 与 c_1 之间的电子传递而阻止细胞 ATP 合成，从而抑制其线粒体呼吸而发挥抑菌作用。为具有化学动力学特性的杀菌剂，它能被植物蜡质层强烈吸附，为植物表面提供优异的保护活性。

⚫ **产品特点** 肟菌酯属于甲氧基丙烯酸酯类杀菌剂，这类杀菌剂包括我们常见的吡唑醚菌酯、醚菌酯、嘧菌酯，肟菌酯集合了众多甲氧基丙烯酸酯类杀菌剂的优点，可以替代吡唑醚菌酯，该产品具有以下特点。

（1）灭菌范围广。肟菌酯对几乎所有真菌（子囊菌亚门、担子菌亚门、鞭毛菌亚门卵菌纲和半知菌亚门）病害如白粉病、锈病、颖枯病、网斑病、霜霉病、叶斑病、立枯病等有良好的活性。

（2）除具有高效、广谱、保护、治疗、铲除、渗透、内吸活性外，还具有杰出的横向传输性、耐雨水冲刷性、持效期长和表面蒸发再分配等特性，因此被认为是第二代甲氧基丙烯酸酯类杀菌剂。

（3）具有杀菌高效性及良好的作物选择性，使其可以有效防治温带和亚热带作物上的病害，不会对非靶标组织造成不良影响，并在土壤和地下水中分解很快，属于易降解农药，生态风险小。

（4）肟菌酯主要用于茎叶处理，保护性优异，具有一定的治疗活性，且活性不受环境影响，应用最佳期为孢子萌发和发病初期阶段，对黑星病各个时期均有活性。

（5）与同类甲氧基丙烯酸酯类杀菌剂产品相比，肟菌酯活性和杀菌谱稍低于吡唑醚菌酯和嘧菌酯，但与醚菌酯相当。其内吸性和抗紫外线能力稍低于嘧菌酯和醚菌酯，但稍优于吡唑醚菌酯。肟菌酯同时还具有熏蒸活性，特别是在温室等设施栽培的小气候条件下，有利于具有熏蒸作用的药剂的发挥，故药效要好于无熏蒸作用的嘧菌酯和吡唑醚菌酯。

（6）肟菌酯对作物安全，不容易产生药害，因其在土壤中可快速降解，对环境安全。

（7）肟菌酯不仅有优良的杀菌活性，据相关研究表明，肟菌酯还能提高植物的抗倒伏性，同时还具有一定的杀虫活性。

（8）持效期长。肟菌酯的内吸性非常好，它不仅有治疗作用，还有预防作用。既有吡唑醚菌酯的保护效果，又有嘧菌酯的治疗效果。

◎ 应用

（1）单剂应用　肟菌酯具有广谱的杀菌活性。除对白粉病、叶斑病有特效外，对锈病、霜霉病、立枯病亦有很好的活性。

防治柑橘树炭疽病，发病初期，用 25%肟菌酯悬浮剂 1000～1500 倍液喷雾，每隔 7～16 天喷 1 次，安全间隔期 35 天，每季最多施用 2 次。

防治苹果树褐斑病，发病前或发病初期，可选用 40%肟菌酯悬浮剂 5500～6500 倍液喷雾，每隔 10～15 天喷 1 次，连喷 3 次，或 50%肟菌酯水分散粒剂 6000～7000 倍液喷雾，每隔 7～10 天喷 1 次，安全间隔期 14 天，每季最多施用 3 次。

防治葡萄白粉病，发病初期，可选用 25%肟菌酯悬浮剂 2000 倍液，或 50%肟菌酯水分散粒剂 3000～4000 倍液喷雾，每隔 7～10 天喷 1 次，每季最多施用 2 次，安全间隔期 14 天。

防治香蕉叶斑病，发病初期，用 40%肟菌酯悬浮剂 5000～6000 倍液喷雾，每隔 7～16 天喷 1 次，连喷 2 次，安全间隔期 28 天，每季最多施用 2 次。

（2）复配剂应用　复配性好，与肟菌酯复配的制剂越来越多，如肟菌·戊唑醇、氟菌·肟菌酯、氰霜唑·肟菌酯等，复配以后，治病效果更好更专一。此外，复混剂还有 45%肟菌酯·己唑醇水分散粒剂、40%和 50%苯甲·肟菌酯水分散粒剂、50%啶酰·肟菌酯水分散粒剂、70%

肟菌酯·代森联水分散粒剂、75%肟菌酯·霜脲氰水分散粒剂、75%氟环·肟菌酯水分散粒剂、28%寡糖·肟菌酯悬浮剂、32%和40%苯甲·肟菌酯悬浮剂、40%噻呋·肟菌酯悬浮剂、40%肟菌·咪鲜胺水乳剂、50%肟菌·丙环唑微乳剂、20%四氟·肟菌酯水乳剂等。

① 肟菌·戊唑醇。由肟菌酯与戊唑醇混配的一种广谱高效低毒复合杀菌剂，具有治疗、铲除及保护多重防病活性。肟菌·戊唑醇能防治几十种真菌性病害，被当作"包治百病"的配方药来"以一挡百"。对几乎所有真菌引起的几十种真菌性病害都能很好地保护、治疗和铲除，同时还能调节作物的生长发育，提高作物品质，尤其对无法准确识别的病害，用该配方防治，可快速控制病害的蔓延。

防治香蕉叶斑病、黑星病，发病初期，可选用 75%肟菌·戊唑醇水分散粒剂 2500～3000 倍液，或 27%肟菌·戊唑醇悬浮剂 1000～1200 倍液喷雾，每隔 15～20 天喷 1 次，连喷 3～4 次。

防治柑橘疮痂病、炭疽病、黑星病、黄斑病，可选用 75%肟菌·戊唑醇水分散粒剂 4000～5000 倍液，或 27%肟菌·戊唑醇悬浮剂 1500～2000 倍液喷雾，萌芽 1/3 厘米、谢花 2/3 及幼果期是防治疮痂病与普通炭疽病关键期，果实转色期是防治急性炭疽病关键期，果实膨大期至转色期是防治黑星病关键期，幼果期至膨大期是防治黄斑病关键期，每隔 10～15 天喷 1 次，与不同类型药剂轮换。

防治芒果炭疽病，可选用 75%肟菌·戊唑醇水分散粒剂 5000～6000 倍液，或 27%肟菌·戊唑醇悬浮剂 1500～2000 倍液喷雾，落花后幼果期连续喷 2 次左右，果实膨大后期至转色期连喷 2～3 次，每隔 10～15 天喷 1 次。

防治苹果褐斑病、斑点落叶病、轮纹病、炭疽病、套袋果斑点病，可选用 75%肟菌·戊唑醇水分散粒剂 4000～5000 倍液，或 27%肟菌·戊唑醇悬浮剂 1500～2000 倍液喷雾，落花后 7～10 天开始，每隔 10 天左右喷 1 次，连喷 3 次后套袋，可防治轮纹病、炭疽病、套袋果斑点病及春梢期的斑点落叶病，兼防褐斑病；套袋后继续喷 4～5 次（不套袋苹果连续喷药即可），每隔 10～15 天喷 1 次，可防治褐斑病、秋梢期的斑点落叶病和不套袋苹果轮纹病、炭疽病。

防治梨树轮纹病、炭疽病、套袋果黑点病、黑斑病，落花后 10 天左右开始，每隔 10 天左右喷 1 次，连喷 2～3 次后套袋，可防治轮纹病、炭疽病、套袋果黑点病，兼防黑斑病；不套袋梨继续喷 4～6 次，每隔 10～15 天喷 1 次，可防治轮纹病、炭疽病、黑斑病；套袋梨套袋后继续喷 2～4 次，每隔 10～15 天喷 1 次，可防治黑斑病。药剂喷施倍数同苹果褐斑病。

防治葡萄黑痘病、白腐病、炭疽病，可选用 75%肟菌·戊唑醇水分散粒剂 5000～6000 倍液，或 27%肟菌·戊唑醇悬浮剂 1800～2000 倍液喷雾，幼穗花蕾期、落花 80%时及落花后 10 天左右各喷 1 次，可防治黑痘病；套袋葡萄在果穗套袋前喷 1 次，可防治白腐病、炭疽病；不套袋葡萄在果粒膨大后期开始，每隔 10 天左右喷 1 次，连喷 3～4 次，可防治白腐病、炭疽病。

防治桃树真菌性穿孔病、黑星病、炭疽病，落花后 15～20 天开始，每隔 10～15 天喷 1 次，连喷 2～3 次，往年病害严重的，继续喷 1～2 次。药剂喷施倍数同苹果褐斑病。

防治草莓白粉病，发病初期，每亩可选用 75%肟菌·戊唑醇水分散粒剂 8～12 克，或 27%肟菌·戊唑醇悬浮剂 25～30 毫升，兑水 30～45 千克喷雾，每隔 7～10 天喷 1 次，连喷 3～4 次。

② 氟菌·肟菌酯（露娜森）。由氟吡菌酰胺与肟菌酯复配而成。该配方治疗效果好，主要用于防治早疫病、白粉病、灰霉病、炭疽病、靶斑病等，适用于经济作物。

防治草莓白粉病，每亩用 43%氟菌·肟菌酯悬浮剂 15～30 毫升；防治草莓灰霉病，每亩用 43%氟菌·肟菌酯悬浮剂 20～30 毫升，根据作物大小决定用水量，按每亩建议用量施用。

防治西瓜蔓枯病，每亩用 43%氟菌·肟菌酯悬浮剂 15～25 毫升，根据作物大小决定用水量，按每亩建议用量施用。

草莓、西瓜安全间隔期为 5 天，每季最多施用 2 次。

③ 肟菌·乙嘧酚。由肟菌酯与乙嘧酚复配而成。防治草莓白粉病，发病初期，用 30%肟菌·乙嘧酚悬浮剂 750 倍液喷雾。

④ 四氟·肟菌酯。由四氟醚唑与肟菌酯复配而成。具有杀菌谱广、内吸传导等作用，对草莓白粉病具良好防效，作用迅速，持效期长。防治草莓白粉病，每亩用 20%四氟·肟菌酯水乳剂 13～16 毫升兑水 30～

50 千克喷雾，每隔 5～7 天喷 1 次，安全间隔期 7 天，每季最多施用 3 次。

● **注意事项**

（1）建议与其他产品轮用或与不同作用机制的产品混用，减少每季施用次数。

（2）肟菌酯效果虽好，但因有比较强的渗透性，在使用时最好不要和渗透性强的药剂混用，比如乳油类药剂、有机硅植物油等渗透剂，避免发生药害。在使用时不要高温使用。

（3）对鸟类、蜜蜂、家蚕、蚯蚓均为低毒。对鱼类、藻类高毒，对溞类剧毒。使用时勿将药剂及废液弃于池塘、河流、湖泊中。药液及其废液不得污染各类水域、土壤等环境。远离水产养殖区，禁止在河塘等水域清洗施药器具。

（4）在病害重发生情况下，建议使用高剂量（剂量上限）。

嘧菌环胺（cyprodinil）

$C_{14}H_{15}N_3$, 225.3

● **其他名称**　和瑞、灰雷、瑞镇、环丙嘧菌胺。

● **主要剂型**　37%、50%水分散粒剂，30%、40%悬浮剂，50%可湿性粉剂。

● **毒性**　低毒。

● **作用机理**　嘧菌环胺属嘧啶胺类内吸性杀菌剂。主要作用于病原真菌的侵入期和菌丝生长期，通过抑制病原菌细胞中蛋氨酸的生物合成和水解酶活性，干扰真菌生命周期，抑制病原菌穿透，破坏植物体中菌丝体的生长。与三唑类、咪唑类、吗啉类、二羧酸亚胺类、苯基吡咯类杀菌剂均无交互抗性，对半知菌和子囊菌引起的灰霉病和斑点落叶病等有极佳的防治效果，非常适用于病害综合治理。

● **产品特点**

（1）具杀菌作用，兼具保护和治疗活性，具内吸传导性。可迅速被叶片吸收，可通过木质部进行传导，同时也能跨层传导，具有保护作用的活性成分分布于叶片中，高温下代谢速度加快，低温下叶片中的活性成分非常稳定，代谢物无生物学活性。耐雨水冲刷，药后 2 小时下雨不影响效果。

（2）低温高湿条件下，高湿提高吸收比例，低温阻止有效成分分解，保证叶表有效成分的持续吸收，植物代谢活动缓慢，速效性差但持效性佳。反之，高温低湿气候药效发挥快但持效期短。

（3）先进的剂型——水分散粒剂，对使用者和环境更安全，具有干燥、坚硬、耐压、无腐蚀性、高浓缩、无刺激性异味、不含溶剂、不可燃等特点。

● **应用**

（1）单剂应用　防治草莓灰霉病，抓好早期预防，从初现幼果开始，视天气情况，用 50%嘧菌环胺水分散粒剂 1000 倍液喷雾，每隔 7～10 天喷 1 次，连喷 2～3 次。安全间隔期为 7 天，每季最多使用 3 次。

防治葡萄灰霉病，发病前或发病初期，可选用 50%嘧菌环胺水分散粒剂 625～1000 倍液喷雾，每季最多施用 2 次，安全间隔期 14 天；或 40%嘧菌环胺悬浮剂 400～700 倍液喷雾，每隔 7～10 天喷 1 次，连喷 2～3 次，安全间隔期 14 天，每季最多施用 3 次。

防治苹果树斑点落叶病，发病初期，可选用 40%嘧菌环胺悬浮剂 3000～4000 倍液，或 50%嘧菌环胺水分散粒剂 4000～5000 倍液喷雾，安全间隔期 21 天，每季最多施用 3 次。

（2）复配剂应用

① 嘧环·咯菌腈。由嘧菌环胺与咯菌腈混配。防治葡萄灰霉病，发病初期，可选用 25%嘧环·咯菌腈悬浮剂 1000～1350 倍液喷雾，或 62%嘧环·咯菌腈悬浮剂 1000～1500 倍液喷雾，每隔 7～10 天喷 1 次，连喷 2～3 次，安全间隔期 14 天，每季最多施用 3 次。

② 嘧环·腐霉利。由嘧菌环胺与腐霉利混配。防治葡萄灰霉病，发病初期，用 65%嘧环·腐霉利水分散粒剂 1000～1200 倍液喷雾，安全间隔期 14 天，每季最多施用 1 次。

③ 嘧环·啶酰菌。由嘧菌环胺与啶酰菌胺混配。防治葡萄灰霉病，发病初期，用 40%嘧环·啶酰菌悬浮剂 400～700 倍液喷雾，安全间隔期 14 天，每季最多施用 2 次。

● **注意事项**

（1）嘧菌环胺可与绝大多数杀菌剂和杀虫剂混用，为保证作物安全，建议在混用前进行相容性试验。但尽量不要和乳油类杀虫剂混用。

（2）一季使用 2 次时，含有嘧啶胺类的其他产品只能使用一次，当一种作物在一季内施药处理灰霉病超过 6 次时，嘧啶胺类的产品最多使用 2 次，一种作物在一季内施药处理灰霉病 7 次或超过 7 次时，嘧啶胺类的产品最多使用 3 次。

（3）建议与其他不同作用机制的杀菌剂轮换使用，以延缓抗药性产生。

（4）对蜜蜂、鱼类等水生生物、家蚕有毒，施药期间应避免对周围蜂群的影响，开花植物花期、蚕室和桑园附近禁用。远离水产养殖区施药，禁止在河塘等水体中清洗施药器具。

（5）过敏者禁用，使用中有任何不良反应请及时就医。

辛菌胺醋酸盐（cinnamamide acetate）

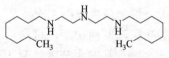

$C_{20}H_{45}N_3$，327.36

● **其他名称**　斯米康、碧康、神骅。

● **主要剂型**　1.2%、1.26%、1.8%、1.9%、5%、8%、20%水剂，3%可湿性粉剂。

● **毒性**　低毒。

● **作用机理**　本品是一种环保型氨基酸类高分子聚合物杀菌剂，在水溶液中电离的亲水基部分吸附带负电的病菌，凝固其蛋白质使病菌酶系统变性，加上聚合物形成的薄膜堵塞了这部分微生物的离子通道，使其立即窒息死亡，从而达到较好的杀菌效果，具有良好的水溶性、内吸性和较强的渗透性。

● **产品特点**

（1）极强内吸和渗透活性。施药后可被作物各部组织吸收并向上、向下、双向传导，全面杀菌。

（2）水基剂型，安全强效。溶剂为水，不产生果锈，并能够铲除果锈，是天然无公害果蔬生产的最佳选择。

（3）长效保护，兼具肥效。在植物体内形成一种保护体，减少水分蒸发，追杀侵入的病菌，防止病菌再次侵入；并可促进叶绿素合成，增强光合作用，使叶大浓绿，果面光洁，着色好。

● **应用**　防治苹果树腐烂病、干腐病、枝干轮纹病，春季和秋季发病前或发病初期，对于多年生较大病瘤应先把病瘤刮除干净后再喷药，否则药物难以渗入病瘤内部而影响治疗效果。用 1.2%辛菌胺醋酸盐水剂 50～100 倍液喷雾、涂抹，每隔 7～10 天喷涂 1 次，连用 2～3 次，每季最多施用 3 次，安全间隔期 7 天。或将 1.26%辛菌胺醋酸盐水剂 18～36 倍液，在刮治后的病斑上涂抹 2 次；或将 1.9%辛菌胺醋酸盐水剂 50～100 倍液涂抹病疤，喷施枝干部位为主，每隔 7 天左右涂 1 次，连涂 2～3 次，安全间隔期 7 天，每季最多施用 3 次。

防治苹果树果锈病，发病前或发病初期，用 1.26%辛菌胺醋酸盐水剂 160～320 倍液喷雾，连喷 2～3 次，每隔 7～10 天喷 1 次，安全间隔期 7 天，每季最多施用 3 次。

防治梨树腐烂病、枝干轮纹病，既可刮治病斑后涂药治疗病斑，又可直接枝干涂药（或喷淋）预防发病。药剂使用方法及用药量同苹果树腐烂病。

防治柑橘树脂病，治疗病斑时，刮病斑后涂药，可选用 1.2%辛菌胺醋酸盐水剂或 1.26%辛菌胺醋酸盐水剂 15～20 倍液，或 1.8%辛菌胺醋酸盐水剂或 1.9%辛菌胺醋酸盐水剂 20～30 倍液涂抹病斑。病害预防时，药剂涂抹枝干，可选用 1.2%辛菌胺醋酸盐水剂或 1.26%辛菌胺醋酸盐水剂 100～150 倍液，或 1.8%辛菌胺醋酸盐水剂或 1.9%辛菌胺醋酸盐水剂 150～200 倍液涂抹或喷淋枝干。

防治桃、李、杏、樱桃流胶病，发芽前用药剂喷洒枝干清园，可选用 1.2%辛菌胺醋酸盐水剂或 1.26%辛菌胺醋酸盐水剂 100～150 倍液，或 1.8%辛菌胺醋酸盐水剂或 1.9%辛菌胺醋酸盐水剂 150～200 倍液喷洒枝干。

防治猕猴桃溃疡病,发芽前药剂喷洒枝干清园 1 次,病害严重时,7～9 月再用药剂涂抹或喷淋主干 1 次。可选用 1.2%辛菌胺醋酸盐水剂或 1.26%辛菌胺醋酸盐水剂 100～150 倍液,或 1.8%辛菌胺醋酸盐水剂或 1.9%辛菌胺醋酸盐水剂 150～200 倍液喷洒枝干或主干涂药。

防治葡萄根癌病,刮除病瘤后涂药,发芽前药剂喷洒枝干清园,可选用 1.2%辛菌胺醋酸盐水剂或 1.26%辛菌胺醋酸盐水剂 10～15 倍液,或 1.8%辛菌胺醋酸盐水剂或 1.9%辛菌胺醋酸盐水剂 150～200 倍液涂抹病斑伤口。

● **注意事项**

(1) 不建议与其他碱性药剂混用。因气温低,药液出现结晶沉淀时,应用温水将药液升温至 30℃左右,使其中结晶全部溶化后再进行稀释施用。

(2) 药械不得随意在河塘沟渠内清洗,以免污染水源。

中生菌素（zhongshengmycin）

$C_{19}H_{34}N_6O_7$, 458.5

● **其他名称** 克菌康、农抗 751、中生霉素、大康、佳爽、快爽、细欣、修细。

● **主要剂型** 1%、3%水剂, 3%、5%、12%可湿性粉剂, 0.5%颗粒剂。

● **毒性** 低毒。

● **作用机理** 中生菌素是由淡紫灰链霉菌海南变种产生的抗生素,其作用机理为:对细菌是抑制病原菌菌体蛋白质的合成,导致菌体死亡;对真菌是使丝状菌丝变形,抑制孢子萌发并能直接杀死孢子。

● **产品特点** 对农作物细菌性病害和部分真菌性病害有很好的防治

效果，与施用化学农药相比，能使作物增产 10%～20%，含糖量增加 0.5%～0.7%，保护作物生长、提高农产品的质量和品质；该农药具有高效、低毒、对作物无副作用，不污染环境，对人、畜无公害等特点，并能够诱导植物产生抗性，活化植物细胞，促进植物生长，维护农业生态环境，是有害化学杀菌剂的重要替代产品。

● 应用

（1）单剂应用　防治西瓜、甜瓜等瓜类的枯萎病，从定植后 1 个月或田间初见病株时开始用药液灌根，用 3%中生菌素可湿性粉剂 600～1000 倍液，每株（穴）浇灌药液 250～300 毫升，每隔 10～15 天灌 1 次，连灌 2～3 次。

防治苹果霉心病、轮纹病、炭疽病、斑点落叶病，可选用 3%中生菌素可湿性粉剂 700～800 倍液，或 5%中生菌素可湿性粉剂 1200～1500 倍液喷雾。花序分离后开花前、盛花末期各喷 1 次，可防控霉心病，兼防斑点落叶病；然后从落花后 7～10 天开始，每隔 10 天左右喷 1 次，连喷 3 次药后套袋，可防控轮纹病、炭疽病及春梢期的斑点落叶病；秋梢生长期，隔 10～15 天再喷 1 次，防控秋梢期斑点落叶病，安全间隔期 7 天。

防治桃、李、杏疮痂病、细菌性穿孔病，从落花后 20～30 天开始喷药，每隔 10～15 天喷 1 次，连喷 2～4 次。药剂喷施倍数同苹果霉心病。

防治柑橘溃疡病、疮痂病，可选用 3%中生菌素可湿性粉剂 800～1000 倍液，或 5%中生菌素可湿性粉剂 1200～1500 倍液喷雾，春梢萌生后 7 天左右、落花后、幼果期、夏梢萌生后 7 天左右及秋梢萌生后 7 天左右各喷 1 次。

（2）复配剂应用　中生菌素可与多菌灵、甲基硫菌灵、戊唑醇、苯醚甲环唑、嘧霉胺、代森锌、烯酰吗啉、醚菌酯、氨基寡糖素等混配。

① 中生·多菌灵。由中生菌素与多菌灵混配而成。防治苹果树轮纹病，发病初期，用 53%中生·多菌灵可湿性粉剂 1000～1500 倍液喷雾，每隔 10～14 天左右喷 1 次，安全间隔期 21 天，每季最多施用 3 次。

② 中生·寡糖素。由中生菌素与氨基寡糖素混配而成。防治西瓜、甜瓜青枯病、细菌性果腐病、枯萎病、细菌性角斑病、病毒病，发病初期，每亩用 10%中生·寡糖素可湿性粉剂 20～30 克兑水 30～50 千克

喷雾。

防治苹果霉心病、轮纹病、斑点落叶病，发病初期，用 10%中生·寡糖素可湿性粉剂 2000～3000 倍液喷雾。

防治梨树石痘病、叶脉黄化病，发病初期，用 10%中生·寡糖素可湿性粉剂 2000～3000 倍液喷雾。

防治桃树细菌性穿孔病，发病初期，用 10%中生·寡糖素可湿性粉剂 2000～3000 倍液喷雾。

防治芒果、核桃细菌性角斑病、黑斑病，发病初期，用 10%中生·寡糖素可湿性粉剂 2000～3000 倍液喷雾。

防治葡萄卷叶病、扇叶病，发病初期，用 10%中生·寡糖素可湿性粉剂 2000～3000 倍液喷雾。

防治草莓根腐病、软腐病，发病初期，每亩用 10%中生·寡糖素可湿性粉剂 40～60 克兑水 30～50 千克喷淋根部。

● **注意事项**

（1）不可与碱性物质混用；需现配现用；预防和发病初期用药效果显著。

（2）建议与不同作用机制的杀菌剂轮换使用，以延缓抗药性产生。施药应做到均匀、周到。

（3）如施药后遇雨应补喷；贮存在阴凉、避光处。

（4）对鱼类等水生生物、蜜蜂、家蚕有毒，施药期间应避免对周围蜂群的影响，开花作物花期、蚕室和桑园附近禁用。远离水产养殖区施药，禁止在河塘等水体中清洗施药器具。赤眼蜂等天敌放飞区域禁用。

宁南霉素（ningnanmycin）

$C_{16}H_{25}N_7O_8$，443.4

● **其他名称**　菌克毒克、翠美、亮叶、翠通。

- **主要剂型** 1.4%、2%、4%、8%水剂，10%可溶粉剂。
- **毒性** 低毒。
- **作用机理** 宁南霉素属胞嘧啶核苷肽型抗生素，为抗生素类、低毒、低残留、无"三致"和蓄积问题、不污染环境的新型微生物源杀菌剂。作用机理主要是抑制病毒核酸的复制和外壳蛋白的合成。
- **产品特点** 宁南霉素为对植物病毒病害及一些真菌病害具有防治效果的农用抗菌素。喷药后，病毒症状逐渐消失，并有明显促长作用。

（1）环保型绿色生物农药。宁南霉素水剂为褐色液体，带酯香，对病害具有预防和治疗作用，耐雨水冲刷，适宜防治病毒病（由烟草花叶病毒引起）和白粉病。是国内外发展绿色食品、无公害食品、保护环境安全的生物农药。

（2）广谱型的高效安全生物农药。

（3）生长调节型的生物农药。宁南霉素除防病治病外，因其含有多种氨基酸、维生素和微量元素，对作物生长具有明显的调节、刺激生长作用，对改善品质、提高产量、增加效益均有显著作用。

（4）宁南霉素不但具有预防作用，还对植物病毒病有显著的治疗效果。

（5）宁南霉素主要用于喷雾，也可拌种。

- **应用**

（1）单剂应用 防治西瓜等瓜类蔓枯病，发现中心病株立即涂茎，或在西瓜未发病或发病初期，用 2%宁南霉素水剂 200～260 倍液，或8%宁南霉素水剂 800～1000 倍液喷雾，每隔 7～10 天喷 1 次，连喷 2～3 次。

防治苹果斑点落叶病，病害初期或发病前，用 8%宁南霉素水剂2000～3000 倍液喷雾，每隔 7～10 天喷 1 次，连喷 2～3 次，安全间隔期 14 天，每季最多施用 3 次。

防治荔枝、龙眼霜霉病、疫霉病，发病初期，用 10%宁南霉素可溶粉剂 1000～1200 倍液喷雾，每隔 7～10 天喷 1 次，连喷 3～4 次。

防治桃树细菌性穿孔病，用 8%宁南霉素水剂 2000～3000 倍液喷雾，每隔 10 天喷 1 次，连喷 2～3 次。

（2）复配剂应用 生产上，宁南霉素可与嘧菌酯、戊唑醇、氟菌唑等复配，用于生产复配杀菌剂。也有与其他药剂进行混配使用的组合，以增加效果，如防治病毒病，用 8%宁南霉素水剂 15 克+5.9%辛菌·吗啉胍水剂 15 克，兑水 15 千克喷雾。

● **注意事项**

（1）应在作物将要发病或发病初期开始喷药，喷药时必须均匀喷布，不漏喷。

（2）对人、畜低毒，但也应注意保管，勿与食物、饲料存放在一起。

（3）不能与碱性物质混用，如有蚜虫发生则可与杀虫剂混用。

（4）存放在干燥、阴凉、避光处。

（5）在苹果上安全间隔期为 14 天，一季最多使用 3 次。

春雷霉素（kasugamycin）

$C_{14}H_{25}N_3O_9$, 379.4

● **其他名称**　春日霉素、旺野、雷爽、艾雷、靓星、宇好、田翔、冲胜、加收米、爱诺春雷、烯霉唑、嘉赐霉素。

● **主要剂型**　2%液剂，2%可溶液剂，2%水剂，2%、4%、6%可湿性粉剂。

● **毒性**　低毒。

● **作用机理**　春雷霉素有效成分是小金色放线菌的代谢产物，属内吸性抗生素，兼有治疗和预防作用。杀菌机理是通过干扰病菌体内氨基酸代谢的酯酶系统，从而影响蛋白质的合成，抑制菌丝伸长和造成细胞颗粒化，最终导致病原体死亡或受到抑制，但对孢子萌发无影响。

● **产品特点**

（1）药剂纯品为白色结晶，商品制剂外观为棕色粉末，具有保护、治疗及较强的内吸性，易溶于水，在酸性和中性溶液中比较稳定。春雷霉素是防治多种细菌和真菌性病害的理想药剂，有预防、治疗、生长调节功能，其治疗效果更为显著。

（2）渗透性强，并能在植物体内移动，喷药后见效快，耐雨水冲刷，持效期长，且能使施药后的瓜类叶色浓绿并延长收获期。

（3）按规定剂量使用，对人畜、鱼类和环境都非常安全。

● **应用**

（1）单剂应用　防治西瓜、甜瓜等瓜类的枯萎病，从定植后 1 个月左右或田间初见病株时开始用药液浇灌植株根部，可选用 2%春雷霉素水剂（液剂、可湿性粉剂）200～300 倍液，或 4%春雷霉素可湿性粉剂 400～600 倍液，或 6%春雷霉素可湿性粉剂 600～800 倍液。15 天后再浇灌 1 次，每株浇灌药液 250～300 毫升。

防治西瓜细菌性角斑病，发病初期，每亩用 6%春雷霉素可湿性粉剂 32～40 克兑水 40～60 千克喷雾，每隔 7 天喷 1 次，每季最多施用 3 次，安全间隔期 14 天。

防治柑橘溃疡病，发病初期，用 4%春雷霉素可湿性粉剂 600～800 倍液喷雾。

防治柑橘流胶病，刮除病部后或用利刀纵刻病斑后，涂抹 4%春雷霉素可湿性粉剂 5～8 倍液，涂后用塑料薄膜扎，防止雨水冲刷。

防治猕猴桃溃疡病，新梢萌芽到新叶簇生期，用 6%春雷霉素可湿性粉剂 400 倍液，每隔 10 天喷 1 次，连喷 2～3 次。

防治苹果黑星病，发病初期，用 2%春雷霉素可湿性粉剂 400 倍液喷雾。

防治苹果银叶病，发病初期，用 2%春雷霉素可湿性粉剂 500 倍液吊针注射或主干打孔高压注射，均有较好的防治效果。

防治香蕉叶鞘腐烂病，香蕉抽蕾 7 天时，用 2%春雷霉素水剂 500 倍液喷雾，2 周后再喷施 1 次，发病重时用 2%春雷霉素水剂+25%丙环唑乳油 1000 倍液喷雾。

（2）复配剂应用　春雷霉素常与王铜、溴菌腈、中生菌素、多菌灵、氯溴异氰尿酸、噻唑锌、喹啉铜、咪鲜胺锰盐、硫黄、稻瘟灵、三环唑、四氯苯酞混配，用于生产复配杀菌剂。

① 春雷·王铜。由春雷霉素和王铜 2 种有效成分按一定比例混配的

一种低毒复合杀菌剂。

防治甜瓜霜霉病和果腐病，用 47%春雷·王铜可湿性粉剂 700～800 倍液喷雾。

防治柑橘溃疡病，在春梢萌发 20～25 天和转绿期各喷 1 次，幼果横径 0.5～1 厘米时开始喷药，每隔 7 天左右喷 1 次，连喷 2～3 次。放夏梢的橘园，放夏梢 7 天后喷药 1 次，叶片转绿期再喷药 1 次；放秋梢的橘园，放秋梢 7 天后喷药 1 次，叶片转绿期再喷 1 次。可选用 47%春雷·王铜可湿性粉剂 500～600 倍液，或 50%春雷·王铜可湿性粉剂 600～800 倍液喷雾。

防治苹果、山楂白粉病，发病初期，用 50%春雷·王铜可湿性粉剂 600～800 倍液喷雾。

防治荔枝霜疫霜病，花蕾期、幼果期、近成果期，用 47%春雷·王铜可湿性粉剂 600～800 倍液各喷 1 次，即可有效控制霜疫霉病的发生为害。

② 春雷·溴菌腈。由春雷霉素和溴菌腈复配而成。防治西瓜枯萎病，用 27%春雷·溴菌腈可湿性粉剂 300～500 倍液灌根。

③ 春雷·喹啉铜。由春雷霉素和喹啉铜复配而成。防治西瓜细菌性角斑病，发病前，每亩用 45%春雷·喹啉铜悬浮剂 30～50 毫升兑水 50 千克喷雾，安全间隔期 7 天，每季作物最多施用 3 次。

④ 春雷·噻霉酮。由春雷霉素与噻霉酮复配而成。防治柑橘树溃疡病，发病前或发病初期，用 8%春雷·噻霉酮水分散粒剂 1000～1600 倍液喷雾，每隔 7～10 天喷 1 次，连喷 2 次，安全间隔期 21 天，每季最多施用 2 次。

● **注意事项**

（1）可以与多种农药混用，可与多菌灵、代森锰锌、百菌清等药剂混用，但应先小面积试验，再大面积推广应用。不能与强碱性农药及含铜制剂混用。

（2）在病害发生初期或进行预防病害时使用，即用药宜早不宜迟才能保证保护和治疗效果。

（3）葡萄、柑橘、苹果、杉树苗及莲藕对春雷霉素敏感，使用时要慎重，应防止雾滴飘移，以免影响周边敏感植物。

（4）叶面喷雾时，可加入适量中性洗衣粉，提高防效。喷药后 8 小时内遇雨，应补喷。

（5）药液应现配现用，一次用完，以防霉菌污染变质失效。不宜长期单一使用本剂。连续使用春雷霉素时可能产生抗药性，为防止此现象的发生，最好和其他作用机制不同的杀菌剂交替使用。

四霉素（tetramycin）

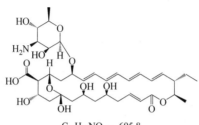

C$_{35}$H$_{53}$NO$_{13}$，695.8

- **其他名称** 梧宁霉素、11371 抗生素等。
- **主要剂型** 0.15%、0.3%水剂。
- **毒性** 属微生物源低毒杀菌剂。
- **作用机理** 四霉素为不吸水链霉素梧州亚种的发酵代谢产物，包括 A$_1$、A$_2$、B 和 C 四个组分，其中 A$_1$ 和 A$_2$ 为大环内酯类的四烯抗生素，B 为肽类抗生素，C 为含氮杂环芳香族抗生素，对多种农林植物真菌性和细菌性病害均有较好的防治效果。主要是通过杀死病菌孢子，使其不能发芽，杀死菌丝体，使其失去扩展，从而达到防治目的。商品制剂外观为棕色液体，性质比较稳定。药剂毒性低，无致癌、致畸、致突变作用，对人、畜和环境安全。
- **应用**

（1）单剂应用 防治西瓜等瓜类炭疽病，用 0.15%四霉素水剂 400～600 倍液喷雾或灌根，每隔 5 天喷雾或灌根 1 次，连用 2～3 次。

防治西瓜蔓枯病，用 0.15%四霉素水剂 400 倍液对病部喷雾，每隔 5 天喷 1 次，连喷 2 次。

防治西瓜枯萎病，用 0.15%四霉素水剂 400～600 倍液+50%多菌灵可湿性粉剂 500 倍液灌根，每隔 5 天灌 1 次，连灌 2～3 次。此法还可兼治苗期茎基腐病及其他瓜类蔬菜枯萎病和茎基腐病。

防治草莓白粉病，用 0.15%四霉素水剂 400 倍液+20%三唑酮乳油 1500 倍液喷雾，每隔 7～10 天喷 1 次，连喷 2 次。

防治草莓炭疽病，每亩用 0.15%四霉素水剂 50 克兑水 30 千克喷雾，每隔 4～5 天喷 1 次，连用 2～3 次。

防治苹果腐烂病，发病前或发病初期，用 0.15%四霉素水剂 5～10 倍液涂抹树干，安全间隔期 7 天，每季最多施用 2 次。

（2）复配剂应用

① 中生·四霉素。由中生菌素和四霉素混配。具有促进愈伤组织愈合、促进弱苗根系生长、提高作物的抗病能力和品质的作用。防治苹果腐烂病，用 2%中生·四霉素可溶液剂 5 倍，涂抹病疤；防治苹果斑点落叶病，发病前或发病初期，用 2%中生·四霉素可溶液剂 600～1000 倍液喷雾。安全间隔期 21 天，每季最多施用 3 次。

② 噁霉·四霉素。由噁霉灵与四霉素混配。真菌和细菌通杀，专治土传病害，有修复作物受损组织促其再生的功能。苹果树用 2.65%噁霉·四霉素水剂 1000 倍+12.5%腈菌·咪鲜胺 1000 倍液喷雾，可防治白粉病、炭疽病、锈病。用 2.65%噁霉·四霉素水剂 1000 倍+2%春雷霉素水剂套袋前、摘袋后喷雾，治疗、预防多种真菌、细菌病害。用 2.65%噁霉·四霉素水剂 1000 倍+5%多抗霉素水剂（多秀水）套袋前、摘袋后喷雾，治疗、预防多种病害及生理病害，如日烧（日灼）、霉心病、炭疽病。

此外，还有春雷·四霉素等复配剂。

◉ **注意事项**

（1）本剂不宜与酸性农药混用。配制好的药液不宜久存，应现配现用。每季使用次数不限。

（2）药液及其废液不得污染水域，禁止在河塘等水体清洗器具。远离水产养殖区、河塘等水体施药。鱼或虾、蟹套养稻田禁用，施药后的田水不得直接排入水体。

（3）不宜在阳光直射下喷施，喷施后 4 小时内遇雨需补施。

双胍三辛烷基苯磺酸盐 ［iminoctadine tris (albesilate)］

$$C_{72}H_{131}N_7O_9S_3, 1335.05$$

- **其他名称** 百可得、日曹。
- **主要剂型** 40%可湿性粉剂。
- **毒性** 低毒。
- **作用机理** 主要对真菌的类脂化合物的生物合成和细胞膜功能起作用，抑制孢子萌发、芽管伸长、附着胞和菌丝的形成，是触杀和预防性杀菌剂。用于防治柑橘贮藏期病害、苹果树斑点落叶病、葡萄灰霉病、西瓜蔓枯病等。
- **应用**

（1）单剂应用 防治西瓜蔓枯病，发病前或发病初期，用40%双胍三辛烷基苯磺酸盐可湿性粉剂800～1000倍液喷雾，每季最多施用3次，安全间隔期5天。

防治草莓灰霉病、白粉病，用40%双胍三辛烷基苯磺酸盐可湿性粉剂1000～1500倍液喷雾，初花期、盛花期、末花期各喷1次即可。

防治柑橘贮藏期病害，柑橘采后，用40%双胍三辛烷基苯磺酸盐可湿性粉剂1000～2000倍液进行浸果处理，浸果1分钟捞出晾干预贮，安全间隔期30天。

防治苹果树斑点落叶病，发病前或发病初期，用40%双胍三辛烷基苯磺酸盐可湿性粉剂800～1000倍液喷雾，每季最多施用3次，安全间隔期21天。

防治葡萄灰霉病、白粉病、炭疽病，开花前、落花后，用40%双胍三辛烷基苯磺酸盐可湿性粉剂1500～2000倍液各喷1次,防止灰霉病为害幼穗；防治白粉病时，发病初期开始，每隔10天左右喷1次，连喷2～

3 次；果穗套袋葡萄，在套袋前重点喷 1 次果穗，可控制灰霉病和炭疽病为害。安全间隔期 10 天，每季最多施用 2 次。

防治梨树黑星病、褐腐病、白粉病、炭疽病，从初见病叶开始，用 40%双胍三辛烷基苯磺酸盐可湿性粉剂 1500～2000 倍液喷雾，每隔 10～15 天喷 1 次，与不同类型药剂轮换，连喷 5～7 次。

防治桃、杏、李黑星病、褐腐病，用 40%双胍三辛烷基苯磺酸盐可湿性粉剂 1500～2000 倍液喷雾，防控黑星病，从落花后 20～30 天开始，每隔 10～15 天喷 1 次，连喷 2～3 次；防控褐腐病，从采收前 1.5 个月开始，每隔 10 天左右喷 1 次，连喷 2 次左右。

防治柿树黑星病、炭疽病、白粉病，用 40%双胍三辛烷基苯磺酸盐可湿性粉剂 1500～2000 倍液喷雾。防治黑星病、白粉病，发病初期，每隔 10～15 天喷 1 次，连喷 2～3 次。防治炭疽病，从落花后 7～10 天开始，每隔 10～15 天喷 1 次，连喷 2～5 次（南方甜柿产区喷药次数较多）。

防治猕猴桃灰霉病，发病初期或初见病斑时，用 40%双胍三辛烷基苯磺酸盐可湿性粉剂 1500～2000 倍液喷雾，每隔 10 天左右喷 1 次，连喷 2～3 次。

（2）复配剂应用　双胍三辛烷基苯磺酸盐有时与咪鲜胺、咪鲜胺锰盐、抑霉唑、吡唑醚菌酯等混配。

① 双胍·吡唑酯。由双胍三辛烷基苯磺酸盐与吡唑醚菌酯混配。防治葡萄白粉病、灰霉病，在春梢、叶片或果穗发病时，用 24%双胍·吡唑酯可湿性粉剂 1000～2000 倍液喷雾，每隔 7～10 天喷 1 次，连喷 2 次，安全间隔期 10 天，每季最多施用 2 次。

② 双胍·咪鲜胺。由双胍三辛烷基苯磺酸盐与咪鲜胺锰盐混配。防治柑橘炭疽病、酸腐病、青霉病、绿霉病，用 42%双胍·咪鲜胺可湿性粉剂 500～750 倍液浸果。

● **注意事项**

（1）勿与强酸强碱性物质（如波尔多液等农药）混用。

（2）在苹果、梨落花后 20 天之内喷雾会造成果锈，应当慎用。

（3）如果要长期贮藏，选用两种不同类型的保鲜剂交替使用，以延缓抗性产生。

丁香菌酯（coumoxystrobin）

$C_{26}H_{28}O_6$，436.5

● **其他名称**　武灵士、亨达。

● **主要剂型**　0.15%、20%悬浮剂。

● **毒性**　低毒。

● **作用机理**　属线粒体呼吸抑制剂，通过抑制菌体内线粒体的呼吸作用而影响病菌的能量代谢，最终导致病菌死亡。具内吸活性，杀菌谱广，兼具保护和治疗作用；为天然源杀菌剂，结构新颖，活性高，对环境友好。

● **应用**

（1）单剂应用　防治苹果树腐烂病，在苹果树春季发病盛期或秋季落叶后进行药剂处理，刮掉病疤处的腐烂皮层，用 0.15%丁香菌酯悬浮剂直接涂抹，或用 1～1.5 倍液进行涂抹；或在苹果树发芽前或落叶后，用 20%丁香菌酯悬浮剂 130～200 倍液涂抹。配制药液前，先将药瓶充分摇匀，再按比例将药液稀释，充分搅拌后使用。涂抹病疤时，涂抹面积需比病疤面积大，应覆盖整个病疤，尤其是病疤边缘一定要着药均匀。在苹果树上每季最多施用 2 次，安全间隔期为收获期。

防治苹果轮纹病、炭疽病，从落花后 7～10 天开始，用 20%丁香菌酯悬浮剂 2000～2500 倍液喷雾，每隔 10 天左右喷 1 次，连喷 3 次后套袋，兼防斑点落叶病、褐斑病。

防治苹果斑点落叶病，用 20%丁香菌酯悬浮剂 2000～2500 倍液喷雾。在春梢生长期喷 1～2 次，在秋梢生长期喷 2～3 次，每隔 10～15 天喷 1 次，兼防褐斑病。

防治苹果褐斑病，临近套袋第一次喷药，以后从套袋后开始，用 20%丁香菌酯悬浮剂 2000～2500 倍液喷雾，每隔 15 天喷 1 次，连喷 4～5 次。

防治梨树腐烂病及枝干轮纹病，在早春发芽前，用 20% 丁香菌酯悬浮剂 500～600 倍液喷 1 次，病害特别严重时，还可在生长季节用 20% 丁香菌酯悬浮剂 300～400 倍液涂抹枝干。

防治梨树果实轮纹病、黑星病，从落花后 10 天左右开始，用 20% 丁香菌酯悬浮剂 2000～2500 倍液喷雾，每隔 10～15 天喷 1 次，连喷 5～7 次，与不同类型药剂轮换。

防治葡萄霜霉病、白粉病、炭疽病，用 20% 丁香菌酯悬浮剂 1500～2000 倍液喷雾。以防霜霉病为主，兼防白粉病、炭疽病，在开花前、落花后各喷 1 次，预防幼果穗受害；然后从落花后 20 天左右开始，每隔 10 天左右喷 1 次，直到生长后期，与不同类型药剂轮换。

防治枣树锈病、炭疽病、轮纹病，从落花后半月左右开始，用 20% 丁香菌酯悬浮剂 2000～2500 倍液喷雾，每隔 10～15 天喷 1 次，连喷 5～7 次，与不同类型药剂轮换。

防治桃树疮痂病，从落花后 20～30 天开始，用 20% 丁香菌酯悬浮剂 1000～1500 倍液喷雾，每隔 15 天左右喷 1 次，连喷 2～4 次，兼防炭疽病。

防治桃树褐腐病，从果实采收前 1～1.5 个月开始，用 20% 丁香菌酯悬浮剂 1000～1500 倍液喷雾，每隔 10～15 天喷 1 次，连喷 2 次左右，兼防炭疽病。

防治香蕉叶斑病、黑星病，发病初期，用 20% 丁香菌酯悬浮剂 1500～2000 倍液喷雾，每隔 15～20 天喷 1 次，与不同类型药剂轮换，连喷 3～5 次。

防治芒果炭疽病、白粉病，发病初期，用 20% 丁香菌酯悬浮剂 1500～2000 倍液喷雾，每隔 15 天左右喷 1 次，连喷 2～4 次。

防治柑橘疮痂病、炭疽病，在开花前、落花后及坐果后，用 20% 丁香菌酯悬浮剂 1500～2000 倍液各喷 1 次。

防治柑橘黄斑病、树脂病，从果实膨大期开始，用 20% 丁香菌酯悬浮剂 1500～2000 倍液喷雾，每隔 15 天左右喷 1 次，连喷 2～3 次，兼防炭疽病。

（2）复配剂应用　丁香菌酯可与戊唑醇、苯醚甲环唑、丙环唑、多菌灵、甲基硫菌灵、烯酰吗啉、乙嘧酚等混配。

① 丁香·戊唑醇。由丁香菌酯与戊唑醇混配而成。防治苹果树褐斑病，发病初期，用 40%丁香·戊唑醇悬浮剂 2000~2700 倍液喷雾，安全间隔期 7 天，每季最多施用 2 次。

② 丁香菌酯·代森联。防治柑橘疮痂病，用 65%丁香菌酯·代森联水分散粒剂 2500 倍液喷雾，第一次用药在叶片发病初期进行，每隔 7~10 天喷 1 次，安全间隔期 21 天，每季最多施用 2 次。

● **注意事项**

（1）不能与碱性及强酸性药剂混用。

（2）为延缓抗药性产生，可与其他不同作用机制的杀菌轮换使用。

（3）对鱼类高毒，请勿污染水源，禁止在河塘等水体中清洗配药工具，赤眼蜂等天敌放飞区禁止使用，桑园及蚕室附近禁用。

乙蒜素（ethylicin）

$C_4H_{10}O_2S_2$，154.2

● **其他名称**　抗菌剂 402、抗菌剂 401、四零二、净刹、亿为克、一支灵、木春、帅方、鸿安、大地农化。

● **主要剂型**　20%、30%、40.2%、41%、70%、80%乳油，20%高渗乳油，90%原油，15%、30%可湿性粉剂。

● **毒性**　低毒。

● **作用机理**　乙蒜素是一种广谱性杀菌剂，主要用于种子处理或茎叶喷施。乙蒜素是大蒜素的乙基同系物，其杀菌机制是分子结构中的二硫氧基团和菌体分子中含—SH 的物质反应，从而抑制菌体正常代谢。

● **产品特点**

（1）具有保护、治疗作用，属于仿生型杀菌剂。80%乙蒜素乳油是目前唯一只需要叶面喷施便可以控制枯萎病、蔓枯病的杀菌剂。

（2）乙蒜素杀菌作用迅速，具有超强的渗透力，快速抑制病菌的繁殖，杀死病菌，起到治疗和保护作用，同时乙蒜素可以刺激植物生长，经它处理后，种子出苗快，幼苗生长健壮，对多种病原菌的孢子萌发和菌丝生长有很强的抑制作用。

（3）乙蒜素可有效地防治枯、黄萎病，甘薯黑斑病，使用范围广泛，可以防治 60 多种真菌、细菌引起的病害；可以用作物块根防霉保鲜剂，也可作为兽药，为家禽、家畜、鱼、蚕等治病，甚至可以作为工业船只表面的杀菌、防藻剂等。其使用安全，可以作为植物源仿生杀菌剂，不产生耐药性，无残留危害，使用后在作物上残留期很短，在草莓上的残留半衰期仅 1.9 天，黄瓜中 1.4～3.5 天，水稻中 1.4～2.1 天，与作物亲和力强，使用了半个世纪，每亩用量变化不大。

◉ **应用**

（1）单剂应用　防治西瓜立枯病，用 80%乙蒜素乳油 1500 倍喷淋在发病部位，可以迅速缓解病害的发生。西瓜移栽 7 天后，用 80%乙蒜素乳油 1500 倍液，于下午 4 点后叶面喷雾，结瓜后每隔 10 天喷 1 次，以防病害发生。表现为皮光滑、肉厚、甜度高，增产幅度大，亩增产 25%以上，并可提前 20 天上市。

防治苹果树褐斑病，发病前或发病初期，用 80%乙蒜素乳油 800～1000 倍液喷雾，每隔 7 天喷 1 次，连喷 2 次，每季最多施用 2 次。

防治苹果树叶斑病，发病前或发病初期，用 80%乙蒜素乳油 800～1000 倍液喷雾，每隔 7 天喷 1 次，每季最多施用 2 次，安全间隔期 14 天。

防治梨树腐烂病，首先将腐烂病组织刮除，然后伤口表面涂药消毒并保护伤口；当树势强壮时，也可轻刮病斑或在病斑划道后直接涂药。可选用 80%乙蒜素乳油 50～100 倍液，或 41%乙蒜素乳油 30～50 倍液，或 30%乙蒜素乳油 20～30 倍液，或 20%乙蒜素乳油 15～20 倍液涂抹，1 个月后再涂药 1 次。

防治葡萄根癌病，首先彻底刮除病组织，然后用药剂涂抹病斑处及伤口，1 个月后再涂抹 1 次。涂抹用药浓度同梨树腐烂病。

防治桃、杏、李及樱桃树的根癌病，发现病树后，先彻底刮除病瘤组织，然后用药剂涂抹病斑处及伤口，1 个月后再涂 1 次，涂抹用药浓度同梨树腐烂病。

防治桃、杏、李及樱桃树的流胶病，可选用 80%乙蒜素乳油 400～500 倍液，或 41%乙蒜素乳油 200～250 倍液，或 30%乙蒜素乳油 150～200 倍液，或 20%乙蒜素乳油 100～120 倍液，或 15%乙蒜素可湿性粉剂

80～100 倍液，在树体发芽前喷洒干枝清园。

防治板栗干枯病，首先彻底刮除病斑组织，然后用药液涂抹病斑处及伤口，1 个月后再涂抹 1 次，涂抹用药浓度同梨树腐烂病。预防干枯病发生，在板栗发芽前喷洒枝干清园，清园用药浓度同桃树流胶病发芽前清园。

防治猕猴桃溃疡病。预防溃疡病发生时，在猕猴桃发芽前喷洒枝蔓清园，用药浓度同桃树流胶病发芽前清园。防治溃疡病时，首先刮除病斑组织，然后用药剂涂抹病斑及伤口，1 个月后再涂抹 1 次，涂抹用药浓度同梨树腐烂病。

防治柑橘树脂病。预防树脂病时，在柑橘春梢抽生前喷药清园，可选用 80%乙蒜素乳油 600～800 倍液，或 41%乙蒜素乳油 300～400 倍液，或 30%乙蒜素乳油 250～300 倍液，或 20%乙蒜素乳油 150～200 倍液，或 15%乙蒜素可湿性粉剂 100～150 倍液喷雾。防治树脂病病斑时，先刮除病斑组织，然后用药剂涂抹病斑处伤口，1 个月后再涂抹 1 次，涂抹用药浓度同梨树腐烂病。

（2）复配剂应用　乙蒜素常与三唑酮、噁霉灵、咪鲜胺、氨基寡糖素、氯霉素等混配。

乙蒜素+甲霜·噁霉灵。每亩用 80%乙蒜素乳油 1000 克+3%甲霜·噁霉灵水剂 1000 克兑水 750 千克喷雾或灌根，可防治作物的根部病害、土传病害，如根肿病、茎基腐病、姜瘟病等，在生姜、草莓、黄瓜、西瓜等作物上有很好的治疗效果。

此外，还有噁霉·乙蒜素、寡糖·乙蒜素、唑酮·乙蒜素、咪鲜·乙蒜素等复配剂。

● **注意事项**

（1）施药人员应十分注意防止药剂接触皮肤，如有污染应及时清洗，必要时用硫代硫酸钠敷。

（2）不能与碱性农药混用，经处理过的种子不能食用或作饲料。

（3）由于渗透性太强，浓度过高容易发生药害，因此一定不要超量使用乙蒜素，苗期慎用乙蒜素，严格按照使用说明用药。

（4）主要依靠触杀作用治病，防病的持效期短。因此，使用乙蒜素尽量搭配内吸性强的药剂，以提高防治持效期。乙蒜素主要应用于土壤消毒及防治根系病害，这样使用安全性较高。

（5）浸过药液的种子不得与草木灰一起播种，以免影响药效。

枯草芽孢杆菌（*Bacillus subtilis*）

- **其他名称** 华夏宝、格兰、天赞好、力宝、重茬 2 号。
- **主要剂型** 10 亿活芽孢/克、100 亿芽孢/克、200 亿芽孢/克、1000 亿活芽孢/克、2000 亿芽孢/克、2000 亿 CFU/克可湿性粉剂，1 万活芽孢/毫升、80 亿 CFU/毫升悬浮种衣剂，50 亿活菌/克、1 亿孢子/毫升水剂，200 亿活菌/克菌粉，200 亿芽孢/毫升可分散油悬浮剂。
- **毒性** 低毒。
- **作用机理** 一是枯草芽孢杆菌菌体生长过程中产生的枯草菌素、多黏菌素、制霉菌素、短杆菌肽等活性物质，这些活性物质对致病菌或内源性感染的条件致病菌有明显的抑制作用。

二是枯草芽孢杆菌迅速消耗环境中的游离氧，造成肠道低氧，促进有益厌氧菌生长，并产生乳酸等有机酸类，降低肠道 pH 值，间接抑制其他致病菌生长。

三是刺激动物免疫器官的生长发育，激活 T 淋巴细胞、B 淋巴细胞，提高免疫球蛋白和抗体水平，增强细胞免疫和体液免疫功能，提高群体免疫力。

四是枯草芽孢杆菌菌体自身合成 α-淀粉酶、蛋白酶、脂肪酶、纤维素酶等酶类，在消化道中与动物体内的消化酶类一同发挥作用。

五是能合成维生素 B_1、维生素 B_2、维生素 B_6、烟酸等多种 B 族维生素，提高动物体内干扰素巨噬细胞的活性。

六是通过分解有机质、固氮、解磷解钾，提高肥料利用率，因此，枯草芽孢杆菌也是肥。此外，还可以分泌吲哚乙酸等生长调节物质，促进植株健康生长，培育健壮植株。

- **产品特点**
（1）枯草芽孢杆菌是从自然界土壤样品中筛选到的 BS-208 菌株生产的杀菌剂，是疏水性很强的生物菌，属细菌微生物杀菌剂，具有强力杀菌作用，对多种病原菌有抑制作用。枯草芽孢杆菌喷洒在作物叶片上后，其活芽孢利用叶面上的营养和水分在叶片上繁殖，迅速占领整个叶片表面，同时分泌具有杀菌作用的活性物，达到有效排斥、抑制和杀灭病菌的作用。

（2）可与井冈霉素复配，有井冈·枯芽菌水剂、井冈·枯芽菌可湿性粉剂。

● **应用** 枯草芽孢杆菌以防治植物的真菌性病害为主，对一些细菌性病害也有防治效果；一些菌株对导致食品腐败及采后果实病害的细菌、霉菌和酵母菌也有一定程度的抑制作用。对枯草芽孢杆菌敏感的致病菌包括镰刀菌、曲霉属、链格孢属真菌和丝核菌属等。枯草芽孢杆菌主要用于喷雾，也可用于灌根、拌种及种子包衣等。

（1）喷雾 防治草莓灰霉病，病害初期或发病前，每亩可选用 1000 亿孢子/克枯草芽孢杆菌可湿性粉剂 40～60 克兑水 50～75 千克喷雾，或 10 亿活芽孢/克枯草芽孢杆菌可湿性粉剂 600～800 倍液喷雾，施药时注意使药液均匀喷施至作物各部位，每隔 7 天喷 1 次，连喷 2～3 次。

防治草莓白粉病，病害初期或发病前，每亩可选用 1000 亿孢子/克枯草芽孢杆菌可湿性粉剂 40～60 克兑水 50～75 千克喷雾，或 10 亿活芽孢/克枯草芽孢杆菌可湿性粉剂 600～800 倍液喷雾，施药时注意使药液均匀喷施至作物各部位，每隔 7 天喷 1 次，连喷 2～3 次。

防治甜瓜白粉病，发病初期，每亩用 1000 亿芽孢/克枯草芽孢杆菌可湿性粉剂 120～160 克兑水 40～60 千克喷雾，每隔 7～10 天喷 1 次，连喷 2～3 次。

防治柑橘树溃疡病，发病初期，每亩用 1000 亿孢子/克枯草芽孢杆菌可湿性粉剂 1500～2000 倍液喷雾，每隔 7～14 天喷 1 次，连喷 2～3 次，每季最多施用 3 次。

防治苹果树炭疽病，发病初期，每亩用 2000 亿芽孢/克枯草芽孢杆菌可湿性粉剂 1000～1250 克兑水 30～50 千克喷雾，每隔 10～15 天喷 1 次，连喷 2～3 次。

（2）灌根 防治西瓜枯萎病，用 10 亿 CFU/克枯草芽孢杆菌可湿性粉剂 300～400 倍液灌根，或者每株用 2～3 克穴施。

防治香蕉枯萎病，用 10 亿芽孢/克枯草芽孢杆菌可湿性粉剂 50～60 倍液灌根。

（3）浸果　防治柑橘绿霉病、青霉病，采用浸果法，用 1000 亿个/克枯草芽孢杆菌可湿性粉剂 3000～5000 倍液，将采摘的果实在药液中浸渍 1～2 分钟后捞起晾干，常温贮存。

● **注意事项**

（1）使用前，将本品充分摇匀。

（2）不能与广谱的种子处理剂克菌丹及含铜制剂混合使用，可推荐作为广谱种衣剂，拓宽对种子病害的防治范围。

（3）不同菌种、不同剂型的生物菌剂效果差异很大，要注意根据病害种类，选择合适的产品，如灰霉病可以用四川太抗的枯芽春进行防治。

（4）创造有利于枯草芽孢杆菌繁殖的空间。可以与杀菌剂（指真菌）混用，如噁霉灵、啶酰菌胺等，先杀灭一部分病原菌，为枯草芽孢杆菌繁殖清理出一个较好的生存空间，确保孢子能够迅速存活并繁殖。

（5）枯芽芽孢杆菌为细菌，不能与防治细菌性病害的药剂混用，包括：一是含有重金属离子的杀菌剂，如各类铜制剂，含锰、锌离子的药剂等。二是抗生素类，如链霉素、中生菌素、宁南霉素、春雷霉素等。三是氯溴异氰尿酸、三氯异氰尿酸、乙蒜素等强氧化性杀菌剂。四是叶枯唑、噻唑锌等唑类杀菌剂。

（6）补充养分促进增殖。枯草芽孢杆菌制剂使用时，可以与白糖、氨基酸叶面肥、海藻肥等混用，给枯草芽孢杆菌繁殖提供营养，以利于其更快生长繁殖。

（7）枯草芽孢杆菌使用时，还要注意"早用、连续用"。最好是从苗期开始使用，给植物穿上一层"铠甲"。使用前，可以先用高温闷棚法、杀菌剂等进行消毒，之后和有机肥等一起施用。连续使用，可以确保枯草芽孢杆菌等有益菌群占据绝对优势。

（8）使用消毒剂、杀虫剂 4～5 天后，再使用本药剂。宜在晴朗天气早、晚两头趁露水未干时喷施，夜间喷施效果尤佳，阴雨天可全天喷施，风力大于 3 级时不宜喷施。

（9）建议与其他作用机制不同的杀菌剂轮换使用，以延缓产生抗药性。

（10）对蜜蜂、鱼类等水生生物和家蚕有毒，施药期间应避免对周围蜂群的影响，禁止在开花植物花期、蚕室和桑园附近使用。远离水产养殖区、河塘等水域施药，禁止在河塘等水域内清洗施药用具，防止药液污染水源地。

（11）赤眼蜂等天敌放飞区域禁用。

（12）勿在强阳光下喷施本品。包装开启后最好一次用完，未用完密封保存。避免污染水源地，远离水产养殖区施药。在阴凉干燥条件下贮存，活性稳定在2年以上。

木霉菌（*Trichoderma* sp.）

● **其他名称**　哈茨木霉菌、灭菌灵、特立克、生菌散、快杀菌、木霉素、康吉等。

● **主要剂型**　1.5亿孢子/克、2亿孢子/克、3亿孢子/克可湿性粉剂，1亿孢子/克、2亿孢子/克、3亿孢子/克水分散粒剂。

● **毒性**　微毒。

● **作用机理**　以绿色木霉菌通过重复寄生、营养竞争和裂解酶的作用杀灭病原真菌。木霉菌可迅速消耗侵染位点附近的营养物质，立即使致病菌停止生长和侵染，再通过几丁质酶和葡聚糖酶消融病原菌的细胞壁，从而使菌丝体消失，植株恢复绿色。木霉菌与病原菌有协同作用，即越有利于病菌发病的环境条件，木霉菌作用效果越强。

木霉菌的代谢产物在植物生长发育过程中不断积累，在幼龄植物的初生分裂组织中起催化剂作用，能够加速细胞的繁殖，从而使植物生长更快。同时，它从真菌和有机物中摄取营养物质，促使它们腐烂分解，成为有用的肥料，所以用木霉菌处理后的植株一般生长健壮，表现出明显的促进生长作用；保护种子、土壤和各种植物免受病原真菌的侵染；降解毒素。

● **产品特点**　木霉菌属真菌门半知菌亚门丝孢纲丝孢目丛梗孢科木霉属，广泛存在于不同环境条件下的土壤中。大多数木霉菌可产生多种对植物病原真菌、细菌及昆虫具有拮抗作用的生物活性物质，比如细胞壁降解酶类和次级代谢产物，并能提高农作物的抗逆性，促进植物生长和提高农产品产量，因此被广泛用于生物防治，用作生物肥料及土壤改良剂。由于化学农药对环境的负面影响较为严重，所以对环境较为友好的生物农药木霉菌受到了广泛的关注。国内登记生产木霉菌制剂的企业虽然较少，但木霉菌制剂在市场上的销售增长较为迅速，截至目前，木霉菌生防制剂已占据了真菌杀菌剂近一半的市场份额。

木霉菌属微生物源、真菌杀菌剂，具有杀菌、重复寄生、溶菌及竞争作用。对霜霉菌、疫霉菌、丝核菌、小核菌、轮枝孢菌等真菌有拮抗作用，对白粉菌、炭疽菌也表现活性。防治效果接近化学农药三乙膦酸铝、甲霜灵，且显著优于多菌灵，低毒，对蔬菜果树安全，不污染环境，可作为防治霜霉病的替代农药。

木霉菌在植物根围生长并形成"保护罩"，以防止根部病原真菌的侵染；能分泌酶及抗生素类物质，分解病原真菌的细胞壁；能够刺激植物根的生长，从而使植物的根系更加健康；用药后安全收获间隔期为 0 天，可作有机生产资料；可以与肥料、杀虫剂、杀螨剂、除草剂、消毒剂、生长调节剂兼容；适宜生长条件：pH 4～8，土壤温度 8.9～36.1℃，与植物根系共生后可以改变土壤的微结构，使其更适宜于根系的生长。

● **应用**　防治草莓枯萎病，发病前或发病初期，每平方米用 2 亿孢子/克木霉菌可湿性粉剂 330～500 倍液灌根，每隔 7～10 天灌 1 次，连灌 3 次。

防治葡萄灰霉病，发病初期，每亩用 2 亿孢子/克木霉菌可湿性粉剂 200～300 克兑水 40～60 千克喷雾，每隔 7～10 天喷 1 次，连喷 2～3 次。

● **注意事项**

（1）木霉菌为真菌制剂，不能与酸性、碱性农药混用，也不能与杀菌农药混用，否则会降低菌体活力，影响药效正常发挥。在发病严重地区应与其他类型杀菌剂交替使用，以延缓抗性产生。

（2）不可用于食用菌病害的防治。赤眼蜂等害虫天敌放飞区域禁用本品。

（3）一定要于发病初期开始喷药，喷雾时需均匀、周到，不可漏喷，如喷后 8 小时内遇雨，需及时补喷。

（4）使用木霉菌，连续阴雨或湿度较大的环境中，或者当病情较重的情况下，建议使用较高剂量。避免在极端温度和湿度下，或作物长势较弱的情况下使用。

（5）木霉菌类药剂可以与多数生物杀虫剂和化学杀虫剂同时混用。

（6）露天使用时，最好于阴天或下午 4 时作业。

（7）药剂要保存在阴凉、干燥处，防止受潮和光线照射。

（8）远离水产养殖区施药，禁止在河塘等水体中清洗施药器具，避免污染水源。

多黏类芽孢杆菌（*Paenibacillus polymyxa*）

* **其他名称**　康地蕾得、康蕾。

* **主要剂型**　10 亿 CFU/克、50 亿 CFU/克可湿性粉剂，0.1 亿 CFU/克细粒剂，5 亿 CFU/克悬浮剂。

* **毒性**　低毒。

* **作用机理**　通过其有效成分——多黏类芽孢杆菌（多黏类芽孢杆菌属中的一个种）产生的广谱抗菌物质，以及位点竞争和诱导抗性等机制达到防治病害的目的。多黏类芽孢杆菌在根、茎、叶等植物体内具有很强的定殖能力，可通过位点竞争阻止病原菌侵染植物；同时在植物根际周围和植物体内的多黏类芽孢杆菌不断分泌出广谱抗菌物质（如有机酚酸类物质及杀镰刀菌素等脂肽类物质等），可抑制或杀灭病原菌；此外，多黏类芽孢杆菌还能诱导植物产生抗病性。同时多黏类芽孢杆菌还可产生促生长物质，而且具有固氮作用。

* **产品特点**

（1）多黏类芽孢杆菌，是世界上第一个以类芽孢杆菌属菌株（多黏类芽孢杆菌）为生防菌株的微生物农药，是一种细菌活菌体杀菌剂，对植物黄萎病、油菜腐烂病等多种植物病害均具有一定的控制作用。

（2）其主要功能有两点。一是通过灌根可有效防治植物细菌性和真菌性土传病害，同时可使植物叶部的细菌和真菌病害明显减少，以康蕾产品加生化黄腐酸组合效果最好，相对防效为 89%～100%。二是对植物具有明显的促生长、增产作用，作物的茎秆粗细和高度增加，长势旺盛，增产 10%～15%。

* **应用**　防治西瓜炭疽病，每亩用 10 亿 CFU/克多黏类芽孢杆菌可湿性粉剂 100～200 克兑水 50 千克喷雾，每隔 7～10 天喷 1 次，连喷 2～3 次。

防治西瓜枯萎病，用 10 亿 CFU/克多黏类芽孢杆菌可湿性粉剂 100 倍液浸种 30 分钟，出苗后用 3000 倍液苗床泼浇 1 次，移栽后再进行 1 次灌根，每亩用药量为 440～680 克。

防治桃树流胶病，于萌芽期、初花期、果实膨大期，用 50 亿 CFU/克多黏类芽孢杆菌可湿性粉剂 1000～1500 倍液灌根，共施药 3 次，每次灌根加涂抹树干处理。

● **注意事项**

（1）重在预防。该产品在发病初期固然可以治疗，但预防更能发挥它的优势。

（2）使用前须先用 10 倍左右清水浸泡 2～6 小时，再稀释至指定倍数，同时在稀释时和使用前须充分搅拌，以使菌体从吸附介质上充分分离（脱附）并均匀分布于水中。

（3）对青枯病、枯萎病等土传病害的防治，苗期用药不仅可提高防效而且还具有防治苗期病害及壮苗的作用。

（4）施药应选在傍晚进行，不宜在太阳暴晒下或雨前进行，若施药后 24 小时内遇有大雨天气，天晴后应补施一次。

（5）土壤潮湿时，应减少稀释倍数，确保药液被植物根部土壤吸收；土壤干燥、种植密度大或冲施时，则应加大稀释倍数，确保植物根部土壤浇透。

（6）与其他优秀的生物药肥组合施用，发挥各自的作用，互相配合才能达到最好的效果。但不能与杀细菌的化学农药直接混用或同时使用，使用过杀菌剂的容器和喷雾器需要用清水彻底清洗后使用。

（7）禁止在河塘等水域中清洗施药器具。

（8）赤眼蜂等害虫天敌放飞区域禁用本品。

（9）多黏类芽孢杆菌结合基施或穴施有机肥、生物菌肥使用，以及与甲壳素、生根剂、杀线虫剂及叶面肥等配合使用，可明显增强防治效果、促进作物生长。

第三章 >>>

果树常用除草剂

草甘膦（glyphosate）

$C_3H_8NO_5P$, 169.07

● **其他名称** 农达、镇草宁、农得乐、甘氯膦、膦酸甘氨酸、草全净、万锄。

● **主要剂型** 草甘膦异丙胺盐：30%、35%、41%、46%、62%、410克/升、450克/升、600克/升水剂，50%、58%可溶粒剂，50%可溶粉剂。

草甘膦铵盐：30%、33%、35%、41%水剂，50%、58%、63%、68%、70%、80%、86%、86.3%、88.8%、95%可溶粒剂，30%、50%、58%、65%、68%、80%、88.8%可溶粉剂。

草甘膦二甲胺盐：30%、35%、41%、46%水剂，50%、58%、63%、68%可溶粒剂。

草甘膦钾盐：30%、35%、41%、46%水剂，50%、58%、63%、68%可溶粒剂，58%可溶粉剂。

草甘膦钠盐：30%、50%可溶粉剂，58%可溶粒剂。

草甘膦：30%、41%、46%、450克/升水剂，50%、58%、68%、70%、75.7%可溶粒剂，30%、50%、58%、65%可溶粉剂。

● **毒性** 低毒。

● **作用机理** 草甘膦为内吸传导型慢性广谱灭生性除草剂，主要抑制植物体内烯醇丙酮基莽草素磷酸合成酶，从而抑制莽草素向苯丙氨酸、酪氨酸及色氨酸的转化，使蛋白质的合成受到干扰导致植物死亡。

● **草甘膦的主要种类** 草甘膦实际是一大类灭生性除草剂的统称，如草甘膦铵盐、草甘膦钾盐、草甘膦钠盐和草甘膦异丙胺盐等。铵盐一般为可溶粉剂，较常见的为74.7%草甘膦铵盐。异丙胺盐一般为水剂，较常见的为41%草甘膦异丙胺盐水剂。钾盐是草甘膦类的新品，一般为水剂，较常见的为43%草甘膦钾盐，是其中杀草最彻底的品种，具有吸收快、抗雨水冲刷、补钾的优势。

由于草甘膦本身不溶于水，在农业生产上无法使用，而草甘膦与不同的碱通过化学反应制得的盐类都极易溶于水，除草性质却没有任何改变。由于几种盐的分子质量大小不同，标签标示的含量也不同，如草甘膦含量≥30.5%，草甘膦铵盐含量≥33.5%，草甘膦钠盐≥34.5%，草甘膦钾盐≥37.5%，草甘膦异丙胺盐≥41%。如果折合成草甘膦其实含量都一样，都可说成是草甘膦≥30.5%，也都可说成是草甘膦异丙胺盐≥41%水剂，也有直接标识30%草甘膦水剂或30%草甘膦粉剂的。

草甘膦的几种盐除草范围相同，但除草活性有所差异。在相同环境条件下，除草活性一般为草甘膦钾盐＞草甘膦异丙胺盐＞草甘膦铵盐＞草甘膦钠盐。其中30%草甘膦水剂有以下几种可能：一是30%草甘膦水剂以异丙胺盐的形式存在，类似于40.5%草甘膦异丙胺盐水剂（略微低一些）；二是30%草甘膦水剂以钾盐形式存在，类似于37%的草甘膦钾盐水剂；三是30%草甘膦水剂以铵盐形式存在，类似于33%的草甘膦铵盐水剂。

● **不同草甘膦的选用** 目前，草甘膦产品包括360克/升草甘膦水剂、480克/升草甘膦异丙胺盐水剂等，按其有效成分含量换算，草甘膦含量都是30%。草甘膦铵盐水剂是目前市场上替代10%草甘膦水剂性价比最高的产品，也是最便宜的。草甘膦异丙胺盐水剂价格相对较高。在气温高的情况下，异丙胺盐的一些优势并不明显，但相比铵盐，异丙胺盐的速效性要好，除草更彻底，效果也更稳定。如开春气温低的情况下，可选用异丙胺盐。钾盐水溶性好，能二次吸潮，在高温干旱条件下优势明显，而且钾是很多作物需要的，尤其适宜果园、茶园及需要补钾的经济作物区除草使用。由于草甘膦不同的盐类形式在使用上各有千秋，要根据各地气候、草相与作物情况科学选用。

⦿ 产品特点

（1）草甘膦对植物无选择性，作用过程为喷洒—黄化—褐变—枯死。药剂由植物茎叶吸收在体内输导到各部分。不仅可以通过茎叶传导到地下部分，而且可以在同一植株的不同分蘖间传导。

（2）草甘膦属有机磷类、内吸传导型、广谱、灭生性除草剂，草甘膦与土壤接触立即钝化失去活性，故无残留作用。对土壤中潜藏的种子和土壤微生物无不良作用。对未出土的杂草无效，只有当杂草出苗后，作茎叶处理，才能杀死杂草，因而只能用于茎叶处理。

（3）杀草谱广。对40多科的植物有防除作用，包括单子叶和双子叶、一年生和多年生、草本和灌木等植物。豆科和百合科一些植物对草甘膦的抗性较强。草甘膦入土后很快与铁、铝等金属离子结合而失去活性。因此，施药时或施药后对土壤中的作物种子都无杀伤作用。对施药后新长出的杂草无杀伤作用。当然，也不能采用土壤处理施药，必须是茎叶喷雾。

（4）杀草速度慢。一般一年生植物在施药一周后才表现出中毒症状，多年生植物在2周后表现中毒症状，半月后全株枯死。中毒植物先是地上叶片逐渐枯黄，继而变褐，最后根部腐烂死亡。某些助剂能加速药剂对植物的渗透和吸收，从而加速植株死亡。使用高剂量，叶片枯萎太快，影响对药剂的吸收，既吸入药量少，也难于传导到地下根茎，因而对多年深根杂草的防除反而不利。因草甘膦是靠植物绿色茎、叶吸收进入体内的，施药时杂草必须有足够吸收药剂的叶面积。一年生杂草要有5～7片叶，多年生杂草要有5～6片新长出的叶片。

（5）鉴别要点。纯品为非挥发性白色固体，大约在230℃熔化，并伴随分解。水剂外观为琥珀色透明液体或浅棕色液体。50%草甘膦可湿性粉剂应取得农药生产许可证（XK）。草甘膦的其他产品应取得农药生产批准证书（HNP）。选购时应注意识别该产品的农药登记证号、农药生产许可证号。

在休耕地、田边或路边，选择长有一年生及多年生禾本科杂草、莎草科杂草和阔叶杂草，于杂草 4～6 叶期，用 41%草甘膦水剂 120 倍液对杂草茎叶定向喷雾，待后观察药效，若喷过药的杂草因接触药剂而死亡，则说明该药为合格产品，否则为不合格或伪劣产品。

● **应用** 休闲地、路边等除草。能防除一年生或多年生禾本科杂草、莎草科和阔叶杂草。对百合科、旋花科和豆科的一些杂草抗性较强，但只要加大剂量，仍然可以有效防除。

（1）旱田除草 由于各种杂草对草甘膦的敏感度不同，因此用药量不同。

防除一年生杂草如稗、狗尾草、看麦娘、牛筋草、苍耳、马唐、藜、繁缕、猪殃殃等时，每亩用 41%草甘膦水剂或 410 克/升草甘膦水剂 200～250 毫升，或 74.7%草甘膦可溶粒剂 100～120 克，兑水 20～30 升喷雾。

防除车前草、小飞蓬、鸭跖草、通泉草、双穗雀稗等时，每亩用 41%草甘膦水剂或 410 克/升草甘膦水剂 250～300 毫升，或 74.7%草甘膦可溶粒剂 150～200 克，兑水 20～30 升喷雾。

防除白茅、硬骨草、芦苇、香附子、水花生、水萝、狗牙根、蛇莓、刺儿菜、野葱、紫菀等多年生杂草时，每亩用 41%草甘膦水剂或 410 克/升草甘膦水剂 450～500 毫升，或 74.7%草甘膦可溶粒剂 200～250 克，兑水 20～30 升，在杂草生长旺盛期、开花前或开花期，对杂草茎叶进行均匀定向喷雾，避免药液接触种植作物的绿色部位。

（2）休闲地、排灌沟渠、道路旁、非耕地除草 草甘膦特别适用于上述没有作物的地块或区域除草。一般在杂草生长旺盛期，每亩可选用41%草甘膦水剂或 410 克/升草甘膦水剂 400～500 毫升，或 50%草甘膦可溶粉剂 300～400 克，或 74.7%草甘膦可溶粒剂 200～250 克，或 80%草甘膦可溶粉剂 100～200 克，兑水 20～30 千克在杂草茎叶上均匀喷雾，可有效杀死田间杂草，获得理想除草效果。

（3）果园除草 防除果园杂草，在柑橘园、苹果园、梨园、香蕉园杂草生长旺盛时期，每亩用 30%草甘膦水剂 250～500 毫升，兑水定向茎叶喷雾施药 1 次。

防除柑橘园杂草，柑橘园杂草生长旺盛时期，草高 10～15 厘米时，每亩可选用 30%草甘膦异丙胺盐水剂 171～610 毫升，或 50%草甘膦异丙胺可溶粒剂 225～300 克，或 68%草甘膦铵盐可溶粒剂 100～200 克，或 68%草甘膦铵盐可溶粉剂 155～205 克，或 30%草甘膦铵盐水剂 200～400 毫升，或 30%草甘膦钾盐水剂 200～400 毫升，或 50%草甘膦可溶粉剂 150～300 克，或 75.5%草甘膦可溶粒剂 165～220 克，或 30%草甘膦水剂 250～500 毫升，兑水 30～50 千克定向喷雾在杂草茎叶上。

香蕉园除草，一般在杂草生长旺盛期，每亩可选用 30%草甘膦异丙胺盐水剂 235～315 毫升，或 35%草甘膦钾盐水剂 180～250 毫升，或 68%草甘膦铵盐可溶粒剂 99～198 克，或 30%草甘膦水剂 250～500 毫升，兑水 30～50 千克定向喷雾在杂草茎叶上。

梨园除草，一般在杂草生长旺盛期，每亩可选用 30%草甘膦异丙胺盐水剂 250～500 毫升，或 68%草甘膦铵盐可溶粒剂 99～198 克，或 30%草甘膦水剂 250～500 毫升，兑水 30～50 千克定向喷雾在杂草茎叶上。

苹果园除草，一般在杂草生长旺盛期，每亩可选用 30%草甘膦异丙胺盐水剂 250～500 毫升，或 30%草甘膦铵盐水剂 250～500 毫升，或 50%草甘膦铵盐可溶粉剂 225～300 克，或 68%草甘膦铵盐可溶粒剂 99～198 克，或 30%草甘膦二甲胺盐水剂 200～400 毫升，或 50%草甘膦钠盐可溶粉剂 150～300 克，或 35%草甘膦钾盐水剂 122～245 毫升，或 50%草甘膦可溶粉剂 210～300 克，或 50%草甘膦可溶粒剂 250～300 克，或 30%草甘膦水剂 250～500 毫升，兑水 30～50 千克定向喷雾在杂草茎叶上。

（4）几种混剂配方扩大杀草谱　草甘膦可与乙草胺、异丙甲草胺、莠去津、苄嘧磺隆、丙炔氟草胺、咪唑乙烟酸、环嗪酮、2 甲 4 氯等混用，既可提高防效，又可解决草甘膦难防杂草的问题。

草甘膦 45～90 克/亩＋乙草胺 45～90 克/亩。可以防除已出苗的多种杂草，并达到土壤封闭除草效果，是目前免耕除草的有效除草剂混用配方，能达到良好的灭草效果，对作物安全，一次施药可以控制整个生长期内杂草的危害。

草甘膦 50～90 克/亩＋异丙甲草胺 72～90 克/亩，是目前免耕除草的有效除草剂混用配方，能达到良好的灭草效果，并有效控制作物种植后杂草的发生，对作物安全，一次施药可以控制整个生长期内杂草的危害。

草甘膦 70～80 克/亩+环嗪酮 50～70 克/亩，二者作用机制不同，混用具有增效作用，可提高药效，杀草灭灌范围更广，兼有封闭除草和杀草的双重功能。

草甘膦 40～80 克/亩+苄嘧磺隆 2～4 克/亩，可以扩大杀草谱。苄嘧磺隆对一年生阔叶杂草、莎草科杂草高效，对部分多年生杂草也有很好的防效。

草甘膦 28 克/亩+氨氯吡啶酸 5 克/亩，可提高对大蓟的防除效果。

草甘膦 50～80 克/亩+氯氟吡氧乙酸 4～8 克/亩，可提高对空心莲子草防除效果。

草甘膦 28 克/亩+苯达松 75 克/亩，可提高对苘麻等的防除效果。

草甘膦 65～80 克/亩+吡草醚 0.5～0.75 克/亩，可提高对马齿苋、田旋花、水游草（稻李氏禾）的防除效果。

草甘·三氯吡。由草甘膦和三氯吡氧乙酸复配而成的非耕地茎叶除草剂，可防除阔叶草、禾本科杂草、莎草和灌木，对小飞蓬、香附子、牛筋草等恶性杂草效果好，在杂草生长旺盛期，每亩用 60%草甘·三氯吡可湿性粉剂 90～110 克兑水 30 千克均匀喷雾茎叶。

2 甲·草甘膦。由 2 甲 4 氯钠与草甘膦铵盐复配而成。用于防沟边、路边、房前屋后等非耕地除草，防除非耕地的一年生和多年生杂草，如马唐、狗尾草、水芹、牛筋草、看麦娘、苍耳、繁缕等，尤其对多年生白茅、香附子、酢浆草、狗牙草、犁头草、空心莲子草等杂草特效，每亩用 90%2 甲·草甘膦可溶粉剂 100～150 毫升兑水 30 千克均匀喷雾茎叶。该药对农作物特别敏感，禁止在耕地作用。使用 6 个月后才能播种阔叶作物。

● **注意事项**

（1）草甘膦只适于休闲地、路边、沟旁等处使用，严禁使药液接触蔬菜等作物，以防药害。施药时，应防止药液雾滴飘移到其他作物上造成药害。当风速超过 2.2 米/秒时，不能喷洒药液。配好的药液应当天用完。在果园内进行茎叶除草时，喷药前应在喷头上安装一个防护罩，以防药液溅到果树茎叶上，喷药时尽量将喷头压低，如果没有专用防护罩，可用一个塑料碗，在底部中央钻一个大小适当的孔，固定在喷头上即可使用。

（2）喷施以杂草开花前用药最佳。一般一年生杂草有15厘米左右高、多年生杂草有30厘米高、6～8片叶时喷是最适宜的。在作物行间除草，当作物植株较高与杂草存在一定的落差时，用药效果较好且安全。应在夏秋季的雨后、晴天下午或阴天施药。空气及土壤的温度适宜、湿度偏大时，除草效果最佳。温暖晴天用药效果优于低温天气。干旱期间、快下雨前及烈日下，均不宜施药。

（3）施药方法，在一定的浓度范围内浓度越高，喷雾器的雾滴越细，有利于杂草的吸收，选用0.8毫米孔径的喷头比常用的1.0毫米孔径的喷头效果好。在浓度相同的情况下用量越多则除草效果越好。药剂接触茎叶后才有效，故喷洒时要力争均匀周到，让杂草黏附药剂。

（4）水要用清水（溪水等），浊水和硬水（井水）会影响防效。使用过的喷雾器要反复清洗，避免以后使用时造成其他作物药害。草甘膦中加入一些植物生长调节剂和辅剂可提高防效。如在草甘膦中加入0.1%的洗衣粉，或每亩用量加入30克柴油均能增强药物的展布性、渗透性和黏着力，提高防效。

（5）气温高效果好，速度快。杂草嫩绿时防效好，叶片衰黄时效果差。大风天或预计有雨，请勿施药，施药后4小时内遇雨会降低药效，应补喷药液，施药后3天内不能割草、放牧、翻地等。

（6）不可与呈碱性的农药等物质混合使用。

（7）草甘膦对多年生恶性杂草如白茅、香附子等，在第一次施药后隔一个月再施1次，才能取得理想的除草效果。

（8）对金属有一定的腐蚀作用，贮存和使用过程中尽量不用金属容器。低温贮存时会有草甘膦结晶析出，用前应充分摇动，使结晶溶解，否则会降低药效。

（9）对蜜蜂、鱼类等水生生物、家蚕有毒。施药期间应避免对周围蜂群的影响，开花植物花期、蚕室和桑园附近禁用，赤眼蜂等天敌放飞区域禁用。远离水产养殖区、河塘等水域施药。鱼、虾、蟹套养稻田禁用，施药后的药水禁止排入水田。禁止在河塘等水体中清洗施药器具，清洗器具的废水不能排入池塘、河流、水源。用过的包装袋应妥善处理，不可作他用，也不可随意丢弃。

草铵膦（glufosinate ammonium）

$$\left[\begin{array}{c} \text{O} \\ \text{H}_3\text{C}-\overset{\|}{\underset{\text{O}^-}{\text{P}}}-\text{CH}_2\text{CH}_2\text{CH}\overset{\text{NH}_2}{\underset{\text{CO}_2\text{H}}{}} \end{array} \right] \cdot \text{NH}_4^+$$

C$_5$H$_{15}$N$_2$O$_4$P，198.2

● **其他名称** 草丁膦、百速顿。

● **主要剂型** 10%、18%、20%、200 克/升、23%、30%、50%水剂，18%可溶液剂，40%、50%、80%、88%可溶粒剂。

● **毒性** 低毒。

● **作用机理** 草铵膦属于有机磷类非选择性触杀型除草剂，是谷氨酰胺合成抑制剂，抑制体内谷酰胺合成酶，该酶在氮代谢过程中催化谷氨酸加氨基合成谷酰胺。当植株喷施草铵膦药剂后 3～5 天，植株固定二氧化碳的速率迅速下降；随后细胞破裂，叶绿素破损，光合作用受到抑制，植物叶片出现枯萎和坏死。

● **产品特点**

（1）草铵膦为具有部分内吸作用的非选择性（灭生性）触杀型除草剂，使用时主要作触杀剂，施药后有效成分通过叶片起作用，尚未出土的幼苗不会受到伤害。

（2）草铵膦的杀草作用在很大程度上受环境因子的影响较大，当气温低于 10℃或遇到干旱天气时使用会降低药效；但当遇到充足的水分供应和较高气温时使用能延长药效期，在某种情况下还能提高药效。在最适合的植物生长条件下，并且植物大部分叶片新陈代谢水平高的时候，草铵膦的杀草作用更能充分发挥。

（3）在草铵膦处理过的土壤上种植各类作物，不会伤害作物的生长。残留量分析结果表明，草铵膦会很快被生物所降解。

（4）在除草活性上，草铵膦对杂草也具有与百草枯相近的触杀性，只是药效慢了一点且杀草范围窄些。其杀草速度要快于草甘膦，且可在植物木质部内进行传导，但不具有下行传导性，其速度介于百草枯和草甘膦之间。

● **应用**　适于非耕地防除一年生和多年生杂草。如鼠尾、看麦娘、马唐、稗、野生大麦、多花黑麦草、狗尾草、金狗尾草、野小麦、野玉米。用草甘膦防除牛筋草几乎是无效的，而使用草铵膦防除牛筋草（或小飞蓬）等杂草有特殊效果。

（1）单剂应用　防除非耕地杂草，在杂草生长旺盛期，每亩可选用200克/升草铵膦水剂450～580毫升，或50%草铵膦水剂280～400毫升，兑水30～50千克，定向茎叶喷雾施药1次。每季最多使用1次。

防除柑橘园杂草，在杂草生长旺盛期，每亩可选用200克/升草铵膦水剂300～600毫升，或18%草铵膦可溶液剂200～300毫升，兑水30～50千克喷雾杂草茎叶。

防除香蕉园杂草，在杂草生长旺盛期，每亩可选用200克/升草铵膦水剂200～300毫升，或18%草铵膦可溶液剂200～300毫升，或40%草铵膦可溶粒剂100～150克，兑水30～50千克喷雾杂草茎叶。

防除冬枣园杂草，在杂草生长旺盛期，每亩用200克/升草铵膦水剂200～300毫升兑水30～50千克喷雾杂草茎叶。

防除梨园、葡萄园、苹果园、木瓜园杂草，在杂草生长旺盛期，每亩用18%草铵膦可溶液剂200～300毫升兑水30～50升喷雾杂草茎叶。

（2）复配剂应用　单用草铵膦，常会遇到效果不好，或不能根除易复发的情况，因此，生产中需采用复配多种除草剂进行增效和扩大杀草谱。

① 草铵膦+2甲4氯（钠）。既有复配制剂也有两种单剂混用。除草范围广，成为一年生禾本科杂草与阔叶杂草的克星，尤其对小飞蓬、牛筋草、马齿苋、香附子、莎草等较难防治的杂草有特效。速效性更好，除草更彻底，持效期可达30天左右。

② 草铵膦+烯草酮。可增强对牛筋草、狗尾草等禾本科杂草的防效，草铵膦（100毫升/桶水）+烯草酮（30毫升/桶水）的组合几乎成了防治牛筋草的杀手锏，其是防除牛筋草的主要配方之一。此外，和烯草酮一样适用于防除禾本科杂草的除草剂还有精喹禾灵、高效氟吡甲禾灵，将其与草铵膦复配可增强对牛筋草等禾本科杂草的效果。防除芦苇、茅草、狗牙根等可用草铵膦+高效氟吡甲禾灵。

③ 草铵膦+双氟磺草胺。可增强对猪殃殃、繁缕、蓼科杂草、菊科杂草的防效，是防除小飞蓬的主要配方之一。

④ 草铵膦+乙羧氟草醚。该配方可增强对铁苋菜、马齿苋、反枝苋、小藜、苘麻等阔叶杂草的防效。

⑤ 草铵膦+氯氟吡氧乙酸。该配方可防治空心莲子草和竹节草。

⑥ 草铵膦·精喹禾·乙羧氟。由草铵膦、精喹禾灵和乙羧氟草醚复配而成。防除非耕地杂草，杀草快速、1 天见效、5 天死草，更耐低温，死草彻底，不易反弹，药效持久达 40 天。在杂草基本出齐的生长旺盛期，进行定向茎叶喷雾处理，依草龄，每亩用 23%草铵膦·精喹禾·乙羧氟微乳剂 100～120 克兑水 30 千克，整株喷匀，上下喷湿喷透，香附子建议配 2 甲 4 氯、灭草松等防治。干旱、杂草密度大，大龄杂草，采用制剂推荐高用量。

⑦ 草铵·高氟吡。由草铵膦与高效氟吡甲禾灵复配而成。防除果园荒地、非耕地杂草，特别是对防除牛筋草、小飞蓬、芦苇、茅草等效果好。于杂草旺盛期茎叶处理，每亩用 20%草铵·高氟吡微乳剂 150～200 毫升兑水 30 千克，进行定向茎叶喷雾，小草喷湿，大草喷透，快要下雨时暂停施药，具有安全高效、抗干旱、耐低温、除草彻底、抗草期长等特点。施药时，如遇草龄较大或持续干旱，使用高剂量。

● **注意事项**

(1) 喷药应均匀周到，应选择在杂草生长初期施药。应选无风、湿润的晴天施药，避免在连续霜冻和严重干旱时施用，以免降低药效。干旱及杂草密度、蒸发量和喷头流量较大或防除大龄杂草及多年生恶性杂草时，采用较高的推荐剂量和兑水量，施用 6 小时后下雨不影响药效。

(2) 草铵膦对赤眼蜂有风险性，施药期间应避免对周围天敌的影响，天敌放飞区附近禁用。

(3) 远离水产养殖区施药，禁止在河塘等水体中清洗施药器具，清洗施药器具的水也不能排入河塘等水体。

(4) 严格按推荐的使用技术均匀施用。用于矮小的果树和蔬菜（行距≥75 厘米）行间定向喷雾处理时，应在喷头上加装保护罩，避免将雾滴喷到或飘移到作物植株的绿色部位上，以免发生药害。

(5) 干旱及杂草密度、蒸发量和喷头流量较大或防除大龄杂草及多年生恶性杂草时，采用较高的推荐制剂用量和兑水量。本剂以杂草茎叶吸收发挥除草活性，无土壤活性，应避免漏喷，确保杂草叶片充分着药（30～50 雾滴/厘米²）。一般在杂草出齐后 10～20 厘米高时，采用扇形喷头均匀喷施，最高效、经济。

（6）因草铵膦的积氨作用需要大量吸收药液，所以喷雾过程中适当加大用水量而不是简单加大用药量及用药浓度，用水少则杂草表面着药液少，因而通过蒸腾作用进入杂草体内的有效成分少，效果差。

（7）对作物的嫩株、叶片会产生药害，喷雾时切勿将药液喷洒到作物上。

（8）不可与其他强碱性物质混用，以免影响药效。

（9）用过草铵膦的机具要彻底清洗干净。

第四章 >>>
果树常用植物生长调节剂

赤霉酸（gibberellic acid）

$$C_{19}H_{22}O_6，346.38$$

- **其他名称**　赤霉素、奇宝、九二〇、GA₃。
- **主要剂型**　20%可湿性粉剂，40%水溶性粒（片）剂，80%、85%、90%、95%结晶粉，4%、6%乳油（4万单位/毫升），片剂（10毫克/片），2.7%涂布剂，10%、16%、20%可溶粉剂。
- **毒性**　低毒。
- **作用机理**　赤霉酸的主要生理效应是促进生长，促进分生组织幼龄细胞分裂；对成龄细胞，它的作用主要是伸长。赤霉酸的作用有以下几点：作用于整枝；只使茎伸长，不增加节数，只对有居间分生组织的茎增加节数；不存在高浓度下的抑制作用，即使浓度很高，也表现很强的促进生长作用，只是浓度过高时植物形态不正常；赤霉酸还能促进养分运输，打破种子休眠，抑制果树开花，抑制花芽分化，促进坐果，影响果实成熟，促进果实发育，在多数情况下能抑制器官衰老；赤霉酸还能影响其他激素和某些酶的合成和作用。

赤霉酸能加速植物的生长发育，促进细胞、茎伸长，叶片扩大，单性结实，使果实提早成熟，增加产量，打破种子休眠，促进发芽，改变雌雄比例，影响开花时间，减少花、果脱落。赤霉酸主要经叶片、嫩枝、花、种子和果实进入植株体内，再传导到生长活跃的部位起作用。赤霉酸的作用因植物种类、品种、生长发育阶段、栽培措施、气候、土壤及使用浓度和方法不同而异。植物对赤霉酸十分敏感，浓度适当时，可获得满意效果，浓度过高时，会诱致明显的徒长、白化、畸形等。

● **母液配制**　乳油和片剂易溶于水，可直接配制使用。粉剂难溶于水，易溶于醇类，故配制时，取 1 克赤霉酸结晶粉，放入量筒中，加少量酒精或高浓度白酒溶解后，加水稀释到 1000 毫升，即约 1000 毫克/千克赤霉酸母液，配药时不可加热，水温不得超过 50℃，使用时根据所需浓度取母液配用。

● **应用**

（1）单剂应用

①　苹果树。为减少苹果次年大年树的花量，可在当年苹果的花芽分化临界期前，用 10%赤霉酸可溶粉剂 1000～2000 倍液喷雾。

为提高坐果率，在花期，金冠苹果树用 10%赤霉酸可溶粉剂 4000 倍液喷雾，祝光苹果树用 10%赤霉酸可溶粉剂 2000 倍液喷雾，青香蕉苹果树用 10%赤霉酸可溶粉剂 5000 倍液喷雾，金帅苹果树用 10%赤霉酸可溶粉剂 4000～5000 倍液喷雾。

②　梨树。白梨和酥梨在谢花后 40～60 天，用 10%赤霉酸可溶粉剂 2000～4000 倍液喷雾，能减少次年花芽形成，避免大小年结果。

为提高坐果率，砂梨可在花蕾初露期喷 4%赤霉酸乳油 800 倍液；京白梨可在盛花期和幼果膨大期喷 4%赤霉酸乳油 1600 倍液，果实生长中期喷 4%赤霉酸乳油 800～1350 倍液。砀山酥梨，在盛花期及幼果期各喷 1 次 4%赤霉酸乳油 2000 倍液。受霜冻后的莱阳茌梨，在盛期喷 4%赤霉酸乳油 800 倍液，提高坐果率，增加产量。

③　桃树。花期喷 4%赤霉酸乳油 20 毫升/升可提高坐果率；花期去雄后喷 4%赤霉酸乳油 250～1000 毫升/升可获得 50%以上的单性结

实；用 4%赤霉酸乳油 100～500 毫升/升可诱导部分早熟品种获得单性结实。

④ 葡萄树。花前 10～20 天及花后 10 天各喷 1 次 4%赤霉酸乳油 100 毫升/升可使巨峰葡萄获得高产优质的无核果，为防药害也可不喷，改为用药液涂抹花序；巨峰葡萄在落花后 7 天，用 300 毫升/升赤霉酸浸幼穗 3～5 秒，可以明显增大果粒和浆果含糖量，降低酸度，并提早着色 10 天左右。

⑤ 樱桃树。甜樱桃花后 3 周喷 4%赤霉酸乳油 50 毫升/升可延迟成熟，增大果实，减少裂果，增加耐运力，还可使果汁清亮，维生素 C 含量增加。

⑥ 柿树。甜柿采后视成熟度在 4%赤霉酸乳油 40～80 倍液中浸 3～12 小时，可延迟 1 个月变软；涩柿则在果实开始由绿变黄时，全树喷 4%赤霉酸乳油 800～1600 倍液，可防腐并减缓变软速度。

⑦ 草莓。草莓始花期、盛花期和盛果期各喷 1 次 4%赤霉酸乳油 400 倍液，可明显提高果实糖比、产量和耐贮性。草莓长出 2～3 片新叶时，用 4%赤霉酸乳油 400 倍液喷雾，可明显提前葡萄茎的发生时间和提高发生数量，增大叶面积，增强生长势，是草莓快繁的一种有效措施。

⑧ 枣树。在枣树盛花初期使用，一般枣树结果枝开 5～8 朵花时喷洒一次浓度为 10～15 毫克/千克的赤霉酸，可以促进花粉萌发，刺激未授粉枣花结果，提高坐果 1～2 倍。同时可与微肥、农药混合喷施，不降低效果。提高浓度和增加喷施次数，虽能提高坐果率，但果实易变小，落果严重。

⑨ 柑橘类。柑橘树，柑橘种子在 4%赤霉酸乳油 40 倍液中浸泡 24 小时后播种，可提高发芽率。

红橘，在花期用 4%赤霉酸乳油 2000～4000 倍液喷雾，可提高坐果率。在采收前 15～30 天，用 4%赤霉酸乳油 2000～4000 倍液喷雾，可提高耐藏性。

锦橙，在谢花后至第二次生理落果初期，用 4%赤霉酸乳油 200 倍液喷雾或涂抹 80 倍液，可提高坐果率。

脐橙和温州蜜柑等无核品种，谢花后 20～30 天第一次生理落果初期，用 4%赤霉酸乳油 160 倍液涂果柄，15～20 天再涂 1 次，能显著提高脐橙和早熟温州蜜柑的坐果率，在此期喷50毫升/升赤霉酸液1～2次的效果，不及涂果柄显著。

早熟温州蜜柑，在花谢2/3时，用4%赤霉酸乳油1000倍液喷雾，可提高坐果率，但生长过旺的树单喷赤霉酸无效，还要结合抹除春梢，才有好的效果。

柠檬，在秋季用4%赤霉酸乳油4000～8000倍液喷雾，可延迟成熟，贮藏期转色慢。

⑩ 猕猴桃。用4%赤霉酸乳油400倍液浸泡中华猕猴桃种子4小时后在苗床上播种，可提高出苗率。

⑪ 山楂。在种子沙藏前，把种子破壳处理，用4%赤霉酸乳油400倍液浸泡60小时，稍加晾晒，于10月上旬进行沙藏，第二年4月中下旬播种，可提高发芽率。

在山楂树盛花初期，用4%赤霉酸乳油800倍液喷雾，可提高坐果率、单果重和着色率，并提早成熟。

⑫ 芒果。在幼果期，用4%赤霉酸乳油400～800倍液喷雾，可减少落果，提高坐果率。

⑬ 荔枝。花期用4%赤霉酸乳油2000倍液喷雾，可提高坐果率。

⑭ 菠萝。用4%赤霉酸乳油500～1000倍液喷花，可使果实增大、增重。

⑮ 香蕉。采收后用4%赤霉酸乳油400倍液浸果穗，可延迟成熟，减少贮运中病害感染。

⑯ 李。在花期喷洒20毫克/千克赤霉酸，幼果期喷洒50毫克/千克赤霉酸溶液，可减少落花落果。

⑰ 杏。在落花后5～10天，用10～50毫克/千克赤霉酸溶液或15～25毫克/千克赤霉酸溶液加1%蔗糖溶液和0.2%磷酸二氢钾溶液喷洒，可提高坐果率。

⑱ 西瓜。在西瓜2叶1心期，用4%赤霉酸乳油8000倍液喷2次，可诱导雌花形成，在采瓜前用800～4000倍液喷瓜1次，可延长贮藏期。

（2）复配剂应用

① 赤霉・胺鲜酯。由赤霉酸和胺鲜酯复配而成。

柑橘，在花露白、花谢80%、花落后20天，用10%赤霉・胺鲜酯可溶粒剂 3000 倍液喷雾，可保花保果。

苹果，在花露红、花后 7 天、套袋前、二次膨大期，用 10%赤霉·胺鲜酯可溶粒剂 5000 倍液喷雾，可保花，使果正、果靓。

芒果，幼果如花生大至乒乓球大时，用 10%赤霉·胺鲜酯可溶粒剂 3000 倍液喷雾 2～3 次，可膨大、拉长果实，增强抗逆性。

葡萄，花前 10 天，用 10%赤霉·胺鲜酯可溶粒剂喷雾，重点喷果穗，可拉长果穗、保果。

② 赤霉·氯吡脲。由氯吡脲与赤霉酸复配而成，主要作用是促进作物花芽分化，花茎伸长，有效促进花粉管伸长和花粉萌发，平衡雌雄比例，控制营养生长并促进生殖生长，达到提高坐果率、保花保果的目的；同时还能促进幼果纵向细胞分裂，使果实膨大，果型美观，高桩，提高品质，增产。在作物中的具体应用十分广泛。广泛用于西瓜、甜瓜等多种作物。

西瓜，对于出现畸形的幼瓜，可用 0.3%赤霉·氯吡脲可溶液剂 100～200 倍液，对准没有发育的部分均匀喷 1 次，可促进细胞分裂，加速果实膨大，使果实发育均匀，提高西瓜的产量和品质。

③ 赤霉·噻苯隆。由赤霉酸与噻苯隆混配而成，可防止葡萄生理落果，促进坐果、果实生长发育。用于调节葡萄生长，第一次，于葡萄谢花后至生理落果初期，用 3%赤霉·噻苯隆可溶液剂 3000～6000 倍液浸整个幼穗一次（适用于有保果需求的品种，如巨峰系易生理落果品种，坐果率高的品种此次不使用），生理落果期遇极端天气会影响坐果，可适当提前处理并调整好使用浓度；第二次，谢花后 15 天左右，果粒直径 10～12 毫米时，用 3%赤霉·噻苯隆可溶液剂 1500～3000 倍液（欧亚品种应稀释至 3000～4500 倍液，于果粒平均直径 15 毫米时）浸或均匀喷雾整个果穗一次。

● **注意事项**

（1）每个生长期只能使用 1 次。

（2）施用时气温在 18℃以上为好。

（3）应在使用前现配现用，稀释用水宜用冷水，不可用热水，水温超过 50℃药液会失去活性。一次未用完的母液，放在 0～4℃冰箱中，最多只能保存 1 周。

（4）由于赤霉酸超高效，使用浓度极低，一般选用低含量、具水溶性的产品，计算用药量和配药都很方便。

（5）不能与碱性物质混用，但可与酸性、中性化肥、农药混用，与尿素混用增产效果更好，水溶液易分解，不宜久放。

（6）赤霉酸只有在肥水供应充足的条件下，才能发挥良好的效果，不能代替肥料。

（7）掌握使用浓度和使用时期，浓度过高会出现徒长、白化，直至畸形或枯死，浓度过低作用不明显。赤霉酸药害表现为果实僵硬、开裂，成果味涩，植株贪青晚熟。

乙烯利（ethephon）

$C_2H_6ClO_3P$，144.5

● **其他名称** 一试灵、一四 0、ACP、催熟剂、产旺、高秋、高欣、乙烯磷、乙烯灵、益收生长素、玉米健壮素、果艳、巴丰、棉白金、速熟、熟美丰、青疏、国光颜化、白花花。

● **主要剂型** 40%、54%、70%、75%水剂，5%、10%、85%可溶粉剂，20%颗粒剂，4%超低容量液剂，70%、85%、90%、91%原药，5%膏剂。

● **毒性** 低毒。

● **作用机理** 乙烯利经由植物的叶片、树皮、果实或种子进入植物体内，然后传导到起作用的部位，便释放出乙烯，具有与内源激素乙烯相同的生理功能。主要是增强细胞中核糖核酸合成的能力，促进蛋白质的合成。在植物离层中如叶柄、果柄、花瓣基部，由于蛋白质的合成增加，促使在离层区纤维素酶重新合成，因而加速了离层形成，导致器官脱落。乙烯能增强酶的活性，在果实成熟时还能活化磷酸酯酶及其他与果实成熟的有关酶，促进果实成熟。在衰老或感病植物中，由于乙烯促进蛋白质合成而引起过氧化物酶的变化。乙烯能抑制内源生长素的合成，延缓植物生长。

● **产品特点**

（1）乙烯利是一种促进成熟的植物生长调节剂，属于催熟剂，部分乙烯利可以释放出一分子的乙烯。乙烯几乎参与植物的每一个生理过程，能促进果实成熟及叶片、果实的脱落，促进雌花发育，诱导雄性不育，打破某种种子休眠，促进发芽，改变趋向性，减少顶端优势，增加有效分蘖，矮化植株，增加茎粗等。

（2）乙烯的催熟过程是一种复杂的植物生理生化反应过程，不是化学作用过程，不产生任何对人体有害的物质。

（3）鉴别要点

① 物理鉴别　纯品为无色针状晶体，工业品为白色针状结晶。40%乙烯利水剂为浅黄色至褐色透明液体。

用户在选购乙烯利制剂及复配产品时应注意：确认产品通用名称及含量；查看农药"三证"，40%乙烯利水剂应取得生产许可证（XK），其他单剂品种及其复配制剂均应取得农药生产批准文件（HNP）；查看产品是否在 2 年有效期内。

② 生物鉴别　将番茄的白熟果采收后，用 0.2%～0.3%浓度的药剂溶液浸泡 1～2 分钟，取出晾干放在 20～25℃条件下，经 3～4 天果实如转红证明该药剂为乙烯利。或用棉布或软毛刷蘸取 0.2%～0.3%浓度的乙烯利溶液涂抹植株上的白熟果实，看 4～5 天后果实是否转色。

● **应用**

（1）单剂应用　乙烯利具有用量小、效果明显的特点，因此必须严格根据不同作物的特点，用水稀释成相应浓度，采用喷洒、涂抹或浸渍等方法。

① 甜瓜。为增加雌花数，可在幼苗 2～4 叶期，用 40%乙烯利水剂 2000～4000 倍液喷雾。促进甜瓜成熟，当甜瓜基本长足后，用 500～1000 毫克/千克的乙烯利药液，喷洒瓜面。

② 西瓜。用浓度为 100～300 毫克/千克乙烯利溶液喷洒已经长足的西瓜，可以提早 5～7 天成熟，增加可溶性固形物 1%～3%，增加西瓜的甜度，促进种子成熟，减少白籽瓜。

③ 山楂。在果实正常采收前 1 周，用 40%乙烯利水剂 800～1000 倍液，全株均匀喷雾，可催熟，且果实着色提前，糖酸比值提高较快，

涩味消失早，成熟期提早 5～7 天。

④ 苹果。幼树新梢速长初期，喷施 40%乙烯利水剂 200～400 倍液，具有抑制新梢旺长、增加短枝比例、促进花芽分化、矮化树冠、提早结果等作用。

果实采收前 3～4 周，用 40%乙烯利水剂 1000 倍液全株喷雾，具有促进糖分转换、提早着色等催熟作用。

⑤ 梨。为控梢促花，秋白梨可在盛花后 30 天，用 40%乙烯利水剂 270～400 倍液喷雾，能控制新梢生长，使树冠紧凑，促花效果明显。

为促进果实早熟，可在采收前 3～4 周，全树喷施 40%乙烯利水剂 4000～6000 倍液 1 次，具有促进果实成熟的作用。使用浓度不宜过高，喷施时间不可过早，否则会引起大量落果及裂果。

⑥ 葡萄。巨峰葡萄浆果缓慢生长后期，用 40%乙烯利水剂 800 倍液浸蘸果穗，能使果实提早成熟 3～5 天，且着色早，果色浓；对于酿酒葡萄，在有 15%的果实上色时，用 40%乙烯利水剂 800～1300 倍液喷洒果穗，可增加果皮内色素的形成；葡萄 6～8 片叶时，用 40%乙烯利水剂 16000～20000 倍液喷雾，10 天后开始抑制新梢生长，新梢生长率减少 36.2%，且含糖量增加。在果实膨大期，用 40%乙烯利水剂 1000～1500 倍液，全株均匀喷雾，每隔 10 天喷施 1 次，连续喷施 2 次，可催熟。但有时容易引起落果，应掌握好使用浓度，特别要注意气温对乙烯利药效的影响；另外，易落粒品种应当慎用。

⑦ 桃。为催熟果实，在盛花后 78 天，用 40%乙烯利水剂 4000 倍液喷雾，可提前 3～4 天成熟。五月红桃品种，在成熟前 10～20 天，用 40%乙烯利水剂 600～1000 倍液喷雾，能提早 5～10 天成熟，着色好、风味佳。在谢花后 8 天，用 40%乙烯利水剂 6700 倍液喷雾，有疏果作用。在春梢旺长前，用 40%乙烯利水剂 300～400 倍液喷雾，能抑制春梢徒长，增加花形成量。

⑧ 樱桃。在果实采收前 20 天左右，全株喷施 40%乙烯利水剂 10000～20000 倍液 1 次，具有促进果实着色、提早成熟等作用。

⑨ 柿子。在 9 月间，黄色柿子用 0.3%的乙烯利、青色柿子用 0.9%的乙烯利浸 30 秒，48～60 小时全部软化、脱涩；在 9 月中旬至 10 月上旬，树冠喷布 0.1%的乙烯利，可提早成熟 10～15 天。采收后的柿子，

用 40%乙烯利水剂 400~600 倍液喷果或浸果 10 余秒,具有促进果实转色、催熟等作用。处理后在 20~30℃条件下一般 4~5 天后果肉即软,香甜可食。具体脱涩时间的长短与处理时果实的成熟度及乙烯利的浓度均呈正相关。

⑩ 柑橘类。温州蜜柑在采果前 20~30 天,树冠喷布 0.1%的乙烯利催熟和着色,3 天后见效,7 天明显,10 天达高峰,可使果实提早 9~10 天采收,且果实品质和色泽均佳。

9 月中下旬采收的温州蜜柑(中、早熟种),于采后当天或次日用 0.3%乙烯利浸果数秒,处理时和处理后的温度保持在 24℃左右,5 天后即可全部着色成熟。

葡萄柚,采后当日用 0.5%的乙烯利浸果,7 天后就可完全着色。

柠檬用 1%的乙烯利浸果,7 天后就可全着色。

机械采收柑橘,在采果前 6~7 天,果实喷布 0.2%~0.3%的乙烯利,果实加速成熟,易产生离层,便于机械采收。

⑪ 香蕉。在产地,香蕉 7~8 成熟时采收,用 40%乙烯利水剂 400~650 倍液浸果(3~5 秒),温度保持在 20~30℃,温度高使用低浓度,温度低使用高浓度,处理后 48 小时开始着色、软化,色、香、味均好。也可用 40%乙烯利水剂 80 倍液涂抹香蕉主轴上裁切下来的果穗柄切口处,保温催熟。在销售地,可用 40%乙烯利水剂 200~260 倍液浸 7~8 成熟的香蕉,温度保持在 25~30℃。

⑫ 菠萝。在果实 7~8 成熟、果皮由青绿转变成绿豆青时,用 40%乙烯利水剂 400~800 倍液喷雾,可促进果实成熟。根据气温及果实成熟度调整药液浓度,夏季气温高,果实成熟快,要提前 10~15 天催熟,喷 40%乙烯利水剂 500~800 倍液。冬季气温低,果实成熟慢,应提早 15~20 天催熟。如果实接近成熟,宜用低浓度,如果实成熟度低,宜适当加大浓度。应注意不要把药液喷到吸芽上,否则会诱导吸芽提早开花。

⑬ 枣树。采收前 7~8 天,用 40%乙烯利水剂 1330~2000 倍液喷全树,催落效果 80%~100%,提高采果工效 10 倍左右,且树冠免受竹竿、棍棒敲打的损伤。

⑭ 核桃树。在树上出现少量裂果时,用 40%乙烯利水剂 800~3000

倍液喷雾，6～7 天后裂果率达 95%以上，可提早收获 14 天左右；采果后堆放在塑料薄膜上，用 40%乙烯利水剂 800～1330 倍液喷雾果面，直至果面湿润，然后盖上塑料布，7 日后裂果率达 95%以上，即可脱皮。采收的果也可用 40%乙烯利水剂 57～130 倍液浸 0.5 分钟，晾干后脱皮率达 98%以上。

⑮ 板栗。采前 5～7 天，用 40%乙烯利水剂 1330～2000 倍液喷雾，可使栗果整齐一致地开裂落棚。

⑯ 芒果。催熟，采用药包熏蒸法催熟。采收成熟度为 80%～85%的无机械伤的芒果放入包装箱，用 20%乙烯利颗粒剂按每千克 200～400 毫克用量，用水将催熟剂浸湿后将其放在装有芒果的包装箱中，包装箱不可扎紧，应有少许空气进入袋中，确保过多的二氧化碳释放出来。全部处理好的芒果果实置于 20～25℃、空气相对湿度 95%以上的室内催熟。

在冬季及早春花芽分化期，用 40%乙烯利水剂 500～1000 倍液喷雾 8 厘米以下的嫩梢，4 天后即可杀死嫩梢，促进花芽分化，对未长冬梢而树势较旺的树，可用 40%乙烯利水剂 2000～4000 倍液喷雾，每隔 15 天连喷 3 次，可明显促进开花。

⑰ 猕猴桃。采收的果实，用 40%乙烯利水剂 2000 倍液浸果 2 分钟，装入塑料袋封口，催熟脱涩效果好。

⑱ 李。某些品种的李，在谢花 50%时，用 40%乙烯利水剂 4000～8000 倍液喷雾，可增大果实，提高果实可溶性固体物含量，在成熟前 1 个月，用 40%乙烯利水剂 800 倍液喷雾，对多数品种有催熟作用。

⑲ 梅。在果实自然成熟前 14 天，用 40%乙烯利水剂 1150～1600 倍液喷雾，可提早成熟 5～6 天。

⑳ 荔枝。可于秋季用 40%乙烯利水剂 1000 倍液喷树冠，可提高翌年成花枝数，且不抽发冬梢。于花期用 40%乙烯利水剂 26670～80000 倍液喷雾，可使坐果率提高 1～4 倍。预防裂果，在豌豆大时，喷 40%乙烯利水剂 40000～400000 倍液，30 天后再喷 1 次。

㉑ 枇杷。在谢花后 135 天，用 40%乙烯利水剂 400～800 倍液喷雾，或在果实褪绿期用 40%乙烯利水剂 270～400 倍液喷雾，可促进着色，提早成熟，防止裂果。

㉒ 杏。在杏树进入冬季休眠期前，用 50～200 毫克/千克乙烯利溶液喷雾，可推迟开花期，并且能提高产量。

（2）复配剂应用　可与芸苔素内酯、羟烯腺嘌呤、萘乙酸、胺鲜酯复配。

● **注意事项**

（1）乙烯利经稀释后配制的溶液，由于酸度下降，稳定性变差，因此，药液要随用随配，不可存放。

（2）配制的乙烯利溶液，若 pH 在 4 以上，则要加酸调至 pH 4 以下。

（3）乙烯利适宜于干燥天气使用，如药后 6 小时遇雨，应当补喷。施用时气温最好在 16～32℃，当温度低于 20℃时要适当加大使用浓度。如遇天旱、肥力不足或其他原因植株生长矮小时，应降低使用浓度，并作小区试验；相反，如土壤肥力过大、雨水过多、气温偏低、不能正常成熟时，应适当加大使用浓度。使用乙烯利后要及时收获，以免果实过熟。严格掌握使用浓度或倍数，避免产生副作用或导致效果不好。

（4）乙烯利为强酸性药剂，遇碱会分解放出乙烯，因此，不能与碱性物质混用，也不能用碱性较强的水稀释。

（5）乙烯利用量过大或使用不当均可产生药害，较轻药害表现为植株顶部出现萎蔫，植株下部叶片及花、幼果逐渐变黄、脱落，残果提前成熟。较重药害表现为整株叶片迅速变黄脱落，果实迅速脱落，导致整株死亡。因此要注意按要求正确使用。但乙烯利药害不对下茬作物产生影响。

（6）未用完的制剂应放在原包装内密封保存，切勿将乙烯利置于饮食容器内。乙烯利对金属器皿有腐蚀作用，加热或遇碱时会释放出易燃气体乙烯，应小心贮存，以免发生危险。孕妇和哺乳期妇女应避免接触乙烯利。

（7）对蜜蜂、鱼类、家蚕、鸟类低毒，施药时应避免对周围蜂群的影响，蜜源作物花期、蚕室和桑园附近、鸟类保护区附近禁用。远离水产养殖区施药，应避免药液流入河塘等水体中，清洗喷药器械时切忌污染水源。

（8）乙烯利在香蕉上安全间隔期为 20 天，一季最多使用 1 次；在柿子树上安全间隔期为 20 天，一季最多使用 1 次。

芸苔素内酯（brassinolide）

$C_{28}H_{48}O_6$，480.7

● **其他名称**　益丰素、兰月奔福、威敌 28-高芸苔素内酯、天丰素、芸苔素、油菜素甾醇、表油菜素内酯、云大-120、金云大-120、爱增美、油菜素内酯、丙酰芸苔素内酯、芸苔素 481。

● **主要剂型**

（1）单剂　0.0016%、0.003%、0.004%、0.0075%、0.01%、0.04%、0.1%水剂，0.01%可溶液剂，0.01%、0.15%乳油，0.0002%、0.1%、0.2%可溶粉剂，0.1%水分散粒剂，90%、95%原药。

（2）复配剂　30%芸苔·乙烯利水剂，0.4%芸苔·赤霉酸水剂，22.5%甲哌·芸苔水剂，0.751%烯效·芸苔素水剂、0.4% 28-表芸·赤霉酸水剂等。

● **毒性**　低毒。

● **作用机理**　为甾醇类植物激素，可提高叶绿素含量，增强光合作用，通过协调植物体内对其他内源激素水平，刺激多种酶系活力，促进作物生长，增加对外界不利影响的抵抗能力，在低浓度下可明显促进植物的营养体生长和受精作用等。

● **芸苔素内酯的分类**

（1）直接标记芸苔素内酯情形，多数厂家直接标记芸苔素内酯，并没有对种类进行细分。

（2）标 24-表芸苔素内酯，属于芸苔素内酯中常见的一类，活性相当于天然芸苔素20%，价格最便宜。

（3）标28-表高芸苔素内酯，活性相当于天然芸苔素内酯的 30%，价格比普通芸苔素要高。

（4）标28-高芸苔素内酯，活性相当于天然芸苔素内酯的 87%，价格比 28-表高芸苔素要高。

（5）标 14-羟基芸苔素甾醇，其活性最高，和天然芸苔素活性几乎相当，价格也属同类产品中最高的。

（6）标丙酰芸苔素内酯，是芸苔素内酯原药的升级产品，其药效期更长，效果更显著，更稳定。

● **产品特点**　芸苔素内酯具有生长素、赤霉酸和细胞分裂素的多种功能，是已知激素中生理活性最强的，而且在植物体内的含量和施用量极微，公认是一类新型的植物生长促进剂，是继生长素、赤霉酸、细胞分裂素、脱落酸和乙烯五大类激素之后的第六大类激素。

（1）拌种处理，促进种子萌发。14-羟基芸苔素甾醇制剂，能打破种子、根系休眠，提高种子发芽率 20%以上，促发新根，让作物苗期抗低温、抗干旱、抗病能力突出。

（2）苗期促根。将芸苔素内酯用于作物苗期有显著的促根作用，根系重对比增加 20%以上，干重增加 30%以上，使得苗株根系发达、叶片抽势旺、苗株健壮。

（3）有利于植物授粉，提高开花结果率。在作物开花结实期间喷施，能增加花序数，促进花粉的成熟和花粉管的伸长，有利于植物授粉、受精，提高结实率，并能调节弱势部位的养分再分配。尤其对辣椒等蔬菜作物，可以明显地提高坐果率，使果实大小均匀，促进成熟，改善品质，提高商品率。

（4）可提高植物叶绿素含量，增强光合作用。尤其在作物营养生长阶段，可以明显地扩大作物叶面积，增加叶绿素含量，促使作物协调吸收氮、磷、钾等营养元素，使叶色深，叶片厚，增强光合能力，促进光合产物运转，增加有机物质产量。在作物生长期叶面喷施 2～3 次芸苔素内酯，可以起到很好的增产作用。

（5）营养生长期促长。芸苔素内酯具有促进细胞分裂和细胞伸长的双重作用，又能提高叶片叶绿素含量，促进叶片光合作用，增加光合产物的积累，因而有明显促进植物营养生长的功效，从而促进果实的生长发育，减少畸形果、弱果，提高作物的产量。

（6）增强抗逆性。芸苔素内酯进入植物体内后，不仅能增强光合作用，还能激发植株体内多种免疫酶活性，激活免疫系统，增强植株抗旱、抗高温、抗冻等抗逆能力。研究表明，芸苔素内酯在抗旱、抗低温效果上尤为明显。

（7）缓解药害。因除草剂使用不当，或错用杀菌杀虫剂，或浓度配比不当，容易出现药害，及时使用芸苔素内酯加优质叶面肥能调节养分输送，补充营养，减轻因用药不当对作物的伤害，加快作物恢复生长。

（8）丙酰芸苔素内酯是芸苔素内酯的高效结构，又称迟效型芸苔素内酯，对植物体内的赤霉酸、生长素、细胞分裂素、乙烯利等激素具有平衡协调作用，同时调配植物体内养分向营养需求最旺盛的组织（如花、果等）运输，为花、果的生长发育提供充足的养分。其通过保护细胞膜显著提高作物的耐低温、抗干旱等抗逆能力，保护作物的花、果在低温、干旱等不良天气条件下仍然健康生长发育。丙酰芸苔素内酯具有促进生长、保花保果、提高坐果率、提高结实率、促进根系发达、增强光合作用、提高作物叶绿素含量、增加产量、改进品质、促进早熟、提高营养成分、增强抗逆能力（耐寒、耐旱、耐低温、耐盐碱、防冻等）、减轻药害为害等多方面积极作用。丙酰芸苔素内酯喷施后 5～7 天药效开始发挥，持效期长达 14 天左右。

（9）鉴别要点。物理鉴别（感官鉴别）可湿性粉剂为白色粉状固体，乳油和水剂为均匀透明液体。

⊙ **应用**

（1）单剂应用　西瓜。于西瓜苗期、开花期、果实膨大期，用 0.01% 芸苔素内酯乳油 1500～2000 倍液喷雾，每季最多施用 3 次。

草莓。从初花期开始喷施，用芸苔素内酯浓度为 0.02～0.04 毫克/千克或丙酰芸苔素内酯浓度为 0.01～0.015 毫克/千克喷雾，每隔 10～15 天喷 1 次，连喷 2～3 次，具有提高坐果率、结实多、果实大而均匀、糖度高、增加产量等作用。

柑橘。用芸苔素内酯 0.02～0.04 毫克/千克，或丙酰芸苔素内酯 0.01～0.015 毫克/千克喷雾。谢花 2/3 时喷施第 1 次、10～15 天后再喷施 1 次，可提高坐果率、减少落果，并促果实大小均匀；果实膨大期喷施 1 次，促进果实膨大、增加产量；果实转色期喷施 1 次，促进着色、增加糖度、提高果品质量。开花前后喷施，与赤霉素配合效果更好。

葡萄。用芸苔素内酯可溶粉剂 0.02～0.04 毫克/千克，或丙酰芸苔素内酯 0.04 毫克/千克，或丙酰芸苔素内酯 0.01～0.015 毫克/千克喷雾。开花前 5 天喷施第 1 次、7～10 天后再喷施 1 次，可提高坐果率、减少落果，并促进果实大小均匀；果实（粒）膨大期喷施 1 次，促进果实膨大；果实（粒）转色期喷施 1 次，促进着色、增加糖度、提高果品质量。

芒果。用芸苔素内酯 0.02～0.04 毫克/千克，或丙酰芸苔素内酯 0.01～0.015 毫克/千克喷雾。开花前 5 天喷施第 1 次、7～10 天后再喷施 1 次，可提高坐果率、减少落果，并促进果实大小均匀；果实膨大期喷施 1 次，促进果实膨大、提高产量；果实转色期喷施 1 次，促进着色、增加糖度、提高果品质量。

荔枝。用芸苔素内酯 0.02～0.04 毫克/千克，或丙酰芸苔素内酯 0.01～0.015 毫克/千克喷雾，开花前 5 天和落花后各喷施 1 次，具有保花保果、提高坐果率、促进果实膨大、提高产量及质量等作用。

梨树。用 0.01%可溶粉剂或 0.01%可溶液剂 2500～5000 倍液，在梨树幼果期、果实膨大期各喷施 1 次。可调节生长、增产。

苹果。调节生长，于苹果果实膨大期，用 0.1%芸苔素内酯水分散粒剂 40000～60000 倍液喷雾，或于现蕾期、幼果期、果实膨大期，用 0.01%可溶液剂 2000～3000 倍液喷雾，每季最多施用 3 次。

桃、李、杏、樱桃。用芸苔素内酯 0.02～0.04 毫克/千克，或丙酰芸苔素内酯 0.01～0.015 毫克/千克喷雾，开花前 5 天和落花后各喷施 1 次，具有防止冻花冻果、提高坐果率、增加产量等作用；果实转色期喷施 1 次，可促进着色、提高果品质量。转色期与优质叶面肥混合喷施效果好。

香蕉。用 0.01%芸苔素内酯可溶粉剂或 0.01%芸苔素内酯可溶液剂 2500～5000 倍液喷药，在香蕉抽蕾期、断蕾期和幼果期各喷施 1 次。可调节生长、增产。

枣树。用芸苔素内酯 0.02～0.04 毫克/千克，或丙酰芸苔素内酯 0.01～0.015 毫克/千克喷雾，初花期和谢花 2/3 时各喷施 1 次，具有保花保果、提高坐果率、促进幼果膨大的作用；幼果期喷施 1 次，促进幼果膨大、果实大小均匀；着色期喷施 1 次，具有促进果实转色、提高果品质量的功效。开花期与赤霉酸混合喷施效果更好。

板栗。用芸苔素内酯0.2~0.4毫克/千克，或丙酰芸苔素内酯0.01~0.015毫克/千克喷雾，开花前5天和落花后各喷施1次，具有提高结实率、降低空蓬率、增加产量等作用。与赤霉素配合使用效果更好。

（2）缓解药害　药害发生后，喷施浓度为0.02~0.04毫克/千克芸苔素内酯，或浓度为0.01~0.015毫克/千克丙酰芸苔素内酯药液，具有减轻药害、促进植物快速恢复的功效，与优质叶面肥混用效果更好。

14-羟基芸苔素甾醇是芸苔素内酯中活性最高的一种，是一种多功能型植物生长调节剂，喷施后能快速补充植物体内缺乏的甾醇，即可抵消药害对植物甾醇合成的抑制作用，作物即可恢复生长。尤其是缓解三唑酮、烯唑醇、丙环唑、戊唑醇、苯醚甲环唑、氟硅唑、咪鲜胺、氯苯嘧啶醇等三唑类杀菌剂引起的药害，效果最显著。

配方一：14-羟基芸苔素甾醇+含氨基酸水溶肥料。用0.01% 14-羟基芸苔素甾醇水剂8毫升+10%氨基酸水溶肥20毫升，兑水15千克均匀喷雾，每隔7天喷1次，连喷2次即可。氨基肥水溶肥富含作物所需的氨基酸、微量元素、有益菌等多种营养成分，且铁、铜、锰、锌等微量元素以螯合态存在，吸收利用率高；富含独特生物活性因子和中微量元素，施用后显著提高光合作用，从而提高作物产量；大量有益微生物在作物根系形成有效的保护层，同时分泌抗性因子，增强作物的抗逆性。所含的微生物对土壤有害菌有一定的抑制和杀灭作用，有效抗重茬。其解除药害的功效表现在产品中所含的生物酶、多肽对残留农药有氧化还原作用，通过脱氧、脱卤、脱烷基使农药母体完全将其转化为无毒物质。

配方二：14-羟基芸苔素甾醇+追肥宝。用0.01% 14-羟基芸苔素甾醇水剂8毫升、追肥宝水剂100克，兑水15千克均匀喷雾，每隔7天喷1次，连喷2次即可。追肥宝是一种富含氮、磷、钾、氨基酸、腐植酸、多种微量元素及多种植物抗病增产因子的高浓度复合肥；具有营养、壮根、促苗、促叶、保花、保果；抗病、抗旱、抗灾、促早熟、抗早衰、抗重茬等多种功效；防治小叶病、黄叶病、生理性卷叶等多种生理病害；修复受损植物，对生长停滞、枯黄萎蔫、僵苗枯顶、叶面灼伤有神奇的恢复功效，并对某些濒死的植物有起死回生的效果。

（3）芸苔素与肥料搭配应用　14-羟基芸苔素甾醇制剂，可以通过作物根系吸收传导，打破作物僵根、僵苗现象，提高作物对养分的吸收，与全水溶冲施肥、液体肥、有机肥、叶面肥配合使用，见效更快，促根、壮苗效果更显著。

（4）芸苔素与化学农药复配应用

① 芸苔素+氯吡脲。氯吡脲具有膨果效果，与芸苔素复配既能促进果实膨大，又能促进植物生长，保花保果，减少落果，增强品质。

② 表芸·赤霉酸。由表芸苔素内酯与赤霉酸混合而成的植物生长调节剂，具有促进作物生长，增加营养体收获量，促进细胞、茎伸长，促进叶片扩大、果实生长，减少花果脱落的作用。二者按照一定比例混配，可显著提高植株的抗旱抗寒能力，增产作用十分显著。

在草莓开花期、果实膨大期，用 0.4%表芸·赤霉酸可溶液剂 1000～1200 倍液喷雾，重点喷施花朵和果实，可促进果实快速膨大，增产可达 100%～200%。畸形果少。

在甜瓜、西瓜等瓜类作物花期和果实膨大期，用 0.4%表芸·赤霉酸可溶液剂 1200～1500 倍液喷雾，可防止落花落果，促进幼果快速膨大，增产可达 100%。还能防止畸形果的产生。

③ 芸苔素+胺鲜酯。调节植株生长，增强光合作用，提高养分累积量，促进生殖生长，两者复配效果更好、安全性更强。

④ 芸苔素+甲哌鎓+多效唑。甲哌鎓、多效唑均有控旺作用，与芸苔素复配，药效持效长，可协调植株生长、控制营养生长，缩短节间距，促进生殖生长，增加产量、抗倒伏。

⑤ 芸苔素+苄氨基嘌呤。如 28%高芸·苄嘌呤，由 28-高芸苔素内酯与苄氨基嘌呤复配。可大幅度增加果实纵茎，更适合果型塑造，不会造成畸形果、糙皮果、无副作用。在南方柑橘上，用于调节生长，在谢花 70%和谢花后 15 天，分别用 28%高芸·苄嘌呤可溶液剂 4000～5000 倍液喷雾 1 次。推荐用于北方苹果，在花露红期、谢花 70%以及幼果期（套袋前），分别用 28%高芸·苄嘌呤可溶液剂 4000～5000 倍液喷雾 1 次。

● **注意事项**

（1）不能与强酸强碱性物质混用，现配现用。与优质叶面肥混用可增强本药的使用效果。可与中性、弱酸性农药混用。不要将芸苔素内酯用于受不良气候如干旱、冰雹影响及病虫害为害严重的作物。

（2）宜在气温 10～30℃时喷施，喷药时间最好在上午 10 时左右、下午 3 时以后。大风天气或雨天不要喷。

（3）使用芸苔素内酯时，用 50～60℃温水溶解后施用，效果更好。施用时，应按兑水量的 0.01%加入表面活性剂，以便药物进入植物体内。

（4）喷后 6 小时内遇雨要补喷。

（5）芸苔素内酯品种很多，在不同作物上使用时间、使用方法也不一样，因此使用前要详细阅读农药标签。

（6）芸苔素内酯药害常表现为植株疯长，果实少而小，后期形成僵果。因此要注意正确使用。

（7）芸苔素内酯是一种仿生甾醇类结构的化学物质，在使用时有一定的使用适宜浓度，如果使用浓度过高，不仅会造成浪费，而且有可能使作物出现不同程度的抑制现象，因此施用时要正确配制使用浓度，防止浓度过高引起药害。操作时防止溅到皮肤与眼中。

（8）因为是逆境下作用明显，所以作物长势优良的情况下使用效果不佳。因此，芸苔素内酯的作用不能过分夸大，如果作物破坏太严重，也不能起到起死回生的作用，另外，在使用芸苔素内酯的同时，也要使用其他农药，它不具备完全替代作用。

需要提醒的是，芸苔素内酯本身没有养分，需依靠调节养分在植株体内上下传导（叶面吸收的养分向根部传导）发生作用，因此必须保证养分供应，"水、肥、调"一体化，以便芸苔素内酯在植株体内更好地发挥作用。

多效唑（paclobutrazol）

$C_{15}H_{20}ClN_3O$，293.5

● **其他名称** 速壮、氯丁唑、PP333。

● **主要制剂** 10%、15%、30%、50%可湿性粉剂，0.4%、15%、240

克/升、25%、30%悬浮剂，5%乳油。

● **毒性** 低毒（对鱼低毒，对蜜蜂低毒）。

● **作用机理** 多效唑是三唑类植物生长调节剂，是内源赤霉酸合成的抑制剂。主要作用是抑制植物的营养生长，使更多的同化物质（养分）转向生殖器官，为提高产量奠定了物质基础。试验证明，它能使作物茎秆粗壮、节间缩短、节数增加，降低植株高度，调节株形，防止倒伏，促进分蘖，增加分枝生长，使叶片紧密、叶色浓绿，增强光合作用，促进根系发达，增强抗性，提高坐果率，增大果实，提高产量，改进品质。

● **应用**

（1）苹果树　主要用于适龄不结果的幼树、具有晚实性的品种及元帅等成龄不丰产的树，也可用于密植园的树冠控制。在苹果新梢生长期，单株用 2 克（有效成分）多效唑溶于 20 升水中，沟施于树下，能有效地抑制新梢生长，增加短枝比例，明显提高坐果率，增大果实，提高产量；树冠花后喷布 0.1%～0.2%多效唑 1～3 次，能明显抑制新梢生长，使节间缩短、枝条增粗、不抽发秋梢，提高果实内钙的含量，增加果实硬度，延长贮藏期；对 M9 矮化砧的植株抑制效果不明显，土施的量太大和叶面喷布的次数太多，都会引起坐果率下降、单果重下降、果锈增多等。

（2）桃树　多效唑可显著地控制桃树枝梢生长，使其叶片紧凑，可以免除繁重的夏季修剪；提早 1～3 年实现早期丰产，促进旺树的花芽分化，改善果实品质。土施按树冠投影面积第一年用量 0.125～0.25 克（有效成分）/米^2，以后每年减半；叶面喷施一般旺梢长至 5～10 厘米时，喷浓度为 0.05%～0.1%的多效唑 1～2 次。

（3）梨树　春梢生长期，用浓度为 0.01%～0.02%的多效唑叶面喷施，可明显减少当年春梢的延长生长，缩短节间长度；秋季和早春土施，每平方米主干横截面积 77.5 毫克或 155 毫克有效成分，可明显抑制当年二次梢和翌年春梢的生长。两种施用方法对翌年花芽形成都有明显的促进作用，可提高产量。

（4）葡萄树　在巨峰葡萄盛花期或花后 3 周，叶面喷布 0.3%或 0.6%多效唑，能明显抑制当年或第二年的新梢生长，增加单枝花序量、果枝比例和产量，但第三年的产量有所下降；土壤施用 0.5～1 克（有效成分）/米^2，能明显延缓地上部生长，增强根的活性和提高根冠比；在新梢枝条 2 叶期,用多效唑 0.05%~0.1%涂干（长度 1 厘米），可明显抑制 3~10 节节间的长度。

（5）樱桃树　二年生树春季土施 15 毫克（有效成分）/米²（干径），当年生枝条被抑制生长强烈，效果持续 3 年，产量提高 50%；叶面喷布，于 5 月中旬和 7 月上旬各喷 0.05%多效唑，可促进花芽分化，短枝增多，但抑制效果略低于土施的；在 6 月上旬喷可抑制花芽分化，使果实增大、产量增加。

（6）芒果树控梢　用 30%多效唑悬浮剂 1000~2000 倍液，使用浓度及使用次数应根据树势和秋梢生长情况灵活调整，一般情况下，在芒果秋梢稳定后喷施，每隔 12~15 天喷 1 次，连喷 2~3 次，用水量以均匀充分喷湿叶面而不滴水为度，安全间隔期为收获期，每季最多施用 3 次。

（7）荔枝树控梢　用 25%多效唑悬浮剂 600~800 倍液，在秋梢老熟、冬梢未抽时施药 1 次，喷雾至荔枝秋梢枝叶滴药液为宜，喷药后 15 天结合环割荔枝树主茎控梢促花效果更好，若环割，深度应控制在树皮与韧皮之间，不要损害树干的木质部，每季最多施用 1 次。或用 10%多效唑可湿性粉剂 200~250 倍液，在秋梢老熟后喷施第 1 次，20 天后再喷施 1 次，做到喷雾均匀，安全间隔期 70 天，每季最多施用 1 次。

（8）龙眼树控梢　用 10%多效唑可湿性粉剂 200~250 倍液，在秋梢老熟后喷施第 1 次，20 天后再喷施 1 次，做到喷雾均匀，每季最多施用 2 次。

（9）杏和李树　杏对多效唑特别敏感，土施 0.5 克（有效成分）/米² 多效唑，坐果率大大提高；盛花期或 6 月初喷 0.1%~0.2%多效唑 1 次，对李树有疏果和增大果实的作用。

（10）枣树　多效唑可有效控制树体发育，抑制新梢生长，使叶片增厚，绿色加深，在矮化密植枣园中使用，效果极为明显。枣幼树一般使用浓度为 800~1000 毫克/千克，成龄树使用浓度为 2000~2500 毫克/千克，在花前（5 月下旬），即枣吊长到 8~9 片叶时喷雾，喷施量以叶片滴水为好。

（11）柑橘　在夏梢即将萌发前，用 10%多效唑可湿性粉剂 50~70 倍液，或 15%多效唑可湿性粉剂 75~100 倍液，或 25%多效唑悬浮剂或 250 克/升多效唑悬浮剂 130~160 倍液，喷洒叶片；或在夏梢萌发前 1~

1.5 个月，在树冠下按照每平方米用 10%多效唑可湿性粉剂 6 克，或 15%多效唑可湿性粉剂 4 克，或 25%多效唑悬浮剂 2.4 克，兑水均匀浇灌。具有控制夏梢旺长、提高坐果率、促使叶片增厚、促进叶色浓绿光亮、增强光合作用、提高植株抗逆性等多种作用。柑橘开花期、幼果期不宜使用多效唑，以免影响果生长。

（12）杨梅　在春梢长至 3～5 厘米时，使用 10%多效唑可湿性粉剂 100～200 倍液，或 15%多效唑可湿性粉剂 150～300 倍液，或 25%多效唑悬浮剂 300～500 倍液，每隔 15 天左右喷 1 次，连喷 2 次；或在 11 月份土壤均匀用药，按树冠投影面积每平方米使用 10%多效唑可湿性粉剂 8 克，或 15%多效唑可湿性粉剂 5 克，或 25%多效唑悬浮剂 3 克。具有控制枝条生长、增加枝条粗度、促进花芽形成、提高坐果率、促进丰产等作用。

（13）山楂　在山楂幼树的树冠，用 1000 毫克/千克多效唑溶液喷雾，可抑制新梢生长，促进生殖生长，提早结果。

（14）柿　7 月上中旬用 300 毫克/千克多效唑溶液喷雾树冠，可控制枝梢生长，促进开花结果。

（15）板栗　枝条快速生长前，用 1500～2000 毫克/千克多效唑溶液进行叶面喷雾，能使树体矮化、紧凑，增加分枝，提高叶片光合速率。

（16）芒果　在 1 月中旬摘除花序后，用 500 毫克/千克多效唑溶液喷雾 2 次，或于 9 月下旬至 10 月底，用 500 毫克/千克多效唑溶液叶面喷雾，均可明显促进花序发生。

● **注意事项**

（1）只起到调控作用，不起肥水作用，使用本品后应注意肥水管理。如用量过多，过度抑制作物生长时，可喷施氮肥解救。

（2）不宜与波尔多液等铜制剂及酸性农药混用。

（3）土壤中残留时间长，易造成对后茬作物的残效，应严格控制用药时期和用量，施药田块收获后，必须进行耕翻，以防对后作有抑制作用。

（4）果树的树种、品种、砧木和树龄不同，对多效唑的反应不一致，柑橘、桃、葡萄、山楂敏感，处理的当年即产生明显效应；苹果、梨和荔枝起作用的时间较慢，常在翌年才有明显效果。幼树起作用的时间快，容易被控制，大树则较慢。黏土和有机质多的土对本剂有固定作用，施用后效果差。因此，在这种土壤上，建议采用涂干和叶面喷布的方法。叶背茸毛多的品种，喷布的效果差，秋季根施的效果好。

（5）多效唑施用方法主要有两种：一种是土施，冠下挖环沟灌溉，注意施匀，时间以秋施最好，用量视具体情况而定；另一种是喷施，配以水溶液以新梢开始旺长期为好，浓度按具体情况确定。施用多效唑须注意加强肥水管理和合理负载，以免树势变弱。

矮壮素（chlormequat chloride）

$C_5H_{13}Cl_2N$，158.069

● **其他名称**　CCC、西西西、三西、氯化氯代胆碱、稻麦立。

● **主要剂型**　11.8%、40%、50%、72%水剂，60%、80%可溶粉剂，99%原粉。

● **毒性**　低毒。

● **作用机理**　作用机理是抑制植株体内的赤霉素生物合成，阻止贝壳杉烯的生成，致使内源赤霉素生物合成受阻。其生理功能是控制植株生长，抗倒伏，增强光合作用，提高抗逆性，改善品质，提高产量。

● **产品特点**

（1）可经叶片、幼枝、芽、根系和种子进入植物体内，抑制植物体内赤霉素的生物合成。能有效控制植株生长，促进生殖生长；使植物节间缩短，长得矮、粗、壮，根系发达，抗倒伏，叶色加深，叶片增厚，叶绿素含量增多，光合作用增强；提高作物抗逆性，改善品质，增加产量。矮壮素阻碍内源赤霉素的生物合成，从而延缓细胞伸长，使植株矮化。矮壮素对节间伸长的抑制作用可被外施赤霉素解除。

（2）矮壮素能提高根系的吸水能力，影响植物体内脯氨酸（对细胞膜起稳定作用）的积累，有利于提高植物抗旱、抗寒、抗盐碱及抗病能力。矮壮素处理后叶片气孔数减少，降低蒸腾速率，可增加抗干旱能力。

（3）矮壮素在土壤中很易被酶的作用所降解，且不易被土壤固定，因此不影响土壤微生物活动或被微生物分解。

（4）鉴别要点。

① 物理鉴别（感官鉴别） 矮壮素粉剂为淡黄色粉末，有鱼腥臭味。取少量粉剂加入 20 毫升无水乙醇中搅拌，不溶解；接着加入 20 毫升水并搅拌，逐渐溶解。水剂为无色或淡黄透明液体，有鱼腥臭味。

② 化学鉴别 利用矮壮素与奈氏试剂的颜色反应进行鉴别。

奈氏试剂的配制：11.5 克碘化汞和 8 克碘化钾溶于少量水中，溶解后加水稀释至 50 毫升，再加入 25%氢氧化钠 50 毫升，静置过夜，取上清液使用，贮于棕色瓶中。

鉴别：取 2 毫升水剂样品或 1 克粉剂样品，置于白瓷碗中，滴加奈氏试剂 2 毫升，如样品含有矮壮素即出现浅黄色沉淀，放置边缘出现污绿色。否则样品不含矮壮素。

● 应用

（1）单剂应用

① 苹果树，用于矮化栽培和促花提早结果，在盛花后 25 天喷 50%矮壮素水剂 100～300 倍液，20 天喷 1 次，因持效期短，1 个生长季节要喷 2 次以上，否则失效后会造成后期的过旺生长而效果不好；对苹果幼树，于 7 月下旬至 8 月下旬喷 50%矮壮素水剂 300～400 倍液，每隔 15 天喷 1 次，连喷 3 次，可促进新梢加粗生长，节间变短，叶片增厚，叶色浓绿，提前封顶，增加抗寒力；花芽萌动前和新梢幼叶长出时，各喷 50%矮壮素水剂 200 倍液 1 次，可明显减少枝条生长量，增加短枝和叶丛数，提高坐果率和产量。

② 梨树，喷 50%矮壮素水剂 67 倍液，能明显提高花芽数量并提早结果。

③ 葡萄树，在玫瑰香葡萄盛花前 7 天，用 50%矮壮素水剂 500～1000 倍液喷花穗或浸蘸花穗，可提高坐果率 22.3%，使果穗紧凑，外形美观，果粒大小均匀一致；矮壮素对促进葡萄花芽分化最为有效，促进主梢花芽分化，在新梢长 15～40 厘米时喷 50%矮壮素水剂 200 倍液，促进副梢花芽分化，在花前 2 周喷 50%矮壮素水剂 333 倍液；葡萄于 6 月上旬第一次摘心后，喷 50%矮壮素水剂 400 倍液，可抑制茎、叶、卷须和副梢生长，使叶色深绿，叶片增厚，节间变短；也可用 50%矮壮素水剂 250

倍液于午后 4～5 时重点喷叶腋、幼嫩部分及叶背面，可抑制枝条及副梢的生长；于 7～8 月，喷 50%矮壮素水剂 200～1000 倍液，可抑制枝条生长，提高抗寒性，抑制副梢生长可喷 50%矮壮素水剂 500～1000 倍液；在葡萄生长的旺盛季节，可喷 50%矮壮素水剂 400～1000 倍液，可提高植株在越冬期的含糖量，有利于增强抗寒性。

④ 柑橘树，在花芽未分化前，即结果母枝叶片全部转绿但未硬化时，喷 0.1%的矮壮素溶液，3 天喷 1 次，连喷 5 次，有明显的促花作用；柑橘幼树，在晚秋梢生长季节，树冠喷 0.1%～0.2%的矮壮素溶液加 1%～2%氯化钙，可增强抗寒力；柑橘果皮粗糙，在开花的 20～40 天，树冠喷 0.1%～0.25%的矮壮素溶液，可使果皮光滑；柑橘晚秋梢萌发前 1～2 周，喷 0.2%～0.4%的矮壮素溶液，或根际浇灌 0.4%的矮壮素溶液，或叶面连续 2 次喷 0.2%的矮壮素溶液，喷后 1～2 周内再喷 1 次，控梢均达 100%。

⑤ 枣树，枣幼树在 5 月下旬每隔 15 天喷施浓度为 2500～3000 毫克/千克的矮壮素 1 次，共喷 2 次，树冠可比对照短 17%～30%，提高坐果率 2.26%。

⑥ 芒果，用 50%矮壮素水剂 100 倍液喷树冠，可抑制枝条生长，促进花芽形成。

（2）复配剂应用

① 矮壮·多效唑。由矮壮素和多效唑复配而成。是赤霉酸生物合成抑制剂，具有控制植物徒长的效果，使用后使植株矮化、茎秆粗壮，能防止植物徒长和倒伏，使叶片浓绿、叶片加厚，增加叶绿素含量，使根系发达。用于果树控旺。

荔枝，每亩用 30%矮壮·多效唑悬浮剂 40～50 毫升叶面喷雾。

樱桃，每亩用 30%矮壮·多效唑悬浮剂 40～50 毫升叶面喷雾。

柑橘，每亩用 30%矮壮·多效唑悬浮剂 40～50 毫升叶面喷雾。

② 矮壮素+硼酸。该混剂在葡萄上应用，虽能提高坐果率，但果实的甜度有所下降（如葡萄等），若与硼混用，便不会降低甜度，可克服矮壮素的不足。

❀ **注意事项**

（1）要严格掌握使用浓度和时期，否则会抑制生长，造成减产。

（2）矮壮素处理作物不能代替施肥，因此仍需做好肥水管理工作，方能发挥更好的增产作用。

（3）矮壮素使用效果与浓度有关，18～25℃为最适用药温度，故宜早、晚或阴天施药，施药后禁止通风，冷床需盖上窗框，塑料大棚须扣上大棚或关闭门窗，以便提高空气温度，促进药液吸收。

（4）施药后一天内不可浇水，以免降低药效。

（5）中午施药，因阳光强烈，气温过高，水分蒸发快，药液来不及吸收，易产生药害，故不可用药。

（6）水肥条件好，群体有徒长趋势时使用效果较好。如秧苗未出现徒长现象，最好不用矮壮素处理。

（7）可用于盐碱和微酸性土壤，可与乐果等农药混合使用，但不能与碱性农药或碱性化肥混用。宜保存在玻璃容器或高密度塑料容器内。

氯吡脲（forchlorfenuron）

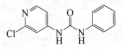

C$_{12}$H$_{10}$ClN$_3$O，247.68

- **其他名称**　新丰宝、快大、调吡脲、吡效隆、施特优、膨果龙、氯吡苯脲、KT-30、吡效隆醇、CPPU。
- **主要剂型**　97%原药，0.1%、0.5%可溶液剂，2%粉剂，98%原粉，0.1%、0.5%乳油。
- **毒性**　低毒。
- **产品特点**　其作用机理与嘌呤型细胞分裂素6-苄氨基嘌呤、激动素相同，活性比它们要高10～100倍。具有较高的细胞分裂素活性。在植物体内移动性差，对被处理植物的生理作用，往往局限于处理的部位和附近。主要用在促进植物细胞分裂上，常用于组织培养中，与一定比例的生长素配合，以促进愈伤组织细胞分裂、增大与伸长，诱导组织（形成层）的分化和器官（芽和根）的分化。还具有打破植物休眠，促进种子萌发和花芽形成，诱导雌性性状等功能。

氯吡脲属苯脲类衍生物,能够促进细胞的分裂和扩大、器官的形成和蛋白质的合成,提高光合作用效率,增强抗逆性,延缓衰老,促进瓜果花芽分化,保花保果,提高坐果率,促进果实膨大。适用于黄瓜、西瓜、甜瓜、番茄等瓜果类作物。浓度高时可作除草剂。

● **应用**

① 西瓜,在西瓜雌花开花当天或开放前 1 天,用 0.1%氯吡脲可溶液剂 50～200 倍液喷雾或浸瓜柄或浸瓜胎 1 次,安全间隔期 40 天,每季最多施用 1 次,薄皮易裂品种慎用。若蘸花不当或温度障碍导致喷后不长,可叶面喷施黄腐酸类叶面肥+速乐硼,以促进生长。过量使用或使用时期不对都可以造成瓜裂、畸形等现象。

② 甜瓜,开雌花当天或前一天,用 0.1%氯吡脲可溶液剂 50～200 倍液均匀喷雾或浸蘸瓜胎 1 次,促进坐果及果实膨大,安全间隔期 14 天,每季最多施用 1 次。

③ 草莓,用 0.1%氯吡脲可溶液剂 100 倍液喷洒采摘下的果实或浸果,晾干后包装,具有保持草莓新鲜、延长货架期等功效。

④ 葡萄,在谢花后 10～15 天,使用 0.1%氯吡脲可溶液剂 50～100 倍液浸幼果穗,具有提高坐果率、促进果粒膨大、增加产量的作用,且处理后果粒固形物含量提高 7%左右,安全间隔期 38 天,每季最多施用 1 次。

⑤ 桃,在落花后 20～25 天,使用 0.1%氯吡脲可溶液剂 50 倍液喷洒幼果,具有促进果实膨大、促进果实着色等功效。

⑥ 脐橙、温州蜜柑、柚子、柑橘,在谢花后 3～7 天和谢花后 25～30 天,分别用 0.1%氯吡脲可溶液剂 200～500 倍液喷洒树冠,或用 0.1%氯吡脲可溶液剂 100 倍液涂果梗、蜜盘,具有防止落果、提高坐果率、加快果实生长的功效。

⑦ 猕猴桃,在谢花后 20～25 天,使用 0.1%氯吡脲可溶液剂 50～200 倍液浸幼果或喷果,具有促进果实膨大、增加单果重、提高产量等功效,且对果实品质无不良影响,安全间隔期 30 天,每季最多施用 1 次。

⑧ 枇杷,幼果直径 1 厘米时,用 0.1%氯吡脲可溶液剂 50～100 倍液浸蘸幼果,1 个月后再浸 1 次,果实受冻后及时用药,具有促进果实膨大、增加产量的作用,安全间隔期 38 天,每季最多施用 1 次。

⑨ 苹果,在落花后半月左右,用 0.1%氯吡脲可溶液剂 50 倍液喷洒

幼果，具有促进果膨大、提高产量、促进果实着色等功效。

● **注意事项**

（1）严格按照使用方法施药，不同瓜类品种，在不同气温下，使用药液浓度应不同。

（2）严禁高浓度用药及烈日下用药，若使用浓度偏高，则易引起畸形果、空心果，并影响果内维生素 C 的含量，导致品质下降。

（3）氯吡脲与生长素或赤霉酸混用，其效果优于单用，但须在专业人员指导下或先试验后示范的前提下进行，勿任意使用。

（4）弱株弱枝使用时不宜浸蘸过多幼果。

（5）使用本品应加强肥水管理，必要时配合疏穗疏果。

（6）氯吡脲易挥发，用后应盖紧瓶盖。药液应随配随用，宜在上午 10 时前或下午 4 时后使用，不宜久存。

（7）施药后 6 小时内遇雨应补施。

胺鲜酯（diethyl aminoethyl hexanoate）

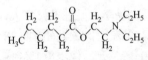

$C_{12}H_{25}NO_2$, 215.3

● **其他名称**　得丰、增效胺、胺鲜脂、增效灵、增效胺、己酸二乙氨基乙醇酯。

● **主要剂型**　1.6%、2%、8%水剂，8%可溶粉剂。

● **毒性**　低毒。

● **产品特点**

（1）胺鲜酯是具有广谱和突破性效果的植物生长调节剂。能提高植株体内叶绿素、蛋白质、核酸的含量和光合速率，提高过氧化物酶及硝酸还原酶的活性，促进植株的碳、氮代谢，增强植株对水肥的吸收，增加干物质的积累量，调节体内水分平衡，增强作物的抗病、抗旱、抗寒能力，延缓植株衰老，促进作物早熟、提高作物的品质，从而达到增产、增质的目的。

（2）胺鲜酯几乎适用于所有植物及整个生育期，施用 2～3 天后叶片明显长大变厚，长势旺盛，植株粗壮，抗病虫害等抗逆能力大幅度提高。其使用浓度范围大，从 1～100 微克/克均对植株有很好的调节作用，至今未发现有药害现象。胺鲜酯具有缓释作用，能被植物快速吸收和储存，一部分快速起作用，可以广泛应用于塑料大棚蔬菜和冬季作物。植物吸收胺鲜酯后，可以调节体内内源激素平衡。在前期使用，植物会加快营养生长，中后期使用，会增加开花坐果，促进植物果实饱满、成熟。这是传统调节剂所不具备的特点。

（3）增进光合作用。胺鲜酯可以增加叶绿素含量，施用 3 天后，使叶片浓绿、变大，见效快、效果好。同时提高光合作用速率，增加植物对二氧化碳的吸收，调节植物的碳氮比。增加叶片和植株的抗病能力，使植株长势旺盛，这方面要显著优越于其他植物生长调节剂。

（4）适应低温。其他植物生长调节剂在低于 20℃时，对植物生长失去调节作用，所以限制了它们在塑料大棚中和冬季里的应用。胺鲜酯在低温下，只要植物具有生长现象，就具有调节作用。所以，可以广泛应用于塑料大棚和冬季作物。

（5）无毒副作用。芳香类化合物一般在自然界中不易降解，但胺鲜酯是一种脂肪酸类化合物，相当于油脂类，对人、畜没有任何毒性，不会在自然界中残留。经中国疾病预防控制中心和郑州大学医学院多年试验证明，胺鲜酯属于无毒物质。

（6）超强稳定性。芳香类化合物易燃，不小心可能引起爆炸，造成生命财产的损失。腺嘌呤类具有腐蚀性，又需要特殊设备和贮藏设备。胺鲜酯原粉不易燃、不易爆，按照一般的化学物质贮运即可，不存在贮运和使用中的隐患问题。

（7）缓释作用。芳香类化合物、腺嘌呤类、生长素等植物生长调节剂，虽然都具有速效性，但作用效果很快消失，胺鲜酯具有缓释作用，它会被植物快速吸收和贮存，一部分快速起作用，而另一部分缓慢起作用。

（8）调节植物体内五大内源激素。胺鲜酯本身不是植物激素，但吸收以后，可以调节植物体内的生长素、赤霉酸、脱落酸、细胞分裂素、乙烯等的活性和有效调节其配比平衡。一般前期用胺鲜酯会增加开花、坐果概率，并加快植物果实的成熟。这是芳香类化合物和其他植物生长调节剂所不具备的性质。

（9）使用浓度范围大。芳香类化合物和腺嘌呤类植物生长调节剂的使用浓度范围很窄，浓度低了没有作用，浓度高了抑制植物生长，甚至杀死植物，但胺鲜酯具有较宽的使用浓度范围，且不同的浓度有不同的作用高峰和增产效果，没有发现副作用和药害现象。

（10）具有预防和解除冻害作用。胺鲜酯内吸性好、活性高，喷施后能很快被作物吸收，提高植物过氧化物酶和硝酸还原酶的活性，从而提高植物体内叶绿素、蛋白质、核酸等物质的含量，提高光合效率，促进植株碳、氮代谢，增强植株对水肥的吸收，调节植株体内水分平衡，从而提高植株的抗寒性，解除农作物因冻害对农作物造成的危害，还能提高作物的产量和品质。

（11）固氮作用。胺鲜酯对大豆等喜氮作物具有良好的固氮作用。

（12）对作物枯萎病、病毒病有特效。

● 应用

（1）单剂应用

① 用于柑橘、橙，在柑橘始花期、生理落果中期、果实3～5厘米时，用58%胺鲜酯可溶粉剂800～1000倍液各喷施1次。可加速幼果膨大速度，提高坐果率，促使果面光滑、皮薄味甜、早熟，增产，增强抗寒抗病能力。

② 用于西瓜、香瓜、哈密瓜等瓜类，用8%胺鲜酯可溶粉剂800～1000倍液，在始花期、坐果后、果实膨大期各喷施1次，调节生长、增产。

③ 用于荔枝，在荔枝始花期、坐果后、果实膨大期，用8%胺鲜酯可溶粉剂1000～1500倍液各喷施1次，调节生长、增产。

④ 用于桃、李、梅、枣、樱桃、枇杷、葡萄、杏、山楂、橄榄、苹果等水果，在水果始花期、坐果后、果实膨大期，用8%胺鲜酯可溶粉剂800～1000倍液各喷施1次，调节生长、增产。

⑤ 用于香蕉，于花蕾期、断蕾后，用浓度为10毫克/升的胺鲜酯溶液各喷1次，可使结实多、果实均匀，增产，促早熟，提升品质。

（2）复配剂应用 硝钠·胺鲜酯。由复硝酚钠与胺鲜酯混配而成。柑橘，用3%硝钠·胺鲜酯水剂2000倍液茎叶喷雾，可保花保果、膨大着色。

　　芒果，用 3%硝钠·胺鲜酯水剂 2000 倍液茎叶喷雾，可保花保果。

　　荔枝，用 3%硝钠·胺鲜酯水剂 2000 倍液茎叶喷雾，可保花保果、膨大着色。

❋ **注意事项**

（1）不能与强酸、强碱性农药及碱性化肥混用。

（2）喷药不能在强日光下进行。

（3）胺鲜酯在生产中不宜过于频繁使用，应注意使用次数，使用时，间隔期至少为一周。

（4）用量大时表现为抑制植物生长，故配制应准确，不可随意加大浓度。胺鲜酯药害表现为叶片有斑点，然后逐渐扩大，由浅黄色逐渐变为深褐色，最后透明，胺鲜酯药害仅在桃树上出现过，其他作物上到目前为止还没有药害发生。

（5）对蜜蜂高毒，养蜂场附近、蜜蜂作物花期禁用。

（6）禁止在河塘等水体中清洗施药器具或将施药器具的废水倒入河流、池塘等水源。

（7）胺鲜酯放置于阴凉、干燥、通风、防雨、远离火源处，勿与食品、饲料、种子、日用品等同贮同运。

（8）安全间隔期 3 天，每季最多使用 3 次。

苄氨基嘌呤（6-benzylaminopurine）

C₁₂H₁₁N₅，225.25

❋ **其他名称**　6-BA、BAP、6-苄基腺嘌呤、6-苄基氨基嘌呤、腺嘌呤。

❋ **主要剂型**　95%、98%粉剂，2%可溶液剂，1%可溶粉剂，2%乳油。

❋ **毒性**　低毒。

❋ **作用机理**　苄氨基嘌呤广泛存在于种子、发育的果实、幼嫩的根尖等旺盛分裂的组织或器官中，它能引起细胞分裂，具有保绿和延长叶片寿命的作用，但移动小。

● **产品特性**

（1）苄氨基嘌呤是广谱型植物生长调节剂，是第一个人工合成的细胞分裂素，可促进植物细胞生长，诱导芽的分化，促进侧芽生长，促进细胞分裂。具有抑制植物叶内叶绿素、核酸、蛋白质的分解，保绿防老，将氨基酸、生长素、无机盐等向处理部位调运等多种效能。

（2）促进植物细胞分裂，常用于组织培养中，与一定比例的生长素配合，以促进愈伤组织细胞分裂、增大与伸长，诱导组织（形成层）的分化和器官（芽和根）的分化。

（3）打破植物休眠，促进种子萌发和花芽形成，诱导雌性性状等功能。

（4）抑制细胞内核酸与蛋白质的分解，使细胞结构保持完整的作用，可用于延缓花卉与果实的衰老，防止离层形成，提高坐果率。

（5）调节叶片气孔开放和光合作用，有助于延长叶片的同化能力与叶片的寿命，有利于产品保鲜。

（6）可抑制植物叶绿素的降解和提高氨基酸的含量，延缓叶片变黄变老，并能诱导侧芽萌发，促进分枝，提高坐果率，形成无核果实。

● **应用**

（1）单剂应用

① 苹果树，对元帅系苹果，当果型较扁、萼端五棱发育不明显、不能充分表现出该品种的典型特点时使用苄氨基嘌呤，能够促进元帅品种苹果花后果实细胞分裂，使果型变长，五棱发育明显，果面外形美观，改善果实品质，同时也使果重增加，提高产量。终花期喷浓度为0.002%的苄氨基嘌呤液。

② 葡萄树，用1%的苄氨基嘌呤液浸休眠芽枝条，能有效地结束休眠芽的休眠，促进枝条萌芽，提高扦插的成活率；葡萄95%花朵开放时，用0.1%的苄氨基嘌呤加0.2%的赤霉酸混合液浸蘸花序，无核果实率达97.4%。

③ 柑橘树，于柑橘谢花后5～7天，用20%苄氨基嘌呤水分散粒剂4000～6000倍液喷雾1次，或用2%苄氨基嘌呤可溶液剂400～600倍液，于柑橘谢花后5～7天第一次施药，间隔15天左右第二次施药，每季最

多施药 2 次，全株喷雾，主要喷幼果，安全间隔期 45 天。

或于谢花开始（第一次生理落果前）、幼果期（第二次生理落果前）及果实膨大前各用药 1 次，用 5%苄氨基嘌呤水剂 1000～1500 倍液喷雾，重点喷花果。

或于柑橘树谢花后，用 5%苄氨基嘌呤可溶液剂 1000～1500 倍液喷雾，间隔 10～15 天再喷 1 次，可连续喷雾 2 次。

或于谢花 7 天和第二天生理落果初期，用 0.4%的苄氨基嘌呤加 0.5%的赤霉酸混合液，用棉球或毛笔点涂幼果和果柄 1～2 次，对提高坐果率有非常明显的效果，可使坐果率低的脐橙增产 4.64～5.14 倍，产量增加 90.3%，四至五年的树每亩产量可达 1500～2500 千克，效果十分显著；温州蜜柑花期或第一次生理落果期，出现异常高温（30℃左右）时，当日或次日即用上述混合液涂果，可以挽回 70%～90%的产量。

④ 脐橙，在脐橙生产上，落果严重，造成大幅度减产甚至失收。使用苄氨基嘌呤可减少落果，提高坐果率，增加结果数，大大增加产量。在脐橙谢花后 6 天，用浓度为 200 毫克/升的苄氨基嘌呤加 250 毫克/升赤霉素混合液涂幼果。

⑤ 樱桃，从果园采回来的樱桃，用浓度为 0.001%的苄氨基嘌呤溶液浸蘸，能保持樱桃果实硬度和果实的新鲜状态。

⑥ 龙眼，有花就必定有果的龙眼，如果受暖冬气候的影响，龙眼花朵质差，必然就导致结果率低。当龙眼使用了苄氨基嘌呤后，对保果保丰收就会起到有效的作用。在谢花后 15 天和 30 天，用浓度为 30～50 毫克/升的苄氨基嘌呤溶液喷雾。

⑦ 枣树，在枣树谢花后，幼果花生米粒大小时，用 1%苄氨基嘌呤可溶粉剂 250～500 倍液喷雾 1 次，或于开花 70%～80%至果实快速膨大期，用 2%苄氨基嘌呤可溶液剂 700～1000 倍液喷果实，以果面均匀润湿至滴水为宜，果实硬核后禁用，间隔 10～15 天喷施 1 次，连续施用 2～3 次。用于枣树保果时，如气温超过 30℃应适当增加兑水量。

（2）复配剂应用　苄氨·赤霉酸，为赤霉酸和苄氨基嘌呤复配的新型、高效复合植物生长调节剂，它能有效促进花粉管伸长和花粉萌发，保持受精过程的持久，控制营养生长并促进生殖生长，也可促进幼果纵向细胞分裂、细胞膨大和细胞伸长，达到保花保果、提高坐果率的目的；

促进果实膨大，矫正果型，有效减少裂果和畸形果；增加果皮色泽和品质，促进成熟，增加产量，提高品质。

草莓。在花前和幼果期使用，用 1.8%苄氨•赤霉酸可溶液剂 400～500 倍液喷施，重点喷施幼果，能促果实膨大，果型美观，提早 5～7 天成熟，降低畸形果。

苹果树。可调节果型，在苹果盛花期及幼果膨大期用 4%苄氨•赤霉酸可溶液剂 800～1000 倍液喷雾 1 次，重点喷幼果。

葡萄。可提高坐果率，在第一批花盛花期及谢花后（生理落果后），用 3.6%苄氨•赤霉酸液剂 5000～10000 倍液，或 4%苄氨•赤霉酸可溶液剂 8300 倍液，全株喷洒 1 次。

枣树。第一、二批花的盛花期，用 3.6%苄氨•赤霉酸液剂 5000～10000 倍液，或 4%苄氨•赤霉酸可溶液剂 8800 倍液，全株均喷洒一次，每隔 5～7 天喷 1 次，连喷 2 次。

此外，推荐在芒果上，用于调节果型，用 4%苄氨•赤霉酸可溶液剂 6500 倍液喷雾。

在火龙果上，用于调节果型，用 4%苄氨•赤霉酸可溶液剂 5500 倍液喷雾。

在木瓜上，用于调节果型，用 4%苄氨•赤霉酸可溶液剂 4400～6600 倍液喷雾。

在香蕉上，用于调节果型，用 4%苄氨•赤霉酸可溶液剂 2200～3300 倍液喷雾。

在荔枝上，用于调节果型，用 3.6%苄氨•赤霉酸液剂 3000～5000 倍液，在雌花谢花后 7～10 天（分果单时）第一次用药，间隔 7～10 天左右（果实黄豆大小）第二次用药，再间隔 10 天左右（果实花生大小时）第三次用药，连喷 3 次。

在柑橘上，用于调节果型，用 4%苄氨•赤霉酸可溶液剂 1300 倍液喷雾。

在李子上，当幼果直径在 0.5～1.0 厘米时，用 3.6%苄氨•赤霉酸液剂 1000～2000 倍液叶面喷雾 1 次，重点喷幼果。

● **注意事项**

（1）苄氨基嘌呤不溶于水，配制药液时，应选用少量的醋、醋酸或酒精溶解苄氨基嘌呤，再加入全量的水。

（2）药液最好现配现用，配好的药液应放在阴凉处，不宜阳光直射，以免分解；当日未用完的药液，最好放入冰箱保存。

（3）用苄氨基嘌呤与赤霉酸混合液点涂幼果时，最好点果柄，不宜涂果面，涂药过量会引起果皮粗糙和出现畸形果。

（4）为了提高效果，最好在混合液中加入 1%洗衣粉作展着剂。

促控剂 PBO

* **主要剂型**　PBO 粉剂。
* **毒性**　微毒。
* **作用机理**　PBO 是一种果树生长调节剂，主要成分包括促花激素、生长素衍生物 ORE、增糖着色剂、延缓剂、早熟剂、杀菌剂等，能通过调控果树花器、子房、果实激素的比例，提高花器的受精功能，提高坐果率，激活成花基因，促进孕育大量优质花芽。PBO 能诱导各器官营养向果实集中，使果实营养丰富、增大、质量高，果树高产、优质、高效。
* **产品特点**

（1）PBO 是一类细胞分裂素和生长素衍生物和微量元素复配而成的多功能新型果树促控剂。在果树上使用，具有提高坐果率、改善果实品质、增强树体抗性等功能，可使果树成花量增加、果实早熟增甜、着色好，可延迟采收、不裂果，提高果树的抗旱、抗寒、抗病能力，增强果品的贮藏能力。

（2）促进果实膨大，单果重增幅大（桃增重 54%～60%，葡萄增重 33%～54%，红富士苹果增重 45%～59%，梨增重 55%～103%，龙眼荔枝增重 21.4%，西瓜增重 28%左右），且各种果树果实大而均匀一致（基本无小果），商品价值提高 30%～50%。

* **应用**

（1）桃树。1 年生桃树。树势较弱的桃树，可在 7 月中、8 月中各喷 PBO 100～200 倍液 1 次；树势较旺（尚未停止生长的特旺）的桃树，除 7、8 月份外，还应于 9 月中旬再喷 1 遍 PBO 150 倍液。但 1 年生树树体高度未达标准的，千万不能喷树头。

2～3年生桃树。全年喷4次，在开花前7～9天喷1次PBO 100倍液，桃树有玉米粒大小时喷PBO 150倍液，隔15天再喷PBO 150倍液1次，在7～8月新梢过旺时喷PBO 150～200倍液1次。第1次是提高坐果率，防止花期和幼果期霜冻，第2、3次是控制新梢旺长，促进果实膨大、增加糖分、防止裂果、促进早熟，第4次是控梢促花。

4年生以上桃树。全年喷3次，在花前7～9天，膨果初期和膨果中期各喷PBO 150倍液1次。其中，针对特旺树，为强抑树体生长过旺，缓和全树长势，喷PBO 80～100倍液1次，隔10天再喷1次；针对弱势树，在生长高峰期喷PBO 300～350倍液1次，同时增加肥水，减少负载量，促进旺转复壮。在桃树上使用PBO技术虽然很成熟，但仍要灵活掌握，因树制宜。

（2）苹果。对于5～6年幼旺红富士和新红星，喷3次PBO 250倍液，第1次于花前2～3天喷PBO 100倍液，可提高坐果率，促发短枝形成叶丛枝；第2次于花后40～50天喷PBO 250倍液，可促进果实膨大和孕花；第3次于采收前60～70天喷PBO 250倍液，可增糖着色和提早成熟。

一般情况下，对于未结果的3～5年生树，于药前10天浇施，每平方米PBO 5～7克，5月底至6月初喷1次PBO 150～200倍液，7月底至8月初再喷1次，成花效果极好；对于5～8年生树，干旱年份可在6月中旬和7月中旬各喷1次PBO 300倍液；7～8年生树，于花后30天和采前45～50天各喷1次PBO 250～300倍液（旺树250倍液，一般300倍液）；注意：对于坐果好或无晚霜为害地区的苹果树，不提倡使用PBO。使用PBO时，旺树宜用PBO 200倍液，中庸树用PBO 300倍液，而弱树则不宜使用。另外，旺树上使用PBO要想效果好，需在花芽形成前，并辅以在骨干枝（或成花大枝）上环割一道。

（3）梨。红香酥梨于6月初和8月初各喷1次PBO 250～300倍液（黄花梨和金水梨于花前15天浇施15～20克，7月中旬300倍液）。注意：中国梨不宜在幼果期使用PBO；酥梨和砂梨于花前4～7天和盛花末期喷施，可增加梨果的脱萼率（脱萼的梨果俗称母梨，品质更高）。

（4）葡萄。巨峰系和酿酒品种，第一次于花前2～7天浇施，每株4～7克，篱架栽培也可喷PBO 80～100倍液，喷叶片，尽量不喷花穗，其他品种可在花后 7 天喷施；第二次于花后 20～30 天喷 PBO 150～200 倍液，酿酒品种和欧亚种于秋季旺长时再喷 1 次，充实枝芽，减少冻害（注意：欧亚种葡萄可在花后 7 天喷施，欧美种巨峰则在花前 1～2 天和花后 25 天各喷 1 次 PBO 150 倍液）。

（5）李、杏。在花前 7 天喷 PBO 100 倍液 1 次，可提高坐果率，膨果期或着色前 30 天再喷 1 次 250 倍液。

（6）樱桃。头年 5 月底和 8 月初喷 PBO 150～200 倍液各 1 次，花前 10 天每平方米浇施 3～4 克，着色前再喷 1 次 PBO 250 倍液。可使大棚果着果率提高 5 倍、早熟 9 天、果粒重增加 45%。

（7）石榴。于第一批花后 15 天喷 PBO 200 倍液，坐果率可达 100%，故一定要严格疏果，提高品质。

（8）柿子。于第一次和第二次生理落果前 7～10 天，各喷 1 次 PBO 150～200 倍液，不落果且早熟 5 天。

（9）枣。于盛花期喷 PBO 500 倍液或土施 PBO 3～4 克/米^2。注意：如采取花后喷施，结合盛花期环剥或开甲效果较好。

（10）荔枝。在生长期、花穗期、幼果期及果实膨大期使用，可促进生长、增加产量、提早成熟、改善品质。一般叶面喷施，控梢用 PBO 200 倍液，促花用 PBO 800 倍液，保果及促果实膨大用 PBO 2000～2500 倍液，与营养剂混用效果更佳。

● **注意事项**

（1）PBO 不能与波尔多液、石硫合剂等碱性农药混合使用。

（2）喷布 PBO 后因坐果率提高，必须细致疏花疏果，并应加强土、肥、水等管理，必须使树势壮旺，PBO 效果才好。

（3）土壤浇施后残效期为 1 年，应隔年再土施，第二年可改用喷施。

参考文献

[1] 王迪轩, 何永梅, 徐洪. 50 种常见农药使用手册. 北京: 化学工业出版社, 2017.

[2] 赵要辉, 杨照东. 新农药科学使用问答. 北京: 化学工业出版社, 2013.

[3] 高文胜, 秦旭. 无公害果园首选农药 100 种. 第 3 版. 北京: 中国农业出版社, 2014.

[4] 张洪昌, 李星林, 赵春山. 农药质量鉴别. 北京: 金盾出版社, 2014.

[5] 汪建沃, 周贝娜, 邹勇, 等. 优势农药品种发展与应用指南. 长沙: 中南大学出版社, 2015.

[6] 候慧锋. 果园新农药手册. 北京: 化学工业出版社, 2016.

[7] 冯明祥. 无公害果园农药使用指南. 第 2 版. 北京: 金盾出版社, 2016.

[8] 孙家隆, 齐军山. 现代农药应用技术丛书——杀菌剂卷. 北京: 化学工业出版社, 2016.

[9] 石明旺, 朱素梅. 无公害果园农药安全使用指南. 北京: 化学工业出版社, 2019.

[10] 王江柱, 徐扩, 齐明星. 现代落叶果树病虫害防控常用优质农药. 北京: 化学工业出版社, 2019.

[11] 上海市农业技术推广服务中心. 农药安全使用手册. 第 2 版. 上海: 上海科学技术出版社, 2021.